제 2 판

전기기능장

PLC 실무 XGB(XBC) 중심

(기본편)

황석렬 · 서진우 · 김상원 공저

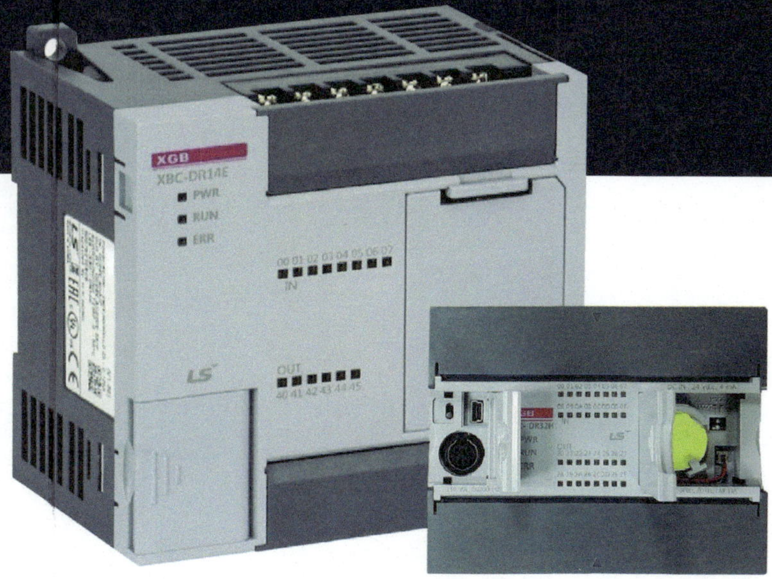

B.C.Info

PREFACE

안녕하세요, 독자 여러분. 이 책은 PLC(Program Logic Control) 실무 기초와 전기기능장 실기 시험을 준비하는 분들을 위해 작성된 PLC 실무 기본 교재입니다.

PLC 실무와 전기기능장 실기 시험이라는 특수한 맥락에서 PLC를 학습하는 것은 쉽지 않은 과제입니다. 이 책은 그런 어려움을 해결하고자, PLC 기초개념부터 시작하여 실무 응용까지 단계별로 설명하였습니다. 이를 통해 독자분들이 시험에 필요한 핵심 명령어를 충분히 이해하고 숙달할 수 있을 것입니다

이 책은 PLC의 정의와 적용 분야 그리고 LS ELECTRIC社의 XGB(XBC) PLC에 대한 소개 등을 포함하고 있습니다. 또한, PLC를 처음 공부하는 학습자에게 맞춤형 강의를 제공하며, PLC 동작 원리 및 XG5000 프로그램 응용명령어 등으로 구성되어 있으며, 이를 시뮬레이터를 통하여 이해할 수 있습니다. 접점, 타이머, 카운터, 비교명령문 등의 기초를 이해할 수 있게 하여, 학습자가 PLC를 효과적으로 활용하는 능력을 키울 수 있도록 도와줄 것입니다.

이 책을 통해 독자분들이 전기기능장 실기 시험에 필요한 PLC 제어 및 시공 실무에 대한 이해를 깊게 할 수 있기를 바랍니다. 항상 독자분들의 성공을 응원하며, 이 책이 그 길에 조금이나마 도움이 되기를 희망합니다.

저자 드림

CONTENTS

CHAPTER 01 PLC 개요

CHAPTER 02 PLC 사용방법

CHAPTER 03 XGB(XBC) 명령어

CHAPTER 04 기본 프로그램 작성

CHAPTER 05 응용 프로그램 작성

CHAPTER 06 PLC 공압제어

CHAPTER 07 타임 차트 PLC 제어

CHAPTER

01

PLC 개요

1.1 PLC의 정의 및 적용 분야

1.1.1 PLC의 정의

PLC(Programmable Logic Controller)란 종래에 사용하던 제어반에 사용하는 릴레이, 타이머, 카운터 등의 기능을 IC, 트랜지스터 등의 반도체 소자로 대체시켜 소형화하고, 기본적인 시퀀스 제어 기능에 수치 연산기능을 추가하여 프로그램 제어가 가능하도록 한 프로그램 방식의 산업용 컴퓨터로 미국전기공업협회(NEMA; National Electrical Manufacturers Association)에서는 "디지털 또는 아날로그 입·출력 모듈을 통하여 논리 연산, 시퀀스 제어, 타이밍, 카운팅, 연산과 같은 특수한 기능을 수행하기 위하여 프로그램 가능한 메모리를 사용하고 여러 종류의 기계나 프로세서를 제어하는 디지털 작동의 전자 제어 장치"라고 정의하고 있다.

1.1.2 PLC의 출현

PLC는 아래와 같은 문제점에 의해서 출현하게 되었다.

① 시퀀스를 작성하고 결선을 한 다음 실제로 장치를 작동시켜 보아야만 제대로 된 시스템인지 알 수 있어 현장에서의 변경이 빈번하다.
② 제작 공정상 완벽한 시퀀스의 설계, 결선도 작성, 각종 부품 구매, 검사, 시험, 현지 시운전 등 여러 단계를 거치며 장시간이 요구된다.
③ 설비는 고급화, 거대화 추세이므로 제어에 사용되는 릴레이 수량도 많아지고 릴레이 접촉 신뢰성의 한계로 인하여 빈번한 고장이 발생하였다.

이상과 같은 여러 원인에 의해 1969년 미국의 자동차 회사인 GM사에서 자동차 조립 라인에 제어장치를 설치하기 위하여 이른바 "프로그래머블 컨트롤러"(PCprogrammable controller)에 대한 10가지 조건을 제안하게 되었고, 이 제안에 따라 디지털 이큅먼트(digital-equipment)사가 PDP-14, 모디컨(modicon)사가 084 등을 발표하면서 탄생한 PLC는 컴퓨터 기술과 반도체 기술의 발달에 힘입어 산업 현장에서 없어서는 안 될 중요한 장치로 자리잡게 되었다.

10가지 요구 조건

① 프로그램의 작성이나 변경이 용이할 것
② 유지 보수가 용이할 것
③ 계전기 제어반보다 신뢰성이 높을 것
④ 계전기 제어반보다 소형일 것
⑤ 계전기 제어반보다 저렴할 것
⑥ 출력 데이터는 중앙 통제 장치에 연결되어 있을 것
⑦ 입력은 AC115[V]일 것
⑧ 출력은 AC115[V]. 2[A] 이상일 것
⑨ 시설 변경이나 확장이 용이할 것
⑩ 메모리는 최대 4[kBYTE]까지 확장할 수 있을 것

1.1.3 PLC의 표준화 및 특징

1) IEC 표준 언어

지금까지의 PLC는 제조사마다 사용 언어와 통신 네트워크가 서로 달라 많은 불편함을 겪어 왔다. 이러한 불편함을 해소하고 PLC 사용자들에게 편리성을 주기 위하여 IEC(International Electrotechnical Commission : 국제전기표준회의)에서는 PLC 국제 표준화 규격을 기본 기능 및 용어 정의, 설비의 요구 기능 및 시험조건, 프로그램 언어, 사용자 지침, 통신 네트 워크 등의 내용으로 5분야로 구성하여 제정하였다.

IEC에서 표준화한 PLC용 언어는 두 개의 도형 기반 언어와 두 개의 문자 기반 언어 그리고 SFC로 이루어져 있다.

(1) 도형식(graphic) 언어

① LD(Ladder Diagram) : 릴레이 로직 표현 방식의 언어
② FBD(Function Block Diagram) : 블록화한 기능을 서로 연결하여 프로그램을 표현하는 언어

(2) 문자식(text) 언어

① IL(Instruction List) : 어셈블리 언어 형태의 언어
② ST(Structured Text) : 스칼 형식의 고 수준 언어

(3) SFC(Sequential Function Chart)

플로 차트(Flow Chart)와 유사한 형태로 프로그램이 순차적으로 전개되는 방식

2) PLC의 특징

PLC는 시퀀스 릴레이 제어, PC제어 등에 비하여 기능의 다양화, 프로그램의 고기능성 조작의 간편성, 유지 보수의 편리성, 고신뢰성, 설치의 간편성 등이 특징이다.

[표 1.1] 릴레이 제어와 PLC 제어의 비교

구분	릴레이 제어반	PLC
가격	매우 저가	저가
크기	대형	매우 소형
처리 속도	느림	빠름
노이즈	우수	양호
제어반 제작	많은 시간 소요	간단
복합 기능	없음	있음
동작 변경	매우 어려움	아주 쉬움
유지 보수	어려움	아주 쉬움

1.1.4 PLC의 적용분야

설비의 자동화와 고 능률화의 요구에 따라 PLC의 적용 범위는 확대되고 있다. 특히 공장 자동화와 FMS에 따른 PLC의 요구는 과거 중규모 이상의 릴레이 제어반 대체 효과에서 현재 고기능화, 고속화의 추세로 소규모 공작 기계에서 대규모 시스템 설비 등에 적용되고 있다.

① 빌딩 자동화, 공장자동화, 로봇제어 시스템
② 전기 조명설비, 승강기 설비, 공작 기계 제어
③ 발전소 · 댐 · 교량 · 터널 감시시스템
④ 선박 · 항공기 · 고속 전철 제어시스템
⑤ 환경 · 기상관측 시스템 자동화
⑥ 상하수도 · 폐수처리 시스템 자동화

1.1.5 PLC의 분류

1) 일체형

PLC 구성에 필요한 전원부, CPU부, 입 출력부 등이 하나의 케이스에 들어 있는 구조로, 구조가 간단하고 사용하기 편리하며, 단독으로 자동화 기계를 제어하는 경우 많이 이용되지만 PLC에 연결하여 사용할 수 있는 입·출력 기기의 수가 고정되어 있어 기종 선정 단계에서 증설과 상위 PLC와의 접속 가능 여부를 고려하여 선정해야 한다.

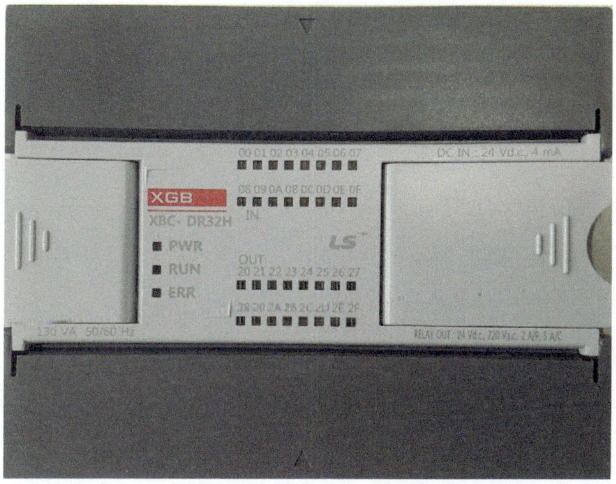

[그림 1.1] 일체형 PLC

2) 모듈형

베이스 보드에 외형 치수를 표준화한 전원 모듈, CPU 모듈, 입 · 출력모듈 등을 사용자가 그 용도에 적합하도록 선택하여 PLC를 구성하도록 한 구조로 PLC에 연결하여 사용할 수 있는 입출력 기기나 기능의 확장이 자유롭기 때문에 중대형 PLC에서 널리 사용한다.

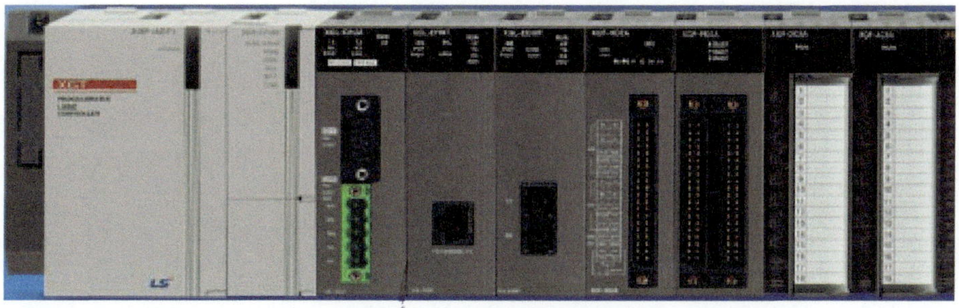

[그림 1.2] 모듈형 PLC

1.1.6 PLC 선정하기

제어대상에 대한 제어내용을 정확히 이해하고 제어대상의 기능, 가격, 확장성, 사후 관리, 기종의 계속성, 사용자의 수준 등을 고려하여 PLC 기종을 선정한다.

1) PLC 입출력

(1) 입력 점수를 파악한다

조작반의 누름 스위치, 실렉터 스위치 등의 명령을 내리는 입력 신호수와 기계 장치의 리밋 스위치, 근접 센서, 포토 센서, 리드 스위치 등의 검출 · 보호용 신호되는 센서 등의 사용 전압을 고려하여 입력 모듈(AC 및 DC 전압)의 사양을 선정한다.

(2) 출력 점수를 파악한다

전원 표시등, 운전 표시등, 과부하 표시등, 부저 등의 표시 또는 솔레노이드 밸브, 릴레이, 전자 접촉기의 수를 더하여 출력 점수로 산정하고 8점, 16점, 32점 등의 모듈을 적절히 혼합하여 출력 모듈수를 선정한다. 또한 출력 방식은 릴레이 접점 방식, TR 출력 방식, 트라이액 출력 방식 등이 있으므로 출력부의 정격 전류와 사용 전압을 고려하여 선정하여야 한다.

(3) 특수 모듈의 지원이 필요한지 확인한다

일반적으로 디지털 입 · 출력 외에 아날로그 입·출력과 특수 모듈 지원 기능 등과 CPU의 특성을 고려하여 선정하여야 한다.

2) PLC 기종 특성 파악하기

PLC 기종의 특성은 제조사별로 다르나, 기본적인 구성은 비슷하기 때문에 PLC 선정하기에서 결정된 결과를 바탕으로 선정된 PLC 기종에 대해 특성 조사표를 작성하여 본다.

3) PLC 기종 확정하기

PLC의 사양을 확정한 후, 결정된 규격을 빈칸에 채워서 시스템 구성 내용을 확인한다.

1.2 PLC의 구조

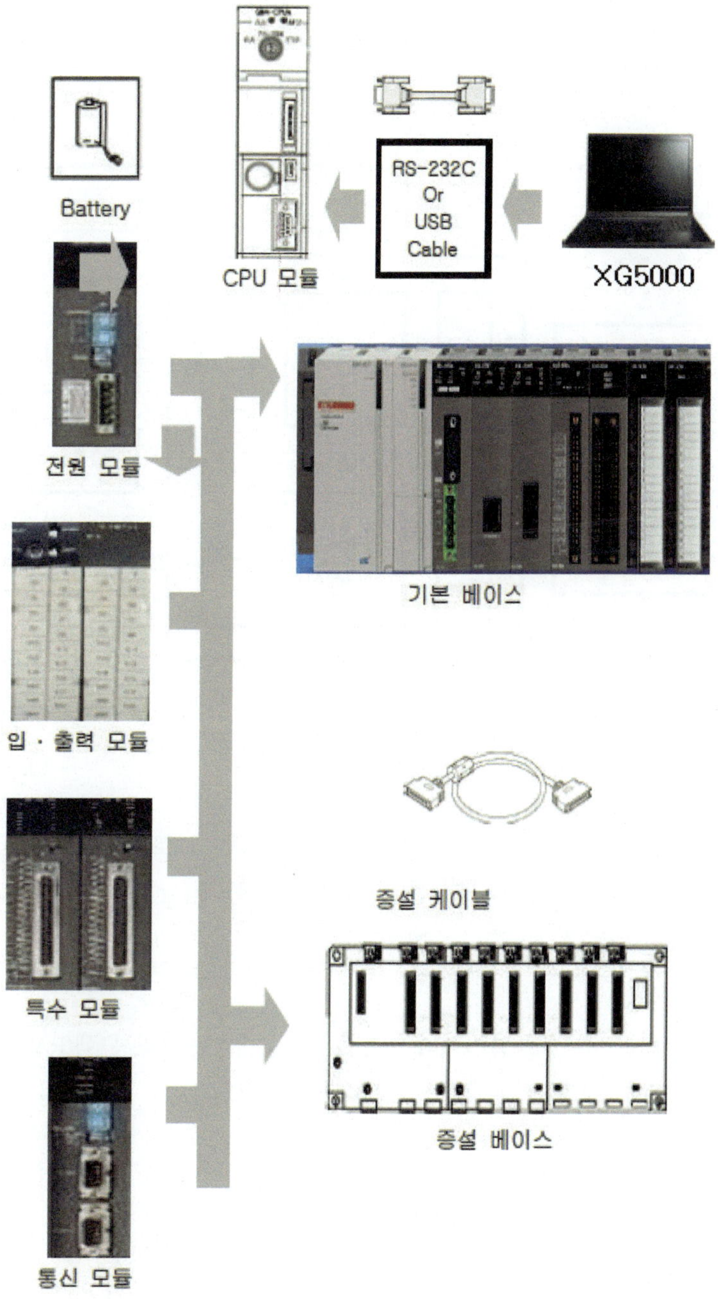

[그림 1.3] PLC 주변 하드웨어

1.2.1 PLC 하드웨어 구조

PLC는 마이크로프로세서와 메모리를 중심으로 인간의 두뇌 역할을 하는 중앙처리장치(CPU), 외부 기기와의 신호를 연결시켜 주는 입 · 출력 장치, 각 장치에 전원을 공급하는 전원 장치, PLC 내의 메모리에 프로그램을 기억시키거나 메모리에 기억된 내용을 읽어 들이는 주변 장치로 구성되어 있다.

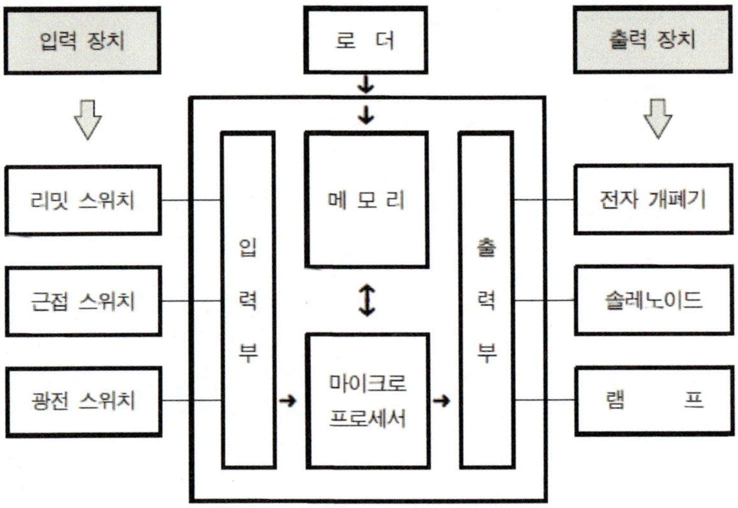

[그림 1.4] PLC 하드웨어 구조

1) CPU

PLC를 직접 제어하는 부분으로 메모리에 저장되어있는 프로그램을 해독하여 처리 내용에 따라 데이터의 교환이나 연산, 비교, 판정 등을 수행한다.

2) 메모리

프로그램을 기억하는 곳으로 입력이나 수정을 쉽게 할 수 있도록 램(RAM)을 사용하는 것이 보통이며, 프로그램이 완성된 후에는 롬(ROM)에 프로그램을 저장하여 사용하기도 한다.

3) 입 · 출력부

입 · 출력부는 DC 24V 또는 AC 110V, 220V 등의 높은 전압 레벨을 사용하므로 PLC 내부 회로와 입 · 출력 회로의 접속(Interface)시 시스템 안정에 매우 많은 영향을 미치게 되므로 PLC의 입 · 출력부는 다음과 같은 사항이 필수적이다.

① 외부 기기와 전기적 규격이 일치해야 한다.
② 외부 기기로부터의 노이즈가 CPU쪽에 전달되지 않도록 해야 한다.
(광 절연 소자인 포토커플러(Photocoupler) 사용)
③ 외부 기기와의 접속이 용이해야 한다.

(1) 입력부

외부 기기로부터의 신호를 CPU의 연산부로 전달해 주는 역할을 한다. 입력의 종류로는 DC24[V], AC100~240[V] 등이 있고, 그 밖의 특수 입력 모듈로는 아날로그 입력(A/D) 모듈, 고속 카운터(High Speed Counter) 모듈 등이 있다.

① 조작입력(명령·지시입력) : 푸시 버튼 스위치, 선택스위치, 토글 스위치
② 검출입력(센서) : 리밋 스위치, 광전 스위치, 근접 스위치

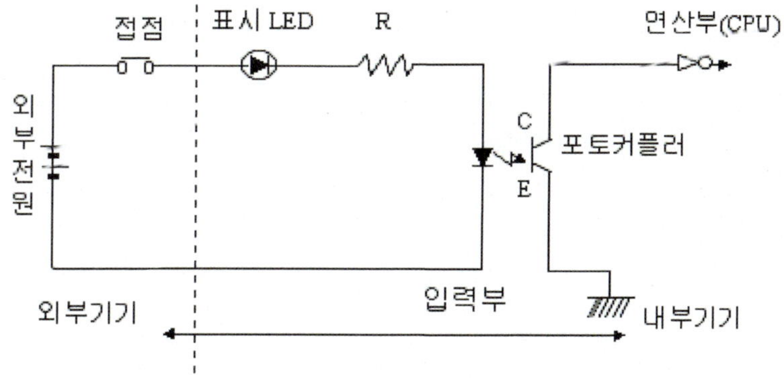

[그림 1.5] PLC 입력 구조

(2) 출력부

내부 연산의 결과를 외부에 접속된 전자 접촉기나 솔레노이드에 전달하여 구동시키는 부분이다. 출력의 종류에는 릴레이 출력, 트랜지스터 출력, SSR(Solid State Relay)출력 등이 있고, 그 밖의 출력 모듈로는 아날로그 출력(D/A) 모듈, 위치 결정 모듈 등이 있다.

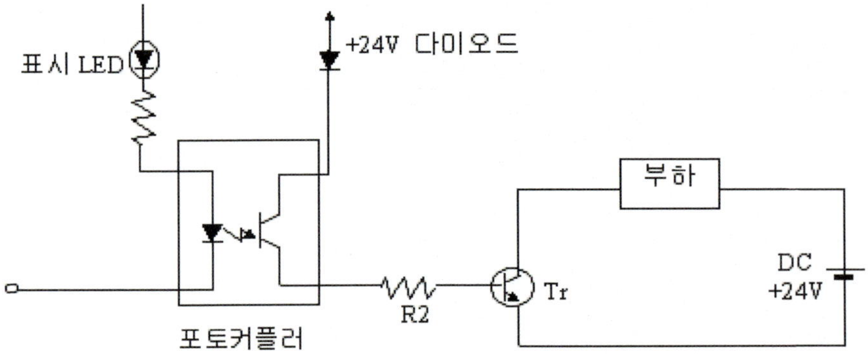

[그림 1.6] PLC 출력 구조

① 표시, 경보출력 : 파일럿 램프, 부저
② 구동출력(액추에이터) : 전자밸브, 전자 클러치, 전자브레이크, 전자 개폐기

전원별 출력 종류

- 릴레이 출력 : 직류나 교류를 모두 사용, 기계적 수명의 한계
- SSR 출력 : 교류 전용, 무접점
- 트랜지스터 출력 : 직류 전용, 무접점

1.2.2 PLC 소프트웨어 구조

PLC는 릴레이 시퀀스 회로에서 사용하는 코일이나 접점들을 전자 부품으로 대신하고, 코일이나 접점의 연결은 프로그램으로 처리하도록 한 전자 제어 장치로 코일이나 접점이 실제로 작동하는 것이 아니라, 메모리에 기억시킨 프로그램의 내용에 의하여 회로가 작동되도록 되어 있다.

1) 직렬 처리와 병렬 처리

PLC는 메모리에 있는 프로그램을 순차적으로 연산하는 직렬 처리 방식이고, 릴레이 시퀀스는 여러 회로가 전기적인 신호에 의해 동시에 작동하는 병렬 처리 방식이다. 따라서 PLC는 어느 한순간 한 가지 일만 하지만, 릴레이 시퀀스 회로는 동시에 몇 가지 일을 할 수 있다.

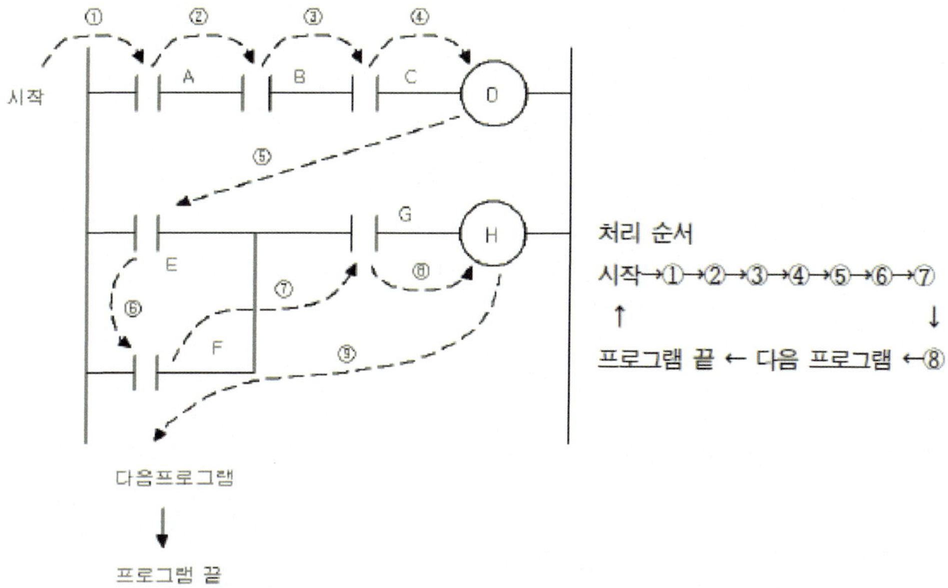

[그림 1.7] 직렬 처리 방식

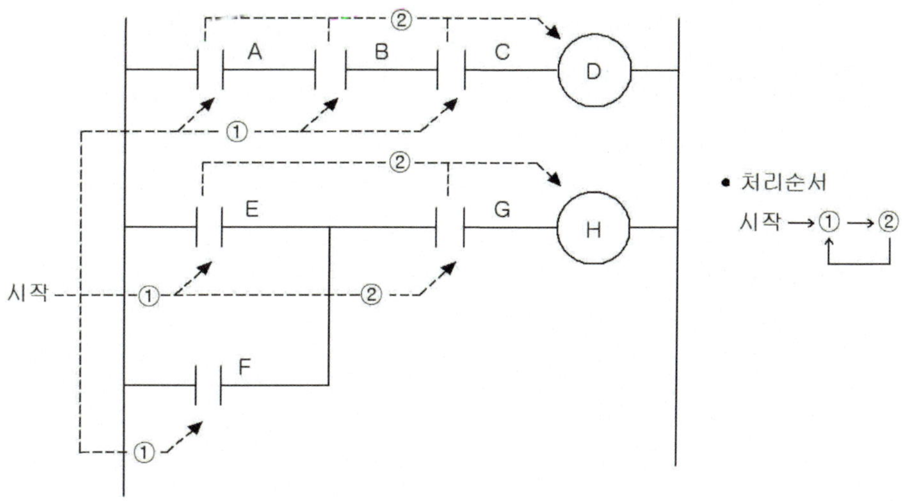

[그림 1.8] 병렬 처리 방식

접점 A, B, C 그리고 접점 E, F, G가 동시에 닫히면 병렬 처리 방식인 릴레이 시퀀스 회로에서는 출력 D와 H가 동시에 작동하지만 직렬 처리 방식인 PLC에서는 연산 처리 순서에 따라 출력 D가 먼저 작동된 다음에 H가 작동된다.

2) 보조 접점의 사용

릴레이 시퀀스 회로에서 많이 사용되는 릴레이, 타이머 등이 가지고 있는 보조접점은 제어기기 한 개당 2c, 4c 등으로 제한되어 있다. 따라서 릴레이 시퀀스 회로를 작성할 때에는 사용하는 보조 접점의 수를 절약할 수 있도록 작성해야 한다.

그러나 PLC는 하나의 출력 코일에 대한 보조 접점을 제한 없이 사용할 수 있다. 아래와 같이 보조 접점에 대한 정보(ON/OFF)를 정해진 메모리에 저장해 놓고 연산할 때마다 메모리에 있는 정보를 읽어서 처리하기 때문이다.

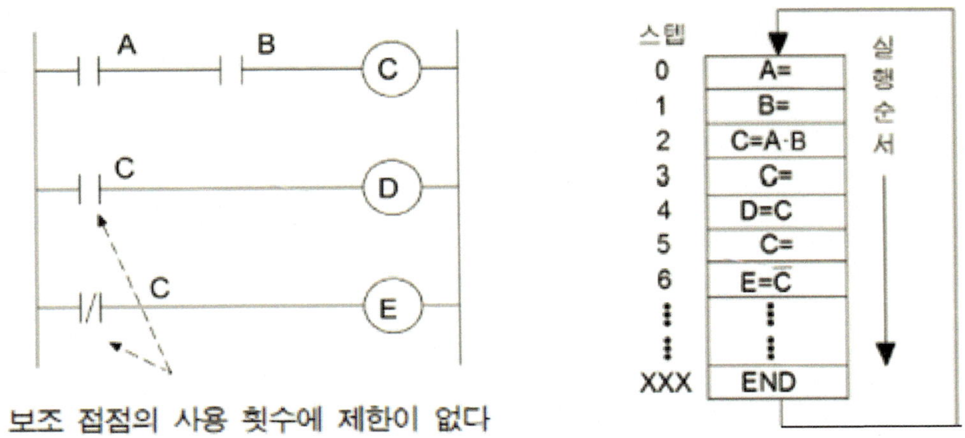

(a) PLC 프로그램 (b) 처리 순서

[그림 1.9] 보조 접점의 사용

3) 출력 코일의 위치

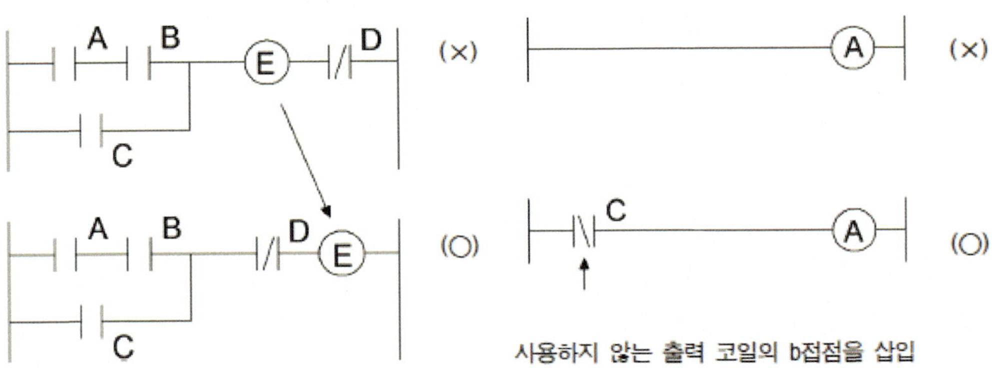

(a) 코일 위치의 이동 (b) 접점 삽입

[그림 1.10] 출력 코일의 위치

출력 코일은 오른쪽 모선에 붙여서 작성해야 하며, 왼쪽 모선에 직접 연결할 수 없으므로 사용하지 않는 출력 코일의 B 접점을 왼쪽 모선에 삽입하여 프로그램을 작성한다. [그림 1-10]은 잘못된 출력 코일의 위치를 바르게 수정한 경우를 보여주고 있다.

4) 제어 신호의 흐름

PLC에서는 항상 제어 신호가 왼쪽에서 오른쪽으로 전달되도록 구성되어 있어, 릴레이 시퀀스 회로처럼 오른쪽에서 왼쪽으로 흐르는 회로나 아래에서 위로 흐르는 회로를 구성할 수 없다.

[그림 1-11]은 같은 작동을 하는 제어 회로로 신호의 상하 흐름이 있는 릴레이 시퀀스 회로와 신호의 흐름이 왼쪽에서 오른쪽으로 흐르도록 수정하여 만든 PLC 프로그램을 보여주고 있다.

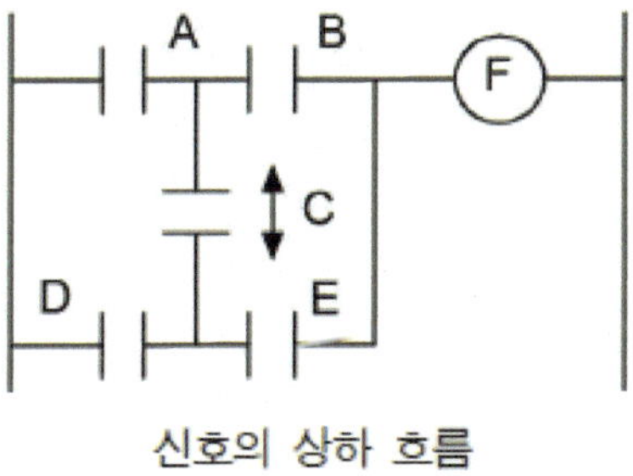

(a) 릴레이 시퀀스

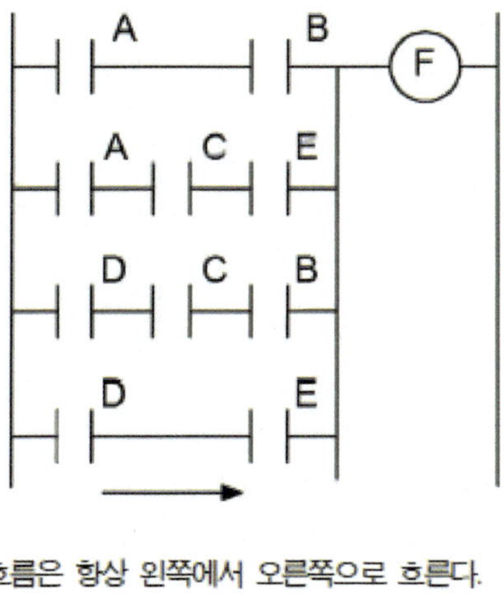

(b) PLC 프로그램

[그림 1.11] 제어 신호의 흐름

CHAPTER

02

PLC 사용방법

2.1 XG5000 공통사항

2.1 XG5000 공통사항

2.1.1 화면구성

아래의 그림은 XG5000의 화면 구성에 대하여 설명한 것이다.

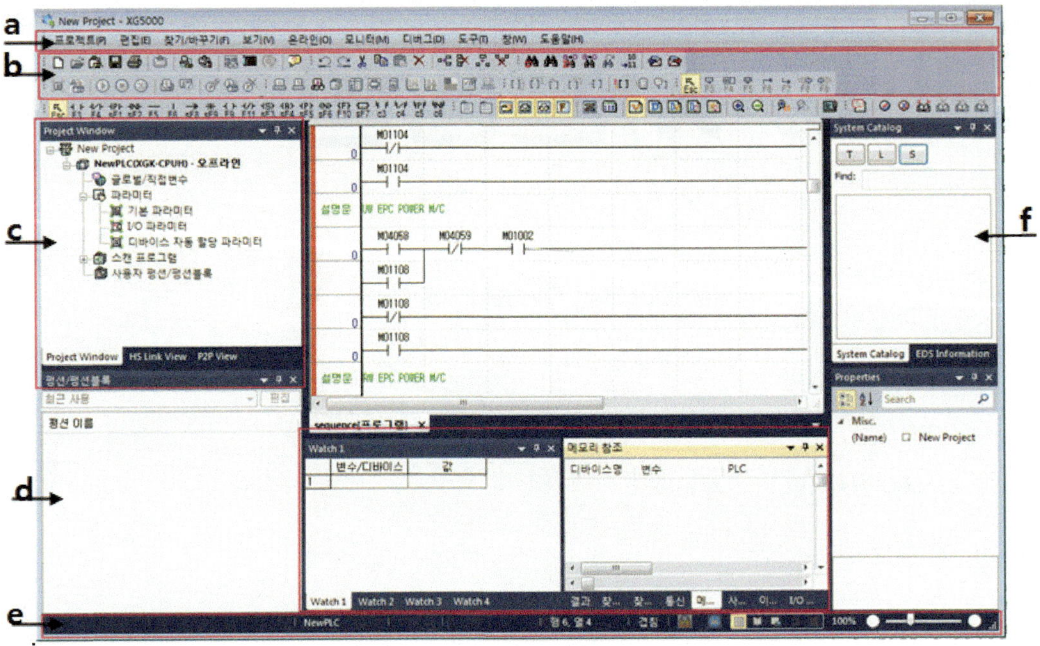

a. **메뉴**: 프로그램을 위한 기본 메뉴이다.

b. **도구모음**: 메뉴를 간편하게 실행할 수 있다.

c. **프로젝트 창**: 현재 열려있는 프로젝트의 구성 요소를 나타낸다.

d. **펑션/펑션블록 창**: 최근에 사용된 펑션/펑션블록을 나타낸다.

e. **상태 바**: XG5000의 상태, 접속된 PLC의 정보 등을 나타낸다.

f. **시스템 카달로그 창**: 시스템 카달로그 및 EDS 정보 등을 나타낸다.

2.1.2 프로젝트 생성

(1) [시작] – [모든 프로그램] – [XG5000] – [XG5000] 메뉴를 클릭

(2) 메뉴 [프로젝트] – [새 프로젝트]를 선택

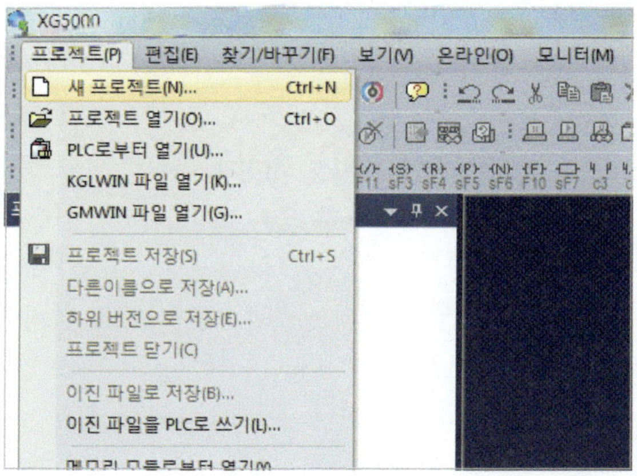

(3) 새 프로젝트

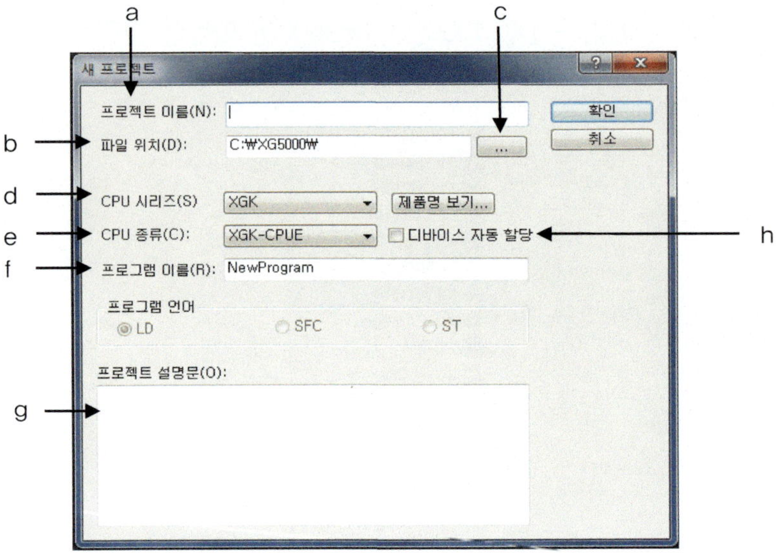

a. 프로젝트 이름: 원하는 프로젝트 이름을 입력한다.
   이 이름이 프로젝트 파일 이름이 되고, 파일의 확장자는 "xgx"이다.
b. 파일 위치: 사용자가 입력한 프로젝트 이름으로 폴더가 만들어지고 그 폴더에 프로젝트 파일이 생성된다.
c. [···]: 기존 폴더를 보고 프로젝트 파일 위치를 지정해 준다.
d. CPU 시리즈: PLC 시리즈를 선택한다.
e. CPU 종류: CPU 기종을 선택한다.
f. 프로그램 이름: 프로젝트에 기본으로 포함되는 프로그램 이름을 입력한다.
g. 프로젝트 설명문: 프로젝트 설명문을 입력한다.
h. Device 자동 할당: Device 자동 할당을 선택

(4) 새 프로젝트를 완료하면 래더도를 작성할 수 있는 창이 생성된다.

2.1.3 프로그램 작성

1) 작성할 프로그램

- PLC의 내부 릴레이 및 타이머를 사용하여 자기 유지와 5초 시간 지연 프로그램을 작성한다.

2) 사용할 Device

- P00(기동), P01(정지), P20(램프)

3) 변수 작성하기

① 화면의 좌측 프로젝트 창에서 “변수/설명”을 더블 클릭한다.

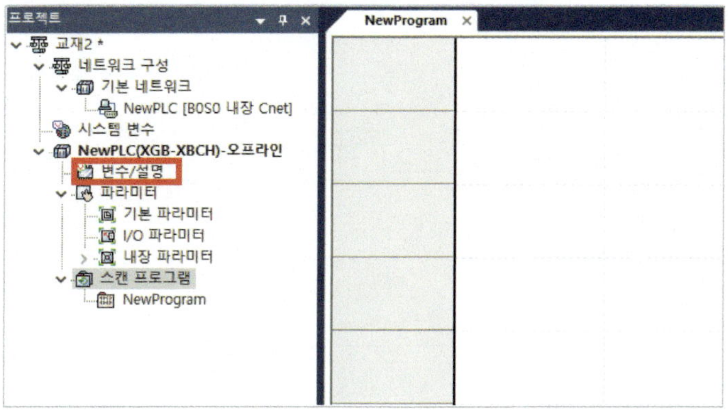

② 변수 입력창에서 변수와 Device를 입력한다.

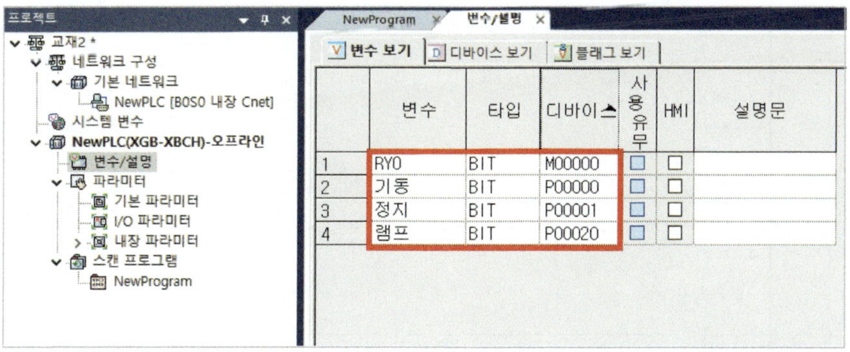

③ 프로그램 작성 후 메뉴창의 보기- 변수 보기 화면

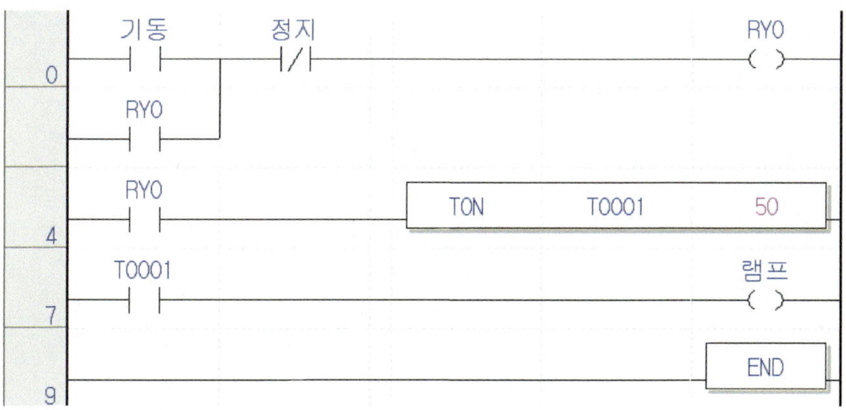

④ 프로그램 작성 후 메뉴창의 보기- Device 보기 화면

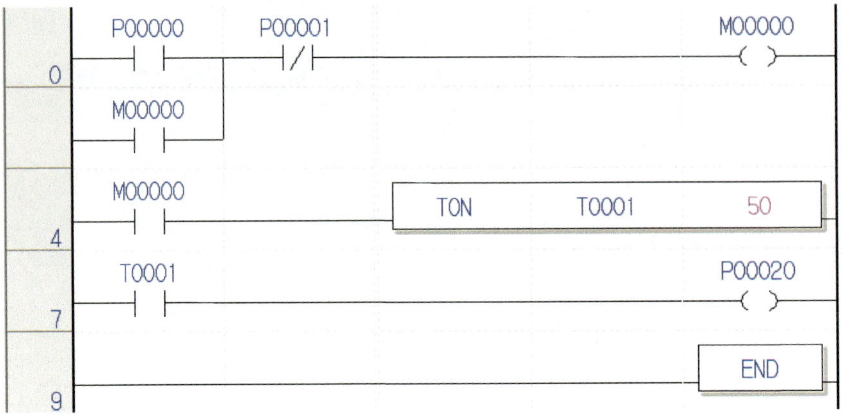

⑤ 프로그램 작성 후 메뉴창의 보기- Device/변수 보기 화면

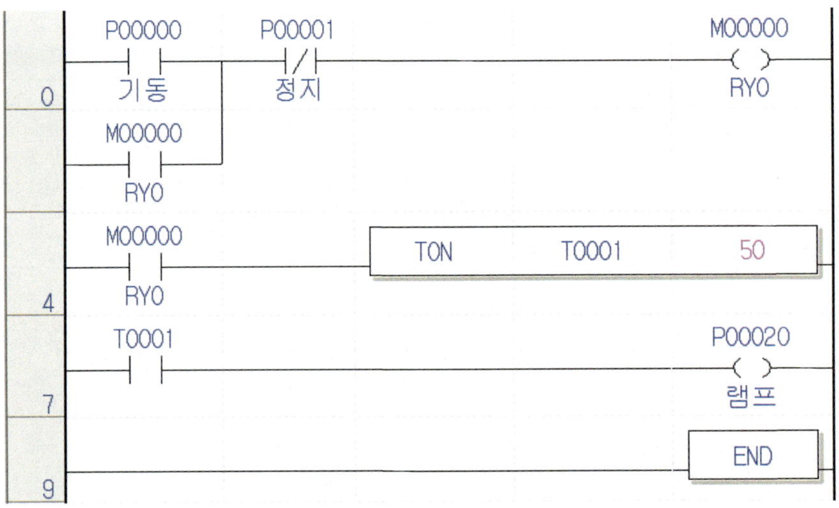

4) 작성된 프로그램 (변수를 사용하여 보기–변수/Device 보기 이용)

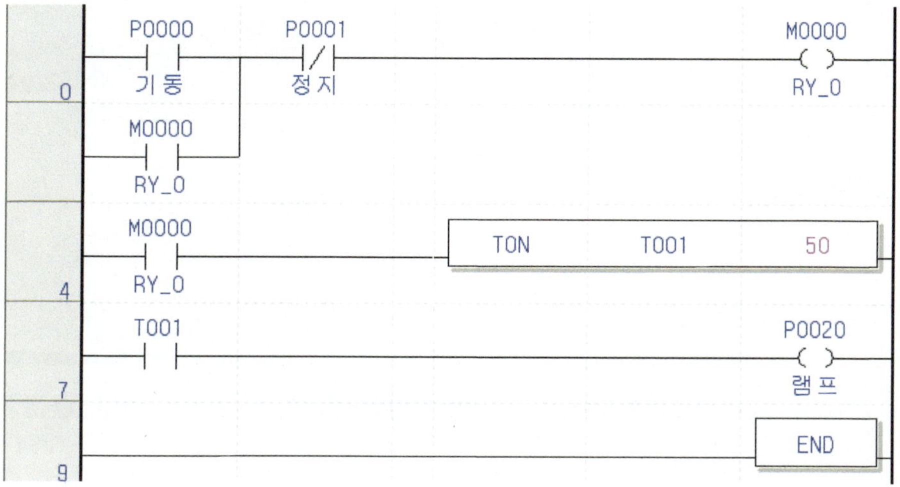

(1) 프로그램 작성 순서

래더 심볼에서 시퀀스 프로그램을 작성한다.

여기에서는 툴 버튼을 사용하여 프로그램을 작성할 것이다.

- **비고** : 래더 작성 화면에서 오른쪽 버튼을 클릭하여 메뉴를 표시하면 여러 가지 편집이나 검색 조작을 실행할 수 있다.
- **알아두면 편리한 단축키** :
  - · 라인 삽입: Ctrl + L
  - · 라인 삭제: Ctrl + D
  - · 셀 삽입: Ctrl + I
  - · 셀 삭제: Ctrl + T

① 툴바의 F3 버튼을 클릭하고 프로그램 입력화면에서 입력할 셀을 클릭하면 변수/Device 입력 창이 표시된다. 변수/Device 입력 창에 "P0"를 입력하면 "P0000"이 입력된다. (워드 번호의 "0"은 생략할 수 있다.) 잘못 입력한 경우는 취소 버튼을 클릭하면 된다.

② 정확히 입력하였으면 확인 버튼을 클릭한다.

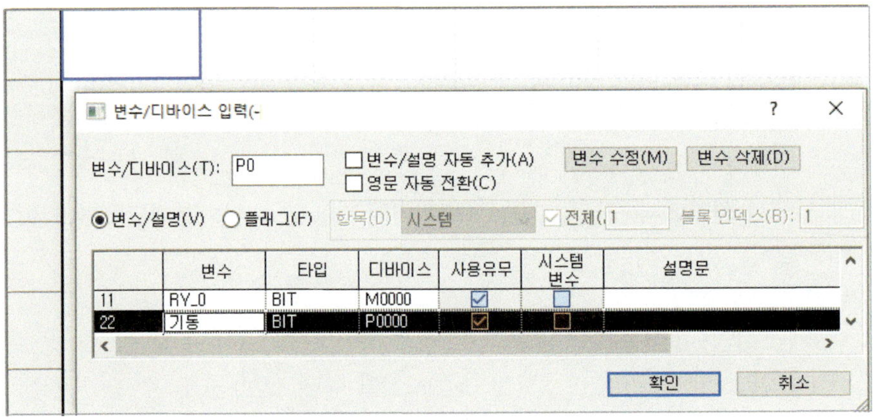

③ 위와 같이 입력한 래더(P0)가 표시된다.

④ 툴바의 [F4] 버튼을 클릭한 다음 "P1"을 입력한다.

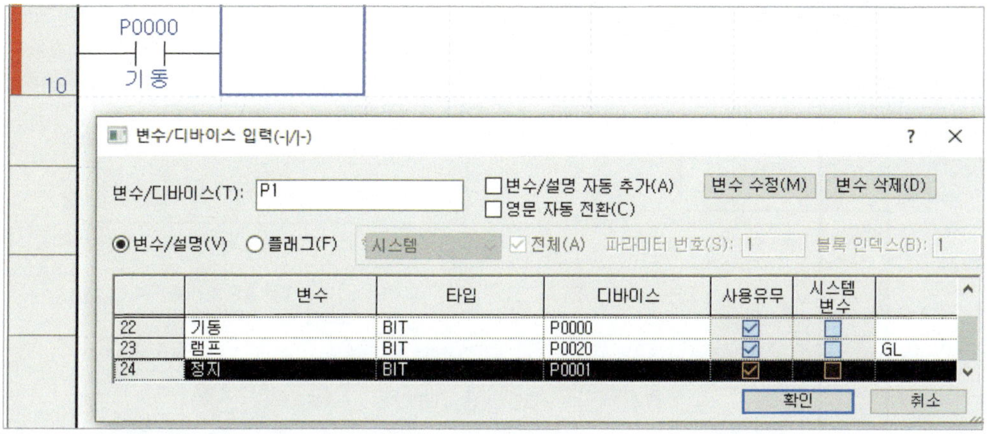

⑤ 확인 버튼을 클릭한다.

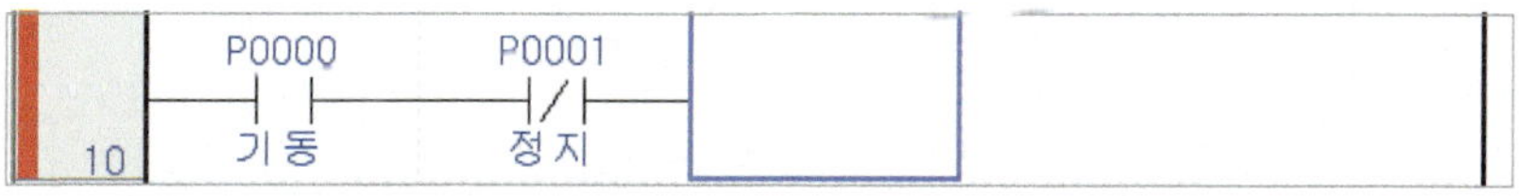

⑥ 위와 같이 입력한 래더(P1)가 표시된다.

⑦ 툴바에서 [F9] 버튼을 클릭한 다음 프로그램 입력화면에서 입력할 셀을 클릭하고 변수/Device 창에서 "M0"를 입력하고 확인 버튼을 클릭하면 아래와 같이 입력한 "M0000"이 표시된다.

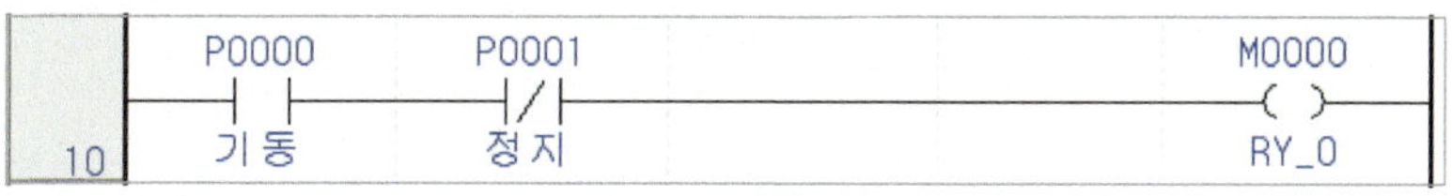

⑧ 툴바에서 버튼을 클릭한 다음 프로그램 입력화면에서 입력할 셀을 클릭하고 변수/Device 창에서 “M0”를 입력하고 확인 버튼을 클릭한다.

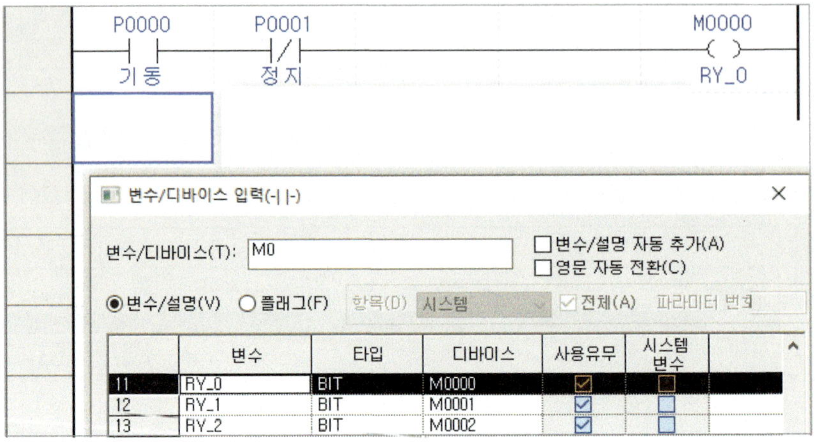

⑨ 아래와 같이 입력한 “M0000”이 “P0000”과 OR 회로로 표시된다.

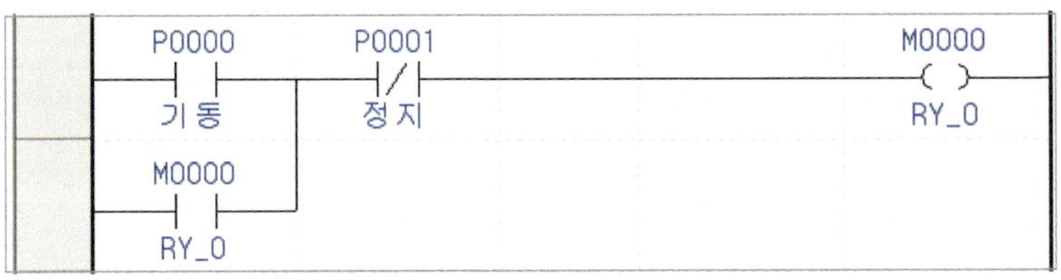

⑩ 입력 커서를 다음 행으로 이동시킨 후 툴바에서 버튼을 클릭한 다음 프로그램 입력화면에서 입력할 셀을 클릭하고 변수/Device 창에서 “M0”를 입력하고 확인 버튼을 클릭하면 아래와 같이 입력한 “M0000”이 표시된다.

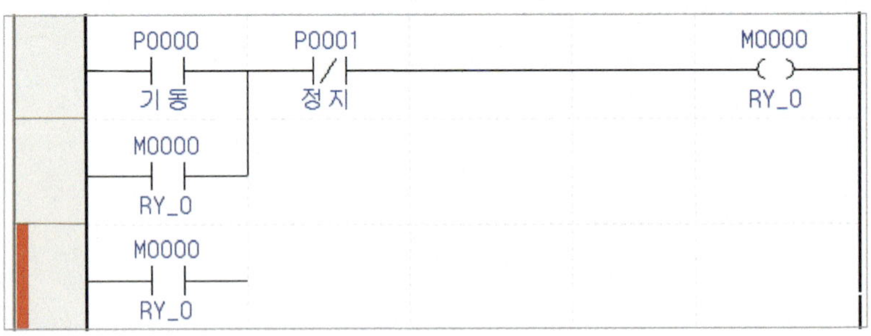

⑪ 툴바에서 F10버튼을 클릭한 다음 프로그램 입력 화면에서 입력할 셀을 클릭하고 응용 명령 창에서 "TON T1 50"을 입력시킨다. (이때 TON과 T1과 50은 1칸씩 띄워서 입력한다.)

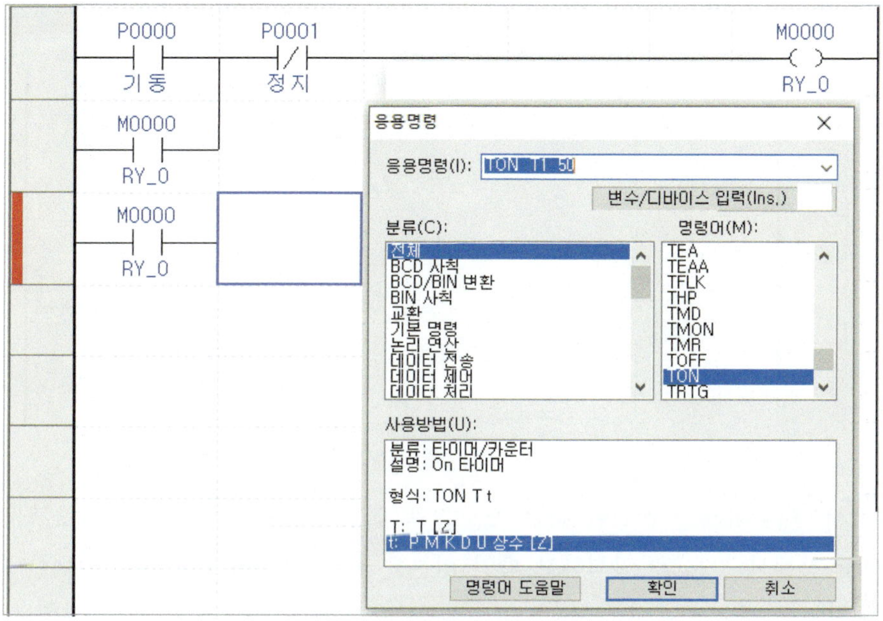

⑫ 확인 버튼을 누르면 입력한 래더 "TON T001 50"이 표시된다.

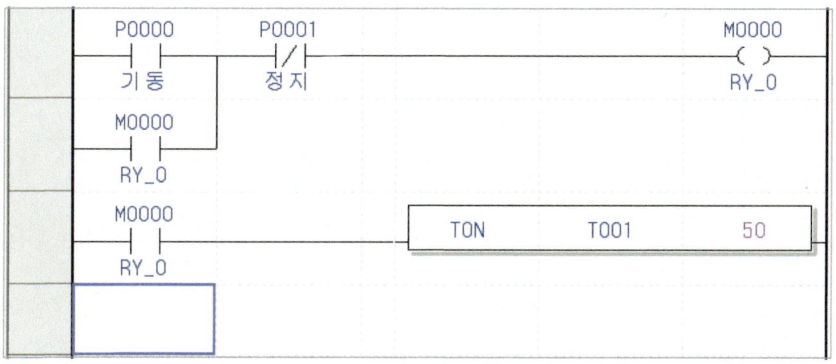

TON T1 50 이란?

TON : 타이머의 종류(ON 딜레이 타이머(ON-Delay Timer))

T001 : 타이머의 번호

50 : 5초를 의미함 (설정 시간)

⑬ 입력 커서를 다음 행으로 이동시킨 후 툴바에서  버튼을 클릭한 다음 프로그램 입력화면에서 입력할 셀을 클릭하고 변수/Device 창에서 "T1"을 입력하고 확인 버튼을 클릭하면 아래와 같이 입력한 "T001"이 표시된다.

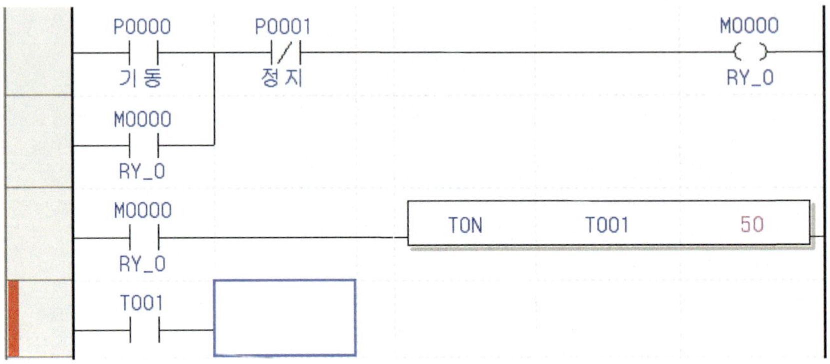

⑭ 툴바에서  버튼을 클릭한 다음 프로그램 입력화면에서 입력할 셀을 클릭하고 변수/Device 창에서 "P20"을 입력하고 확인 버튼을 클릭하면 아래와 같이 입력한 "P0020"이 표시된다.

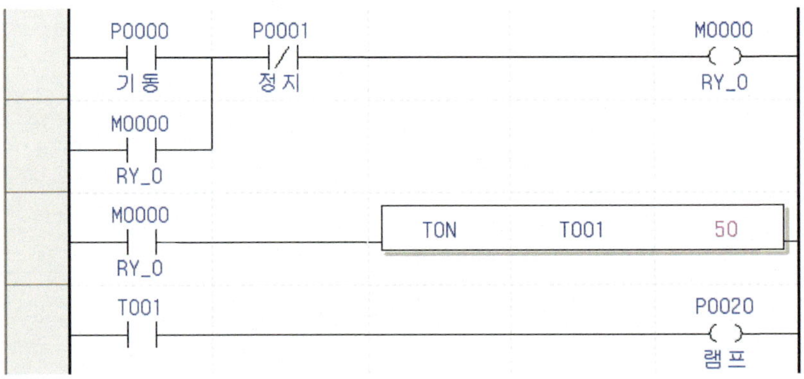

⑮ 래더 작성이 완료되면 반드시 툴바에서 {F} F10 버튼을 클릭한 다음 "END"를 입력한다.

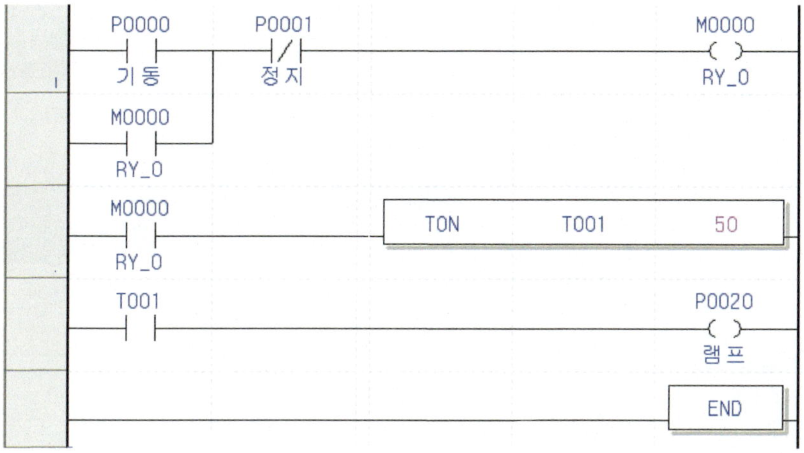

5) 설명문 입력

설명문을 입력한다. 렁의 시작 위치에 표시되는 설명문을 [렁 설명문], 출력 요소에 대한 설명문을 [출력 설명문]이라고 한다.

(1) 렁 설명문

① 렁 설명문을 입력하고자 하는 위치로 커서를 이동시킨다.

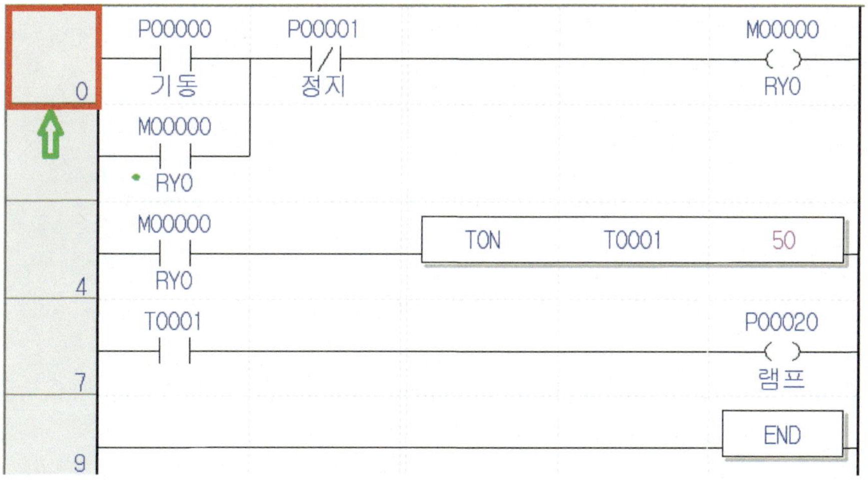

② 메뉴 [편집] - [설명문/레이블 입력]을 선택한다. 또는 ①의 화살표 부분을 더블클릭을 하고 설명문/레이블 창이 나타나면 확인 버턴을 클릭한다.

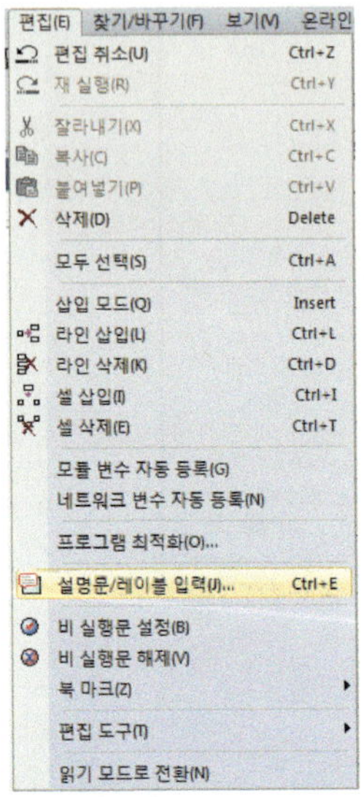

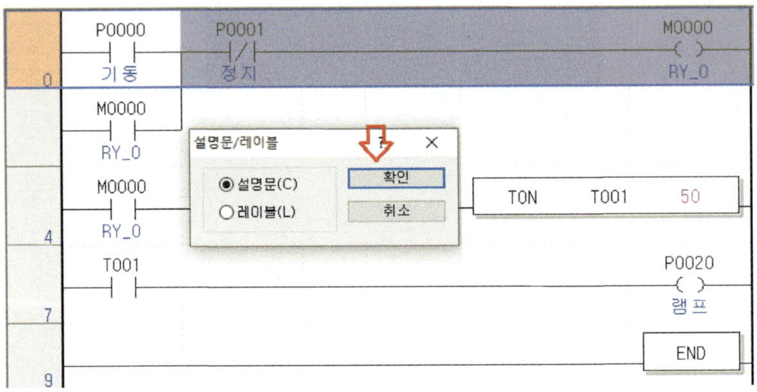

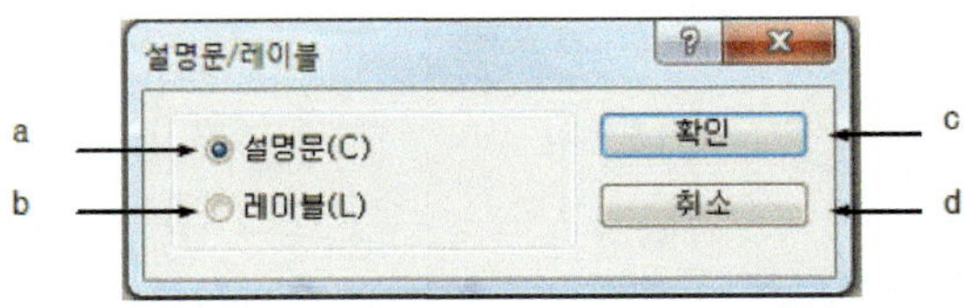

a. 설명문: 렁 설명문 입력을 선택한다.
b. 레이블: 레이블 입력을 선택한다.
c. 확인: 선택한 내용을 적용하고 대화 상자를 닫는다.
d. 취소: 대화 상자를 닫는다.

③ 설명문 및 레이블을 입력하고 확인 버턴을 클릭한다.

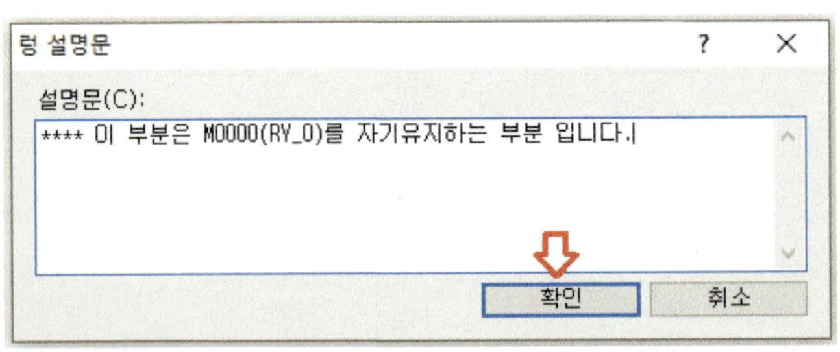

④ 아래와 같이 렁 설명문이 나타난다.

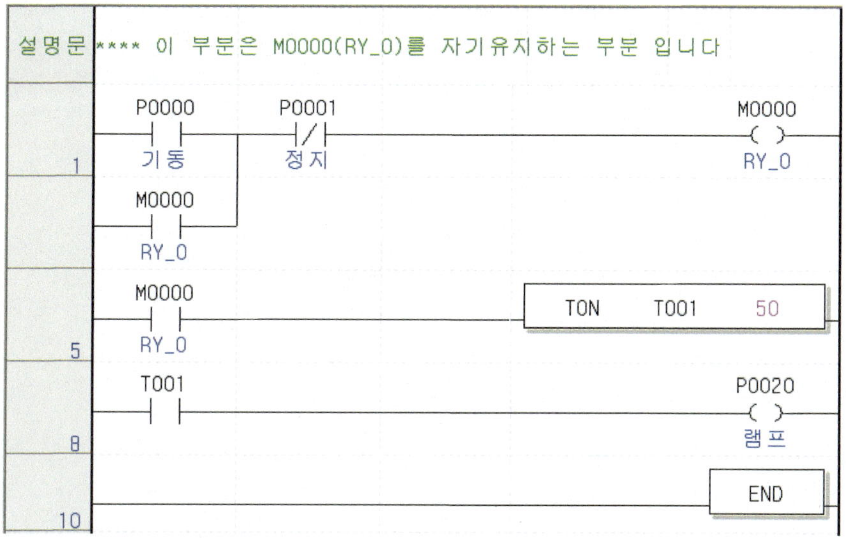

(2) 출력 설명문

① 출력 설명문을 입력하고자 하는 위치로 커서를 이동시켜 더블클릭한다.

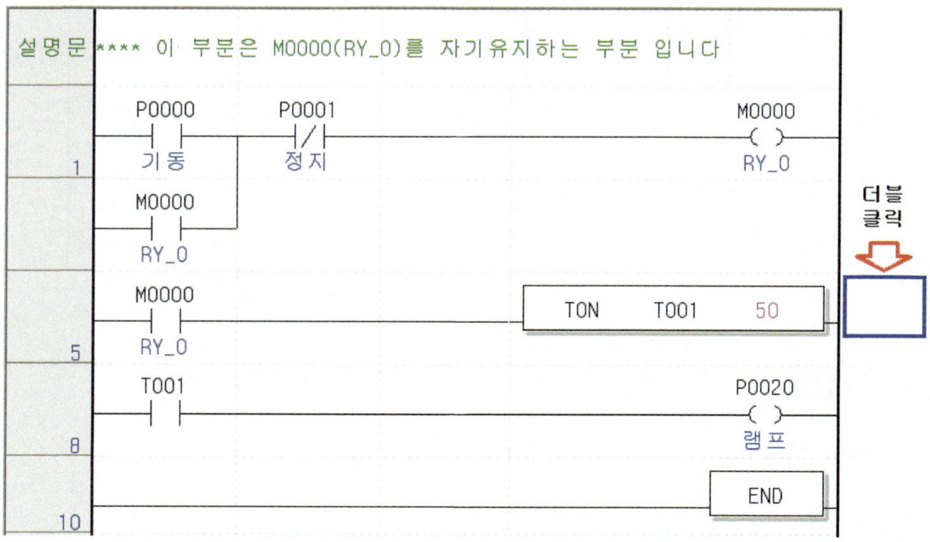

② 출력 설명문을 입력하고 확인 버턴을 클릭한다.

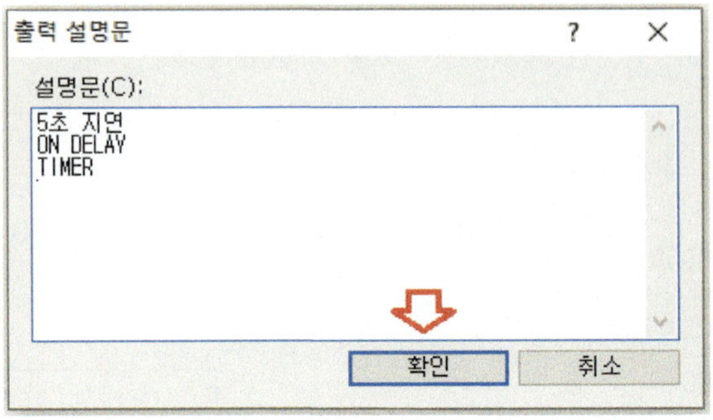

③ 아래와 같이 출력 설명문이 나타난다.

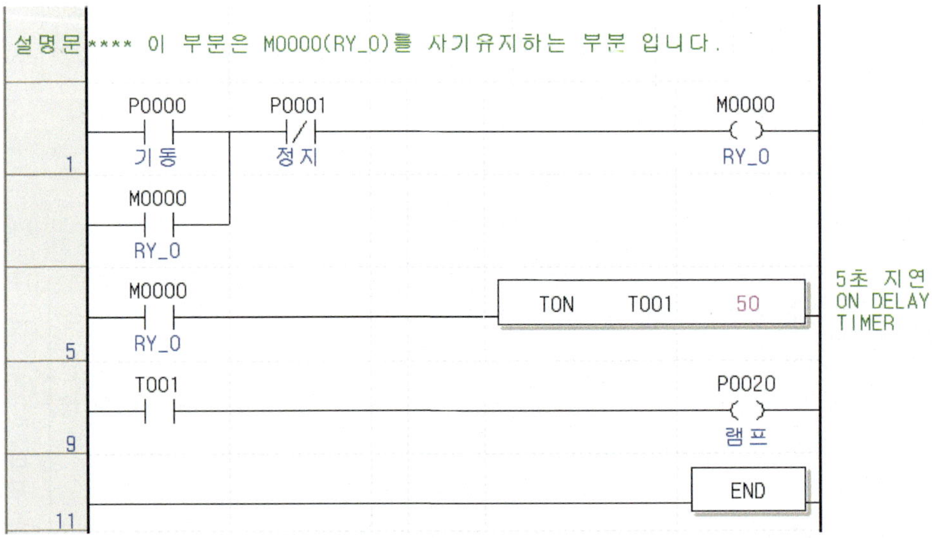

2.1.4 연결 대상 지정

PLC와의 연결 네트워크 설정을 한다.

1) 로컬 접속 설정

로컬 접속 설정은 RS-232C 또는 USB 연결이 가능하다.

(1) 메뉴 [온라인] – [접속 설정]을 선택

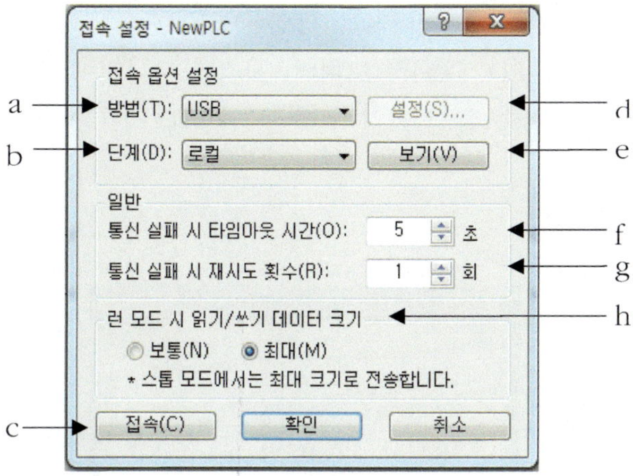

a. 접속 방법: PLC와 연결 시 통신 미디어를 설정한다. RS-232C, USB, Ethernet, Modem으로 설정을 할 수 있다.

b. 접속 단계: PLC와의 연결 구조를 설정한다. 로컬, 리모트 1단, 리모트 2단 연결 설정을 할 수 있다.

c. 접속: 설정된 접속 옵션 사항으로 PLC와 연결을 시도한다.

d. 설정: 선택된 접속 방법에 따른 상세 설정을 할 수 있다.

e. 보기: 전체적인 접속 옵션을 한눈에 확인할 수 있다.

f. 타임아웃 시간: 설정된 시간 내에 PLC와의 통신 연결을 재개하지 못할 경우 타임아웃이 발생하여 연결 재시도를 할 수 있다.

g. 재시도 횟수: PLC와의 통신 연결 실패 시 몇 회를 더 다시 통신 연결할지를 설정한다.

h. 런 모드 시 읽기/쓰기 데이터 크기: 데이터 전송 프레임의 크기를 설정한다. 이 옵션은 PLC 운전 모드가 런일 때만 적용되며 그 외 운전 모드는 최대 프레임 크기로 전송한다.

(2) 로컬 RS-232C 연결

- 접속 방법을 RS-232C로 선택한다.
- 설정 버튼을 눌러 통신 속도 및 통신 COM 포트를 설정한다.
- 확인 버튼을 눌러 접속 옵션을 저장한다.

① 기본 설정이 RS-232C COM1에 통신 속도 115200bps이다.

② 통신 속도는 38400bps와 115200bps를 지원한다.

③ XGT Series의 전송 속도는 115200bps이다. Rnet을 이용한 리모트 연결시에는 38400bps 이다.

④ 통신 포트는 COM1~COM8까지 지원한다.
⑤ USB to Serial 장치를 사용 할 경우 통신 포트는 가상의 COM 포트를 사용한다. 설정된 포트 번호를 확인하려면 장치 관리자를 확인한다.
⑥ XG5000에서 접속과 XG-PD, Device 모니터, 시스템 모니터에서의 접속이 하나의 PLC에 동시에 가능하다. 단, 접속 옵션 사항이 같은 경우에만 가능하다.

(3) 로컬 USB 연결

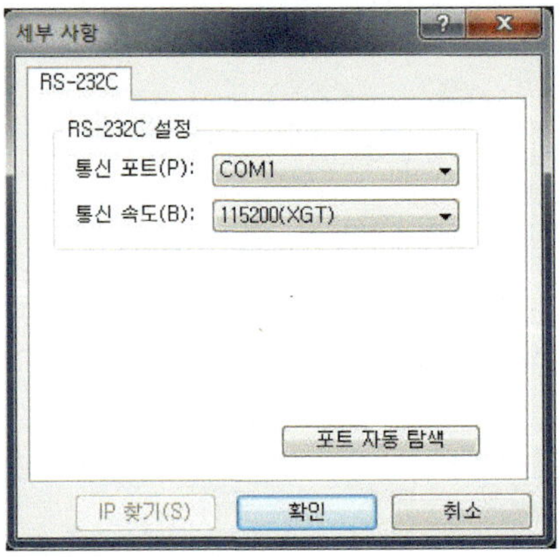

① 접속 방법을 USB로 설정한다.
② USB는 세부 설정 사항이 없다. 그러므로 설정 버튼이 비활성화 된다.
③ 확인 버튼을 눌러 접속 옵션을 저장한다.

2.1.5 PLC 접속

(1) 사용자 프로그램 및 각 파라미터, 설명문 등을 PLC로 전송한다.

① 메뉴 [온라인] - [접속]을 선택하여 PLC와 온라인으로 연결한다.

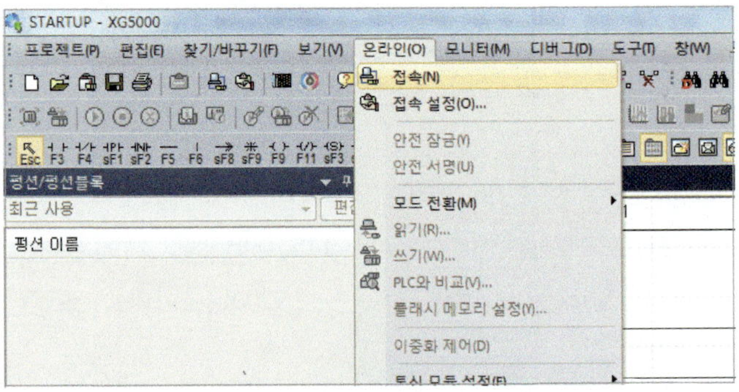

② 메뉴 [온라인] - [쓰기]를 선택한다.

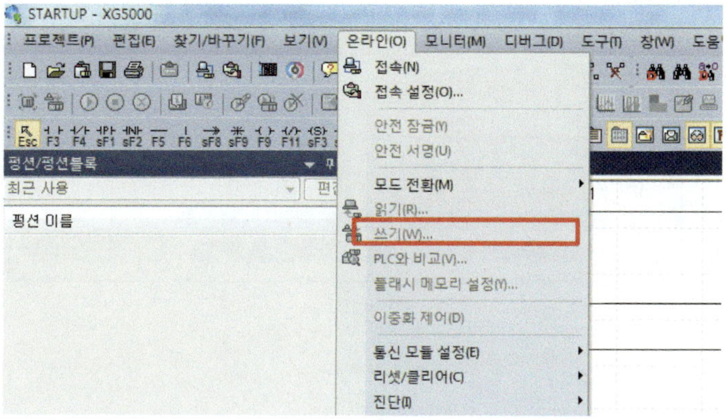

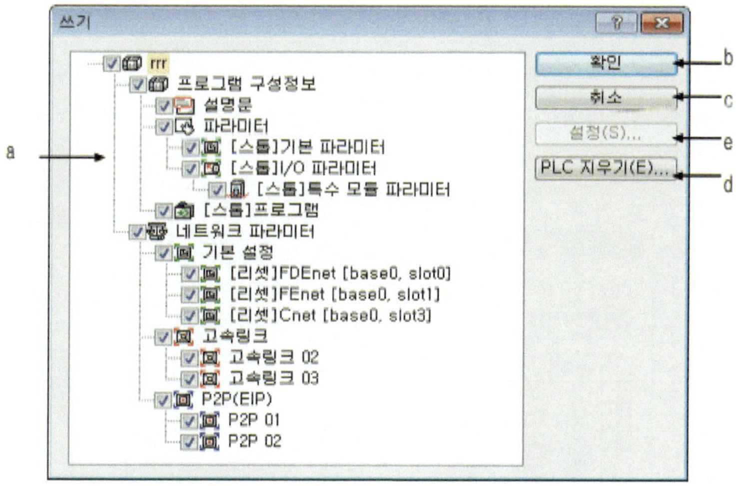

a. 선택 트리: PLC로 전송할 데이터를 선택한다.

b. 확인 버튼: 확인 버튼을 누를 시 PLC로 데이터를 전송한다.

c. 취소 버튼: 데이터 쓰기를 취소한다.

d. PLC 지우기 버튼: 프로그램을 쓰기 전 PLC 내부의 메모리 영역 또는 파라미터, 프로그램을 지울 수 있는 창을 띄운다.

e. 설정: 쓰기에 대한 추가 설정을 할 수 있다.

③ PLC로 전송할 데이터를 선택한 후 확인을 누르면 선택된 데이터를 PLC로 전송한다.

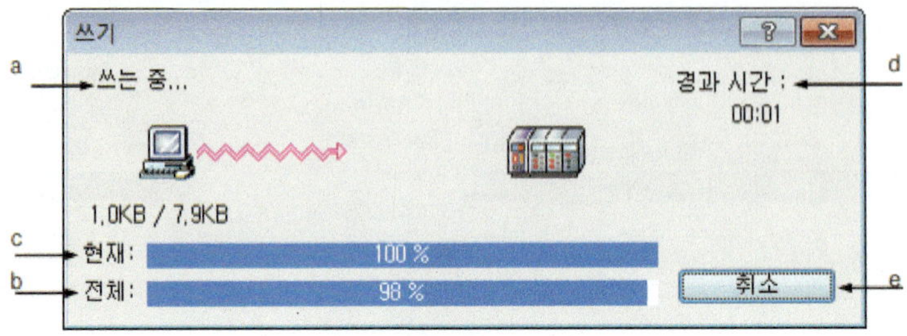

a. 현재 항목의 설명을 보여준다.
b. 현재 항목의 진행 비율을 표시한다.
c. 모든 항목의 진행 비율을 표시한다.
d. 현재까지 전송 진행된 시간을 표시한다.
e. **취소**: 데이터 전송을 취소한다.

④ 설명문 선택 설정 대화 상자

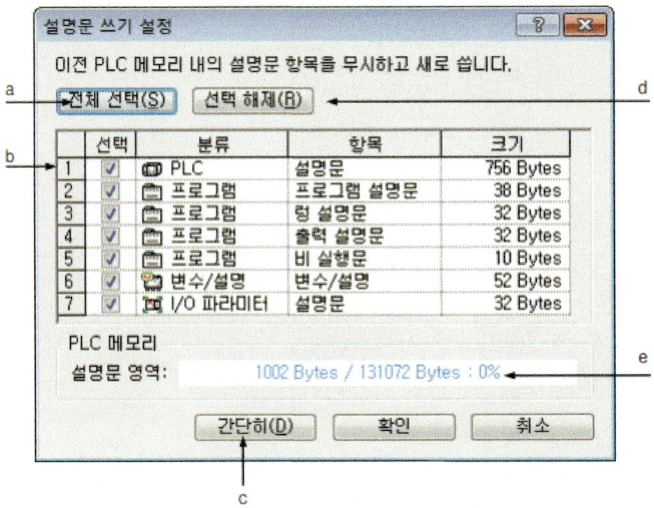

a. **전체 선택**: b 선택 항목을 모두 선택한다.
b. **선택 항목 리스트**: PLC 설명문 메모리 내에 쓸 수 있는 설명문의 항목을 표시한다.
c. 크기 표시를 Byte 또는 KB 단위로 표시한다.
d. **선택 해제**: b 선택 항목에서 선택된 항목을 모두 선택 해제한다.
e. 선택된 항목에 따라 PLC의 설명문 메모리에서 차지하는 비율을 표시한다.

2.1.6 모니터 모드

XG5000의 모니터 기능 중 공통적인 기능(모니터 시작/끝, 현재 값 변경, 모니터 일시 정지, 모니터 다시 시작, 모니터 일시 정지 설정)을 설명한다.

(1) 메뉴 [온라인] – [접속] 항목을 선택하여 PLC와 온라인으로 연결한다.

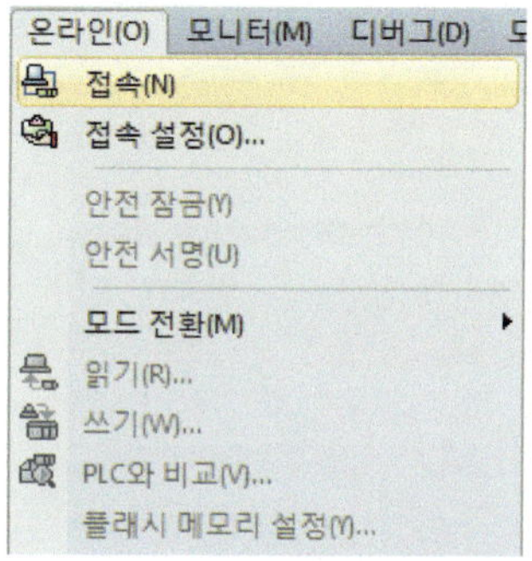

(2) 메뉴 [모니터] – [모니터 시작/끝]을 선택하여 모니터를 시작한다.

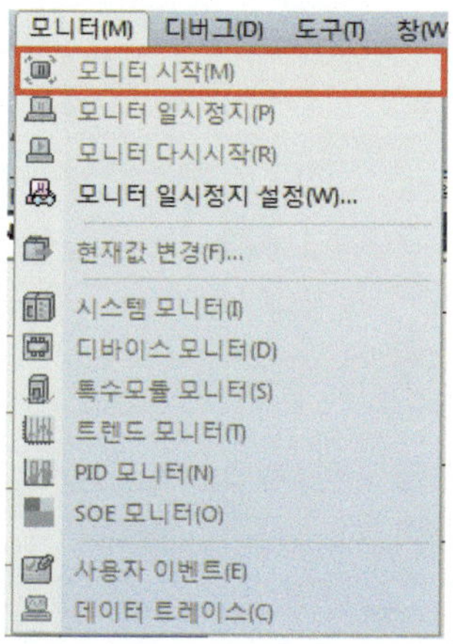

(3) LD 또는 IL 프로그램이 활성화 되어 있으면 모니터 모드로 변경된다.

(4) 모니터 끝

메뉴 [모니터] - [모니터 시작/끝] 항목을 선택하여 모니터를 정지한다.

CHAPTER

03 XGB(XBC) 명령어

3.1 표준규격

XGB시리즈 표준형 기본 유닛(XBM-DR16S, XBM-DN16S, XBM-DN32S)의 성능 규격은 다음과 같다.

항 목		규 격			비 고
		XBM-DR16S	XBM-DN16S	XBM-DN32S	
연산 방식		반복 연산, 정주기 연산, 인터럽트 연산,고정주기 스캔			
입출력 제어 방식		스캔 동기 일괄처리 방식 (리프레시 방식), 명령어에 의한 다이렉트 방식			
프로그램 언어		래더 다이어그램 (Ladder Diagram) 명령 리스트 (Instruction List) SFC (Sequential Function Chart) ST (Structured Text)			
명령어 수	기본 명령	28 종			
	응용 명령	677 종			
연산 속도(기본 명령)		0.16 ㎲/Step			
프로그램 메모리 용량		10ksteps			
최대 입출력 점수		480 점(기본 + 증설 7 단)			
데이터 영역	P	P0000 ~ P127F (2,048 점)			
	M	M0000 ~ M255F (4,096 점)			
	K	K00000 ~ K2559F(특수 영역 : K2600~2559F) (40,960 점)			
	L	L00000 ~ L1279F (20,480 점)			
	F	F000 ~ F255F (4,096 점)			
	T	100ms, 10ms, 1ms : T000 ~ T255 (파라미터 설정에 의해 영역 변경이 가능함)			
	C	C000 ~ C255			
	S	S00.00 ~ S127.99			
	D	D0000 ~ D5119(5120 워드)			워드
	U	U00.00 ~ U07.31(아날로그 데이터 리프레시 영역 : 256 워드)			워드
	Z	Z000~Z127(128 워드)			워드
	N	N0000~N3935(3936 워드)			워드
총 프로그램 수		128 개			
초기화 태스크		1 개(_INT)			
정주기 태스크		최대 8 개			
외부 접점 태스크		최대 8 개			
내부 디바이스 태스크		최대 8 개			
운전 모드		RUN, STOP, DEBUG			
자기 진단 기능		연산 지연 감시, 메모리 이상, 입출력 이상			
프로그램 포트		RS-232C(Loader), RS-232C , RS-485			
정전시 데이터 보존방법		기본 파라미터에서 래치 영역 설정			
내부 소비 전류		400mA	240mA	300mA	
중 량		140g	100g	110g	

<table>
<tr><th colspan="3" rowspan="2">항 목</th><th>규 격</th><th rowspan="2">비 고</th></tr>
<tr><th>XBM-DxxxS</th></tr>
<tr><td rowspan="15">내장 기능</td><td colspan="2">PID 제어기능</td><td>명령어에 의한 제어, 오토 튜닝, PWM 출력 기능
강제 출력, 연산 스캔시간 설정, Anti Windup
Delta MV 기능, SV-Ramp 기능</td><td></td></tr>
<tr><td colspan="2">Cnet I/F 기능</td><td>전용 프로토콜 지원
모드버스 프로토콜 지원
사용자 정의 프로토콜 지원
} RS-232C 1 포트
RS-485 1 포트</td><td></td></tr>
<tr><td rowspan="3">고속카운터기능</td><td>성 능</td><td>1 상 : 20 kHz 4 채널
2 상 : 10 kHz 2 채널</td><td></td></tr>
<tr><td>카운터 모드</td><td>입력 펄스와 가 · 감산 방식에 따라 4 가지의 카운터 모드 지원
• 1 상 펄스 입력시 가 · 감산 카운터
• 1 상 펄스 입력시 B 상 입력에 의한 가 · 감산 카운터
• 2 상 펄스 입력시 가 · 감산 펄스 입력 카운터
• 2 상 펄스 입력시 위상차에 의한 가 · 감산 카운터</td><td></td></tr>
<tr><td>부가 기능</td><td>• 내부/외부 프리셋 기능
• 래치 카운터 기능
• 비교 출력 기능
• 단위시간당 회전수 기능</td><td></td></tr>
<tr><td rowspan="5">위치결정 기능</td><td>기본 기능</td><td>제어축수 : 2 축
제어방식 : 위치/속도제어
제어단위 : 펄스
위치 결정 데이터 : 각 축마다 30 개 데이터 선택
(운전 스텝 번호:1~30)
운전 모드 : 종료, 계속, 연속운전
운전 방식 : 단독, 반복운전</td><td rowspan="5">TR 출력 타입지원</td></tr>
<tr><td>위치 결정</td><td>위치 결정 방식 : 절대(Absolute) 방식 / 상대(Incremental)방식
위치 어드레스 범위 : -2,147,483,648 ~ 2,147,483,647
속도 : 최대 100kpps(설정 속도 범위: 1 ~ 100,000pps)
가/감속 처리 (운전 패턴 : 사다리꼴 방식)</td></tr>
<tr><td>원점 복귀 방법</td><td>근사 원점 신호(Off)와 원점 신호에 의한 방법
근사 원점 신호(On)와 원점 신호에 의한 방법
근사 원점 신호에 의한 방법</td></tr>
<tr><td>조그 운전</td><td>설정 속도 범위: 1 ~ 100,000pps(고속/저속)</td></tr>
<tr><td>부가 기능</td><td>인칭운전, 속도동기운전, 위치동기운전, 직선보간운전 등</td></tr>
<tr><td colspan="2">펄스 캐치</td><td>펄스폭: 50 ㎲ 8 점(P0000 ~ P0007)</td><td></td></tr>
<tr><td colspan="2">외부접점 인터럽트</td><td>펄스폭: 50 ㎲ 8 점(P0000 ~ P0007)</td><td></td></tr>
<tr><td colspan="2">입력 필터</td><td>1,3,5,10,20,70,100 ㎳중 선택(모듈별 선택 가능)</td><td></td></tr>
</table>

3.2 데이터의 종류 및 사용방법

3.2.1 데이터의 종류

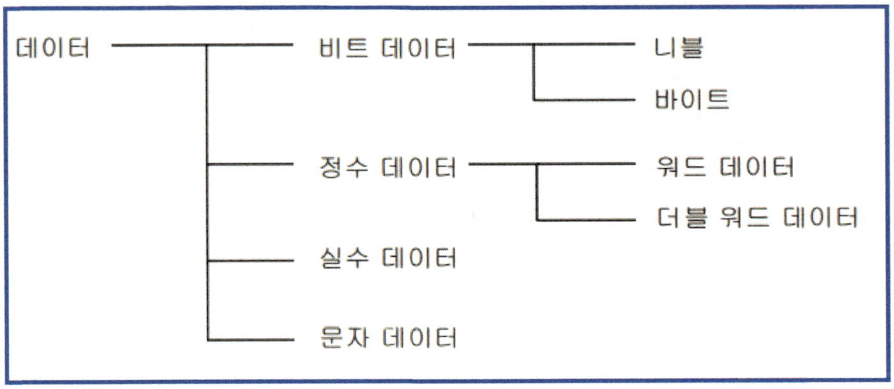

3.2.2 비트 데이터(BIT)

비트 데이터는 접점이나 코일과 같이 1비트로 ON/OFF를 표시하거나 입출력은 되지 않고 메모리 내에서 1비트 단위로 처리되는 데이터를 말한다. 비트 디바이스 혹은 워드 Device의 비트 지정 방법으로 비트 데이터를 사용할 수 있다.

1) 비트 Device

한 점 단위로 저장되거나 읽어올 수 있는 Device로 P, M, L, K, F, T, C, S 등이 있다. 비트 데이터를 액세스하기 위해 한 점(비트) 단위로 지정해서 사용한다. 이때 가장 아래 자리는 16진수로 표기한다. 이런 표현 방식은 비트 Device로 워드 데이터의 표현을 쉽게 할 수 있게 한다.

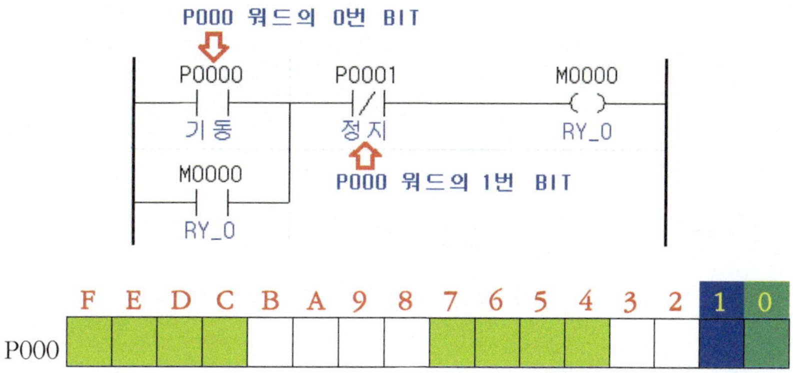

2) 워드 Device의 비트 지정 방법

워드 Device에 비트 No를 지정함으로써 비트 데이터를 사용할 수 있다. 표현 방법은 다음과 같다.

워드 Device 번호 . 비트 번호

여기서 워드 Device 번호는 10진수로 표기하고 비트 번호는 16진수로 표기한다. 예를 들어, D0010의 세 번째 비트는 D0010.2과 같이 지정한다.
D0011의 11번째 비트는 D0011.A와 같이 지정한다.

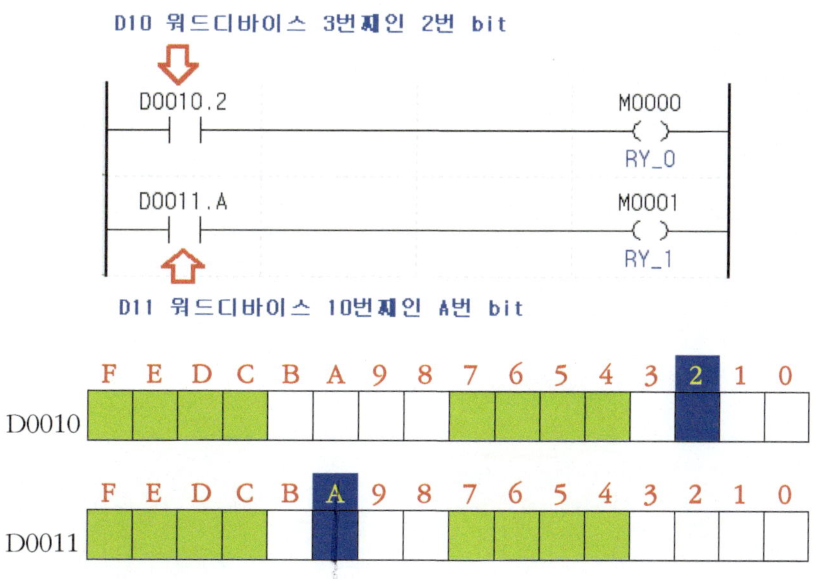

비트 Device도 워드 Device처럼 워드 단위의 데이터 처리가 가능하다.
하지만 워드 Device처럼 P0010.1과 같은 표현은 사용할 수 없다.

3.2.3 니블/바이트 데이터 (NIBBLE/BYTE)

니블과 바이트는 XG-5000에 새로 추가된 데이터 종류로서 각각의 명령어 이름 뒤에 4나 8이 붙은 명령어에서 사용되는 데이터이다. 니블과 바이트의 시작 비트를 입력함으로써 사용할 수 있고 입력한 접점부터 4/8 비트가 처리할 데이터가 된다.

1) 표현 범위

니블 : 0~15 (4비트)

바이트 : 0~255 (8비트)

2) 사용 방법

① **비트 Device(P, M, K, F, L)의 경우** : 오퍼랜드로 사용된 비트 Device의 접점부터 4 또는 8 비트를 취한다. 이때, 4비트나 8비트를 취할 때 해당 비트 Device의 영역을 넘어갈 경우에는 넘어가는 비트만 0으로 처리한다. 만약 DestinatiON으로 지정된 오퍼랜드였다면, 영역을 넘어가는 부분의 데이터는 소실된다.

아래 그림에서 P0000를 ON하면 M002워드의 8번 bit부터 1니블(4bit) 데이터를 P002 워드의 0번 bit부터 1니블(4bit)에 전송한다.

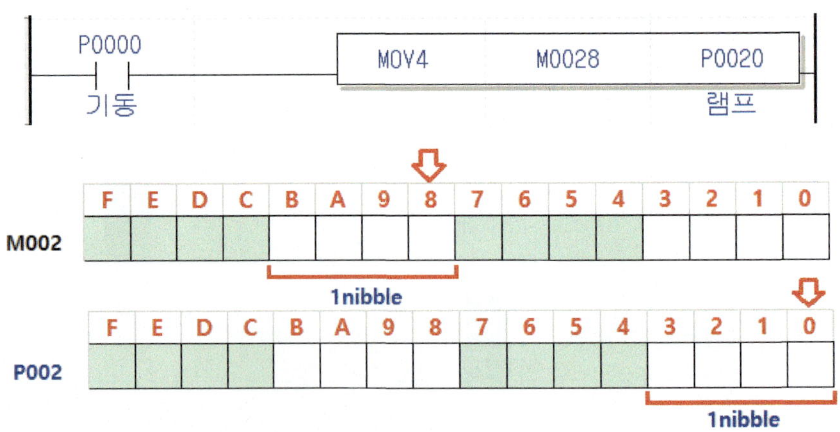

② **워드 Device의 경우** : 오퍼랜드로 사용된 워드 Device의 비트 접점부터 4 또는 8비트를 취한다. 이때, 지정한 비트 접점이 Source로 사용되었고 지정한 접점부터 4비트나 8비트를 취할 때 워드 단위를 넘어가게 되면 넘어간 비트에 대해서는 0으로 처리한다. 마찬가지로 지정한 비트 접점이 Destination으로 사용되었다면 워드를 넘어가는 데이터는 소실된다.

아래 그림에서 P0000를 ON하면 D0010 워드의 B번(11번째) bit부터 1바이트의 데이터를 P002 워드의 5번 bit부터 1바이트에 전송한다. 이때 비트 위치가 B인 경우 바이터 데이터를 취할려면 D0010의 워드 범위를 벗어나므로 상위 3비트는 "0"으로 처리하여 전송한다.

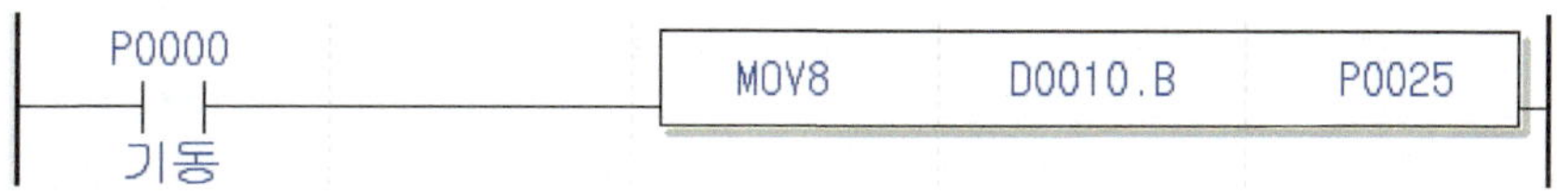

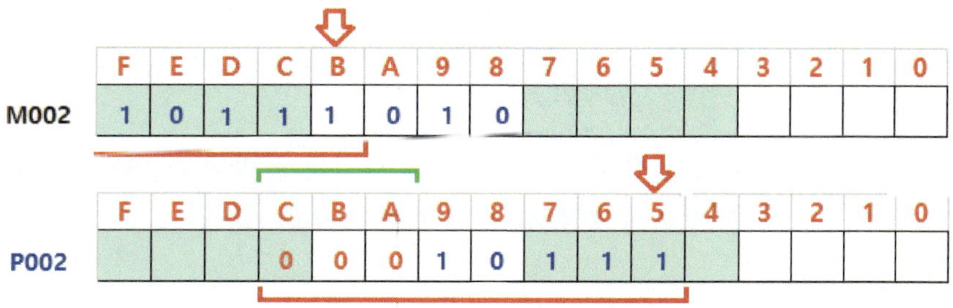

3.2.4 워드 데이터 (WORD)

워드 데이터는 16비트의 수치 데이터를 말한다. 표기 방법은 10진수와 16진수로 할 수 있고, 16진수로 표기할 경우에는 숫자 앞에 H를 붙인다.

- 10진수 : -32,768~32,767 (Signed 연산) 또는 0~65,535 (Unsigned 연산)
- 16진수 : H0~HFFFF

워드 Device나 비트 Device로 워드 데이터 표현이 가능하다.

1) 워드 Device

워드 Device의 1점(워드) 단위로 지정한다.

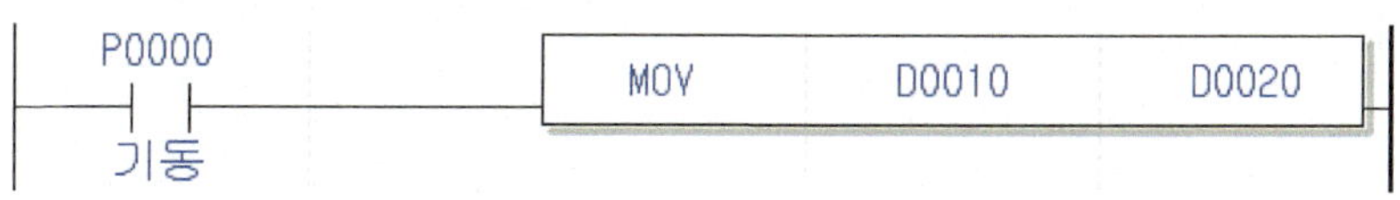

2) 비트 Device

비트 Device 표기법에서 가장 하위 자리(16진수로 표기하는 자리 - 비트를 나타내는 위치)를 빼고 표기하면 워드 데이터로 지정하게 된다.

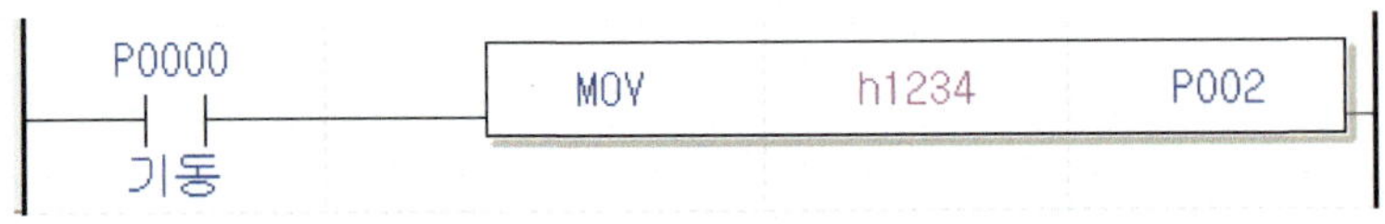

	F	E	D	C	B	A	9	8	7	6	5	4	3	2	1	0
P002	0	0	0	1	0	0	1	0	0	0	1	1	0	1	0	0
	1				2				3				4			

3.2.5 더블 워드 데이터 (DWORD)

더블워드 데이터는 32비트의 수치 데이터를 말한다. 표기 방법은 10진수와 16진수로 할 수 있고, 16진수로 표기할 경우에는 숫자 앞에 H를 붙인다.

- 10진수 : -2,1474,83,648~2,147,483,647 (Signed 연산) 또는
  0~4,294,967,295 (Unsigned 연산)
- 16진수 : h0~hHFFFFFFFF

워드 Device나 비트 Device로 더블워드 데이터 표현이 가능하다.

1) 워드 Device

32비트 데이터 중 하위 16비트 데이터에 해당하는 Device 번호를 지정한다. (지정한 Device 번호)와 (지정한 Device 번호 + 1)의 데이터를 더블 워드 데이터로 사용하게 된다.

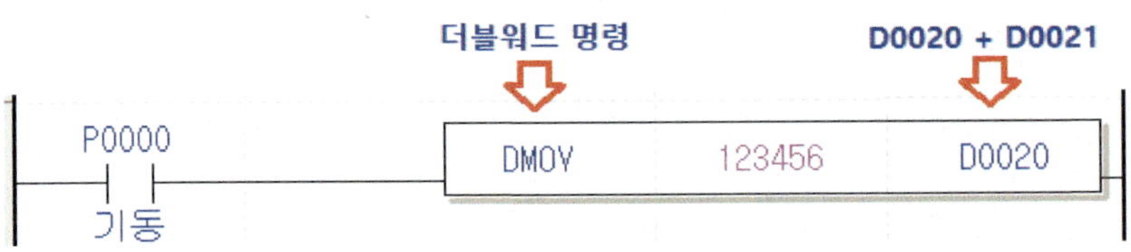

2) 비트 Device

워드 데이터를 표기할 때와 마찬가지로 가장 하위 자리를 빼고 표기하며, (지정된 Device 번호)와 (지정된 Device 번호 + 1)의 데이터를 더블워드 데이터로 사용하게 된다.

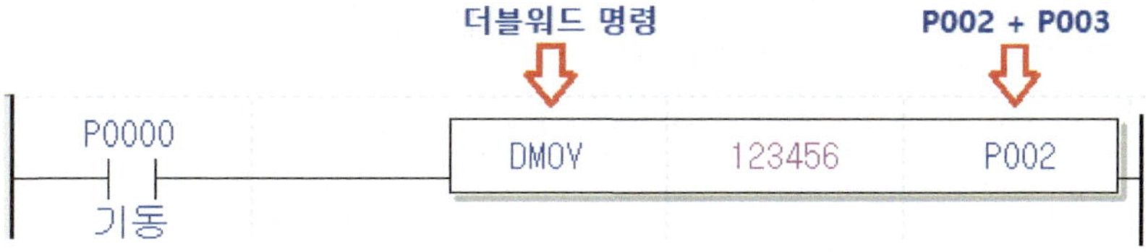

3.2.6 실수 데이터 (REAL, LREAL)

실수 데이터는 32비트/64비트 부동 소수점 데이터를 말한다. 여기서 32비트 부동 소수점 데이터를 단장형 실수, 64비트 부동 소수점 데이터를 배장형 실수라고 한다. 표기 방법은 10진수 형태(소수점 표현)로만 가능하다. 그리고 워드 디바이스와 비트 Device 모두 사용 가능하다.

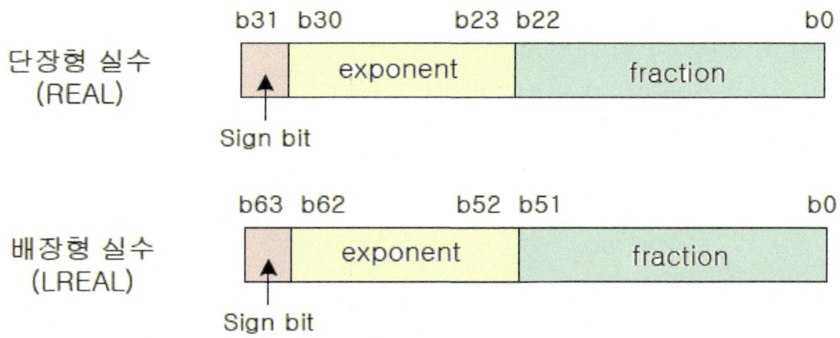

(1) 표현범위

- 단장형 실수 : -3.402823466e+038~-1.175494351e-038 또는 0
  또는 1.175494351e-038~.402823466e+038
- 배장형 실수 : -1.7976931348623157e+308~-2.2250738585072014e-308 또는 0
  또는 2.2250738585072014e-308~1.7976931348623157e+308

(2) 지원되는 연산명령

사칙연산, 변환, 비교, 삼각함수 등의 명령어를 지원한다.

(3) 표현 불가능한 부분

음수 부분도 대칭적으로 표현 불가능한 부분이 존재한다.

- 단장형 실수 : Unsigned 0∼1.40129846e-45
  Signed -1.175494351e-038∼1.175494351e-038
- 배장형 실수 : Unsigned 0∼4.9406564584124654e-324
  Signed -2.2250738585072014e-308∼2.2250738585072014e-308

3.2.7 문자 데이터

응용 명령 중에 문자열 관련 명령어에서 사용 가능한 데이터 타입으로 숫자, 알파벳, 특수기호 등을 아스키코드의 형태로 저장한다. 또한 한글, 한자 등 16비트 코드를 요하는 문자열도 사용 가능하다.

문자 데이터의 구분은 NULL 코드(h00)가 나올 때까지를 하나의 문자열로 취급하며 한 문자열의 최대 길이는 32바이트(NULL 포함)까지 사용 가능하다. 즉, 영문만 사용할 때는 31글자, 국문만 사용하면 15글자까지 사용 가능하며 혼합해서도 사용 가능하다.

직접 입력하는 문자열의 크기가 최대 크기를 넘어갈 경우, 프로그래밍 툴인 XG5000에서 경고 메시지가 발생하여 최대 크기를 넘어가는 문자열을 입력할 수 없다. 최대 문자 입력의 경우 데이터 구조는 31바이트+NULL(1바이트)이다.

예) 알파벳의 1자는 1바이트 입니다.

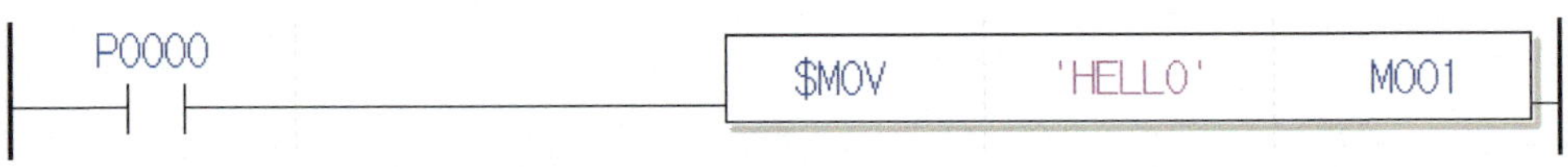

	F	E	D	C	B	A	9	8	7	6	5	4	3	2	1	0	UINT	INT	16진수	문자
M000	0	0	0	0	0	0	0	0	0	0	0	0	0	0	0	0	0	0	0	
M001	0	1	0	0	0	1	0	1	0	1	0	0	1	0	0	0	17736	17736	4548	HE
M002	0	1	0	0	1	1	0	0	0	1	0	0	1	1	0	0	19532	19532	4C4C	LL
M003	0	0	0	0	0	0	0	0	0	1	0	0	1	1	1	1	79	79	4F	O

아스키코드값으로 표기되며 H: h48, E: h45, L: h4C, O: h4F이다.

예) 한글의 1자는 1워드이다.

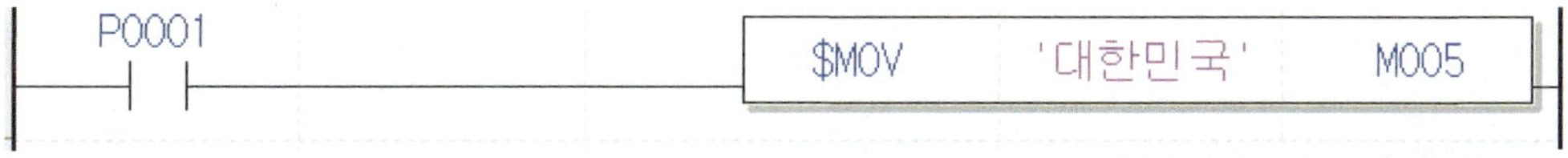

	F	E	D	C	B	A	9	8	7	6	5	4	3	2	1	0	UINT	INT	16진수	문자
M005	1	1	1	0	1	0	1	1	1	0	1	1	0	1	0	0	60340	-5196	EBB4	대
M006	1	1	0	1	0	0	0	1	1	1	0	0	0	1	1	1	53703	-11833	D1C7	한
M007	1	1	0	0	1	1	1	0	1	0	1	1	1	0	0	1	52921	-12615	CEB9	민
M008	1	0	1	1	1	0	0	1	1	0	1	1	0	0	0	1	47537	-17999	B9B1	국
M009	0	0	0	0	0	0	0	0	0	0	0	0	0	0	0	0	0	0	0	

3.3 Device 영역 설명

3.3.1 Device의 구분

Device는 크게 표현 방법 및 오퍼랜드 처리 방법에 따라 비트 Device와 워드 디바이스로 나뉜다.

1) 비트 Device

① LOAD나 OUT과 같은 기본 명령어에 사용할 때, .(점)없이 비트 표현이 가능한 Device

② P, M, K, F, T(비트 접점), C(비트 접점), L, S

③ 인덱스 기능 사용시 : 비트 Device에 인덱스 기능을 사용하면 비트의 위치에 인덱스 레지스터의 값을 더한 비트를 가리키게 된다. 단, 비트 Device를 응용 명령에서 사용했고, 그 명령어의 오퍼랜드가 워드 데이터인 경우에는 워드로 계산된다.

예) LOAD P00001[Z1] ⇨ Z1=8이면, LOAD P(1+8) = LOAD P00009

MOV P00001[Z1] D00010 ⇨ Z1=8이면, MOV P00009 D00010

2) 워드 Device

① Device의 기본 표현이 워드 단위로 되는 Device이다.

② Device 번호의 원하는 비트 위치를 지정하고자 할 경우 .(점)을 사용한다.

예) D10의 BIT4의 표현은 D10.4가 된다.

③ 해당 Device : D, R, U, T(현재값 영역), C(현재값 영역), Z

④ 인덱스 기능 사용 시 : 워드 단위의 인덱싱을 한다. 또한, 워드 Device의 비트 표현을 한 오퍼랜드에 인덱스를 사용했을 경우 역시 워드 단위로 인덱싱을 한다. 예를 들어, D10.4인 오퍼랜드에 Z10을 사용하고자 할 경우, 표기는 D10[Z10].4와 같이 하고 의미는 D(10+Z10의 값).4와 같다.

3.3.2 Device별 입력 범위

영역	크기		비트 접점		워드 데이터	
	XGK	XGB	XGK	XGB	XGK	XGB
P	32,768 점	2,048 점	P00000 ~ P2047F	P0000 ~ P127F	P0000 ~ P2047	P000 ~ P127
M	32,768 점	4,096 점	M00000 ~ M2047F	M0000 ~ M255F	M0000 ~ M2047	M000 ~ M255
K	32,768 점	40,960 점	K00000 ~ K2047F	K00000 ~ K2559F	K0000 ~ K2047	K0000 ~ K2559
F	32,768 점	4,096 점	F00000 ~ F2047F	F0000 ~ F255F	F0000 ~ F2047	F000 ~ F255
T *1)	2,048 점	256 점	T0000 ~ T2047	T000 ~ T255	T0000 ~ T2047	T000 ~ T255
C *2)	2,048 점	256 점	C0000 ~ C2047	C000 ~ C255	C0000 ~ C2047	C000 ~ C255
U	3,072 Word	256 Word	U00.00.0 ~ U7F.31.F	U00.00.0 ~ U07.31.F	U00.00 ~ U7F.31	U00.00 ~ U07.31
Z	128 Word	128 Word	사용불가	사용불가	Z0 ~ Z127	Z0 ~ Z127
S	128 Word	128 Word	S00.00 ~ S127.99	S00.00 ~ S127.99	사용불가	사용불가
L	180,224 점	20,480 점	L000000 ~ L11263F	L00000 ~ L1279F	L00000 ~ L11263	L0000 ~ L1279
N	21K Word	3,936 Word	사용불가	사용불가	N00000 ~ N21503	사용불가
D	32K Word	5,120 Word	D00000.0 ~ D32767.F	D0000.0 ~ D5119.F	D00000 ~ D32767	D0000 ~ D5119
R	32K Word n *3)	-	R00000.0 ~ R32767.F	-	R00000 ~ R32767	-
ZR *4)	(32K n) Word	-	사용불가	-	ZR00000 ~ ZR65535	-

*1) 타이머에서 워드 데이터는 해당 타이머 접점의 현재값을 나타낸다.

*2) 카운터에서 워드 데이터는 해당 카운터 접점의 현재값을 나타낸다.

*3) n은 블록 수를 나타내며, XGK-CPUU, XGK-CPUH, XGK-CPUA일 경우 n=2이고, XGK-CPUS, XGK-CPUE, XGB 콤팩트형일 경우 n=1이다. 1 블록의 크기는 XGK의 경우 32K 워드이고, 블록

수와 관계없이 비트 표현 범위는 R00000.0~R32767.F 이고 워드 표현 범위는 R00000~R32767이다. XGB 콤팩트형의 경우 10K 워드이고, 비트 표현범위는 R00000.0~R10239.F이고 워드 표현범위는 R00000~R10239이다.

3.3.3 입출력 P

입출력 P는 외부 기기와 대응되는 영역으로서 입력기기로 사용되는 푸시-버튼, 절환 스위치, 리미트 스위치 등의 신호를 받아들이는 입력부와 출력기기로 사용되는 솔레노이드, 모터, 램프 등에 연산 결과를 전달하는 출력부로 이루어진 영역이다.

입력부 P에 대해서는 PLC 내부의 메모리에 입력상태가 보존되므로 a, b 접점 사용이 가능하고 출력부 P 역시 a, b 접점의 출력 모두 가능하다.

P 영역중 입출력으로 사용되지 않는 부분은 보조 릴레이 M과 동일하게 사용할 수 있다. 명령어에 따라 워드 단위로 사용 가능하다.

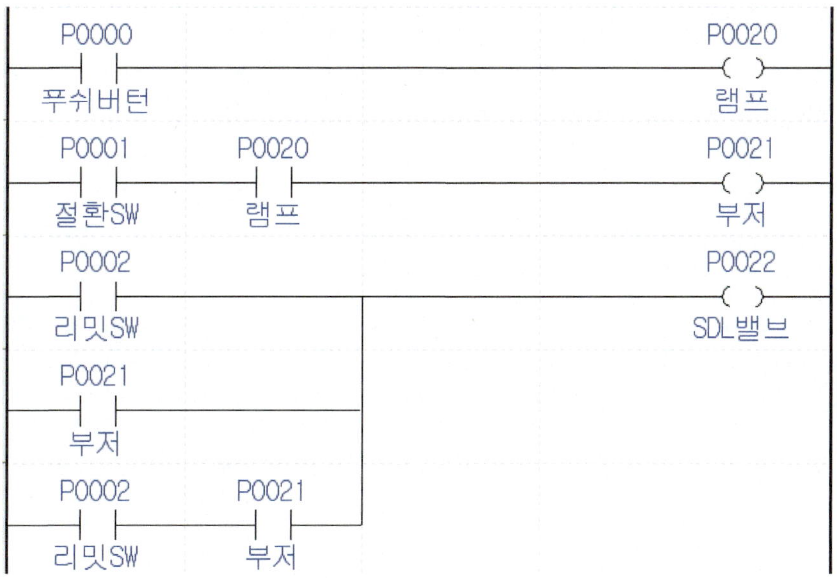

입력 : P0000(푸쉬버턴), P0001(절환스위치), P0002(리밋스위치)

출력 : P0020(램프), P0021(부저), P0022(솔레로이드 밸브)

아래 그림은 P영역의 구현 방법을 나타낸 것이다.

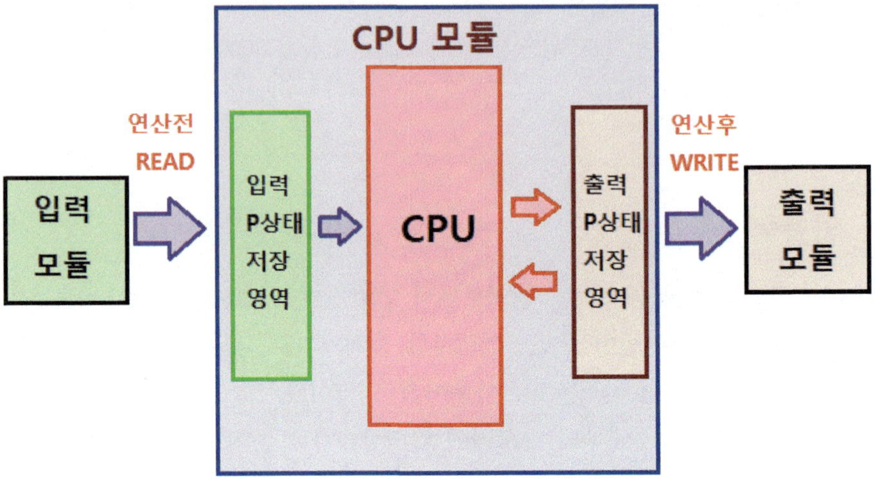

3.3.4 보조 릴레이 M

PLC 내의 내부 릴레이로서 외부로 직접 출력이 불가능하나 입·출력 P와 연결하여 외부 출력이 가능하다. 전원 ON 시와 RUN 시에 파라미터 설정에 의해 래치 영역으로 지정되지 않은 영역은 전부 0으로 지워진다. a, b 접점의 사용이 가능하다.

3.3.5 킵 릴레이 K

보조 릴레이 M과 사용 용도는 같고 전원 ON 시나 RUN 시에는 그전의 데이터를 보존하는 래치 영역으로 기본 파라미터의 래치 영역 1로 설정한 영역과 같은 동작을 한다. a, b 접점의 사용이 가능하다.

아래와 같은 3가지의 경우에만 데이터가 0으로 지워진다. (래치 영역 1의 동작 특성과 동일함)

① 프로그램을 작성하여 실행
② XG5000의 PLC 지우기 메뉴 중 메모리 지우기 기능 실행
③ CPU 모듈의 리셋키 조작 또는 XG5000을 통한 Overall 리셋

3.3.6 링크 릴레이 L

통신 모듈 장착 시 해당 통신 모듈의 정보(OS 정보(XGB는 지원 안함), 서비스 정보, 플래그 정보)를 제공하는 영역으로 통신 모듈 전용 플래그 영역입니다. 래치 영역 1의 동작 특성과 동일하게 데이터를 유지한다. 통신 모듈을 사용하지 않는 경우에는 보조 릴레이 M과 동일하게 사용할 수 있다.

3.3.7 타이머 T

기본주기 0.1ms(XGB는 지원 안 함), 1ms, 10ms, 100ms의 4종류가 있으며 5종의 명령어(TON, TOFF, TMR, TMON, TRTG)에 따라 계수 방법이 각각 다르게 된다.

타이머 종류	처리내용	계수방법	타임차트
TON	On Delay	가 산	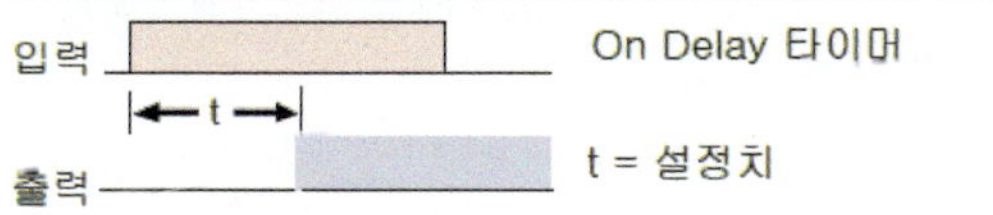
TOFF	Off Delay	감 산	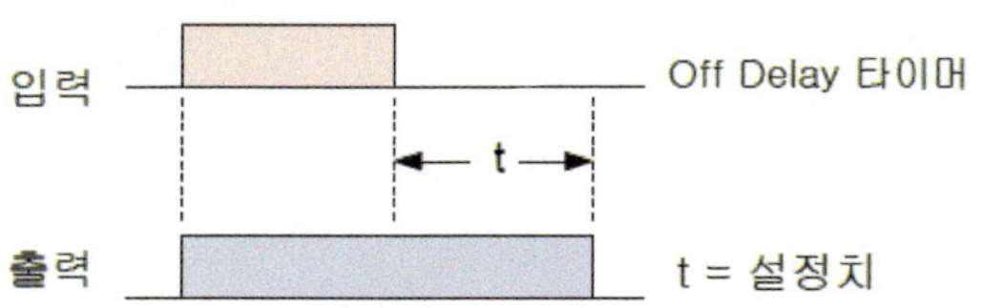
TMR	적산 On Delay	가 산	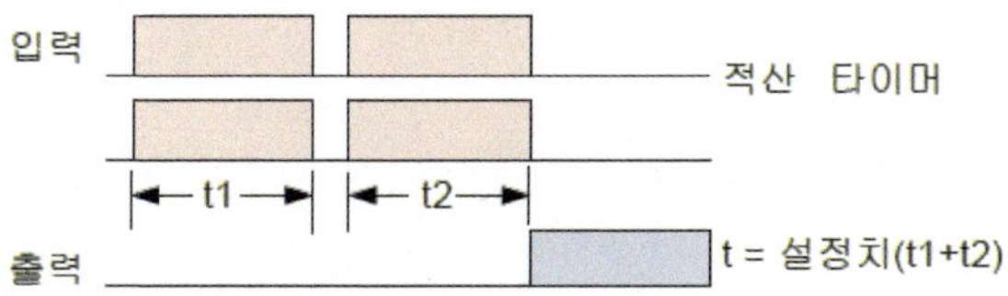
TMON	Monostable	감 산	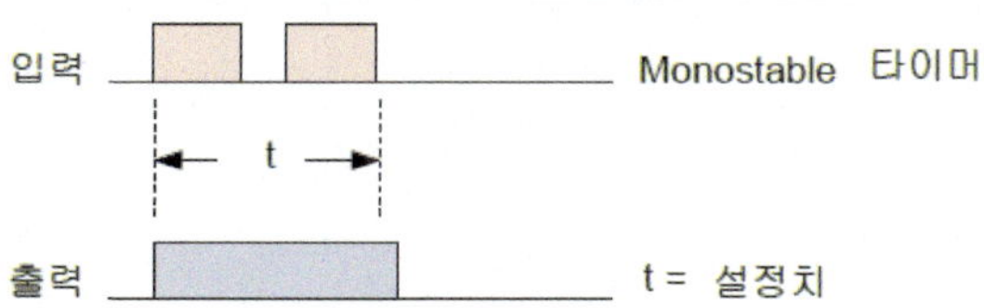
TRTG	Retriggerable	감 산	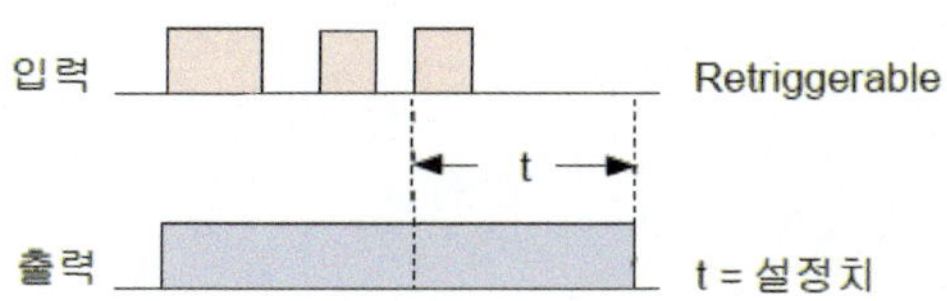

최대 설정값은 hFFFF(65535)까지 10진 또는 16진수로 설정 가능하다. 아래 그림은 타이머 종류와 계수 방법을 나타낸다.

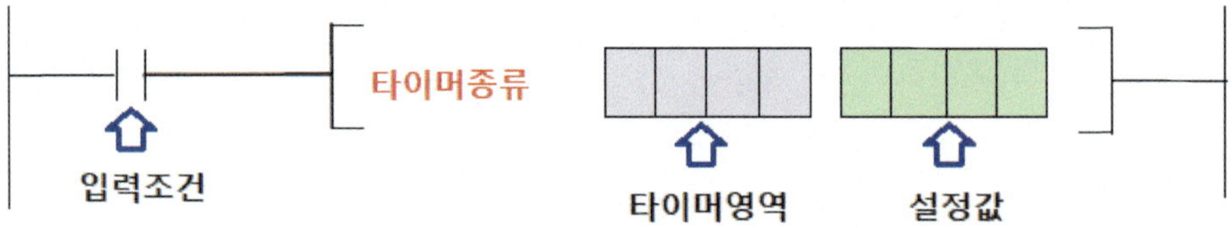

3.3.8 카운터 C

입력접점의 Rising Edge(OFF→ON)에서 카운트하며 Reset 입력에서 카운터의 동작을 중지하고 현재치를 0으로 소거하거나 설정값로 대치한다.

카운터 종류	처리내용	계수방법	타임차트
CTU	Up 카운터	가 산	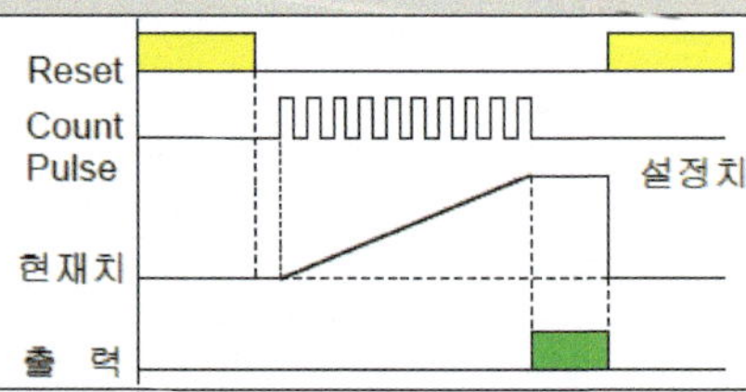
CTD	Down 카운터	감 산	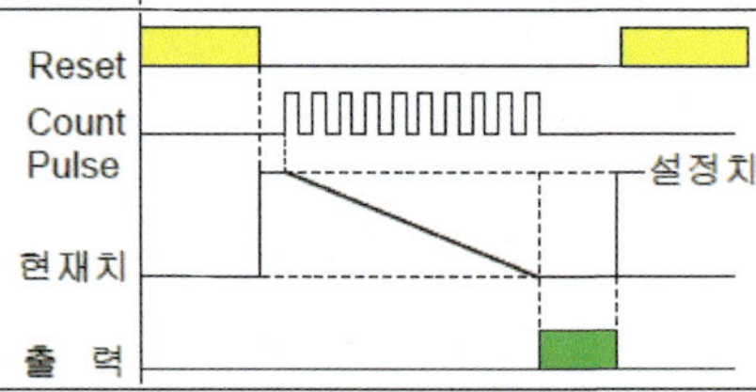
CTUD	Up/Down 카운터	가산/감산	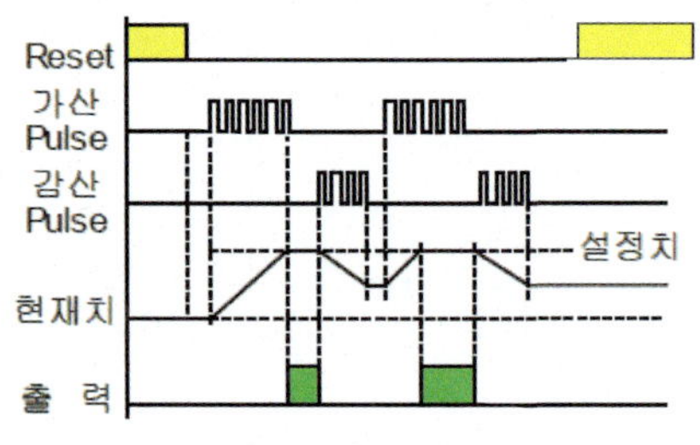
CTR	Ring 카운터	가 산	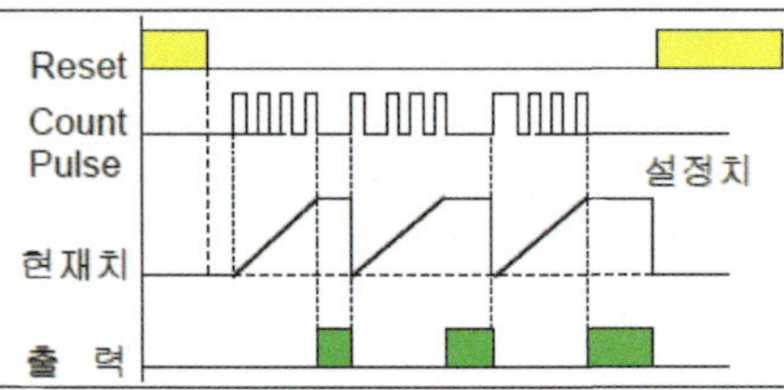

4종의 명령어(CTU, CTD, CTUD, CTR)에 따라 각 계수 방법이 다르고 최대 설정치는 hFFFF까지 가능하다. 아래 그림은 카운터의 종류 및 계수 방법을 나타낸다.

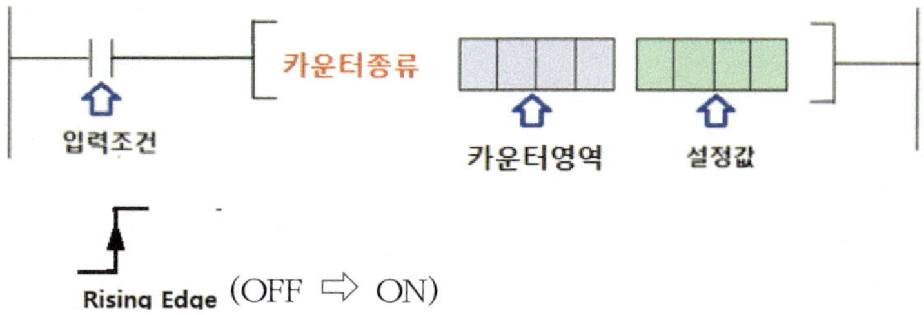

3.3.9 데이터 레지스터 D

내부 데이터를 보관하는 곳으로 16비트, 32비트로 읽고 쓰기가 가능할 뿐만 아니라, 비트 표현을 이용하여 한 비트씩 읽고 쓰기도 가능하다. 32비트 경우에는 (지정된 번호)가 하위 16비트, (지정한 번호+1)이 상위 16비트 처리된다.

예) 32비트 명령 사용 시 D10을 지정한 경우

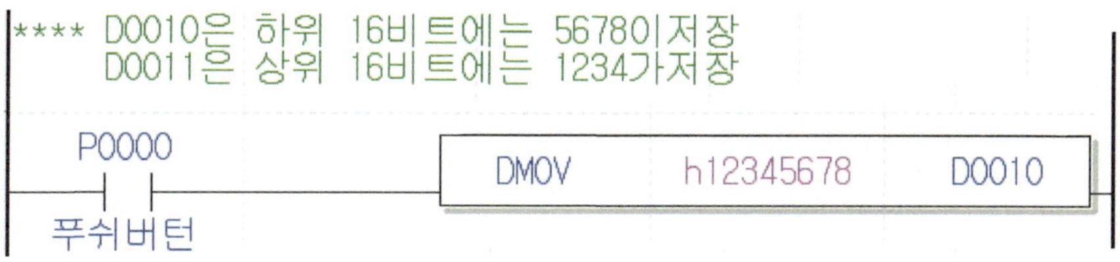

데이터 레지스터의 비트 표현 방법은 "지정된 번호. 지정된 비트"의 형식으로 사용한다. 이때 지정된 비트의 표현은 16진수로 한다. 전원 ON 시와 RUN 시작 시에는 파라미터로 지정한 불휘발성 영역을 제외한 부분을 0으로 소거하고 불휘발성 영역은 이전 상태를 그대로 유지한다.

예) 데이터 레지스터 D의 비트 표현

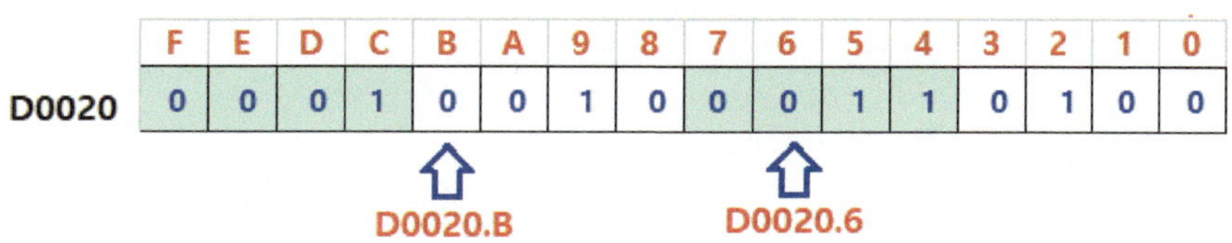

3.3.10 스텝 제어 릴레이 S

스텝 제어용 릴레이로 명령어(OUT, SET) 사용에 따라서 후입우선, 순차제어로 구분된다. 전원 ON 시와 RUN 시작시에 파라미터로 지정한 영역 이외는 첫 단계인 0으로 소거된다.

1) OUT 명령어 사용

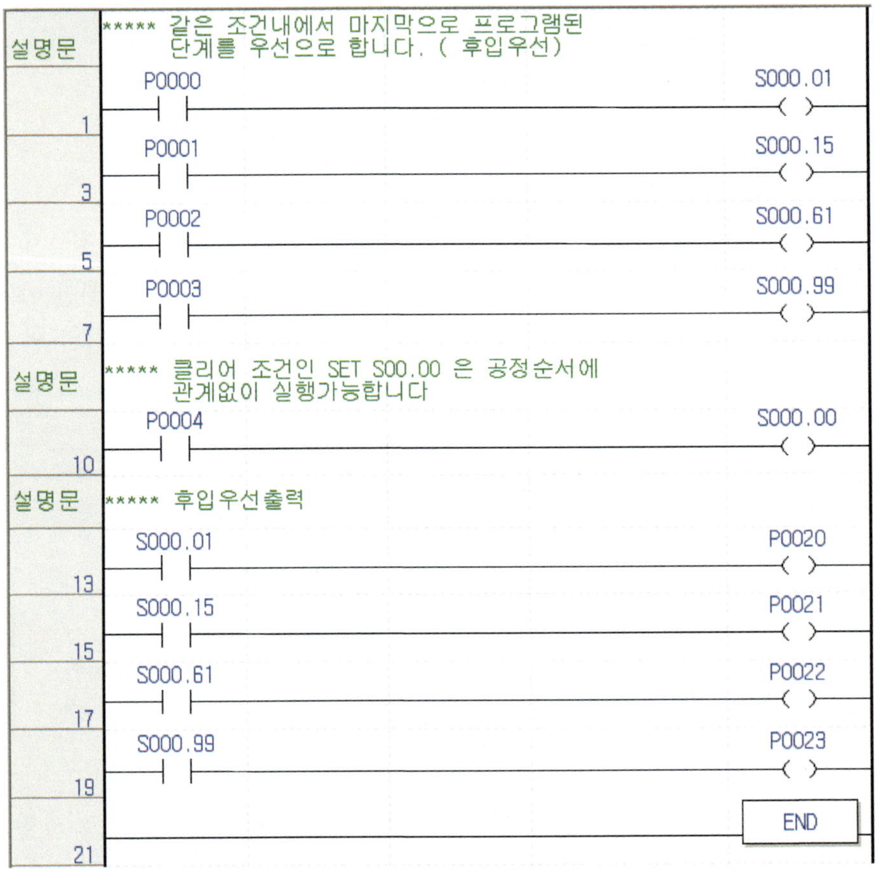

2) SET 명령어 사용

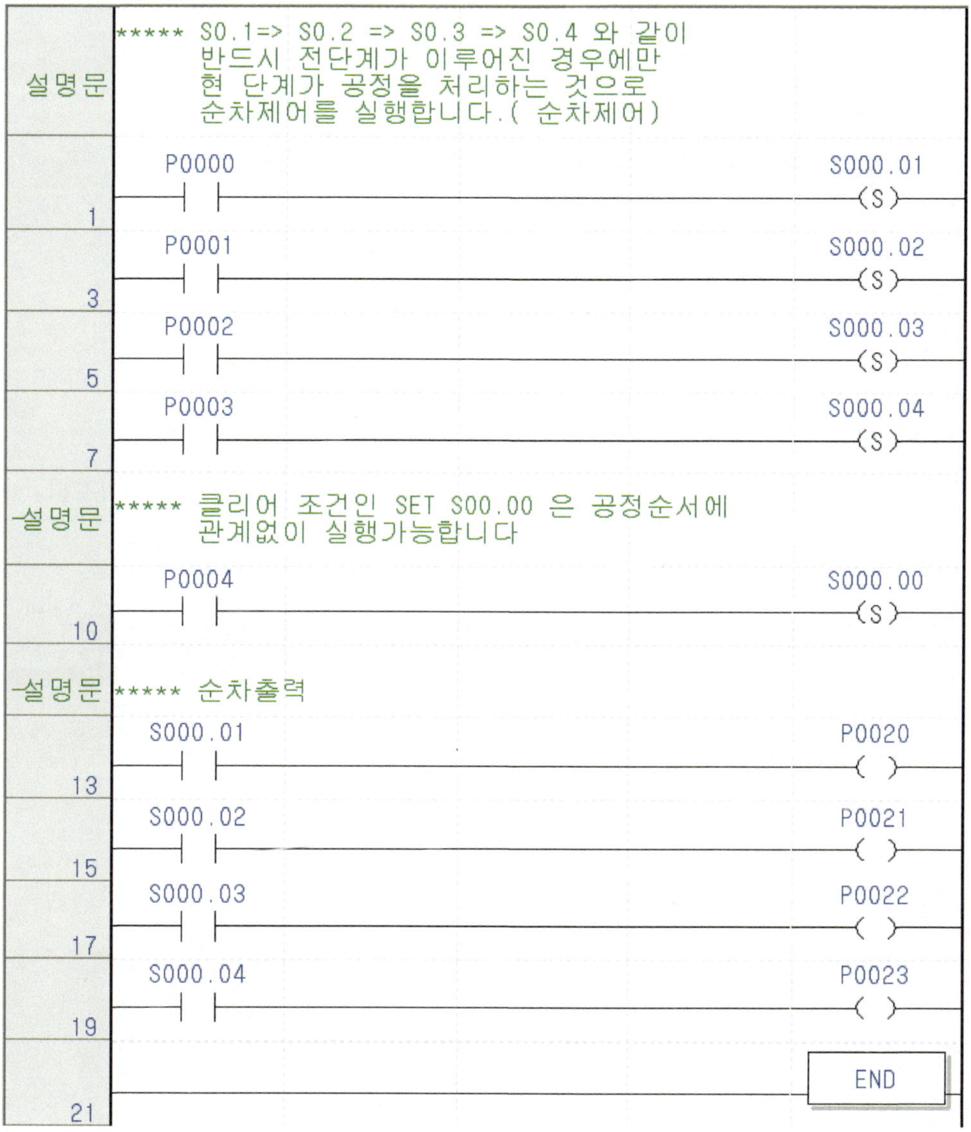

3.3.11 특수 릴레이 F

시스템 관련 정보를 제공하는 영역으로 F0000~F1023(XGB의 경우 F200)워드까지는 읽기만 가능한 영역이다. PLC의 현재 상태, O/S 정보, RTC 데이터, 시스템 클록 등 PLC 운영에 필요한 전반적인 정보가 제공된다.

F1024(XGB의 경우 F199)워드 이후 영역의 경우 전용 명령을 이용하여 제한적으로 쓰기가 가능한 영역이다. 이 영역은 외부 기기 경고장 및 중고장 검출에 사용될 수 있다.

3.4 명령어의 이해

3.4.1 명령어의 종류

XGK/XGB 명령어는 크게 기본명령, 응용명령, 특수명령으로 나눌 수 있다.

1) 기본명령

기본명령은 LOAD/OUT 등과 같이 접점/코일에 관한 명령어들과 타이머/카운터, 마스터 컨트롤, 스텝 컨트롤 명령으로 이루어져 있다.

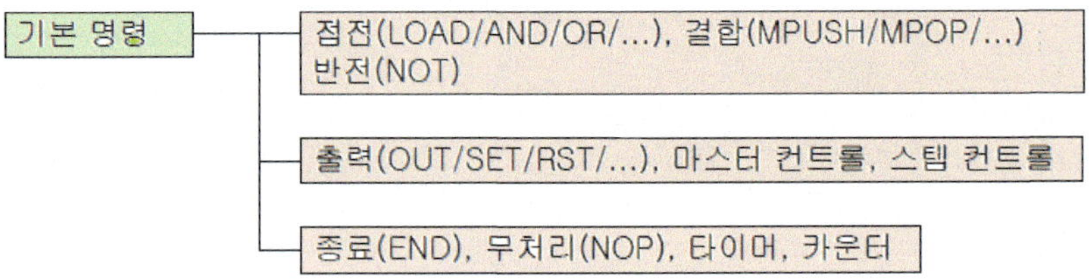

2) 응용 명령

응용 명령에는 기본명령을 제외한 대부분의 명령어를 말한다. 명령어를 기능별로 분류하면, 아래와 같이 명령어를 이해하기 쉽도록 오퍼랜드 타입에 따라 분류하였다. 오퍼랜드 타입은 비트, 니블/바이트, 워드/더블워드, 실수, 문자열 등이 있습니다.

- 니블 / 바이트
  - 데이터 전송명령 (MOV4/8)
  - 변환명령 (BCD4/8, BIN4/8)
  - 출력단 비교명령(CMP4/8)
  - 데이터 증감(INC4/8, DEC4/8)
  - 회전명령(ROL4/8, ROR4/8 RCL4/8, RCR4/8)
  - 이동명령(BSFL4/8, BSFR4/8)

- 실수 데이터
  - 데이터형 변환 (16/32bit 정수<==>16/32bit 실수)
  - 출력단 비교 (CMP/....)
입력단 비교 (= / > / >= / >3)
  - 사칙연산 (ADD/SUB/MUL/DIV)
  - 특수함수 (삼각/지수/로그/....)
  - 부호반전, 문자열 변환

- 문자열 관련
  - 데이터형 변환 정수<==>문자열, 실수<==>문자열
  - 전송명령($MOV)
문자열비교($= / $> / $<> /...)
  - 길이검출(LEN), 검색(FIND)
추출명령(RIGHT/LEFT/...)
  - 문자열 덧셈($ADD)

- 특수모듈 관련
  - 메모리 READ/WRITE(GET/PUT)
  - 포지션 모듈제어(ORG/FLT/..총38종)

3.4.2 니모닉 생성 규칙

1) 데이터 타입

① 없음 : 워드
② D : 더블 워드
③ R : 단장형 실수
④ L : 배장형 실수
⑤ $: 문자열
⑥ 4 : 니블
⑦ 8 : 바이트
⑧ B : 비트

2) 기타 표현

① G : 그룹
② P : 펄스 타입 명령
③ B : BCD 형 데이터
④ U : Unsigned 형 데이터

한 명령어를 기준으로 파생될 수 있는 명령어는 몇 가지 예외를 제외하고 일반적으로 다음의 규칙을 따른다. 기준 명령어의 앞에는 하나의 문자만이 올 수 있고, 뒤쪽에는 2개 이상의 문자가 올 수 있다.

예) DADDBP

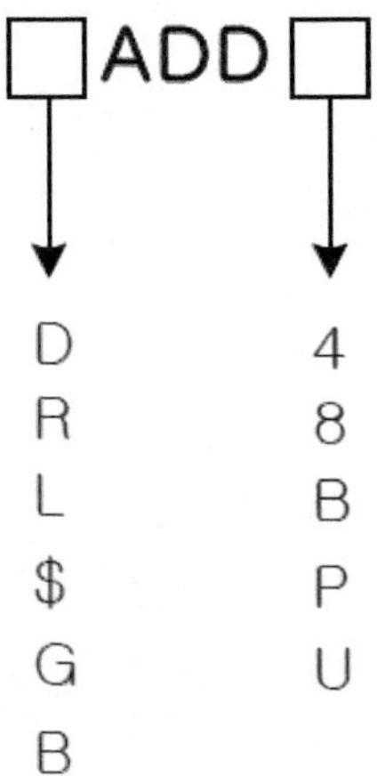

〈예외인 경우〉

입력단 비교명령에서는 데이터 타입이 명령어 뒤쪽에 위치한다. 명령어의 맨 앞이나 맨 뒤에 위의 접두사나 접미사가 있다고 모두 파생 명령어는 아니다.

예) GET, SUB, STOP

3.4.3 Signed 연산과 Unsigned 연산의 이해

XGK/XGB의 기본 명령어 체계는 Signed 연산이다. 연산 명령어 중 사칙연산과 증감연산 그리고 비교 연산은 Signed / Unsigned 연산 모두 가능하다.

1) 연산 명령어

① **Signed 연산 명령어** : ADD, SUB, MUL, DIV, DADD, DSUB, DMUL, DDIV, INC, DEC, DINC, DDEC.

② **Unsigned 연산 명령어** : ADDU, SUBU, MULU, DIVU, DADDU, DSUBU, DMULU, DDIVU, INCU, DECU, DINCU, DDECU.

③ **차이점** : Signed 연산의 경우, 연산 결과에 따라 CY, Z 플래그를 셋하지 않는다. 즉, ADD 명령어를 사용해서 h7FFF에 1을 더하는 프로그램이었다고 가정하면, 그 결과는 h8000 (-32768)이 되고, 어떤 플래그도 셋하지 않는다. 반면, Unsigned 연산 명령어는 CY, Z 플래그를 연산 결과에 따라 갱신한다.

2) 비교 명령어

① **Signed 명령어** : LOAD X, AND X, OR X, LOADR X, ANDR X, ORR X, LOAD$ X, AND$ X, OR$ X, LOAD3 X, AND3 X, OR3 X 등

② **Unsigned 명령어** : CMP, DCMP, CMP4, CMP8, TCMP, GCMP 등

③ 비교 명령어의 경우는 발생하는 플래그 (CY, Z)가 없으므로 Signed 비교와 Unsigned 비교의 차이만 있을 뿐이다.

3.4.4 간접지정 방식(#)

① 한 Device 내에서 지정한 Device의 데이터 값이 가리키는 번호의 값을 데이터로 취하는 방식이다.

② 예를 들어 D10에 있는 값이 20이라고 가정했을 때, #D10을 사용했다면 이 의미는 D10에 있는 값인 20, 즉 D 영역의 20번째인 D20을 지정하게 된다.
③ 사용 가능 Device : P, M, K, L, N, D, R, ZR 영역
④ 이때, 각 간접 지정은 각 Device의 범위를 벗어날 수 없다. 즉, #P를 사용해서 M 영역을 가리킬 수는 없다.
⑤ 간접 지정한 Device의 값이 해당 Device의 영역을 벗어나는 값이 들어 있을 경우, 연산 에러 플래그인 F110이 ON 된다.
⑥ 비트, 니블, 바이트 오퍼랜드에는 간접 지정을 사용할 수 없다.

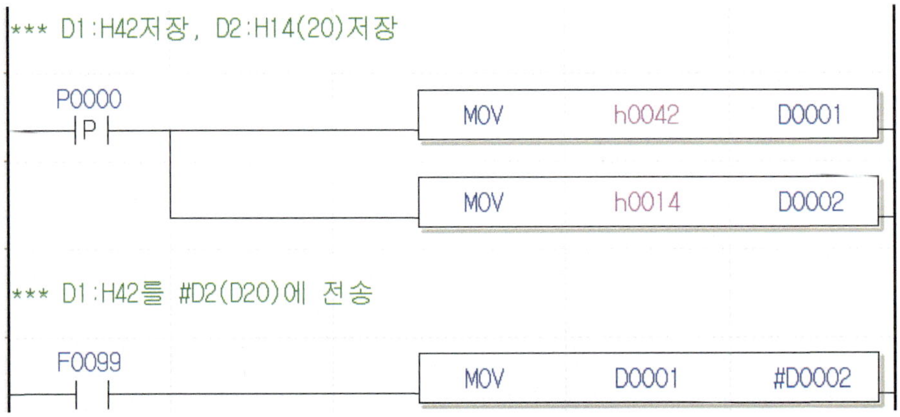

위의 프로그램을 실행시키면 아래와 같다.

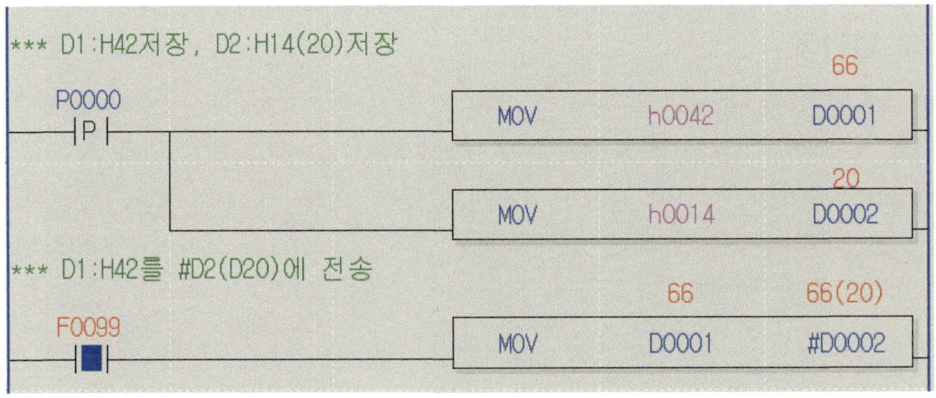

3.4.5 인덱스 기능(Z)

1) 특징

① 인덱스 레지스터를 사용해서 Device를 설정하는 방법으로 시퀀스 프로그램에서 인덱스 기능을 사용하면, 사용되는 Device는 직접 지정하는 Device 번호에 인덱스 레지스터의 값을 더한 위치를 가지게 된다. 예를 들어, P10[Z1]을 사용했을 경우, Z1의 내용이 5였다면 P(10+5)=P15가 사용 대상이 된다.

② 인덱스 레지스터 : Z0~Z127 (128개)
- XGK-CPUSN, CPUHN, CPUUN의 인덱스 레지스터: Z0~Z256 (256개)

③ 지정할 수 있는 값의 범위 : -32,768~32,767
- XGK-CPUSN, CPUHN, CPUUN의 설정 범위: -2,147,483,648~2,147,483,647
단, Device 사이즈 초과 시 에러 발생

④ 워드/비트 Device의 인덱스 기능

⑤ 간접 지정에도 사용 가능 : #D00100[Z12]

⑥ 인덱스 결과 영역 초과 시 연산 에러 플래그(F110) SET. 기본 파라미터의 연산 에러시 운전속행으로 설정되어 있을 경우 연산 에러 플래그가 셋(Set)되고 해당 명령어는 스킵 처리한다.

2) 사용 가능 Device

① 비트 Device : P, M, L, K, F, T, C

② 워드 Device : U, D, R, N, T의 현재값, C의 현재값
예) MOV T1[Z1] D10 : Z1의 값이 5라면, T(1+5) ⇨ T6의 현재값을 D10으로 전송한다.

③ U Device에 대한 인덱스 사용법은 U10.3[Z10]과 같이 슬롯 번호에는 인덱스를 사용할 수 없고 채널에만 인덱스 사용이 가능하다. 그러나 인덱스값에 따라 다른 슬롯의 채널을 지정하는 것은 가능하다.

3) 사용방법

① 사용하고자 하는 오퍼랜드 뒤에 [ ]을 이용하여 사용.

② 비트 Device의 경우는 해당 명령어에 사용되는 오퍼랜드의 종류(비트/워드)에 따라 비트/워드 단위로 인덱스 처리.

예1) P000[Z01] : Z01의 값이 5라면 LOAD P(000+5) ⇨ LOAD P005(비트),
P020[Z01] : Z01의 값이 5라면 OUT P(020+5) ⇨ OUT P025(비트)가 된다.

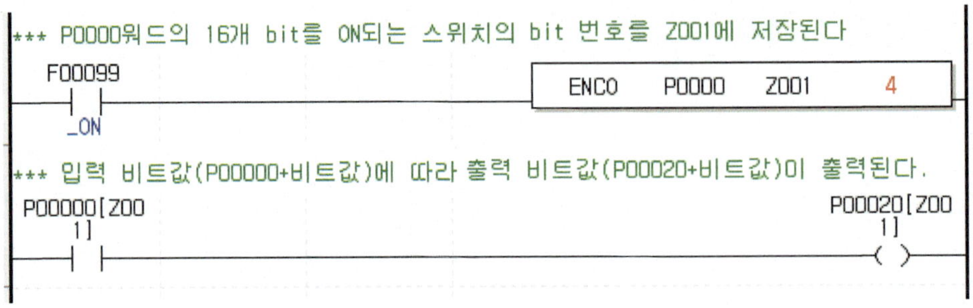

따라서 동작은 아래와 같은 동작이 된다.

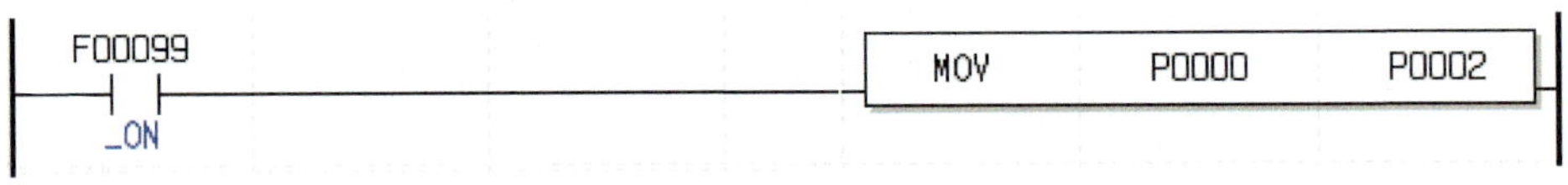

예2) TMON T00[Z01] 10 : 여기서 T00은 워드를 의미하므로 Z01의 값이 4이면 T00[Z01]은 T(00+4) = T004번 워드가 된다.

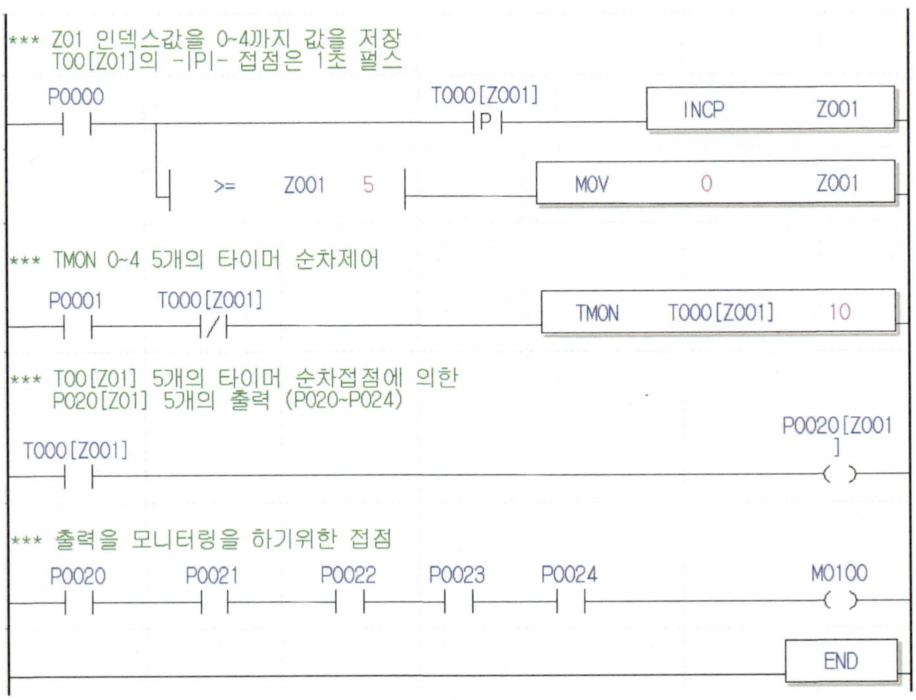

③ 워드 Device의 경우는 워드 단위로만 인덱스 처리. 절대 비트 단위 인덱스 처리 불가능.

예) LOAD D10[Z1].5 : 만약 Z1의 값이 7라면, LOAD D(10+7).5 ⇨ LOAD D17.5가 된다.

주의) LOAD D10.5[Z1]과 같은 표현은 사용할 수 없다.

④ 인덱스 기능은 배열의 의미를 갖는 변수에서, 인덱스로 지정된 변수값을 취하거나 인덱스로 지정된 변수에 값을 저장할 때 유용하게 사용할 수 있다.

⑤ 간접 지정에 대한 인덱스 수식도 사용 가능하다.

표기법 : #D0001[Z01], #D0002[Z02],

설명 : 먼저 #D0001을 처리한다. 즉, D0001의 값이 10이었다면, #D0001 ⇨ D0010을 의미한다. 그런 다음, D0010[Z01]를 처리하게 된다. 같은 방법으로 D0002의 값이 20이었다면, #D0002 ⇨ D0020을 의미한다. 그런 다음, D0020[Z02]를 처리하게 된다.

3.5 명령어의 상세 설명

3.5.1 접점 명령

1) LOAD, LOAD NOT, LOADP, LOADN

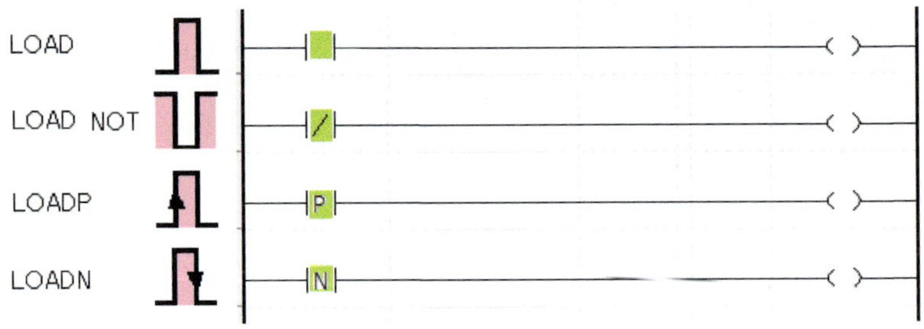

① LOAD, LOAD NOT

- LOAD는 한 회로의 a 접점 연산 시작을 의미하고, LOAD NOT은 b 접점 연산 시작을 의미한다.
- 지정 접점(S)의 ON/OFF 정보를 연산 결과로 한다. 이때 S 영역의 비트지정의 경우 해당 비트의 값(0 또는 1)을 연산 결과로 한다.

② LOADP, LOADN

- LOADP는 상승 펄스 시 연산 시작 명령으로, 지정 접점이 OFF에서 ON으로 변할 때(상승 펄스), S 영역의 비트 지정 경우는 해당 비트의 값이 0에서 1로 변할 때만 연산 결과가 ON이다.
- LOADN은 하강 펄스 시 연산 시작 명령으로, 지정 접점이 ON에서 OFF로 변할 때(하강 펄스), S 영역의 비트 지정의 경우는 해당 비트의 값이 1에서 0으로 변할 때만 연산 결과가 ON이다.

> D 영역의 비트 지정은 16진수로 표기한다. 즉, Dxxxxx.0 ~ Dxxxxx.F까지 가능하다. 예를 들어, D00010.A라는 의미는 D10에 해당하는 워드의 열한 번째 비트를 의미한다.

③ 프로그램 예제

- 입력 접점 P0001이 ON 되면 P00020 출력은 ON 되고 동시에 P00021 출력은 OFF 되는 프로그램이다. 그리고 D0020.6이 0 ⇨ 1로 되는 1 스캔 동안 P00022 출력이 ON 되고, D0020.B가 1 ⇨ 0으로 되는 1 스캔 동안 P0023 출력이 ON 되는 프로그램이다.

[래더 프로그램]

	F	E	D	C	B	A	9	8	7	6	5	4	3	2	1	0
D0020	0	0	0	1	0	0	1	0	0	0	1	1	0	1	0	0

D0020.B　　D0020.6

[니모닉 프로그램]

스텝	명령어	OP 1	OP 1 변수
0	LOAD	P0001	PB_1
1	OUT	P0020	PL_0
2	LOAD NOT	P0001	PB_1
3	OUT	P0021	PL_1
4	LOADP	D0020.6	
6	OUT	P0022	PL_2
7	LOADN	D0020.B	
9	OUT	P0023	PL_3

[타임 차트]

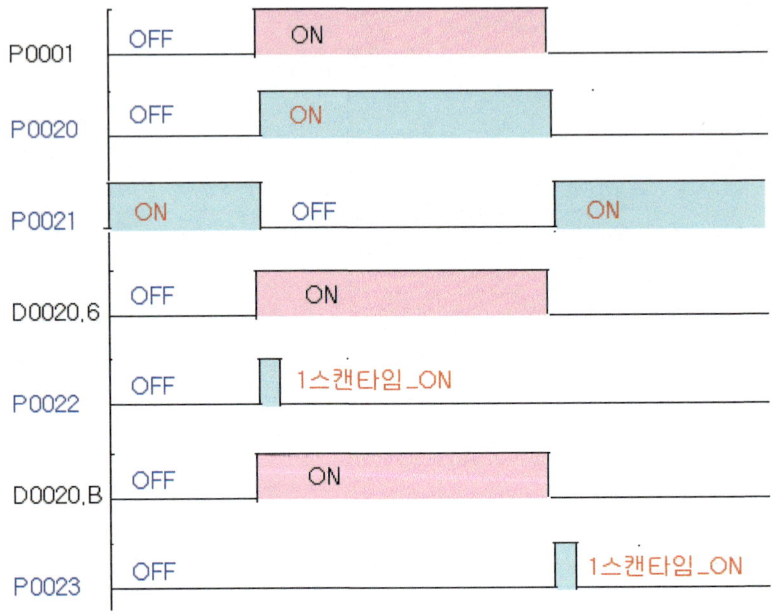

2) AND, AND NOT, ANDP, ANDN

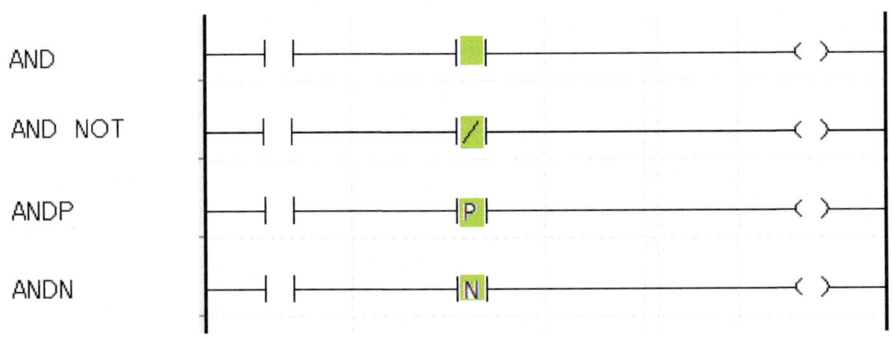

① AND, AND NOT

- AND는 a 접점 직렬접속 명령이고, AND NOT은 b 접점 직렬접속 명령이다.
- 지정 접점(S) 전 단계의 연산 결과와 지정 접점(S)을 AND 혹은 AND NOT 연산하여 그것을 연산 결과로 한다.

② ANDP, ANDN

- ANDP는 상승 펄스 시 a 접점 직렬접속 명령이고, ANDN은 하강 펄스 시 b 접점 직렬접속

명령이다.

- 해당 접점값이 변할 때, 즉, ANDP는 상승 펄스일 때, ANDN은 하강 펄스일 때, 지정 접점(S) 전 단계의 연산 결과와 지정 접점(S)을 AND 연산하여 그것을 연산 결과로 한다.

③ 프로그램 예제

- 입력접점 P0000값과 P00001값을 AND 연산하고, 그 결과값과 P0002값을 AND NOT 연산을 하여 그 결과를 P0020에 출력한다.
  P0003의 값과 P0004의 상태에 따른 ANDP 연산을 하고, 그 결과값과 D0020.6의 값을 AND 연산을 하여 그 결과를 P0021에 출력한다.
  P0003의 NOT값과 P0005의 상태에 따른 ANDN 연산을 하고, 그 결과값과 D0020.B의 값을 AND 연산을 하여 그 결과를 P0022에 출력하는 프로그램이다.

[래더 프로그램]

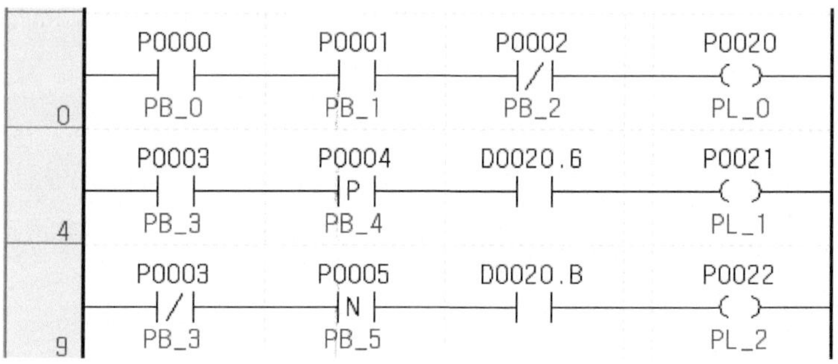

[니모닉 프로그램]

스텝	명령어	OP 1	OP 1 변수
0	LOAD	P0000	PB_0
1	AND	P0001	PB_1
2	AND NOT	P0002	PB_2
3	OUT	P0020	PL_0
4	LOAD	P0003	PB_3
5	ANDP	P0004	PB_4
7	AND	D0020.6	
8	OUT	P0021	PL_1
9	LOAD NOT	P0003	PB_3
10	ANDN	P0005	PB_5
12	AND	D0020.B	
13	OUT	P0022	PL_2

3) OR, OR NOT, ORP, ORN

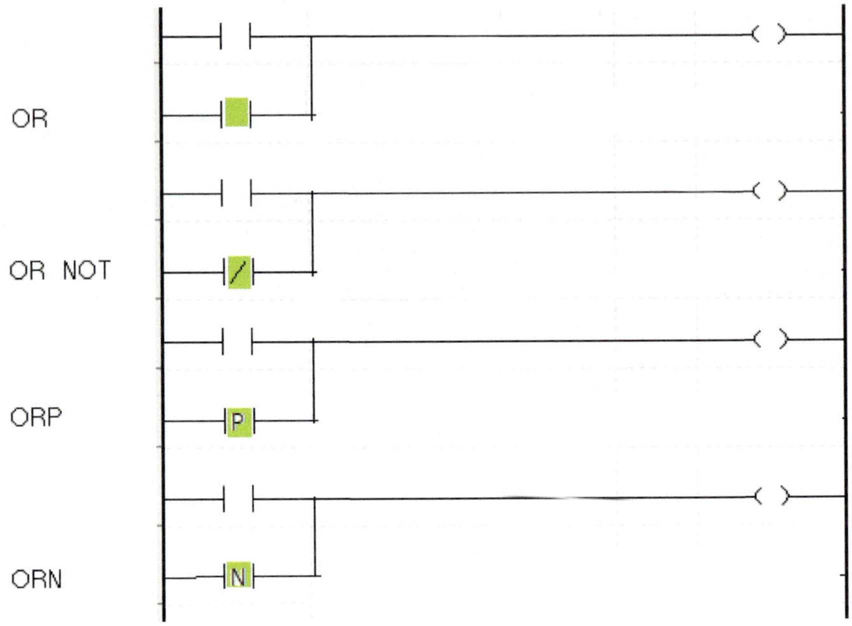

① OR, OR NOT

- OR는 접점 1개의 a접점 병렬접속 명령이고, OR NOT은 b접점 병렬 접속 명령이다.
- 지정 접점(S) 전 단계의 연산 결과와 지정 접점(S)을 OR 또는 OR NOT 연산을 하여 그것을 연산 결과로 한다.

② ORP, ORN

- ORP는 상승 펄스시 a접점 병렬접속 명령이고, ORN은 하강 펄스시 b 접점 병렬접속 명령이다.
- 해당 접점값이 변할 때(즉, ORP는 상승 펄스, ORN은 하강 펄스시) 지정 접점(S) 전 단계의 연산 결과와 지정 접점(S)을 OR 연산하여 그것을 연산 결과로 한다.

③ 프로그램 예제

- 입력 접점 P0000, P0001과 P0002의 OFF ⇨ ON 중 하나의 접점만 ON 되어도 P0020이 출력된다.
  입력접점 P0000의 NOT값, P0001 NOT값과 P0003의 ON ⇨ OFF 중 하나의 접점만 ON 되어도 P0021이 출력되는 프로그램이다.

[래더 프로그램]

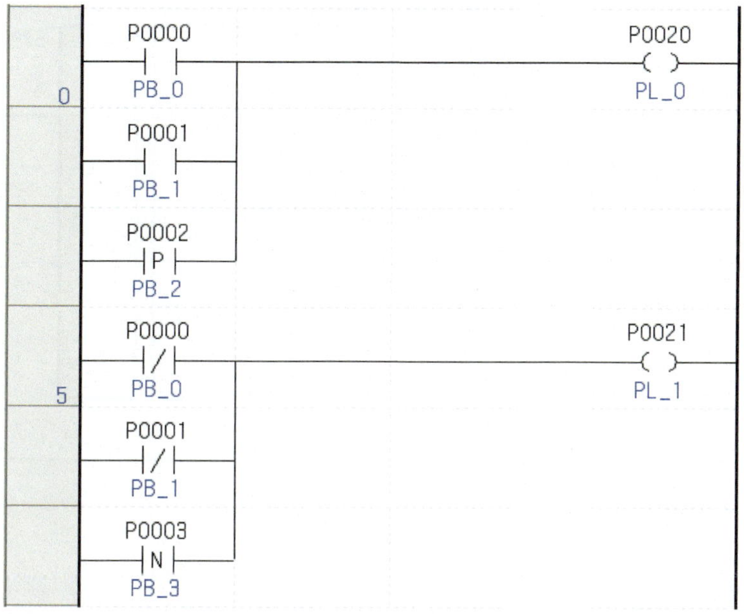

[니모닉 프로그램]

렁	스텝	명령어	OP 1	OP 1 변수
0	0	LOAD	P0000	PB_0
	1	OR	P0001	PB_1
	2	ORP	P0002	PB_2
	4	OUT	P0020	PL_0
1	5	LOAD NOT	P0000	PB_0
	6	OR NOT	P0001	PB_1
	7	ORN	P0003	PB_3
	9	OUT	P0021	PL_0

[예제] 모터의 정역 운전 [LOAD, AND, OR, OUT]의 예제

ⓐ 동작

순간 접촉 푸쉬버튼 PB_1을 누르면 모터는 시계 방향으로 회전하고, 순간 접촉 푸쉬버튼 PB_2를 누르면 모터는 시계 반대 방향으로 회전한다. 모터는 정지하지 않고 회전 방향을 변경할 수 있고, 순간 접촉 푸쉬버튼 PB_0을 누르면 모터는 정지한다.

ⓑ 시스템도

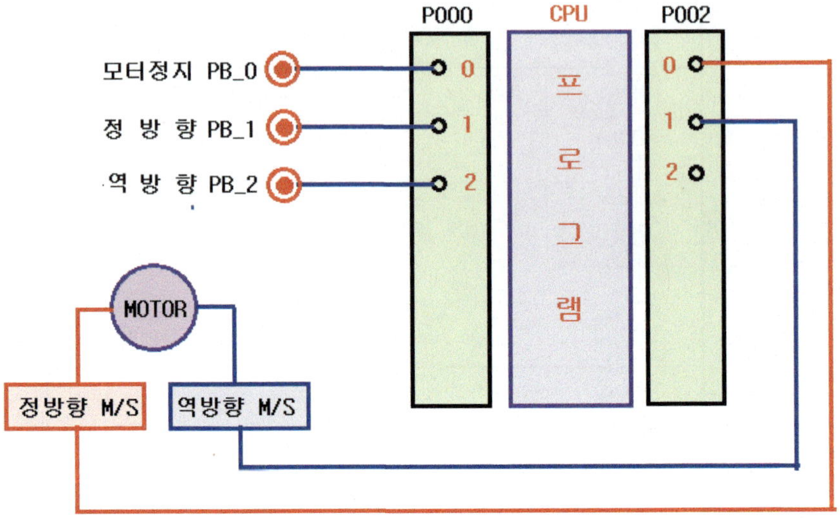
P000
CPU
P002
모터정지 PB_0
정 방 향 PB_1
역 방 향 PB_2
0
1
2
프
로
그
램
0
1
2
MOTOR
정방향 M/S
역방향 M/S

[래더 프로그램]

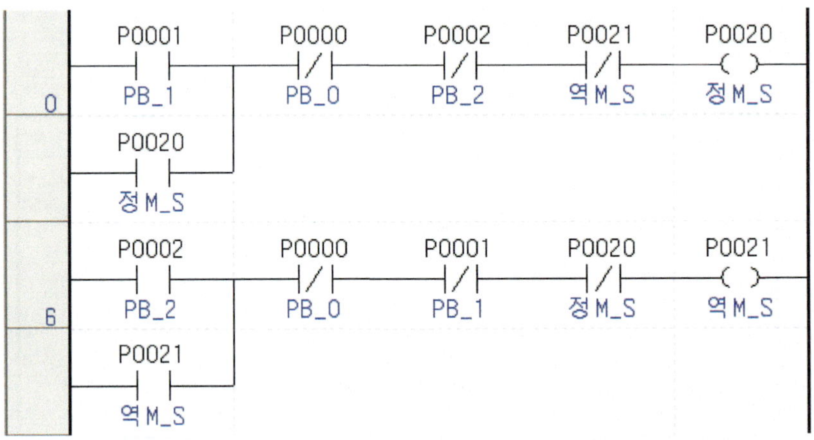
0
P0001
PB_1
P0000
PB_0
P0002
PB_2
P0021
역M_S
P0020
정M_S
P0020
정M_S
6
P0002
PB_2
P0000
PB_0
P0001
PB_1
P0020
정M_S
P0021
역M_S
P0021
역M_S

[니모닉 프로그램]

렁	스텝	명령어	OP 1	OP 1 변수
0	0	LOAD	P0001	PB_1
	1	OR	P0020	정M_S
	2	AND NOT	P0000	PB_0
	3	AND NOT	P0002	PB_2
	4	AND NOT	P0021	역M_S
	5	OUT	P0020	정M_S
1	6	LOAD	P0002	PB_2
	7	OR	P0021	역M_S
	8	AND NOT	P0000	PB_0
	9	AND NOT	P0001	PB_1
	10	AND NOT	P0020	정M_S
	11	OUT	P0021	역M_S

4) AND LOAD

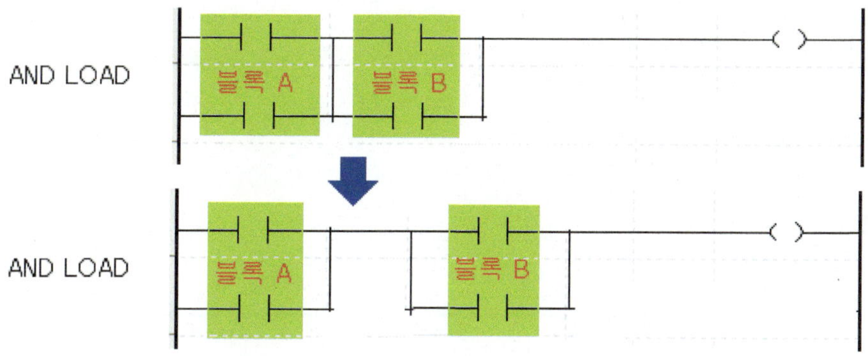

① 기능

- A블록과 B블록을 AND 연산한다. 즉, A블록과 B블록이 모두 ON되어야 연산 가능하다.
- AND LOAD를 연속해서 사용하는 경우 최대 사용 횟수를 넘으면 정상적으로 연산 불가능 하다.
- 연속 사용의 경우 최대 15회(16블럭)까지만 가능합니다.

② 프로그램 예제

입력접점 P0000, P0004 또는 P0000, P0005 또는 P0002, P0005가 ON 되면 P0020이 출력되는 프로그램

[래더 프로그램]

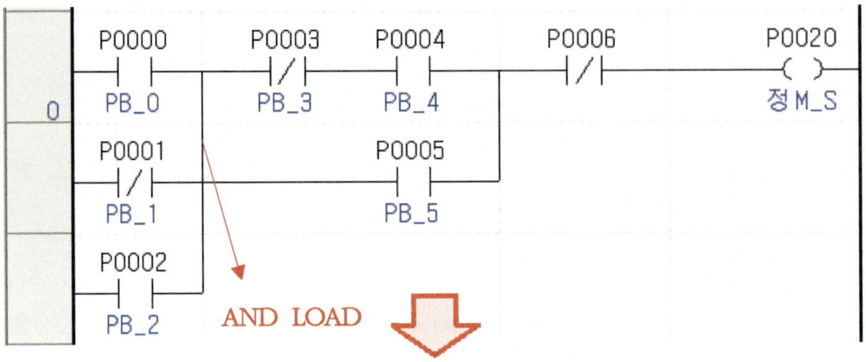

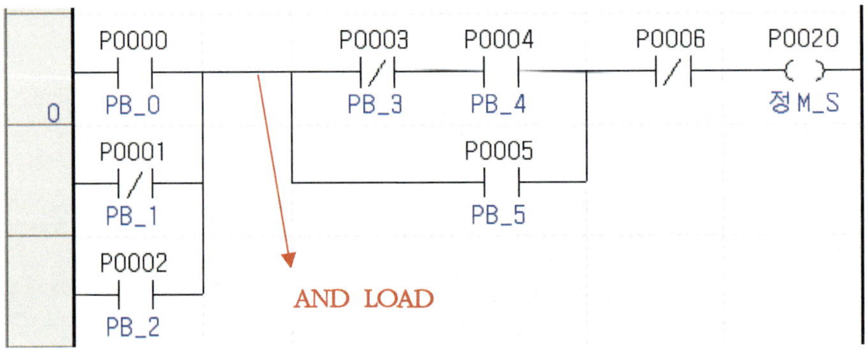

[니모닉 프로그램]

렁	스텝	명령어	OP 1	OP 1 변수
0	0	LOAD	P0000	PB_0
	1	OR NOT	P0001	PB_1
	2	OR	P0002	PB_2
	3	LOAD NOT	P0003	PB_3
	4	AND	P0004	PB_4
	5	OR	P0005	PB_5
	6	AND LOAD		
	7	AND NOT	P0006	
	8	OUT	P0020	정M_S

5) OR LOAD

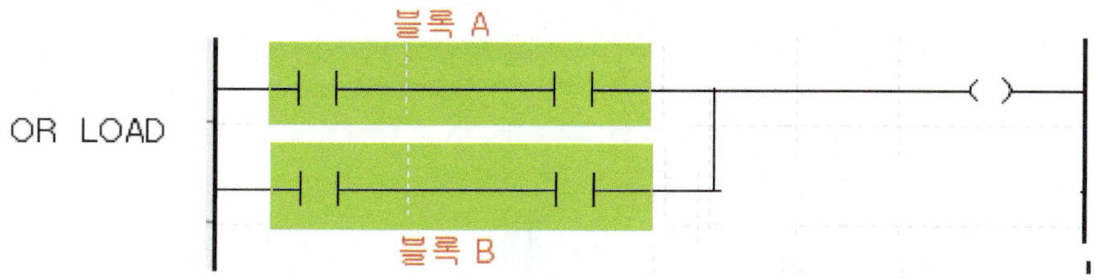

① OR LOAD

- A블록과 B블록을 OR 연산하여 연산 결과로 한다.
- OR LOAD를 연속해서 사용하는 경우 최대 사용 명령 횟수를 넘으면 정상적으로 연산 불가능하다.
- 연속 사용의 경우 최대 15회(16블럭)까지 가능하다.

② 프로그램 예제

입력접점 P0000, P0005 또는 P0004, P0005이 ON 되면 P00020, P00021이 출력되는 프로그램

[래더 프로그램]

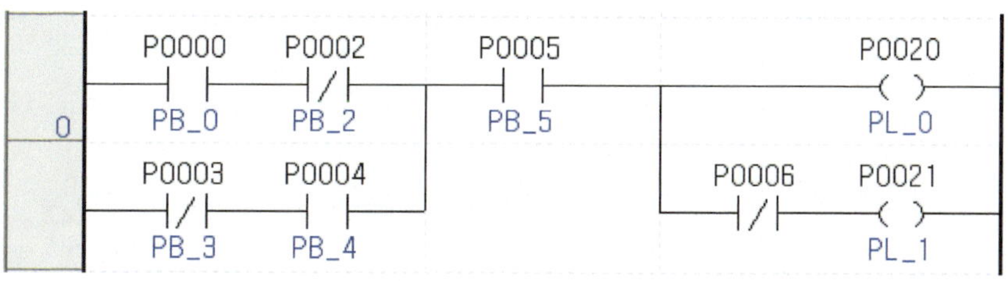

[니모닉 프로그램]

렁	스텝	명령어	OP 1	OP 1 변수
0	0	LOAD	P0000	PB_0
	1	AND NOT	P0002	PB_2
	2	LOAD NOT	P0003	PB_3
	3	AND	P0004	PB_4
	4	OR LOAD		
	5	AND	P0005	PB_5
	6	OUT	P0020	PL_0
	7	AND NOT	P0006	
	8	OUT	P0021	PL_1

6) 반전 명령 NOT

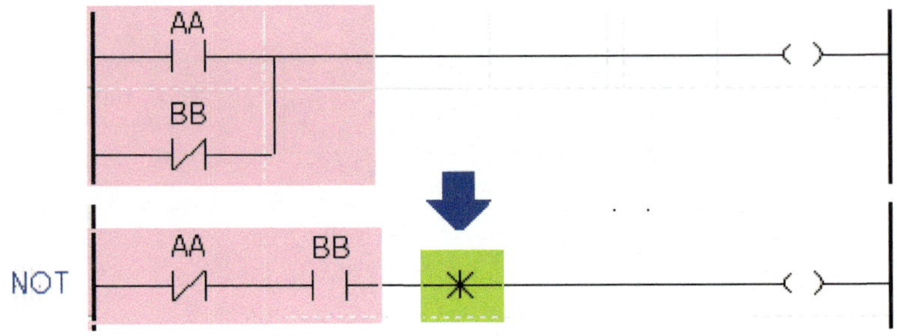

① NOT

- NOT 명령은 이전의 결과를 반전시키는 기능을 한다.
- 반전 명령(NOT)을 사용하면 반전 명령 좌측의 회로에 대하여 a접점 회로는 b접점 회로로, b접점 회로는 a접점 회로로, 그리고 직렬연결 회로는 병렬연결 회로로, 병렬연결 회로는 직렬연결 회로로 반전된다.

② 프로그램 예제

프로그램 ①, ②는 동일 결과를 출력하는 예제이다.

[래더 프로그램]

프로그램 ①

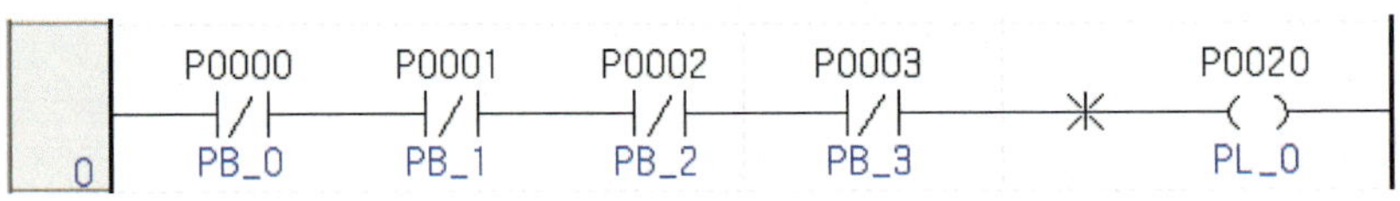

프로그램 ②

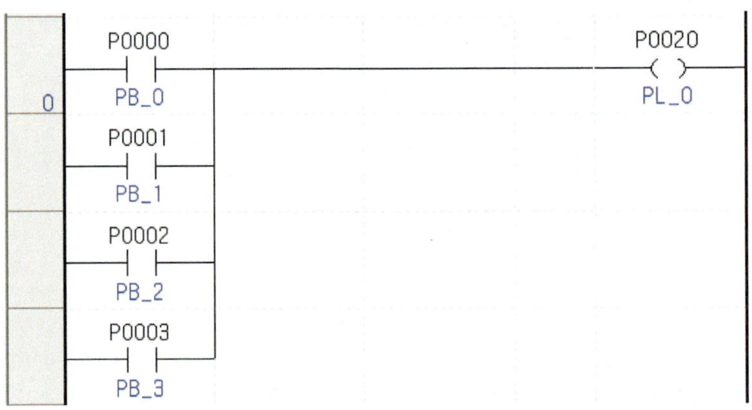

7) MCS, MCSCLR

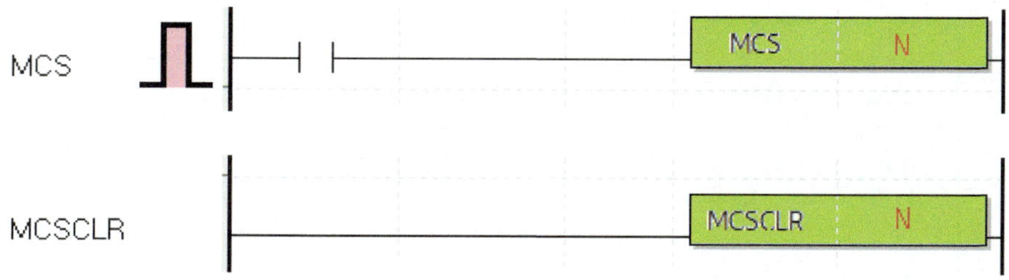

① MCS, MCSCLR

- MCS의 입력접점이 ON이면 MCS 번호와 동일한 MCSCLR까지를 실행하고 입력접점이 OFF가 되면 실행하지 않는다.
- 우선순위는 MCS 번호 0이 가장 높고 15(XGK)/7(XGB)가 가장 낮으므로 우선순위가 높은 순으로 사용하고 해제는 그 역순으로 한다.
- MCSCLR시 우선순위가 높은 것을 해제하면 낮은 순위의 MCS 블록도 함께 해제된다.
- MCS 혹은 MCSCLR는 우선순위에 따라 순차적으로 사용하여야 한다.

[예제] 공통 LINE이 있는 회로 [MCS, MCSCLR의 예제]

오른쪽에 나타난 회로 상태 그대로 PLC 프로그램이 되지 않으므로 마스터 콘트롤(MCS, MCSCLR) 명령을 사용하여 프로그램 한다.

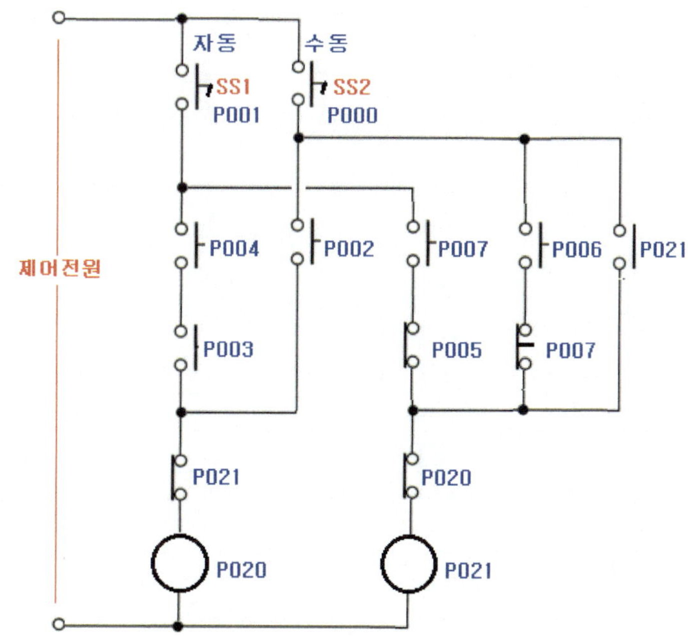

[릴레이 회로]

[마스터 콘트롤을 사용한 프로그램]

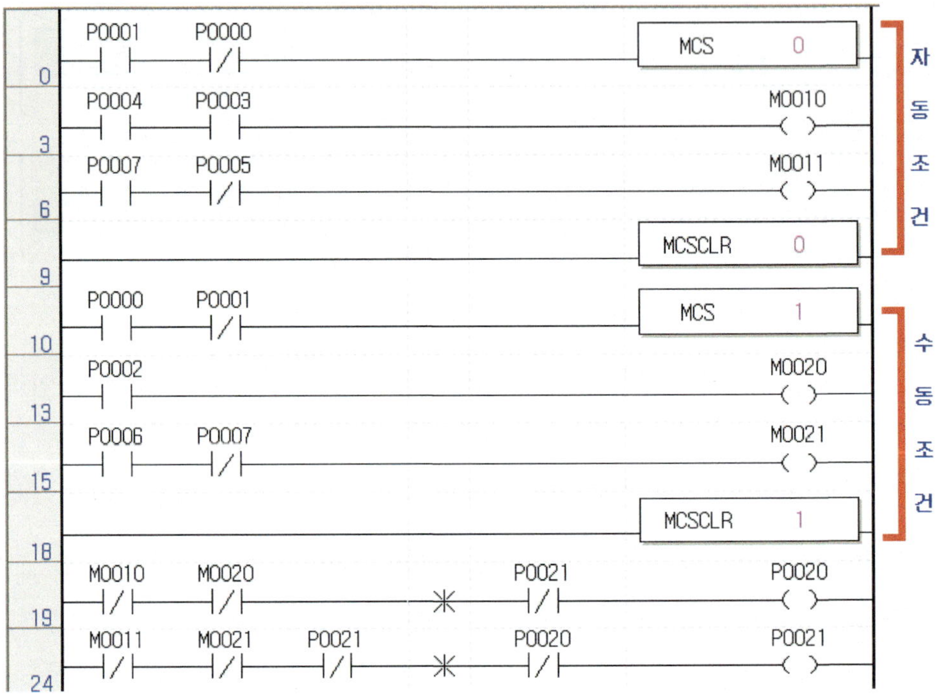

3.5.2 출력 명령

1) OUT, OUT NOT, OUTP, OUTN

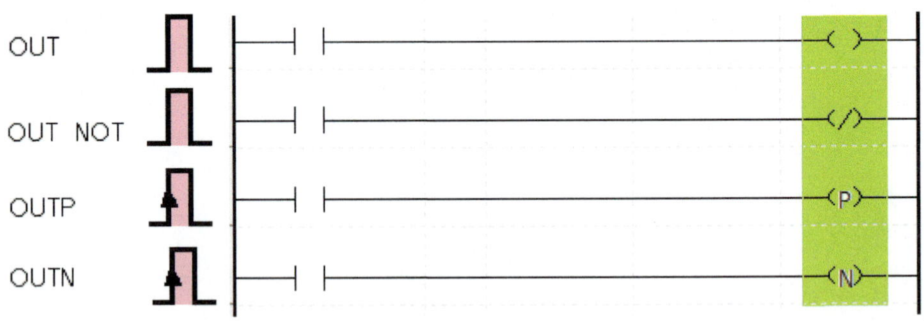

① OUT, OUT NOT

- OUT 명령은 OUT 명령까지의 연산 결과를 지정된 Device에 출력한다.
- OUT NOT은 OUT NOT 명령까지의 연산 결과를 반전해서 지정된 디바이스에 출력한다.

② OUTP, OUTN

- OUTP는 OUTP 명령까지의 연산 결과가 OFF → ON으로 될 때 지정 접점을 1 스캔 동안만 ON하고 그 이외에는 OFF 된다. 지정 접점이 워드 Device의 비트 접점이면 해당 비트는 1 스캔 동안만 1이 되고 그 외에는 0이 된다.
- OUTN는 OUTN 명령까지의 연산 결과가 ON → OFF로 될 때 지정 접점을 1 스캔 동안만 ON하고 그 외에는 OFF 된다. 지정 접점이 워드 Device의 비트 접점이면 해당 비트는 1 스캔 동안만 1이 되고 그 외에는 0이 된다.
- Master-K의 D, D NOT 명령이 변경된 명령어이다.

③ 프로그램 예제

- OUTP 예제 : 입력 접점 P0001이 OFF에서 ON이 될 때 OUTP 명령을 실행하는 프로그램

[래더 프로그램]

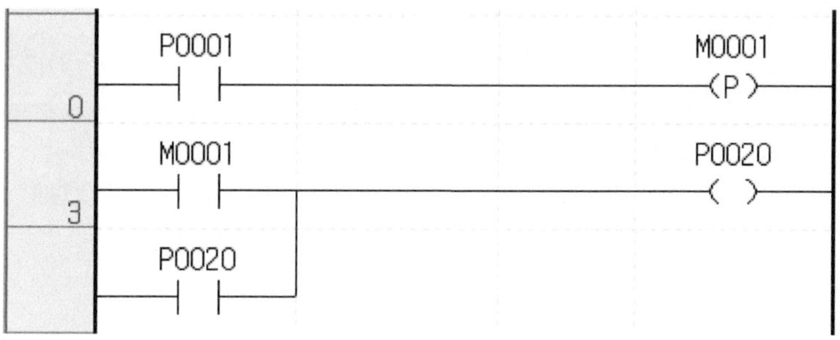

[니모닉 프로그램]

렁	스텝	명령어	OP 1	OP 1 변수
0	0	LOAD	P0001	PB_1
	1	OUTP	M0001	RY_1
1	3	LOAD	M0001	RY_1
	4	OR	P0020	PL_0
	5	OUT	P0020	PL_0

[타임 차트]

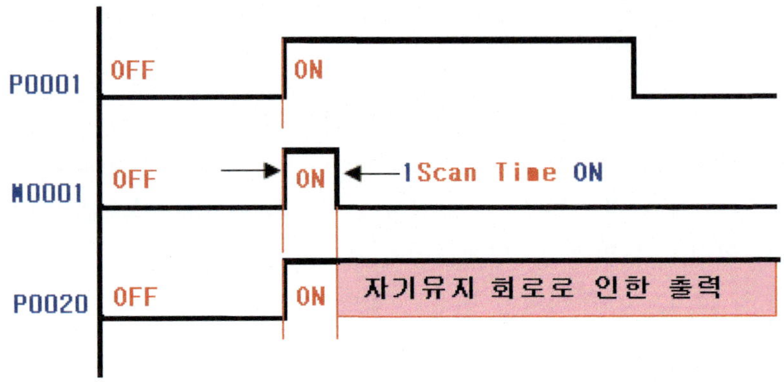

- OUTN 예제 : 입력 접점 P0001이 ON에서 OFF가 될 때 OUTN 명령을 실행하는 프로그램

[래더 프로그램]

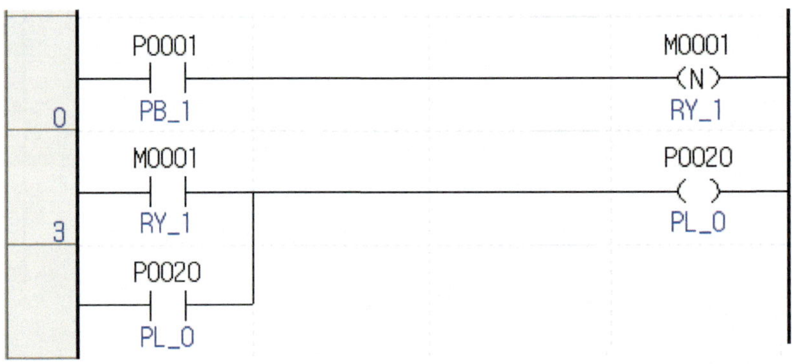

[니모닉 프로그램]

렁	스텝	명령어	OP 1	OP 1 변수
0	0	LOAD	P0001	PB_1
	1	OUTN	M0001	RY_1
1	3	LOAD	M0001	RY_1
	4	OR	P0020	PL_0
	5	OUT	P0020	PL_0

[타임 챠트]

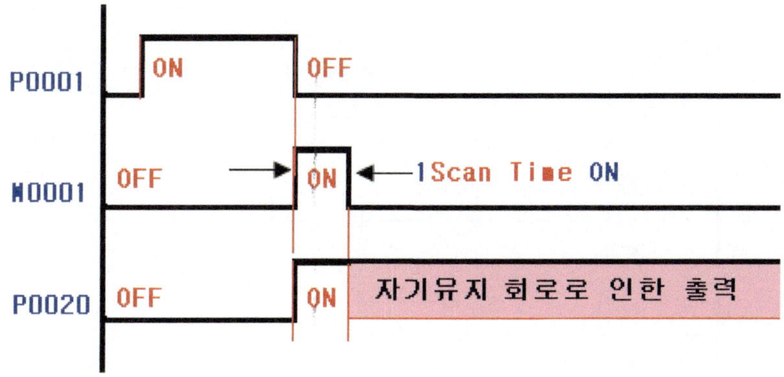

[예제] 출력 ON/OFF 조작 [OUTP/OUTN의 예제]

① 동작

순간 접촉 푸쉬 버튼 PB0을 첫 번째 누르면 출력이 ON하고, 두 번째 누르면 출력이 OFF 된다. PB0을 누를 때마다 출력이 ON/OFF를 반복한다.

② 시스템도

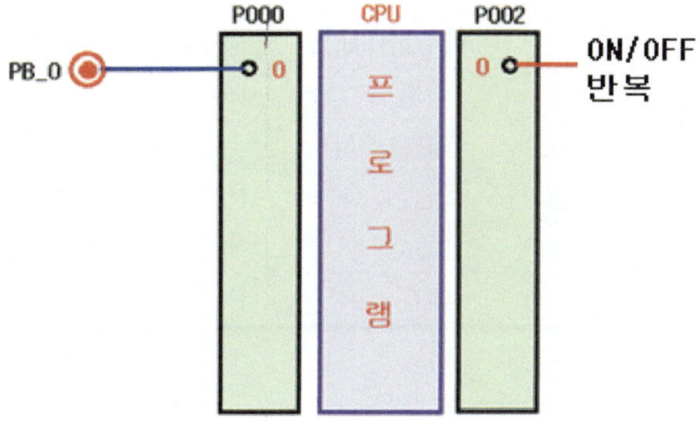

[래더 프로그램]

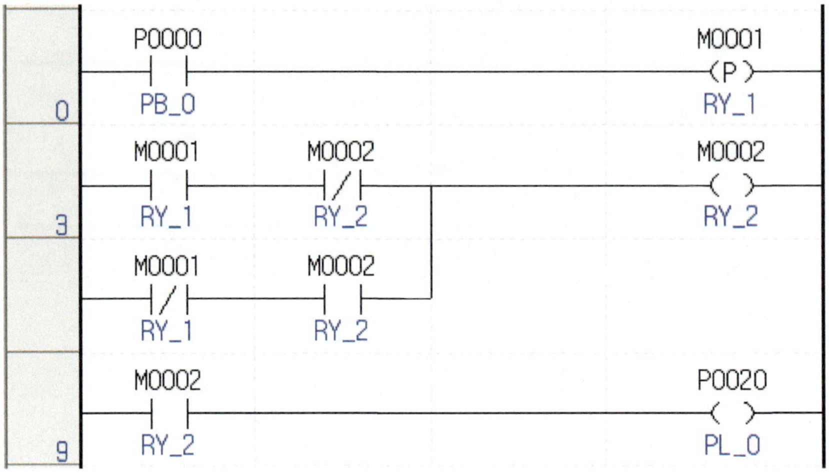

[니모닉 프로그램]

렁	스텝	명령어	OP 1	OP 1 변수
0	0	LOAD	P0000	PB_0
	1	OUTP	M0001	RY_1
1	3	LOAD	M0001	RY_1
	4	AND NOT	M0002	RY_2
	5	LOAD NOT	M0001	RY_1
	6	AND	M0002	RY_2
	7	OR LOAD		
	8	OUT	M0002	RY_2
2	9	LOAD	M0002	RY_2
	10	OUT	P0020	PL_0

[타임 차트]

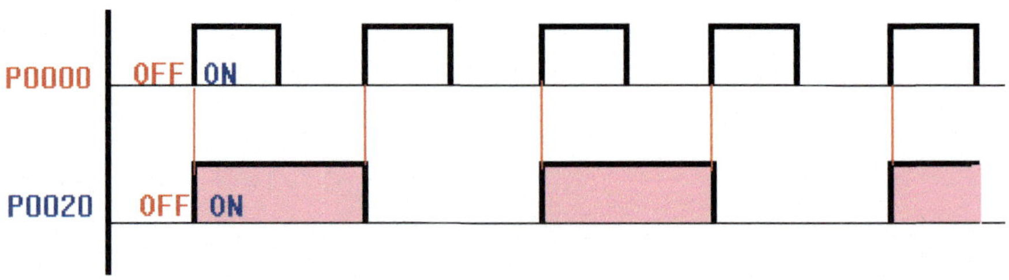

2) 셋(SET)

SET

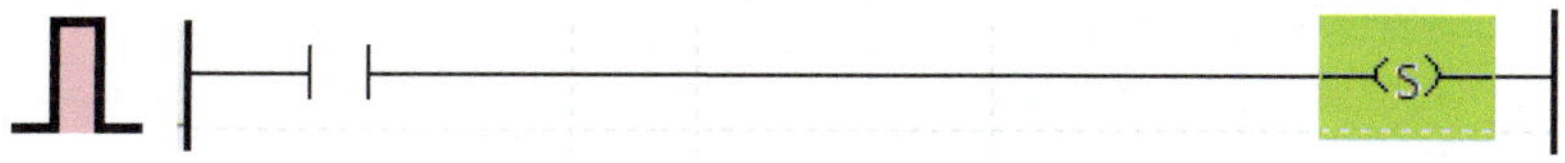

① 셋(SET)

- 입력접점이 ON 되면 지정 출력 접점을 ON 상태로 유지시켜 입력이 OFF 되어도 출력이 ON 상태를 유지한다. 지정출력 접점이 워드 Device의 비트 접점이라면 해당 비트를 1로 셋(SET)한다.
- 셋(SET) 명령으로 ON된 접점은 RST 명령으로 OFF 시킬 수 있다.

② 프로그램 예제

- 입력접점 P0000이 OFF ⇨ ON으로 되었을 때 P0020, P0021의 상태를 확인하는 프로그램

[래더 프로그램]

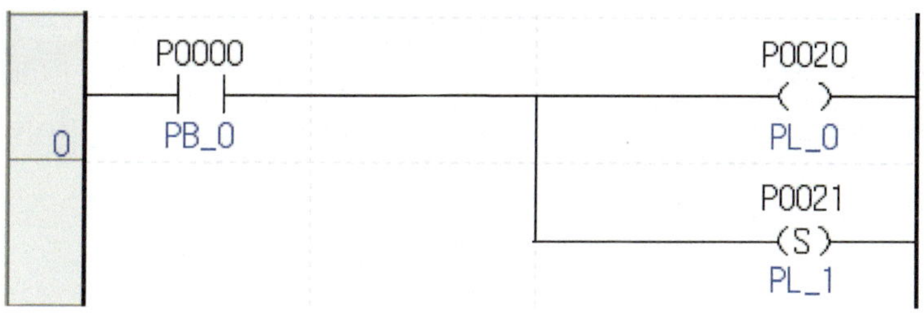

[니모닉 프로그램]

렁	스텝	명령어	OP 1	OP 1 변수
0	0	LOAD	P0000	PB_0
	1	OUT	P0020	PL_0
	2	SET	P0021	PL_1

[타임 챠트]

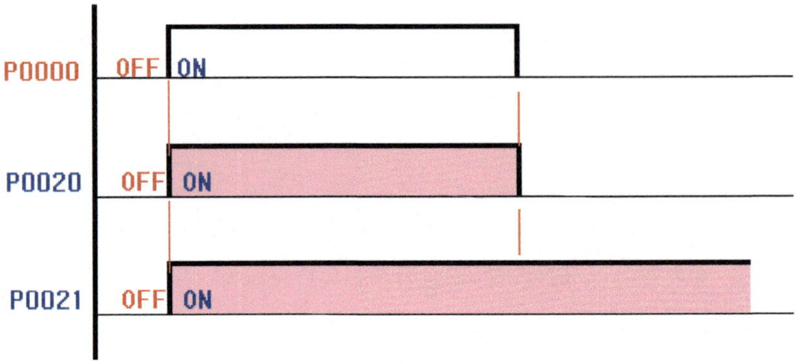

3) 리셋(RST)

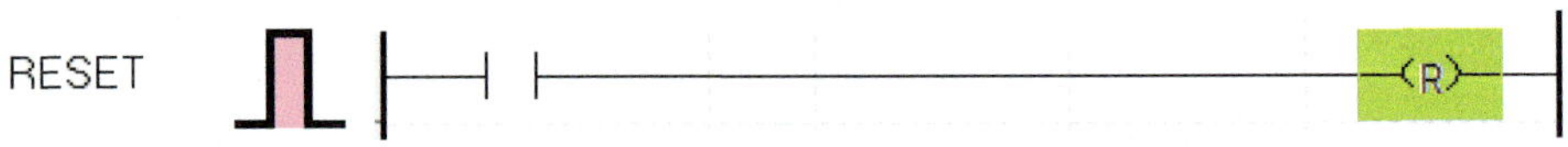

① RST(리셋)

- 입력접점이 ON 되면 지정출력 접점을 OFF 상태로 유지시켜 입력이 OFF 되어도 출력이 OFF 상태를 유지한다. 지정 출력 접점이 워드 Device의 비트 접점이라면 해당 비트를 0으로 한다.

② 프로그램 예제

- 입력접점이 P00020이 ON ⇨ OFF 하였을 때 P00060, P00061의 출력상태를 확인하고 P00061 출력을 OFF 시키는 프로그램

[래더 프로그램]

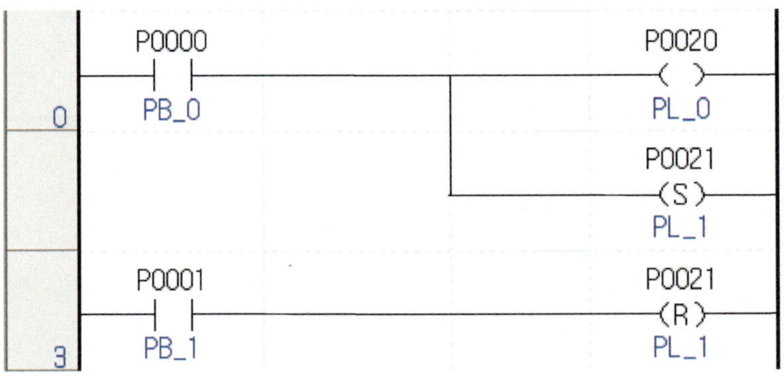

[니모닉 프로그램]

렁	스텝	명령어	OP 1	OP 1 변수
0	0	LOAD	P0000	PB_0
	1	OUT	P0020	PL_0
	2	SET	P0021	PL_1
1	3	LOAD	P0001	PB_1
	4	RST	P0021	PL_1

[타임 차트]

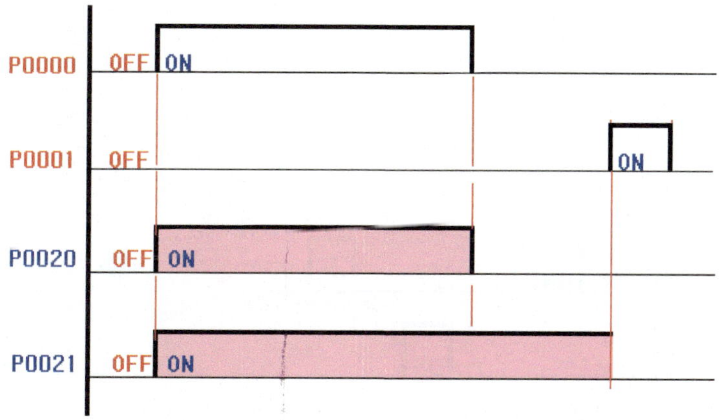

[예제] 정전대책에 대하여 P와 K 영역의 차이점, 셋(SET)/리셋(RST) 동작

- 입출력 릴레이(P)와 킵 릴레이(K)의 차이점

  다음의 시퀀스는 모두 자기유지회로를 갖고 있으며 그 동작은 동일하다. 그러나, 출력이 ON 중에 정전되면 복전시의 출력상태는 다르게 된다.

[래더 프로그램]

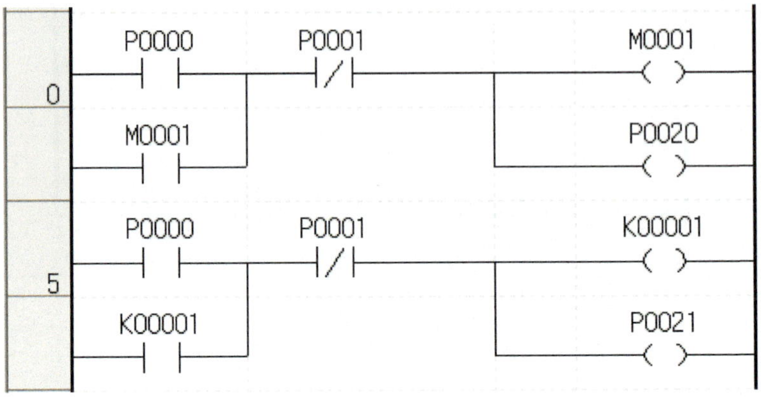

[타임 차트]

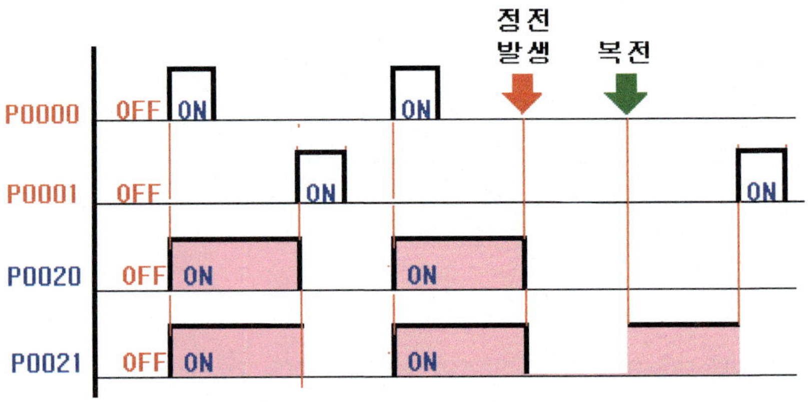

- 셋(SET)/리셋(RST) 명령에서 입출력 릴레이(P)와 킵 릴레이(K) 영역 동작의 차이점은 셋/리셋 명령은 자기 유지 기능을 갖고 있기 때문에 출력이 1회 셋(SET)되면 "차단" 입력이 들어올 때까지 그 상태가 계속된다. 그러나 입출력 릴레이(P) 영역과 킵 릴레이(K) 영역의 차이점에 의해, 복전시의 동작이 다르다.

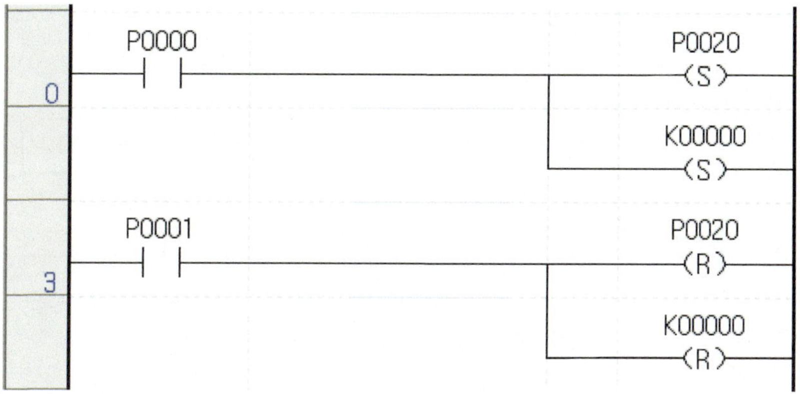

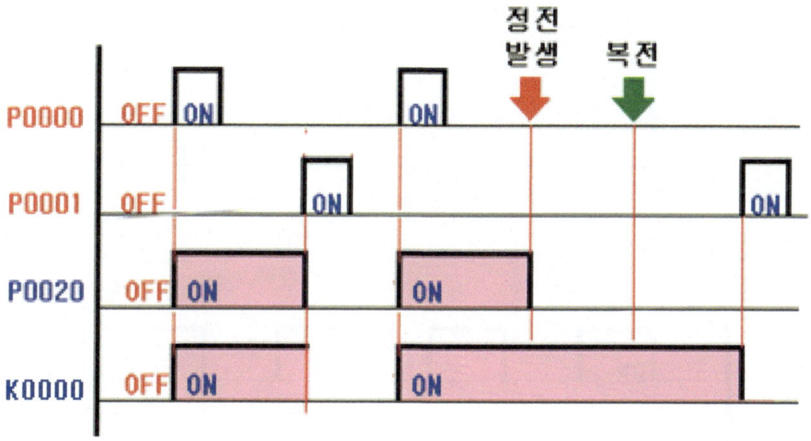

4) FF

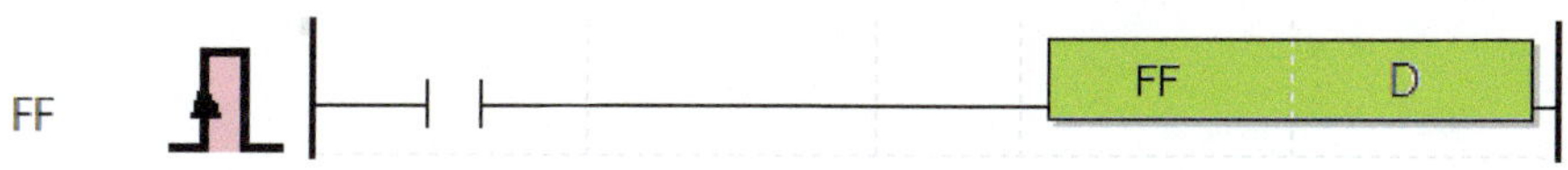

① FF

- 비트 출력 반전 명령으로 입력 접점이 OFF ⇨ ON으로 될 때, 지정된 Device의 상태를 반전시킨다.

② 프로그램 예제

- 입력접점 P0000이 OFF ⇨ ON으로 변경될 때마다, P0020의 출력상태가 반전되는 프로그램

[래더 프로그램]

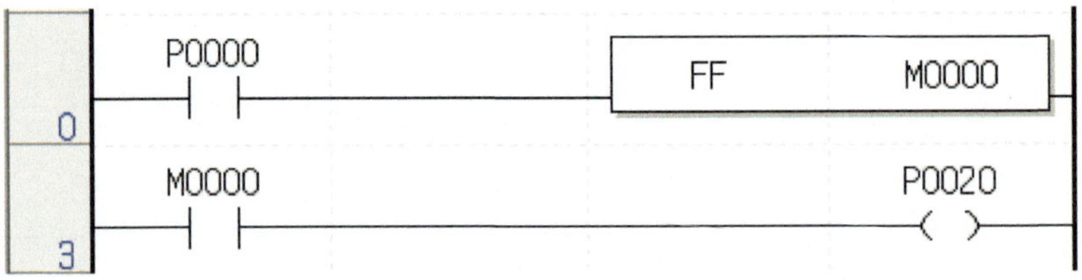

[니모닉 프로그램]

렁	스텝	명령어	OP 1
0	0	LOAD	P0000
	1	FF	M0000
1	3	LOAD	M0000
	4	OUT	P0020

[타임 차트]

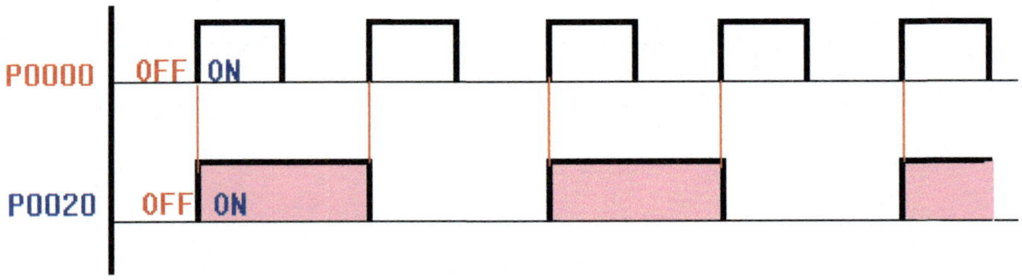

3.5.3 순차 후입 우선 명령

1) SET Syyy.xx

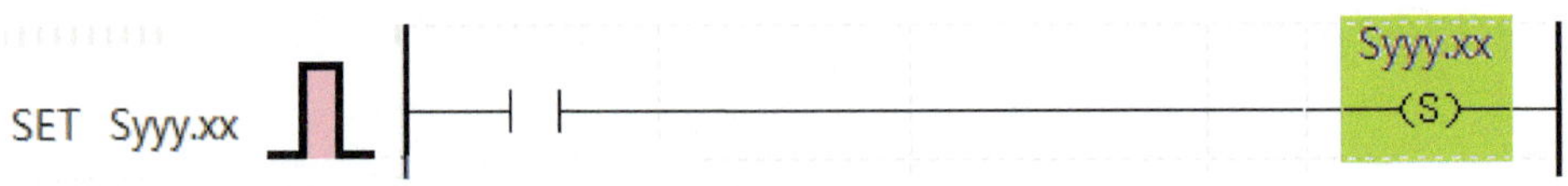

– yyy : 조번호(0~127), xx : 스텝번호 (0~99)

① 셋(SET) Syyy.xx(순차제어)

- 동일 조 내에서 바로 이전의 스텝 번호가 ON 되어 있는 상태에서 현재 스텝 번호의 입력접점 접점 상태가 ON 되면 현재 스텝 번호가 ON 되고, 이전 스텝 번호는 OFF 된다.
- 현재 스텝 번호가 ON 되면 자기 유지되어 입력 접점이 OFF 되어도 ON 되어진 상태를 유지한다.
- 입력접점 접점이 동시 ON 되어도 한 조 내에서는 한 스텝 번호만이 ON 된다.
- 초기 Run 시 Syyy.00은 ON 되어 있다.
- 셋(SET) Syyy.xx 명령은 Syyy.00의 입력 접점을 ON 시킴으로써 클리어된다.

② 프로그램 예제

- S001.xx 조를 이용한 순차제어 프로그램

[래더 프로그램]

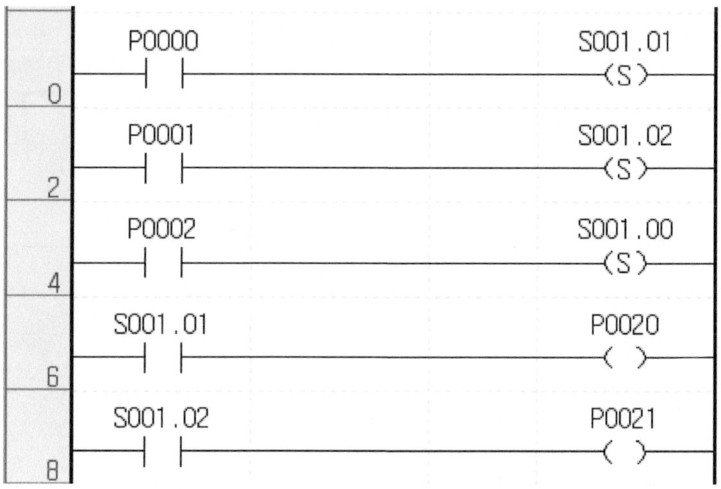

[니모닉 프로그램]

렁	스텝	명령어	OP 1	OP 1 변수
0	0	LOAD	P0000	PB_0
	1	SET	S001.01	
1	2	LOAD	P0001	PB_1
	3	SET	S001.02	
2	4	LOAD	P0002	PB_2
	5	SET	S001.00	
3	6	LOAD	S001.01	
	7	OUT	P0020	PL_0
4	8	LOAD	S001.02	
	9	OUT	P0021	PL_1

[타임 챠트]

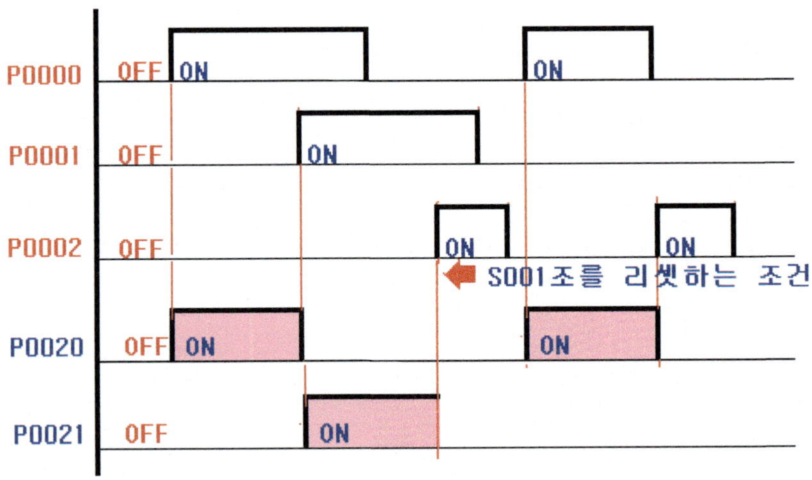

[예제] 순차제어 [셋(SET) S의 예제]

아래 프로그램은 공정 1이 끝나야만 공정 2가 수행되고 또 공정 3이 끝나면, 다시 1번 공정이 모두 순차적으로 수행되는 과정을 간략하게 작성한 것이다.

[래더 프로그램]

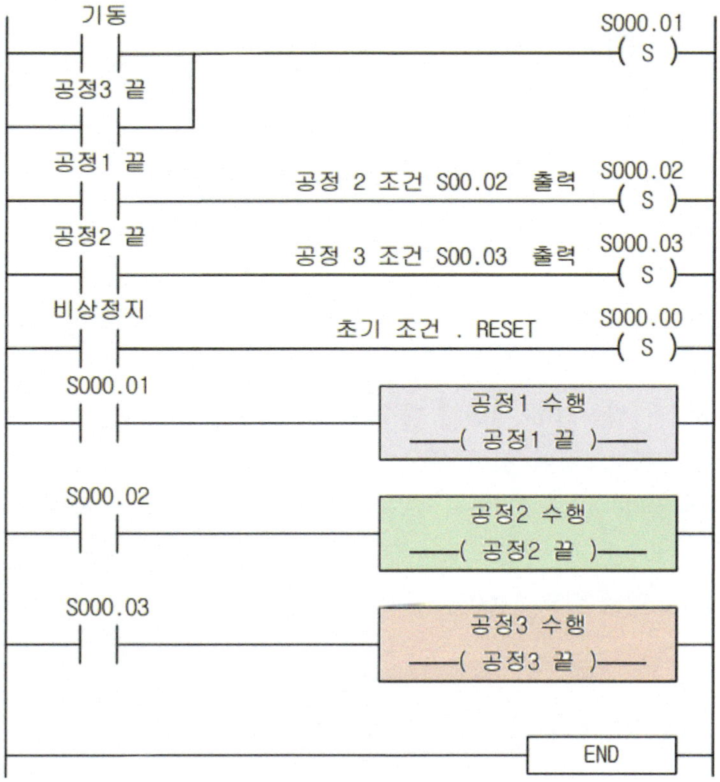
기동
S000.01
(S)
공정3 끝
공정1 끝
공정 2 조건 S00.02 출력
S000.02
공정2 끝
공정 3 조건 S00.03 출력
S000.03
비상정지
초기 조건 . RESET
S000.00
S000.01
공정1 수행
(공정1 끝)
S000.02
공정2 수행
(공정2 끝)
S000.03
공정3 수행
(공정3 끝)
END

[타임 챠트]

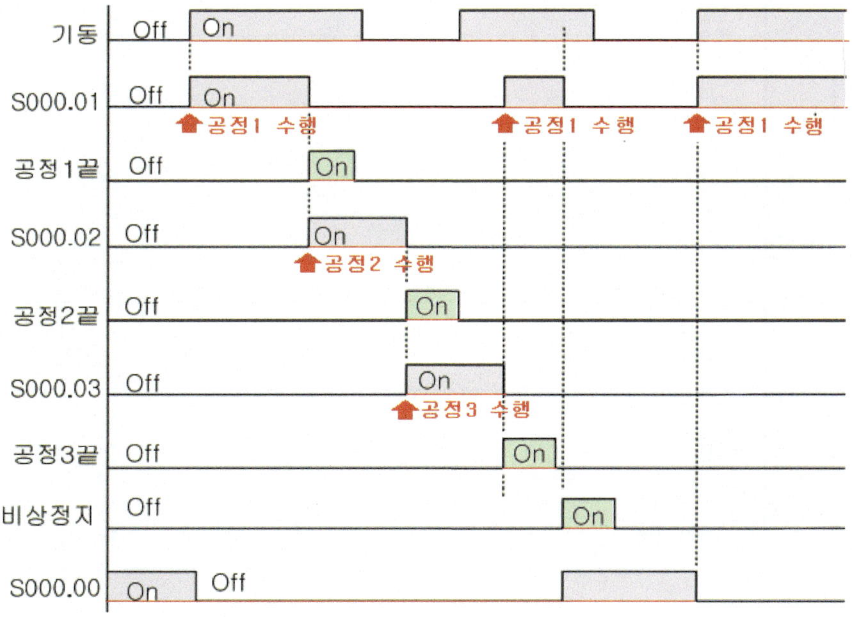
기동
Off
On
S000.01
공정1 수행
공정1끝
S000.02
공정2 수행
공정2끝
S000.03
공정3 수행
공정3끝
비상정지
S000.00

2) OUT Syyy.xx

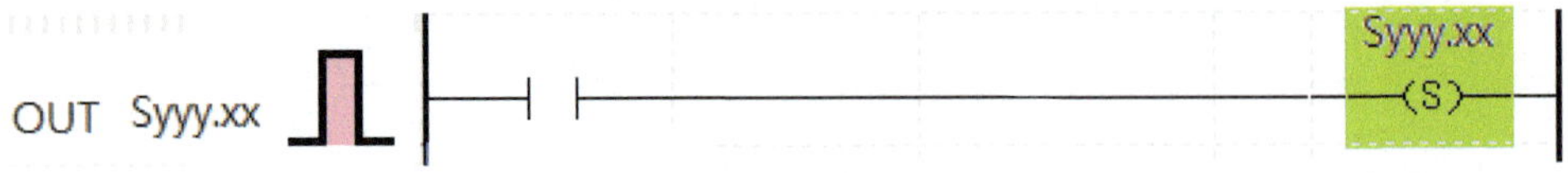

- yyy : 조번호 (0~127), xx : 스텝번호 (0~99)

① OUT Syyy.xx(후입우선)

- 셋(SET) Syyy.xx와는 달리, 스텝 순서에 관계없이 입력접점 접점이 ON되면 해당 스텝이 기동한다.
- 동일 조 내에서 입력접점 접점이 다수가 ON 하여도 한 개의 스텝 번호만 ON 한다. 이때, 나중에 프로그램된 것이 우선으로 출력된다.
- 현재 스텝 번호가 ON 되면 자기 유지되어 입력접점이 OFF 되어도 ON되어진 상태를 유지한다.
- OUT Syyy.xx 명령은 Syyy.00의 입력 접점을 ON 시킴으로써 클리어된다.

② 프로그램 예제

- S001 조를 이용한 후입우선 제어 프로그램

[래더 프로그램]

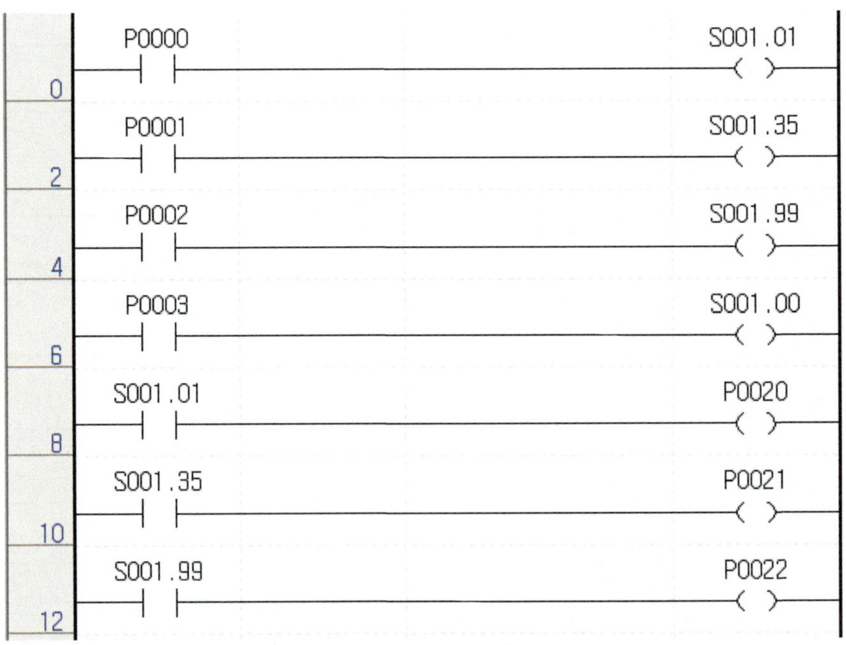

[니모닉 프로그램]

렁	스텝	명령어	OP 1	OP 1 변수
0	0	LOAD	P0000	PB_0
	1	OUT	S001.01	
1	2	LOAD	P0001	PB_1
	3	OUT	S001.35	
2	4	LOAD	P0002	PB_2
	5	OUT	S001.99	
3	6	LOAD	P0003	PB_3
	7	OUT	S001.00	
4	8	LOAD	S001.01	
	9	OUT	P0020	PL_0
5	10	LOAD	S001.35	
	11	OUT	P0021	PL_1
6	12	LOAD	S001.99	
	13	OUT	P0022	PL_2

[타임 차트]

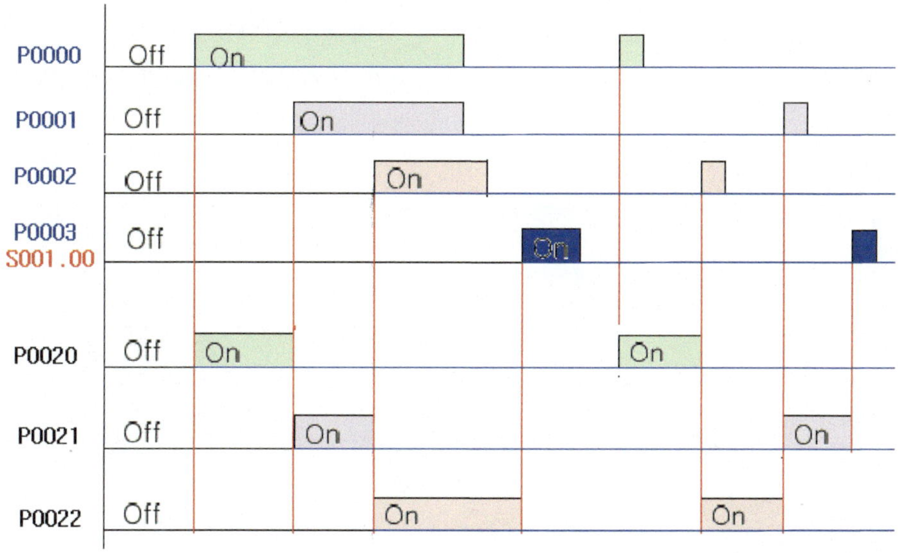

No	P0000	P0001	P0002	P0003	S001.01	S001.35	S001.99	S001.00
1	On	Off	Off	Off	On			
2	On	On	Off	Off		On		
3	On	On	On	Off			On	
4	On	On	On	On				On

3.5.4 종료 명령

1) END

END

① END

- 프로그램 종료를 표시한다.
- END 명령 처리 후 0000 스텝으로 돌아가 처리한다.
- END 명령은 반드시 프로그램의 마지막에 입력해야 한다.
  입력하지 않으면 '오류 E4000 : END 명령어가 존재하지 않습니다.' 에러가 발생한다.

스캔이란?

아래의 그림처럼 입력 리프레시 ⇨ 사용자 프로그램 실행 ⇨ 자기진단 ⇨ 출력 리프레시까지 1 스캔이라고 합니다.

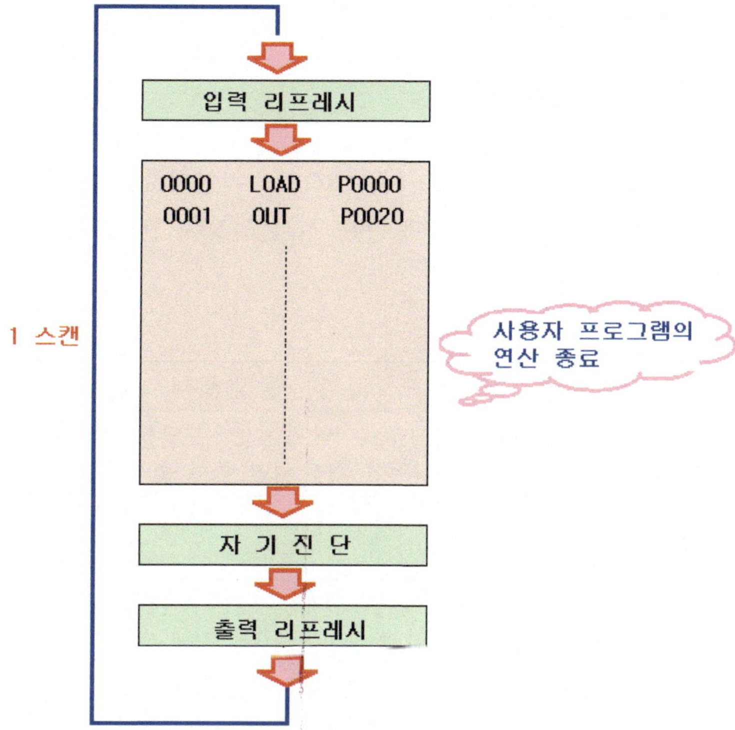

3.5.5 무처리 명령

1) NOP

: Ladder Symbol은 없음. (니모닉에서만 사용하는 명령임)

① NOP

- 무처리(No OperatiON) 명령으로 해당 프로그램의 연산 결과에 아무런 영향을 주지 않는다.
- 니모닉 프로그램에서만 사용되는 명령어이다.
- NOP 사용 목적은 시퀀스 프로그램의 디버깅용이며 일시적으로 스텝 수를 유지하면서 명령어를 제거하기 위해 사용된다.

3.5.6 타이머 명령

1) 타이머의 특징

① 기본적인 특징

- 4가지 종류 : 100ms, 10ms, 1ms, 0.1ms: XGB는 지원되지 않음.
- 기본 파라미터에서 각 타이머 번호에 따른 시간 설정을 할 수 있음.
- 타이머 특성에 따른 종류

명령어	명칭	동작 특성
TON	ON 타이머	입력접점이 ON 되면 타이머 설정값에 도달했을 때 타이머 출력 a 접점은 ON 되고, 입력접점이 OFF 되면 즉시 출력 a 접점은 OFF 된다.
TOFF	OFF 타이머	입력접점이 ON 되면 즉시 출력 a 접점은 ON 되고, 입력접점이 OFF 되면 타이머 설정값이 감소하여 타이머 출력 a 접점은 OFF 된다.
TMR	적산 타이머	입력접점이 OFF 되어도 현재값 유지, 누적된 타이머 값이 설정값에 도달하면 타이머 접점 출력 ON 된다. 리셋 입력이 필요하다.
TMON	모노 스테이블 타이머	입력접점이 ON 되면, 현재값은 설정값이 되고 타이머 접점 출력 ON 되고, 입력접점이 OFF 되어도 계속 현재값 감소. 0이 되면 접점 출력 OFF
TRTG	리트리거블 타이머	모노스테이블 타이머와 같은 기능을 하되, 현재값이 감소하고 있을 때 다시 입력접점이 ON 되면 현재값은 다시 설정값이 되어 동작함.

- XGK는 2,048개, XGB는 256~1,024개의 타이머를 사용
- 설정할 수 있는 값의 범위는 0~65,535
- 같은 타이머 번호의 중복 사용은 불가능
- 인덱스 사용 여부와 관계없이 같은 타이머 번호를 사용하면 중복 사용으로 처리되어 프로그램을 다운로드할 수 없다.

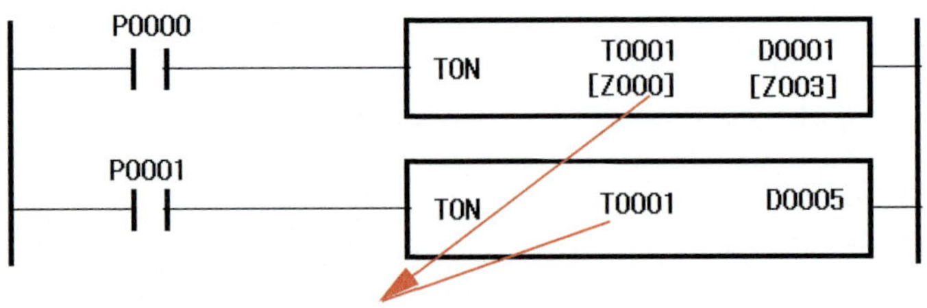

인덱스 사용 여부와 관계없이 같은 T0001을 사용하면 중복 사용된다.
프로그램 오류로 다운로드 되지 않는다.

- 타이머값 설정 가능 Device : 정수, P, M, K, U, D, R
- 인덱스 기능을 사용 가능. 단, 이때 사용 가능 인덱스 범위는 Z0~Z3
- 타이머를 Reset 시키기 위해서는 입력 접점을 OFF 시키는 방법과 Reset 코일을 사용하는 방법이 있음.
- 타이머를 Reset 시키기 위해 Reset 명령을 사용할 경우, 반드시 사용된 타이머 형태와 같은 형태로 입력해야 함. 즉, 아래 프로그램과 같이 TON T0001[Z000] D00010[Z003]을 사용했다면, Reset 코일에 사용되는 타이머 형태는 T0001[Z000]이여야 한다.
- 타이머는 END 명령 실행 후에 타이머의 현재값 갱신 및 접점을 ON/OFF 한다.

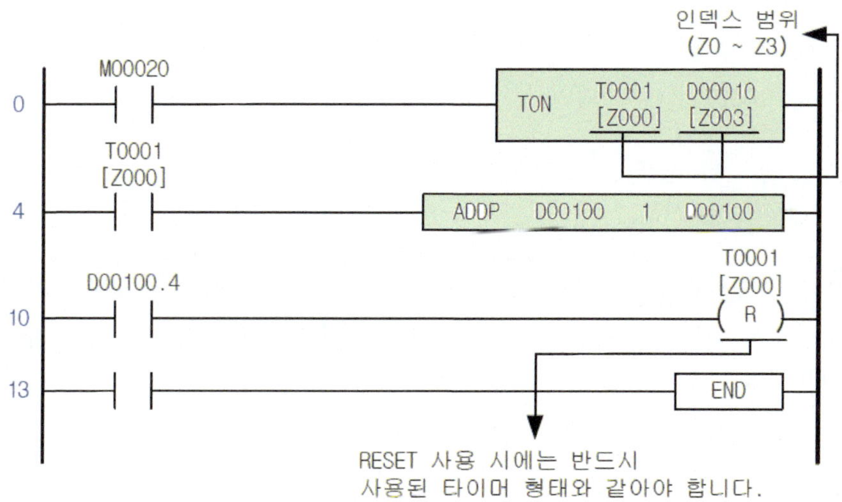

2) TON

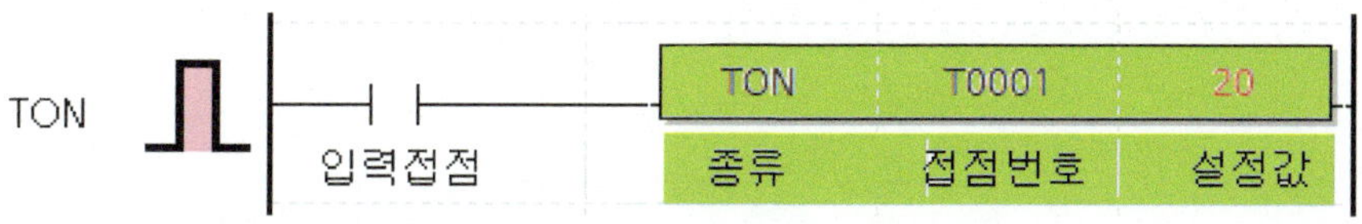

– 타이머의 설정값은 PLC CPU 종류와 접점 번호에 따라 0.1ms, 1ms, 10ms, 100ms 단위가 있음.

① TON (ON 타이머)

- 입력접점이 ON 되는 순간부터 현재값이 증가하여 타이머 설정 시간(t)에 도달하면 타이머 접점이 ON 된다.
- 입력접점이 OFF 되거나 Reset(Reset) 명령을 만나면 타이머 출력이 OFF 되고 현재값은 0이 된다.

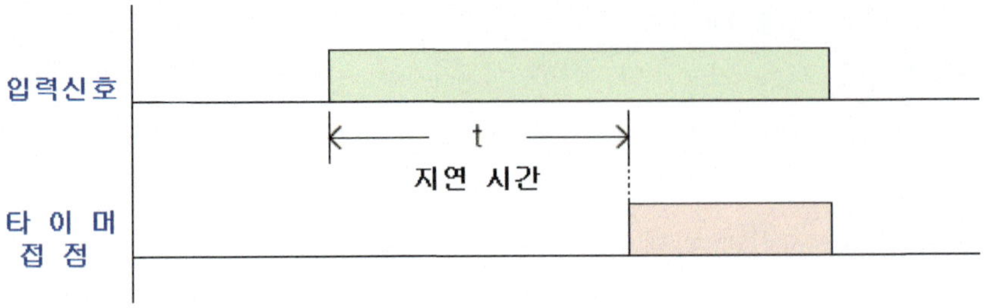

② 프로그램 예제

- P0000이 ON 후 20초 후인 타이머 현재값과 설정값이 같을 때 T0001은 ON 되고, P0020이 ON 된다.
- 만약, 현재값이 설정값에 도달전에 입력접점이 OFF 되면 현재치는 0이 된다. P0001이 ON 되면 T0001이 OFF 되면서 현재치는 0이 된다.

[래더 프로그램]

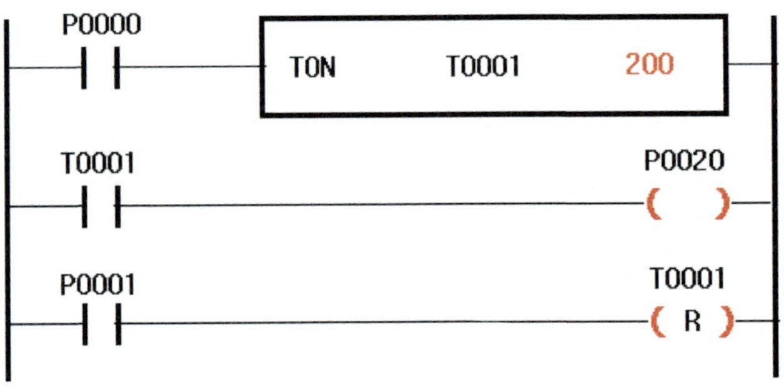

[니모닉 프로그램]

스텝	니모닉	오퍼랜드
0	LOAD	P0000
1	TON	T0001
3	LOAD	T0001
4	OUT	P0020
5	LOAD	P0001
6	RST	T0001

[타임 차트]

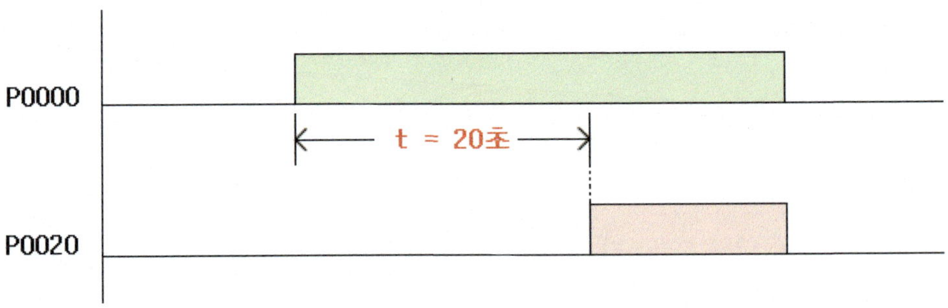

[예제] 플리커 회로 [TON의 예제]

동작 : 타이머 2개를 사용하여 출력을 점멸시킵니다.
1초 OFF - 2초 ON 반복 점멸 동작입니다.

[시스템 도]

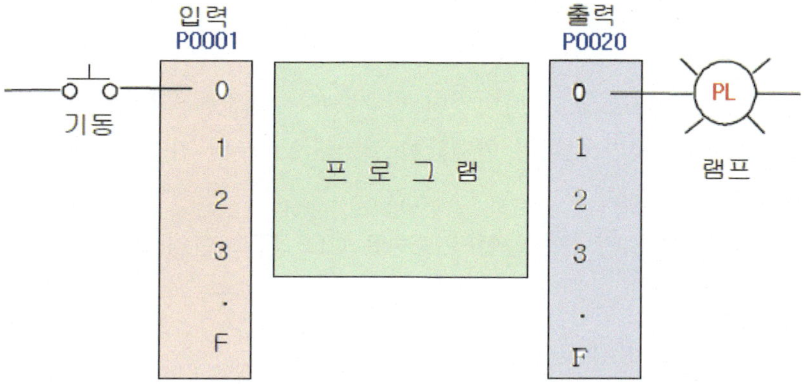

[타임 차트] (T0: 1초, T1: 2초)

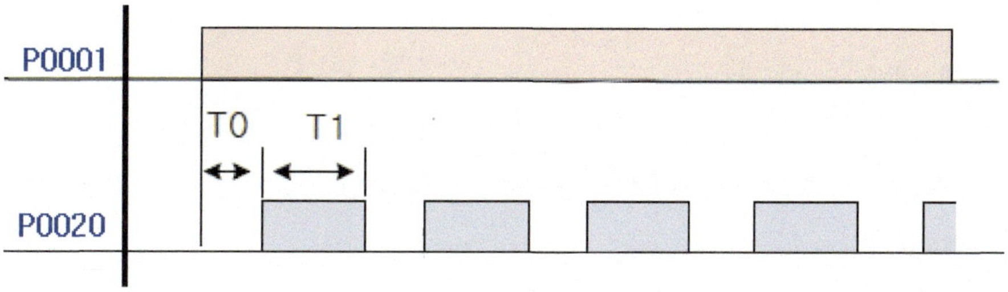

[프로그램]

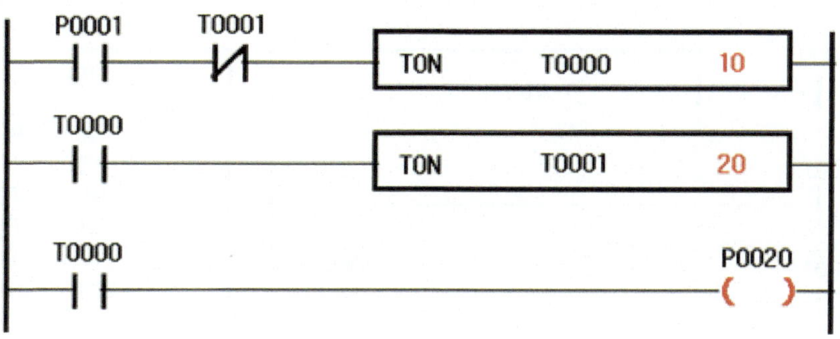

3) TOFF

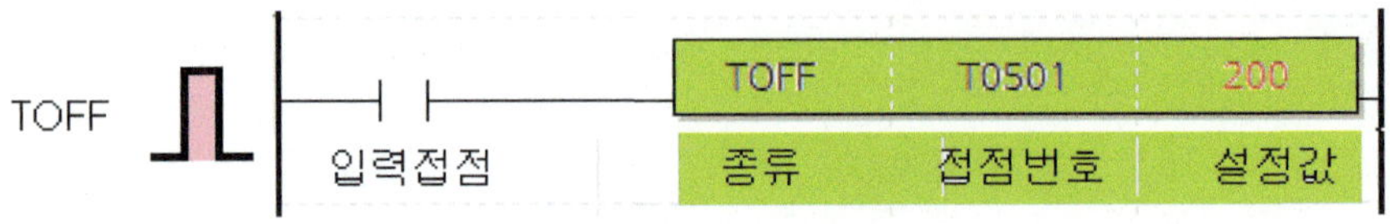

- XGB-XBCH CPU에서는 T0500~T0999는 10ms이므로 설정값은 2초임.

① TOFF (OFF 타이머)

- 입력 접점이 ON 되는 순간 타이머의 현재값은 설정값이 되며 출력은 ON 됨.
- 입력 접점이 OFF 되면 타이머 현재값이 설정값으로부터 감산되어 현재값이 0이 되는 순간 출력이 OFF 된다.
- Reset(Reset) 명령을 만나면 타이머 출력은 OFF 되고 현재값은 0이 된다.

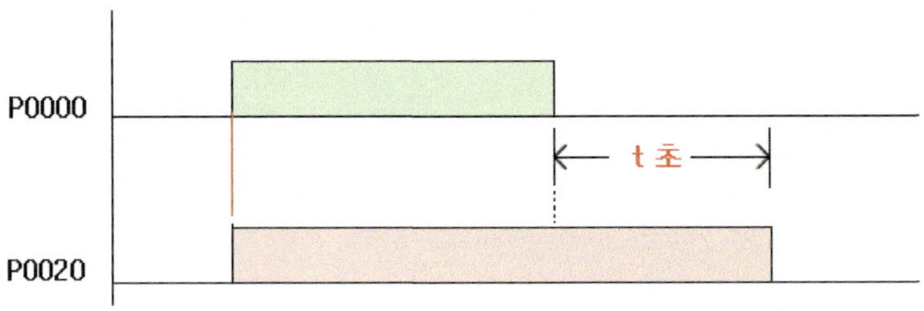

② 프로그램 예제

- 입력 P0000 접점이 ON 하면 T0001 접점이 동시에 ON하고 출력 P00020는 ON 한다.
- 입력 P00020이 OFF 한 후 타이머는 설정 시간(20초) 동안 감산하여 현재값이 0이 되면 타이머 접점이 OFF 된다.
- P0001이 ON 하면 현재치는 0이 된다.

[래더 프로그램]

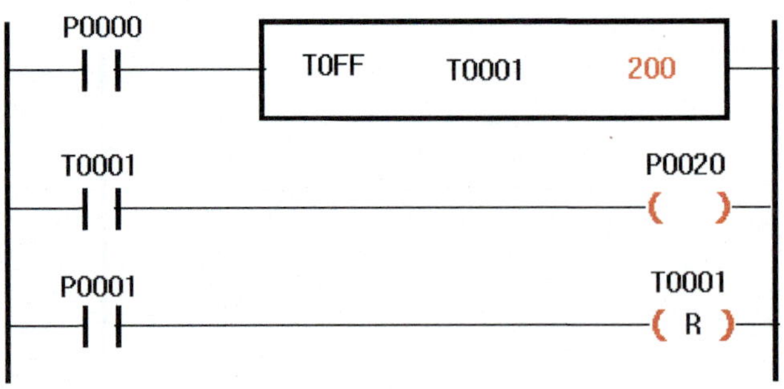

[니모닉 프로그램]

스텝	니모닉	오퍼랜드
0	LOAD	P0000
1	TOFF	T0001
3	LOAD	T0001
4	OUT	P0020
5	LOAD	P0001
6	RST	T0001

[타임 차트]

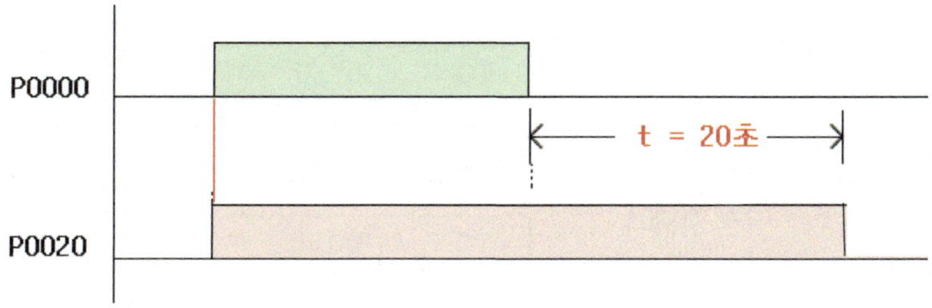

[예제] 컨베이어 제어 [TON, TOFF 이용]

(1) 동작

여러 대의 컨베이어를 순서에 따라 기동(A ⇨ B ⇨ C), 정지(C ⇨ B ⇨ A)한다.

(2) 시스템 도

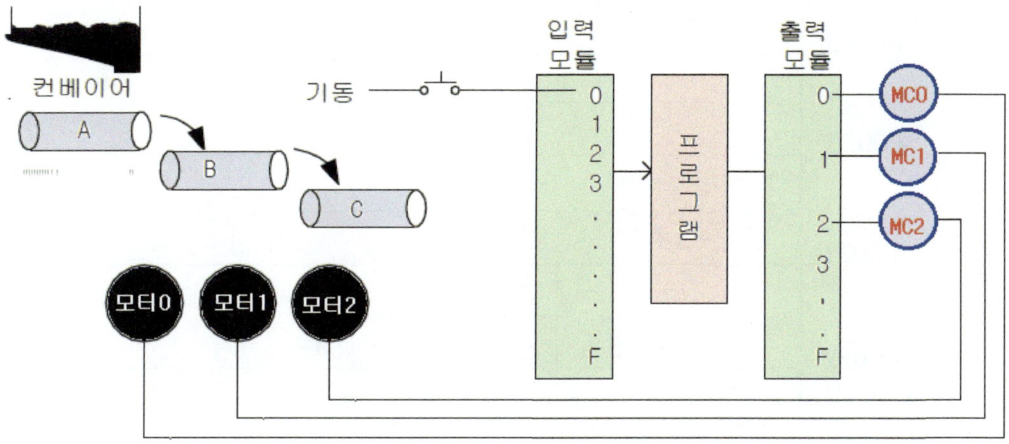

[프로그램]

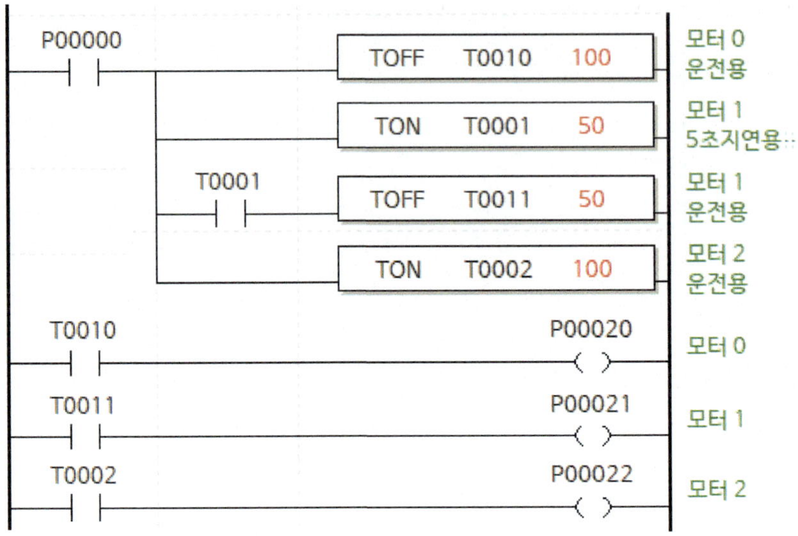

[타임 차트]

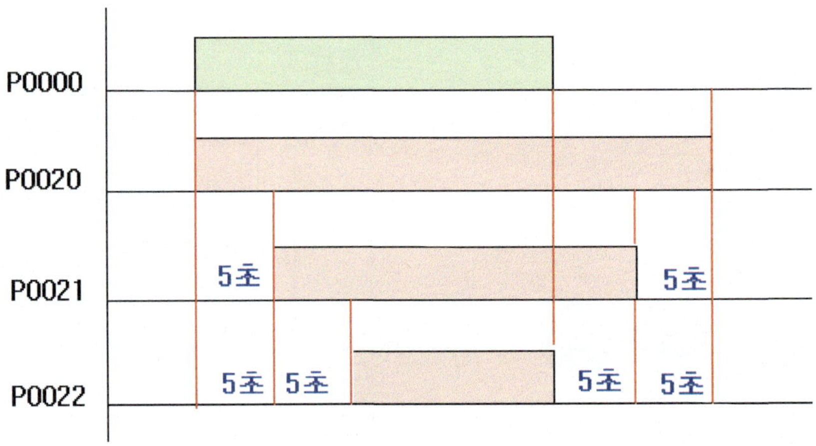

4) TMR

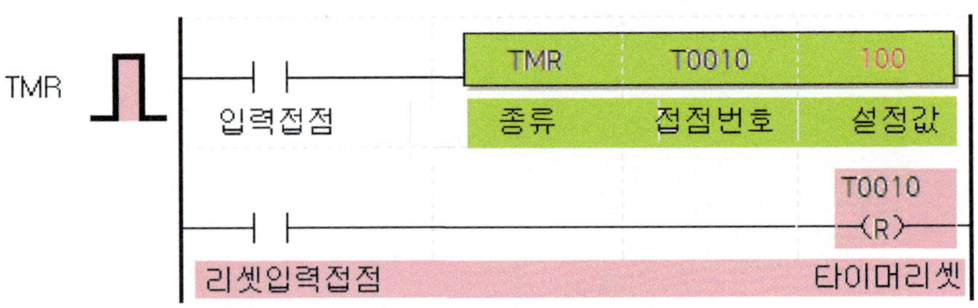

① TMR (적산 타이머)

- 입력 접점이 ON 되는 동안 현재값이 증가하여 누적된 값이 타이머의 설정 시간에 도달하면 타이머 접점이 ON 된다.
- 정전 시에도 타이머값을 유지하므로 PLC 야간 정전에도 이상 없다.
  (불휘발성 영역 사용의 경우)
- Reset 입력 접점이 ON 되면 타이머 접점은 OFF 되고 현재치는 0이 된다.

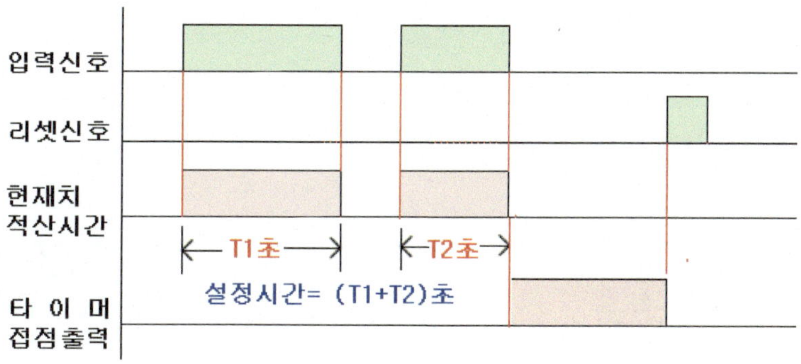

② 프로그램 예제

- 접점 P0000이 ON, OFF, ON을 반복 후 T0002가 ON 하여 출력 접점 P0021를 ON (t1 + t2 = 10초) 한다.
- Reset 신호 P0001을 ON 하면 현재치는 0이 되면서 P0021은 OFF 된다.

[래더 프로그램]

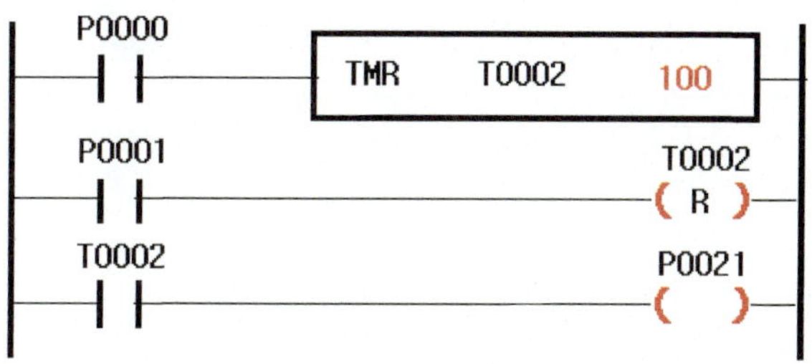

[타임 차트]

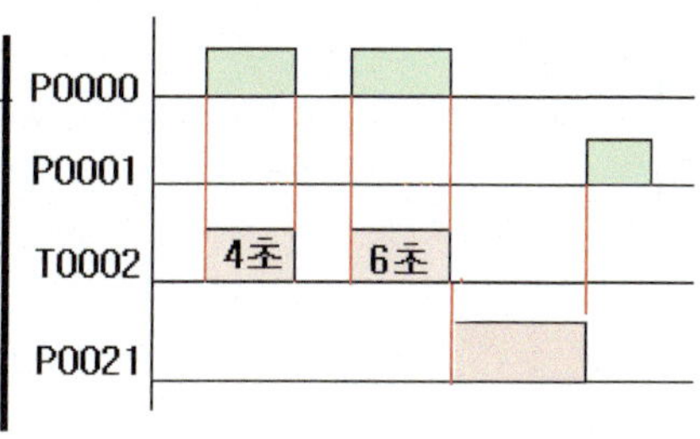

[예제] 공구 수명 경보회로 [TMR 이용]

(1) 동작

머시닝 센터 등의 공구 사용 시간을 측정하여 공구 교환을 위한 경보를 출력한다.

(2) 시스템 도

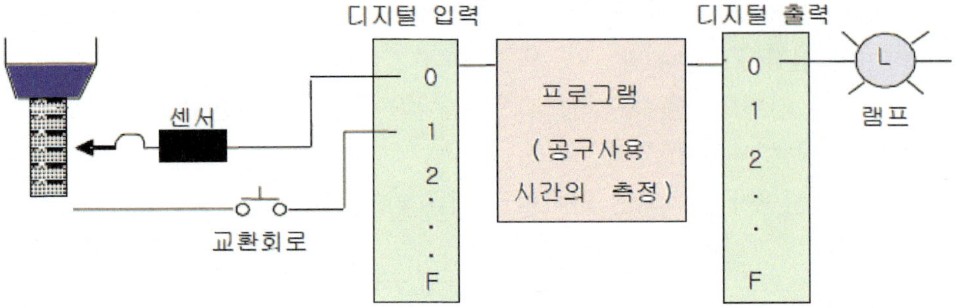

[프로그램]

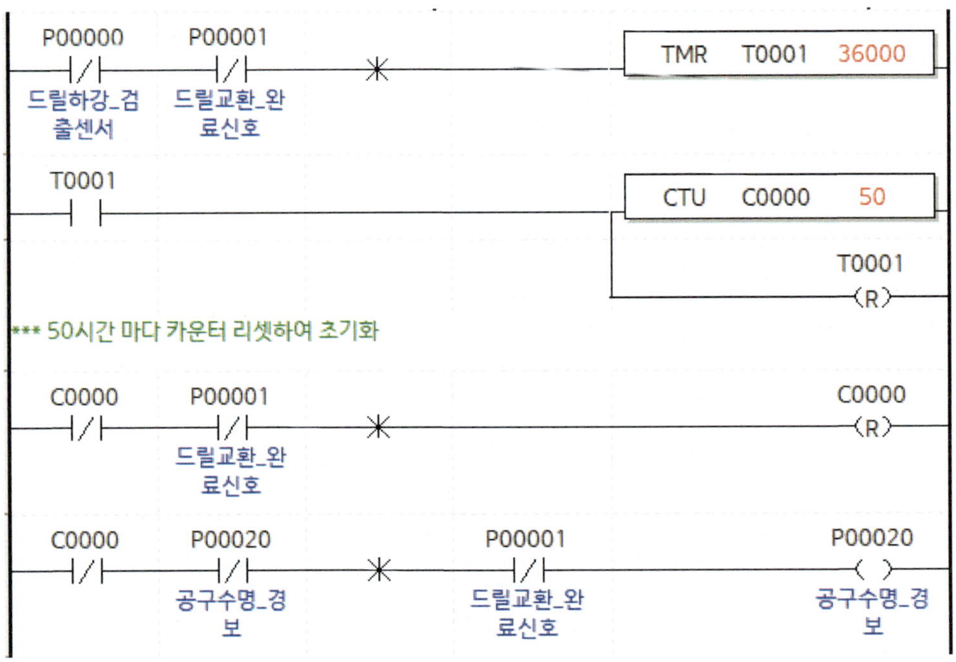

5) TMON

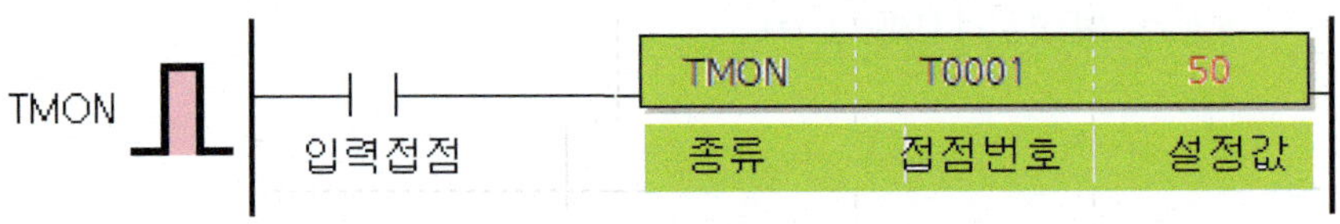

① TMON (모노스테이블 타이머)

- 입력 접점이 ON 되는 순간 타이머 출력이 ON 되고 타이머의 현재값이 설정값으로부터 감소하기 시작하여 0이 되면 타이머 출력은 OFF 된다.
- 타이머 출력이 ON 된 후 입력 접점이 ON, OFF 변화를 하여도 입력 접점과 관계없이 감산은 계속한다.
- 리셋 입력 접점이 성립하면 타이머 접점은 OFF 되고 현재값은 0이 된다.

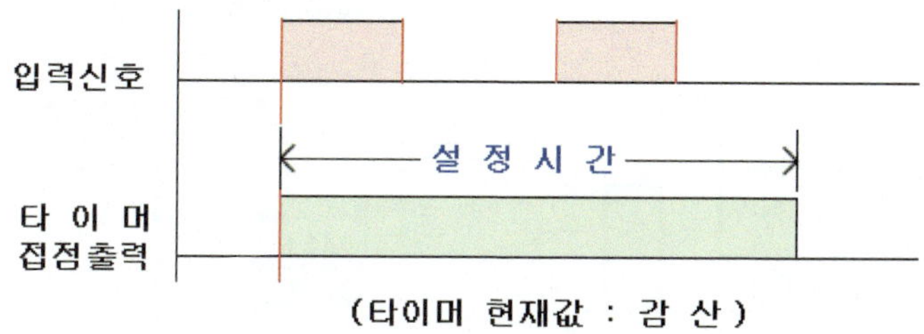

② 프로그램 예

- P0000을 ON 하면 접점 T0001은 즉시 ON 하며 타이머가 감산한다.
- 감산 중에 P0000이 ON, OFF를 반복하여도 감산은 계속한다.
- 리셋 신호 P0001을 ON 하면 현재값은 0이 되며 출력은 OFF 된다.

[래더 프로그램]

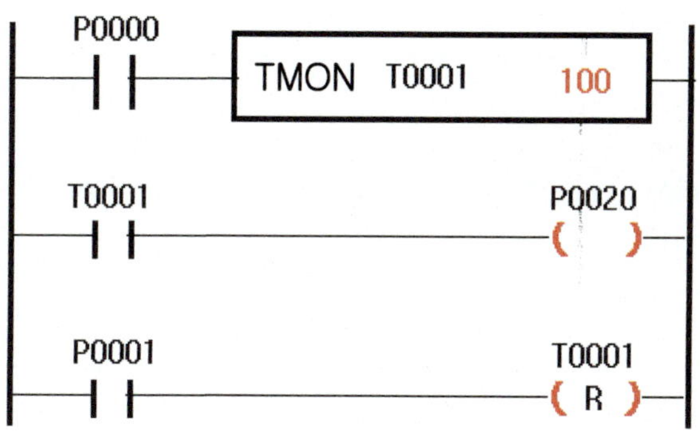

[타임 차트]

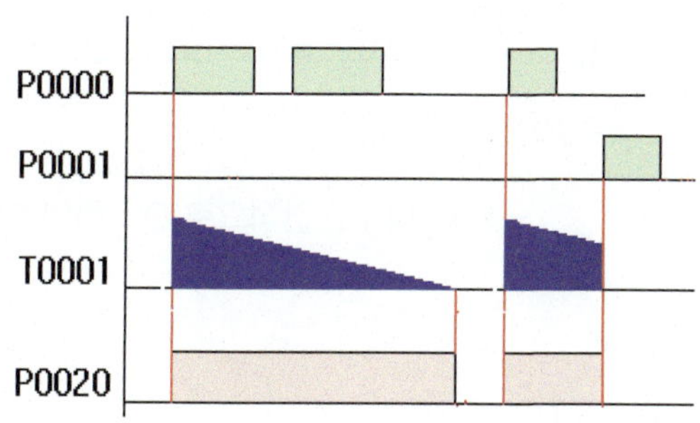

[예제] 신호 떨림 방지 회로 [TMON의 예제]

(1) 동작

속도가 일정치 않은 물체의 통과신호(리밋스위치)의 떨림을 방지하여, 안정된 신호를 얻는다.

(2) 시스템도

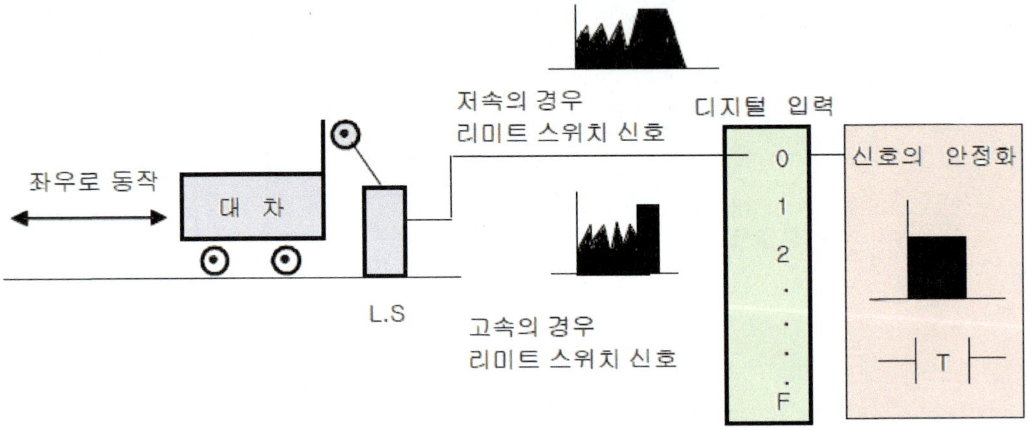

(3) 프로그램

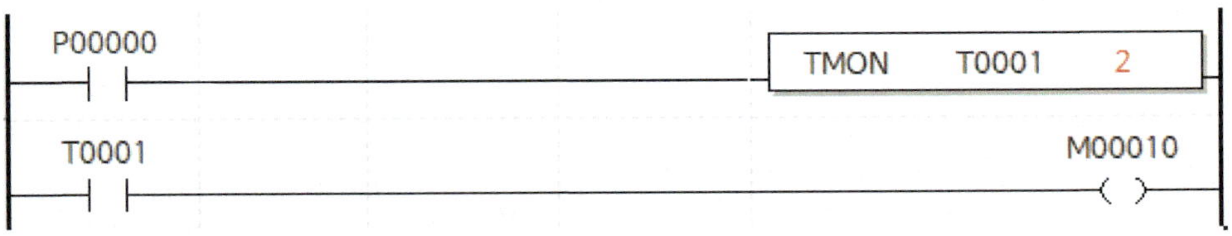

- P00000이 순간적으로 ON 하면 그 후에 P00000이 떨려도 M0010은 0.2 초간은 ON 된다.

6) TRTG

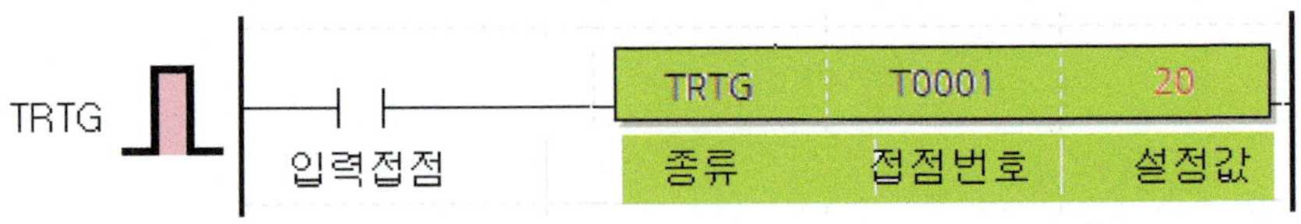

① TRTG (리트리거블 타이머)

- 입력 접점이 성립되면 타이머 출력이 ON 되고 타이머의 현재값이 설정값부터 감소하기 시작하여 0이 되면 타이머 출력은 OFF 된다.
- 타이머 현재값이 0이 되기 전에 다시 입력조건이 OFF ⇨ ON 하면 타이머 현재값은 설정값으로 재설정된다.
- Reset 입력 접점이 성립하면 타이머 접점은 OFF 되고 현재치는 0이 된다.

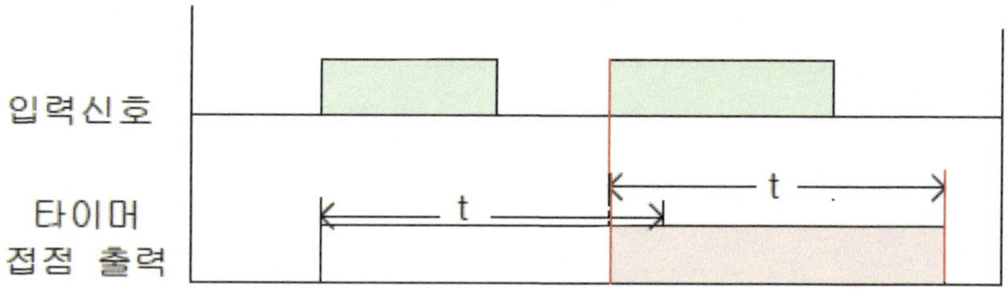

(감 산)

② 프로그램 예제

- P0000이 ON 되면 접점 T0001이 동시 ON 되고 타이머는 감산을 시작하여 0에 도달하게 되면 P0020은 OFF 된다.
- 0에 도달 전에 P0000 입력 접점이 성립하면 현재값은 설정값이 되며 다시 감산을 한다.
- Reset 신호 P0001을 ON 하면 현재치는 0이 되며 출력은 OFF 된다.

[래더 프로그램]

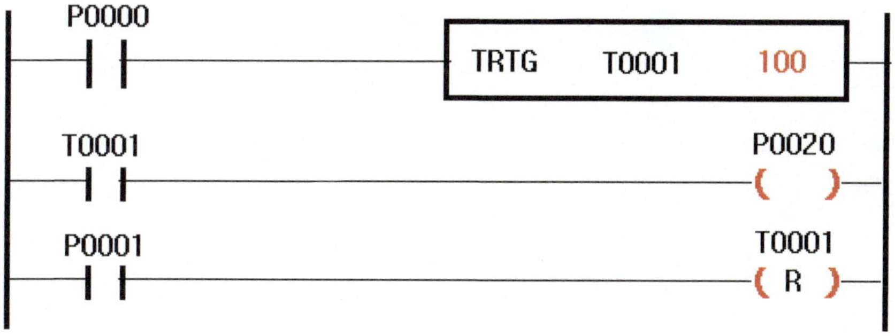

[타임 차트]

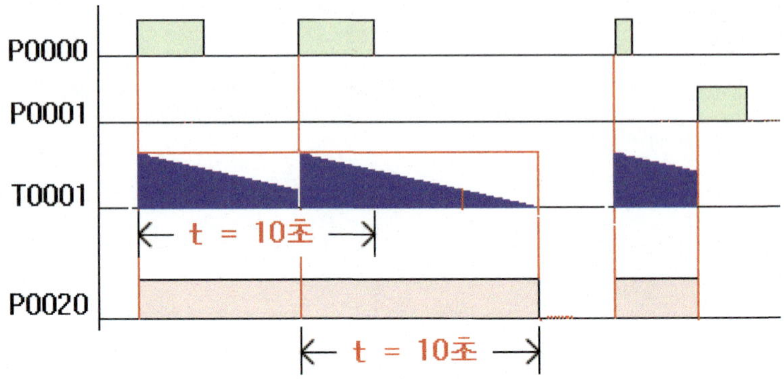

[예제] 반송 장치 고장 검출회로 [TRTG의 예제]

(1) 동작

일정 시간마다 공급되는 제품에 의해 반송 장치의 고장을 검출한다.

(2) 시스템 도

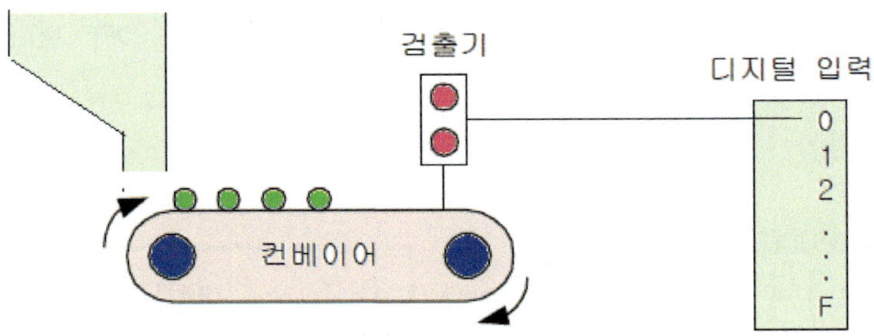

(3) 프로그램

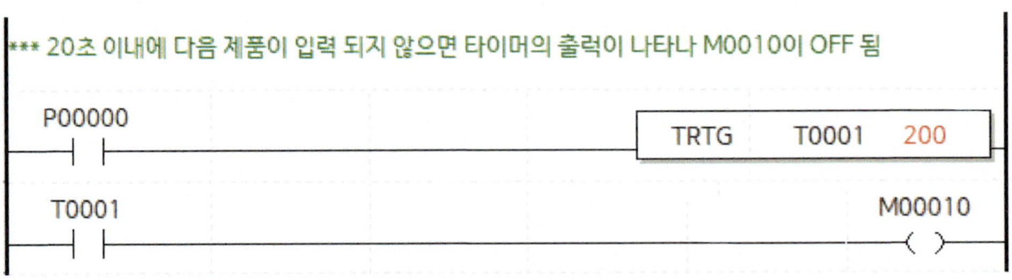

(4) 타임 차트

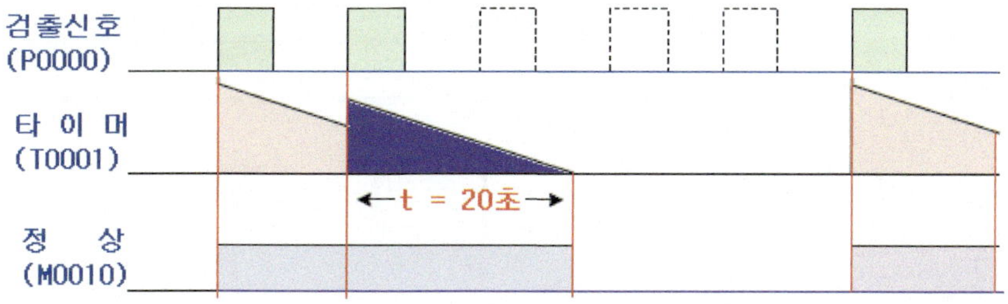

3.5.7 카운터 명령

1) 카운터의 특징

① 기본적인 특징

- 카운터는 입상 펄스가 입력될 때마다 현재치를 가산/감산해서 설정값을 만족하면 출력을 ON 한다.
- 카운터는 그 동작 특성에 따라 다음과 같이 4개의 명령어가 존재한다.

명령어	명칭	동작 특성
CTD	Down 카운터	펄스가 입력될 때마다 설정치로부터 1씩 감산. 0이 되면 출력 On
CTU	Up 카운터	펄스가 입력될 때마다 현재치를 1씩 가산. 설정치 이상이면 출력 On
CTUD	Up-Down 카운터	Up 단자에 펄스가 입력되면 1씩 가산, Down 단자에 펄스가 입력되면 1씩 감산. 현재치가 설정치 이상이면 On
CTR	Ring 카운터	펄스가 입력될 때마다 현재치를 1 씩 가산. 현재치가 설정치에 도달하면 출력 On. 이후 다시 펄스가 입력되면 현재치는 0.

- XGK는 2,048개, XGB는 256개의 카운터를 사용할 수 있음.
- 설정할 수 있는 값의 범위는 0~65,535
- 같은 카운터 번호의 중복 사용은 불가능
- 인덱스 사용 여부와 관계없이 같은 카운터 번호를 사용하면 중복 사용으로 처리되어 프로그램을 다운로드 할 수 없음.

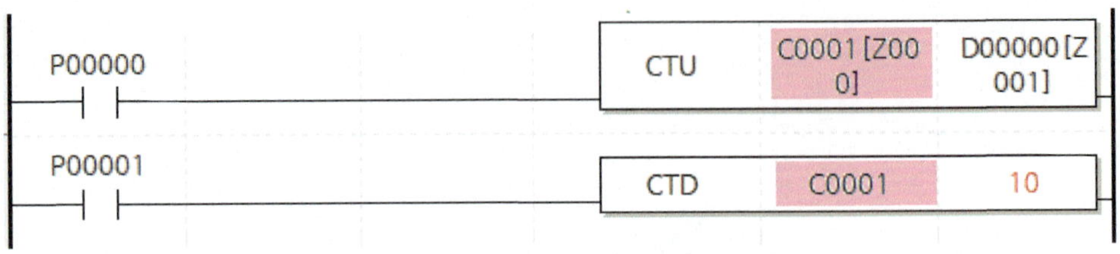

- 카운터 설정값 가능 Device는 정수, P, M, K, U, D, R
- 사용가능한 인덱스 범위는 Z0~Z3
- 카운터를 리셋시키기 위해 Reset 명령을 사용할 경우, 반드시 사용된 카운터 형태와 같은 형태로 입력해야 한다.
- CTUD 명령어의 경우, 카운터 Reset을 하기 위해서 Reset 코일 이외에 입력 접점을 OFF 시키면 된다.
- CTU, CTUD 명령은 설정한 값을 초과해도 UP 카운터 펄스가 계속 입력되면 카운터 값은 계속 증가한다.

2) CTD

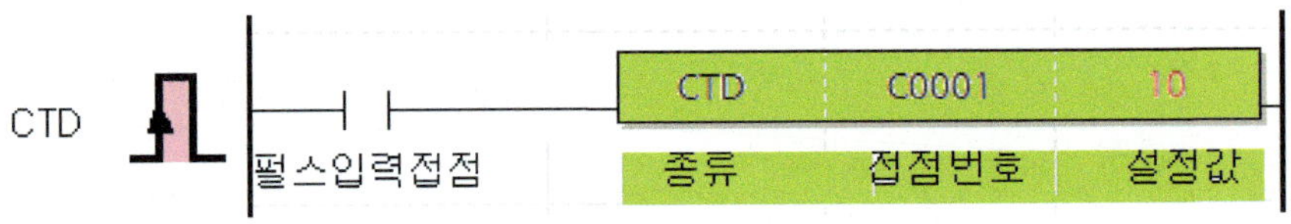

① 기능

- 펄스 입력 접점이 ON될 때마다 설정값으로부터 1씩 감산하여 0이 되면 출력된다.
- Reset 신호가 ON 하면 출력이 OFF 되며 현재값은 설정값이 된다.

[타임 차트]

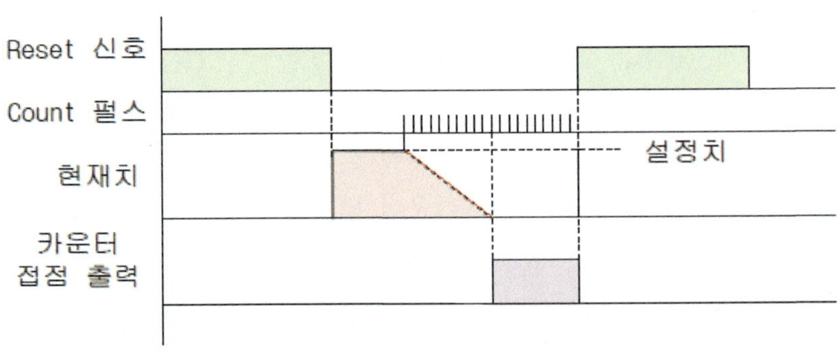

② 프로그램 예제

- P0000 접점이 5회 ON 하면 Count Down하여 현재값이 0이 될 때 P0020 출력이 ON 된다.
- P0001 접점이 ON 하면 출력을 OFF 시키며 현재값은 설정값이 된다.

[래더 프로그램]

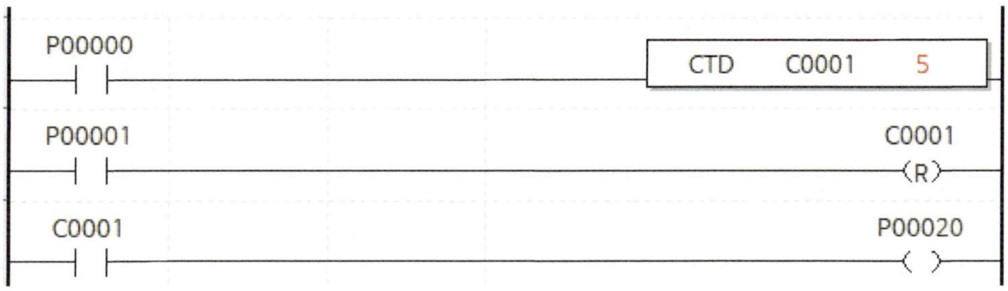

[타임 차트]

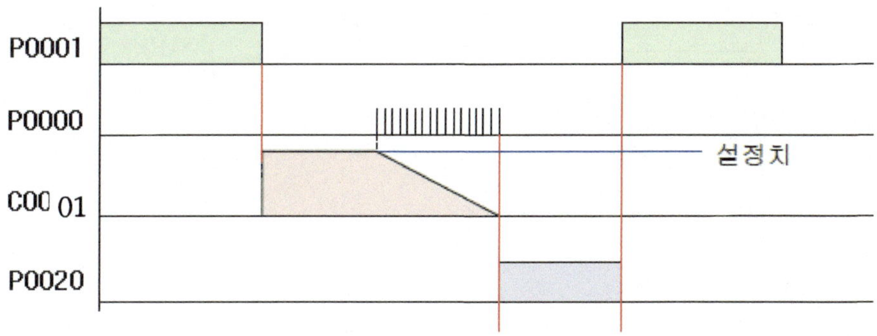

3) CTU

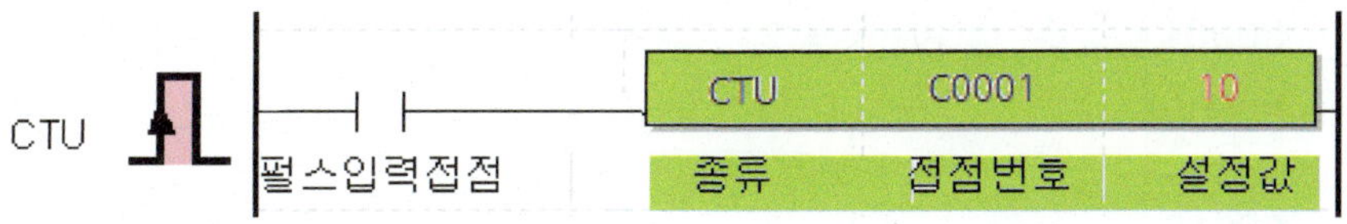

① 기능

- 펄스 입력 접점이 ON될 때마다 현재값을 +1 하고 현재값이 설정값 이상이면 출력이 ON 되고 카운터 최대치(65,535)까지 Count 한다.
- Reset 신호가 ON 하면 출력이 OFF 되며 현재값은 0이 된다.

[타임 차트]

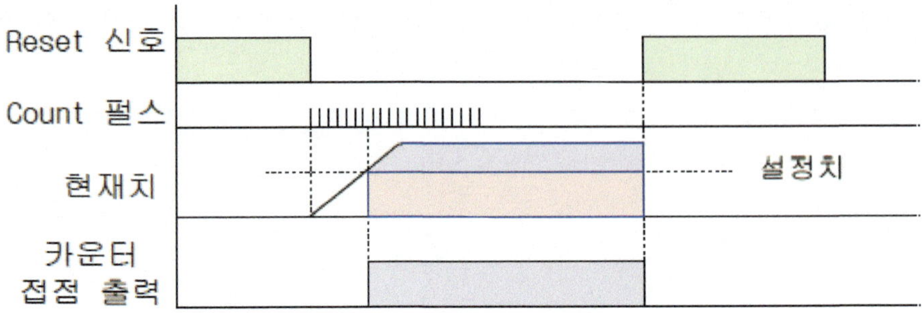

② 프로그램 예제

- P0000 접점으로 Count Up하여 현재값이 설정값과 같을 때 P0020 출력이 ON 된다.
- P0001 접점이 ON 하면 출력을 OFF 시키며 현재치는 0으로 초기화된다.

[래더 프로그램]

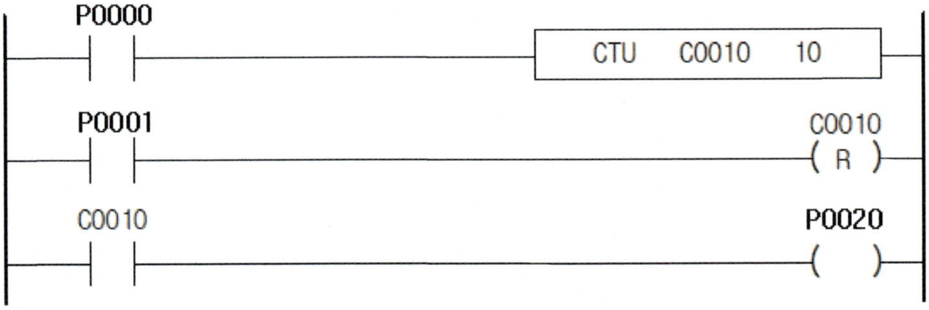

[타임 차트]

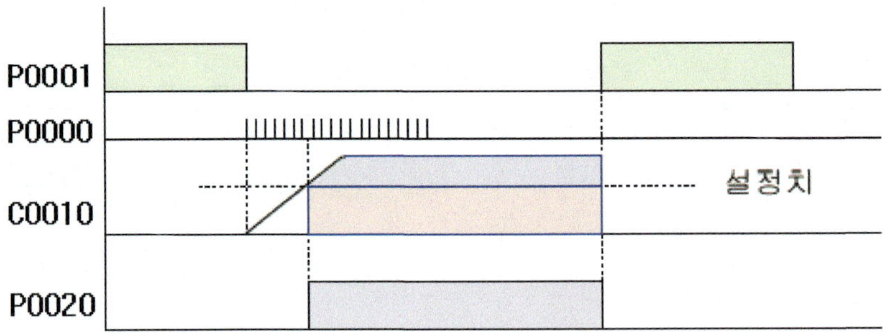

4) CTUD

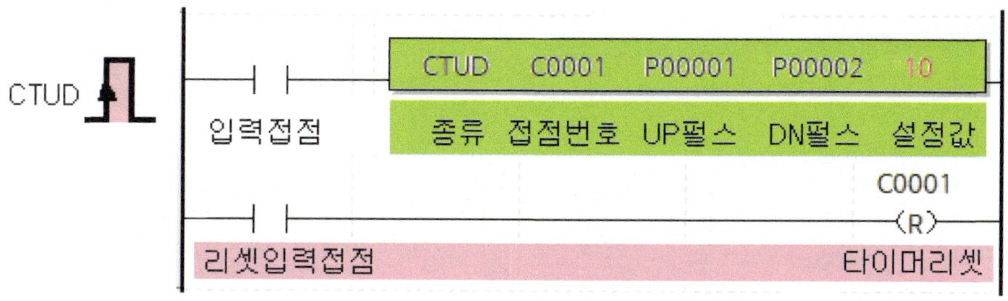

① 기능

- UP 펄스로 지정된 Device에 상승 신호가 입력될 때마다 현재값을 +1 하며, 현재값이 설정값 이상이면 출력을 ON하고 카운터 최대치(65,535)까지 Count한다.
- DN 펄스로 지정된 Device에 상승 신호가 입력될 때마다 현재치를 -1 한다.
- 리셋 입력 접점이 ON 하면 현재치는 0이 된다.
- UP, DN의 Device에 펄스가 동시에 ON 하면 현재값은 변하지 않는다.
- 입력 접점은 ON 상태를 유지하고 있어야 Up-Down 카운터가 가능하다.

[타임 차트]

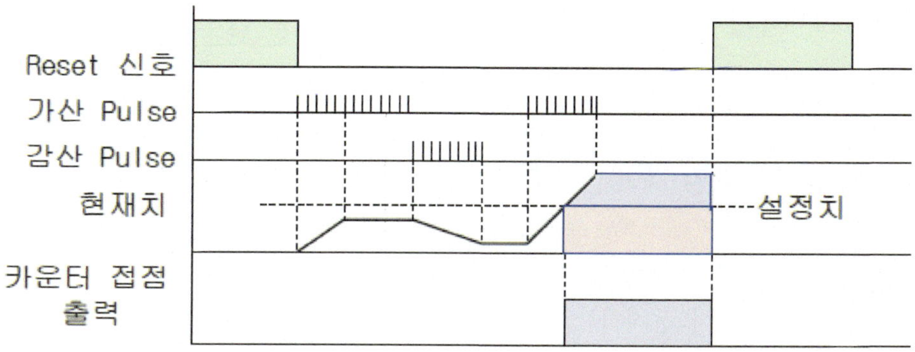

② 프로그램 예제

- P0000 접점으로 Count Up하여 현재값과 설정값이 같을 때 P0020 출력됨.
- P0001 접점의 펄스에 의해 Count Down 됨.
- P0002가 ON 되어 Reset 조건이 만족하면 출력은 OFF 되고 카운터 현재값은 0이 된다.
- 카운터 허용 신호인 F0099에 의해 항상 가감산 카운트가 가능하게 됨.

[래더 프로그램]

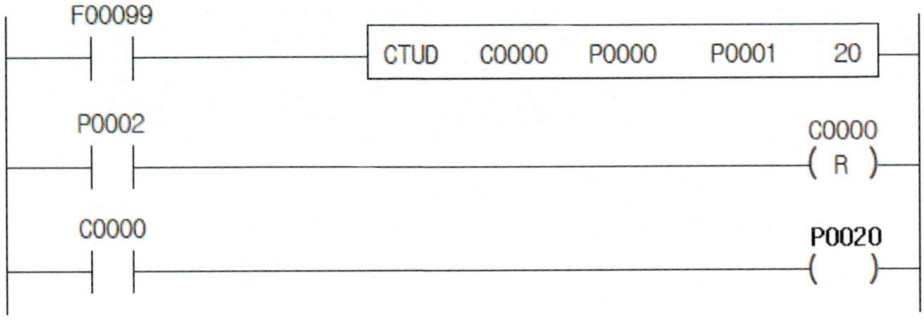

[타임 차트]

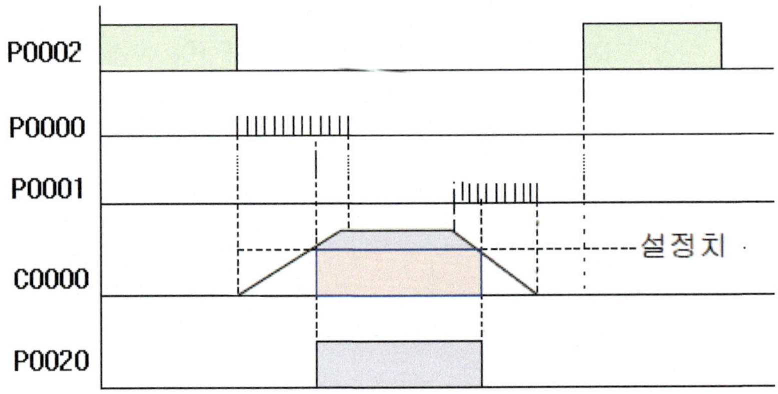

[예제] 모터 동작수 증감 제어 [CTUD 의 예제]

(1) 동작

- PB1을 누를 때마다 동작하는 모터 수를 1개씩 증가
- PB2를 누를 때마다 동작하는 모터 수를 1개씩 감소
- 4개의 모터가 동작하고 있을 때 PB1을 누르면 모든 모터는 정지
- 1개의 모터가 동작하고 있을 때 PB2를 누르면 모터는 하나도 동작하지 않음.

(2) 시스템 도

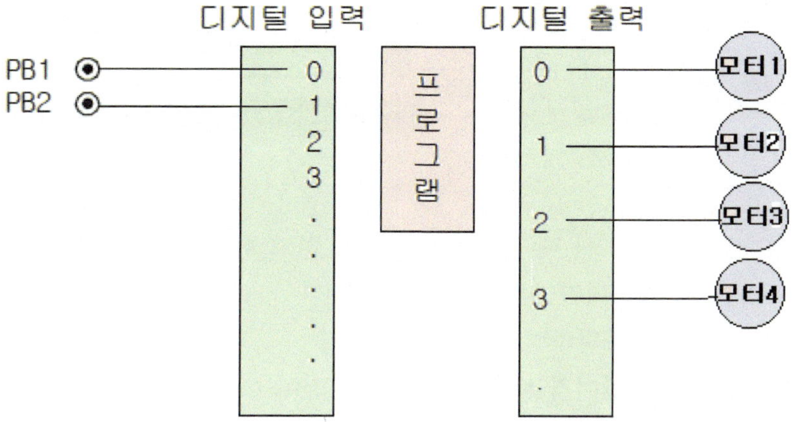
디지털 입력
디지털 출력
PB1
PB2
0
1
2
3
프로그램
0
1
2
3
모터1
모터2
모터3
모터4

(3) 프로그램

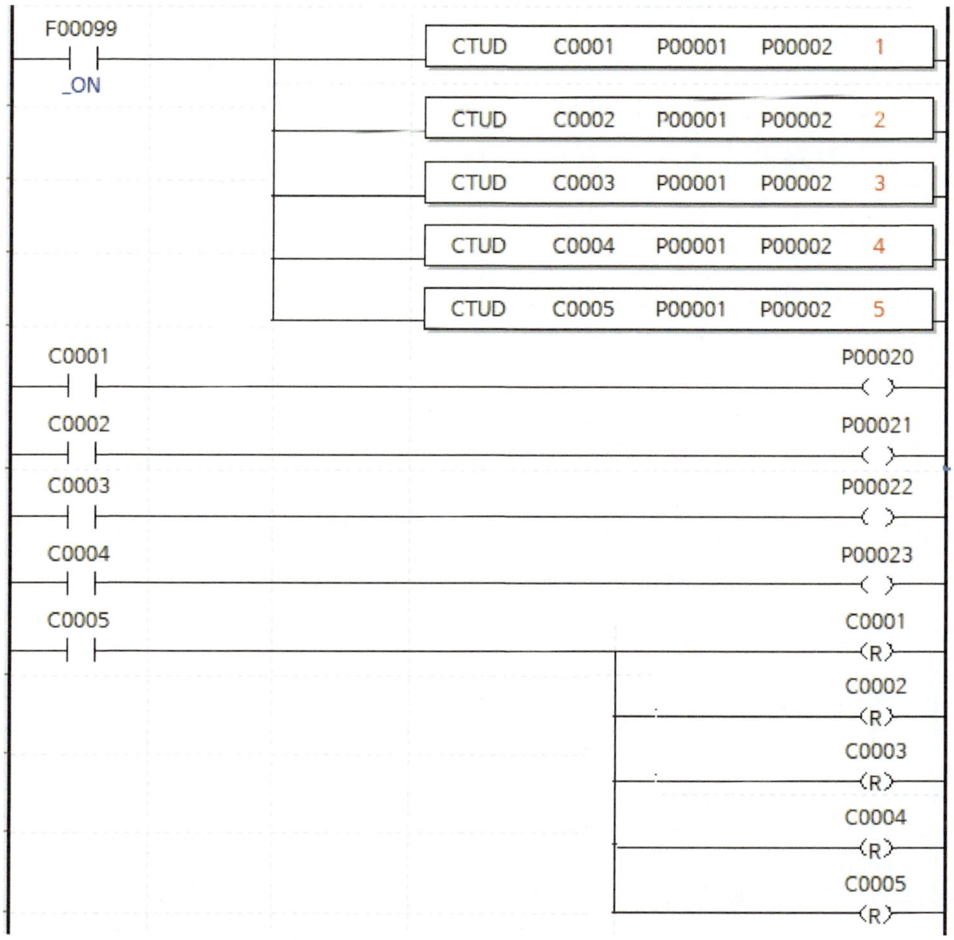
F00099
_ON
CTUD C0001 P00001 P00002 1
CTUD C0002 P00001 P00002 2
CTUD C0003 P00001 P00002 3
CTUD C0004 P00001 P00002 4
CTUD C0005 P00001 P00002 5
C0001
P00020
C0002
P00021
C0003
P00022
C0004
P00023
C0005
C0001
R
C0002
R
C0003
R
C0004
R
C0005
R

5) CTR

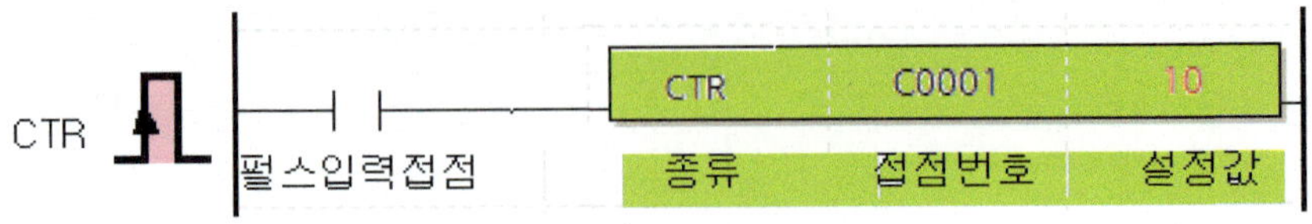

① 기능

- 펄스 입력 접점이 ON 될 때마다 현재치를 +1 하고 현재값이 설정값에 도달한 후 입력 신호가 OFF ⇨ ON 되면 현재치는 0으로 된다.
- 현재값이 설정값에 도달하면 출력은 ON 된다.
- 현재값이 설정값 미만이거나 Reset(Reset) 조건이 ON이면 출력은 OFF 된다.

[타임 차트]

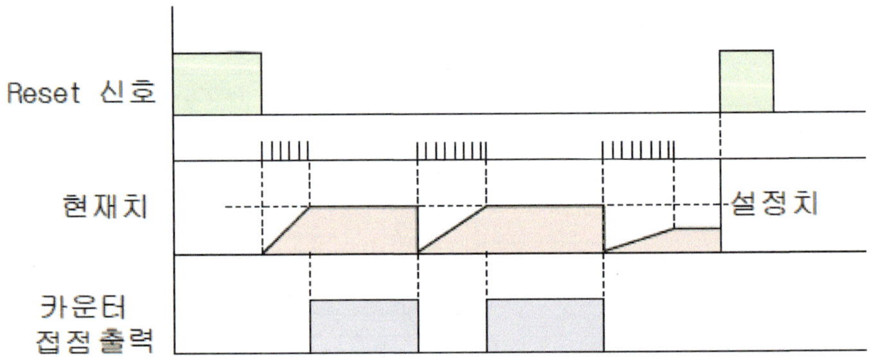

② 프로그램 예제

- P0000 접점의 입상 펄스에 의해 Count Up 하여 현재값이 설정값과 같을 경우 출력 P0020이 ON 된다.
- P0000 접점이 6회째 ON 하면 P0020 출력이 OFF 되면서 현재값은 0으로 Reset 된다.

[래더 프로그램]

[타임 차트]

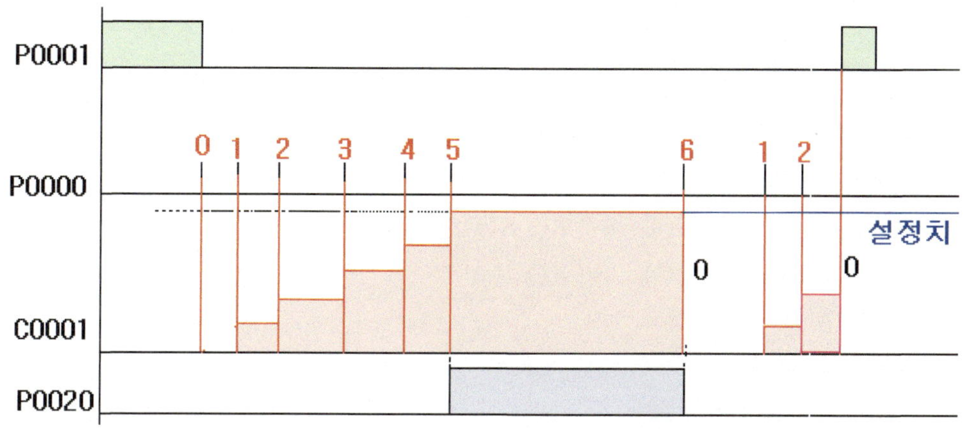

3.6 응용 명령어

3.6.1 응용 명령어의 구조

- 데이터 크기
  비트(Bit), 니블(Nibble, 4비트), 바이트(Byte, 8비트), 워드(Word, 16비트)
  더블워드(Double Word, 32비트), 롱 워드(Long Word, 64비트)
- 다양한 크기의 데이터를 이용하여 연산하기 위해서는 응용 명령어를 사용
- XGK, XGB의 응용 명령어는 워드(16비트) 데이터를 처리하는 기본 명령어에 접두어와 접미어를 추가함으로써 기본 명령어의 기능을 추가 또는 제한하는 구조로 구성된다.
- 접두어와 접미어는 각각 2개까지 조합하여 사용할 수 있다.

접두어 + 기본명령어 + 접미어

1) 접두어

기본 명령어 앞에 추가하여 기본 명령어의 기능을 보조하는 문자를 접두어라고 한다. 하나의 기본 명령어에 최대 2개의 접두어를 사용할 수 있다.

① D: 더블워드(Double Word, 32비트) 정수 데이터 연산. (예: DMOV, D=, DADD 등)
② R: 32비트 실수 데이터 연산. (예: RMOV, R=, RDIV 등)
③ L: 64비트 실수 데이터 연산. (예: LMOV, L=, LADD 등)
④ G: 그룹 데이터 연산. (예: GMOV, G=, GADD 등)
⑤ B: 16 비트 데이터 내에서 비트연산. (예: BMOV)
⑥ $: 문자열 데이터 연산. (예: $MOV, $ADD 등)
⑦ 8: 8 비트 데이터 연산. (예: 8=, 8〈, 8〈〉 등)
⑧ 4: 4 비트 데이터 연산. (예: 4=, 4〈〉 등)

2) 접미어

기본 명령어 뒤에 추가하여 기본 명령어의 기능을 보조하는 문자를 접미어라고 한다. 하나의 기본 명령어에 최대 2개의 접미어를 사용할 수 있다.

① U: 기본 명령어가 부호 있는 십진 정수 데이터를 연산할 때 부호 없는 십진 정수 데이터 연산. (예: ADDU 등)
② P: 레벨 연산 응용명령어의 상승에지 연산. (예: MOVP, DIVP 등)
③ B: 기본 명령어가 십진 정수 데이터 연산할 때 BCD 데이터 연산. (예: ADDB, MULB 등)
④ 8: 8비트 데이터 연산. (예: MOV8, BCD8 등)
⑤ 4: 4비트 데이터 연산. (예: MOV4, BCD4 등)
⑥ 3: 2개의 데이터 연산 기본 명령어에서 3개의 데이터 처리. (예: =3, 〈〉3 등)

3.6.2 데이터 전송명령

1) MOV, MOVP, DMOV, DMOVP

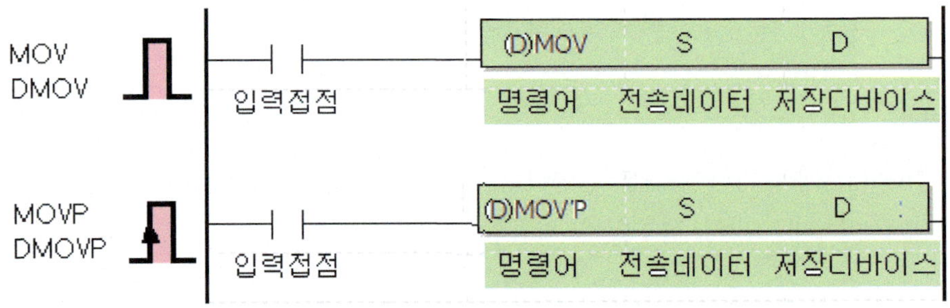

① MOV(Move)

- S로 지정된 Device의 워드 데이터를 D에 전송한다.

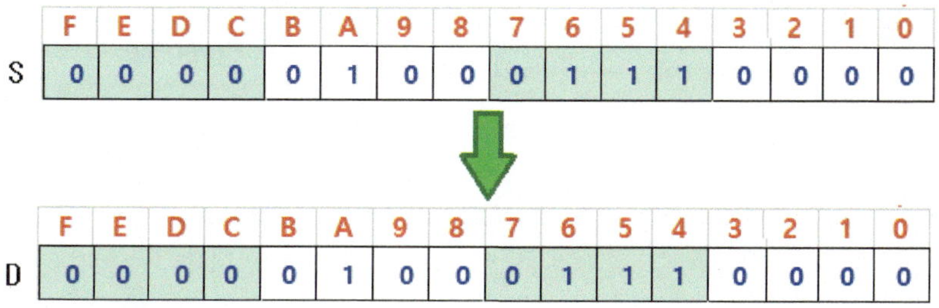

② DMOV(Double Move)

S+1, S로 지정된 Device의 더블 워드 데이터를 D+1, D에 전송한다.

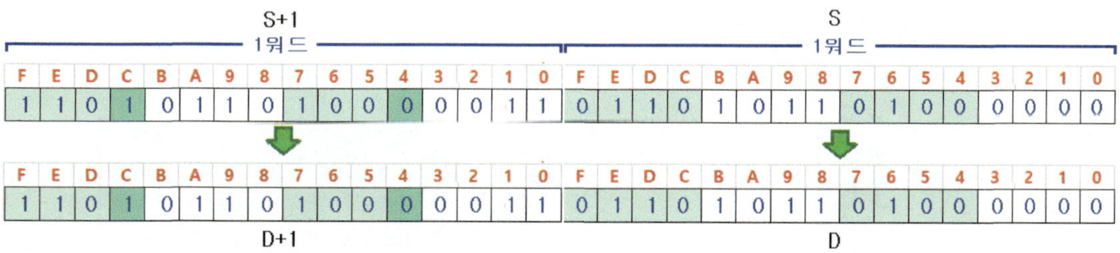

③ 프로그램 예제

- 입력 P00000이 ON 될 때마다 MOVP 명령어에 의해 h1234 데이터가 P0002 워드로 옮겨지는 프로그램 (h1234:16진수)

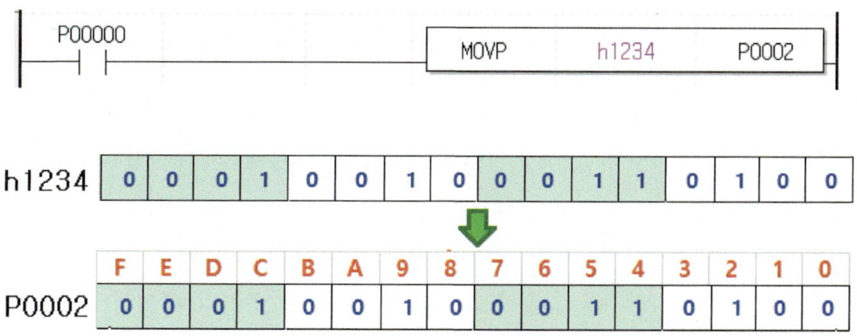

- 입력 P00001이 ON 될 때마다 DMOVP 명령어에 의해 h12345678의 데이터가 P0002, P0003 더블 워드로 옮겨지는 프로그램

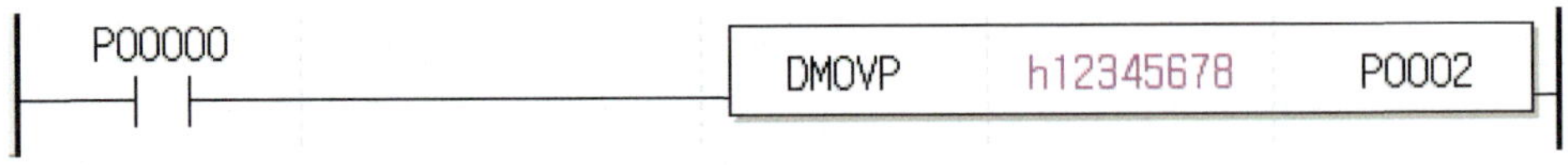

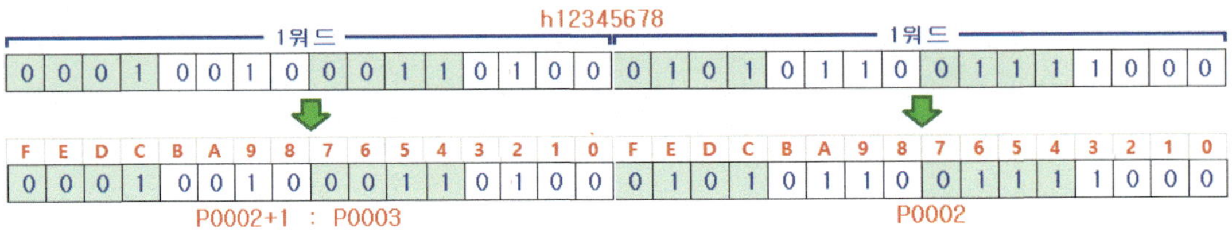

2) MOV4, MOV4P, MOV8, MOV8P

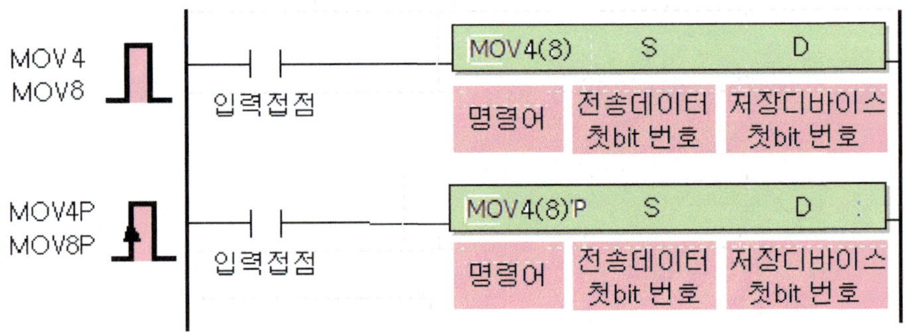

① MOV4, MOV8 (MOV4 : Move Nibble / MOV8 : Move Byte)

㉮ 기능

4비트 또는 8비트 데이터 S를 D로 전송한다.

MOV4(P)은 지정한 S 비트부터 상위 4비트 데이터를 D로부터 상위 4비트에 해당하는 영역으로 전송한다.

MOV8(P)은 지정한 S 비트부터 상위 8비트 데이터를 D로부터 상위 8비트에 해당하는 영역으로 전송한다. 정수를 전송하고자 할 경우, 해당 명령의 데이터 크기 만큼만 전송되고 나머지는 무시된다.

㉯ 사용상 주의사항

비트 Device(P, M, L, K)와 워드 Device(D, R, U)에 따라 데이터 처리를 다르게 한다. 다음 ②, ③항을 참고한다.

② MOV8 P0002B D0001.3

Source로 지정된 Device가 비트 Device일 경우, 전송할 데이터가 지정한 워드 범위를 벗어나면 다음 영역의 비트 값까지 전송한다.

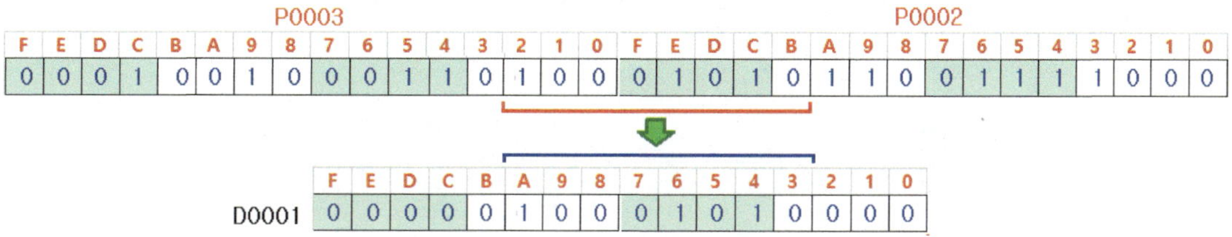

③ MOV8 D0002.A D0005.4

Source로 지정된 Device가 워드 Device일 경우, 전송할 데이터가 지정한 워드 범위를 벗어나면 그 벗어난 부분은 무시하고 Destination에 0으로 채워진다.

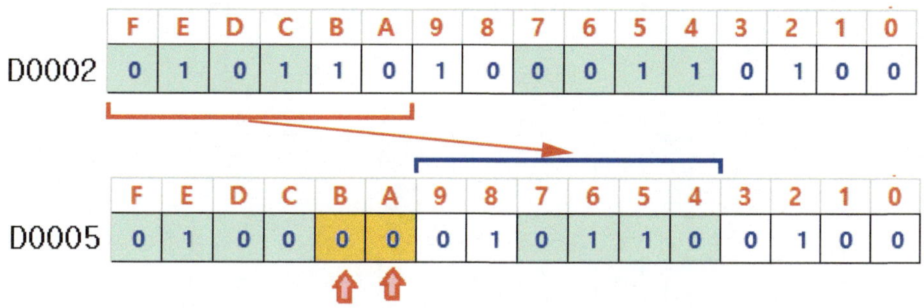

④ 프로그램 예제

입력신호 P00000이 ON 될 때마다 D0002.7부터 4개의 비트 데이터가 D0005.A부터 D0005.D까지 전송되는 프로그램

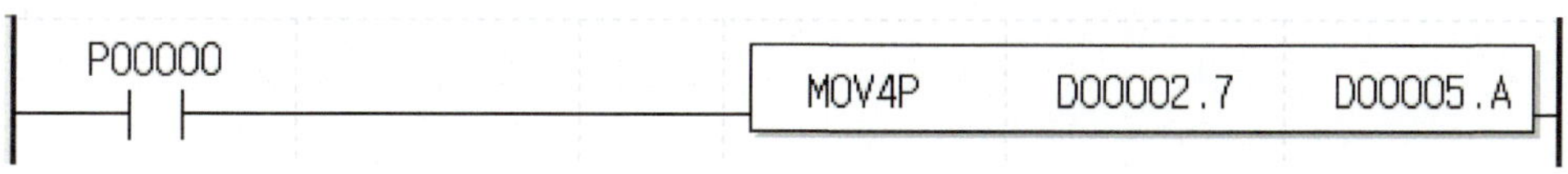

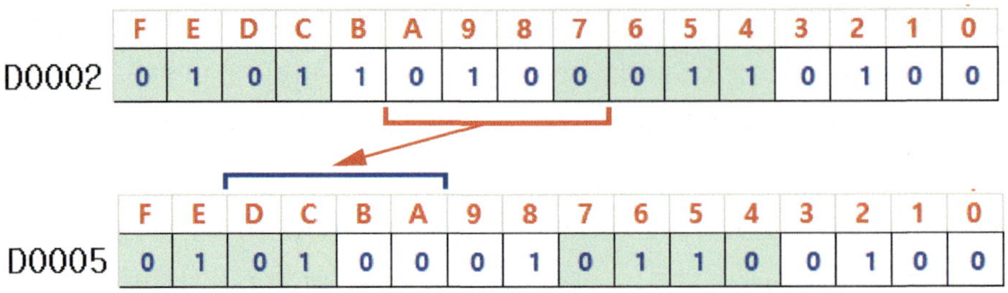

3) CMOV, CMOVP, DCMOV, DCMOVP

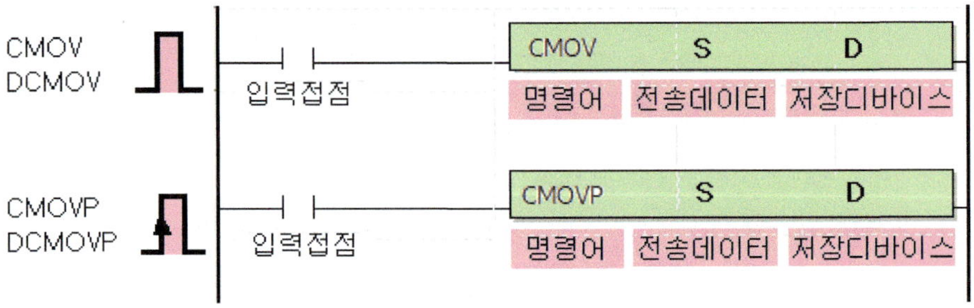

① CMOV (Complement Move)

워드 데이터 S에 1의 보수를 취하여 그 결과를 D에 전송한다.

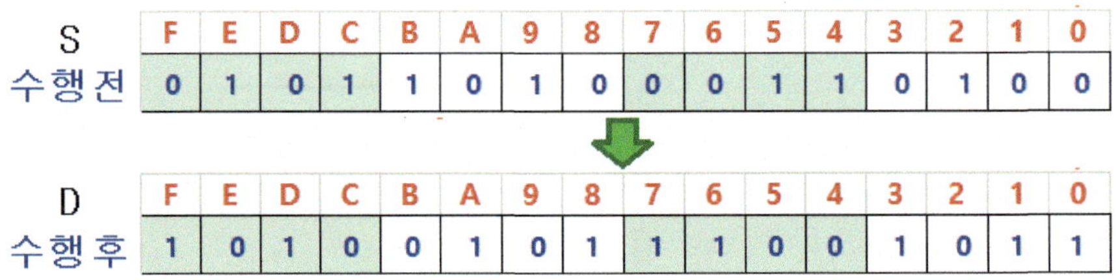

② DCMOV (Double Complement Move)

DCMOV(P) 명령은 CMOV(P) 명령의 2배의 데이터를 1의 보수를 전송한다.

③ 프로그램 예제

입력 P000010이 ON하였을 때 M0002 워드 데이터의 1의 보수를 취하여 P0002에 전송하는 프로그램

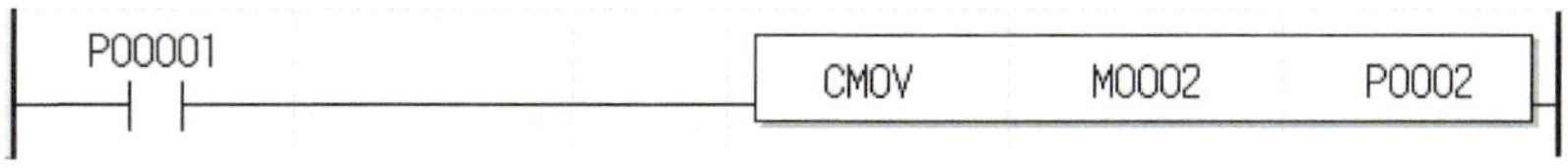

	F	E	D	C	B	A	9	8	7	6	5	4	3	2	1	0
M0002	0	1	0	1	0	1	1	0	0	1	1	1	1	0	0	0
P0002	1	0	1	0	1	0	0	1	1	0	0	0	0	1	1	1

4) GMOV, GMOVP

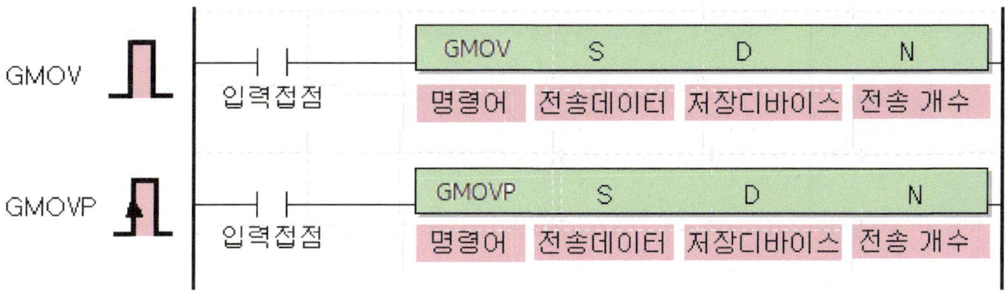

① GMOV (Group Move)

- S로부터 N개만큼의 워드 데이터를 D로 차례로 전송한다.
- MOV 명령은 1 : 1로 워드를 전송하고, GMOV 명령은 N : N으로 워드를 전송한다.

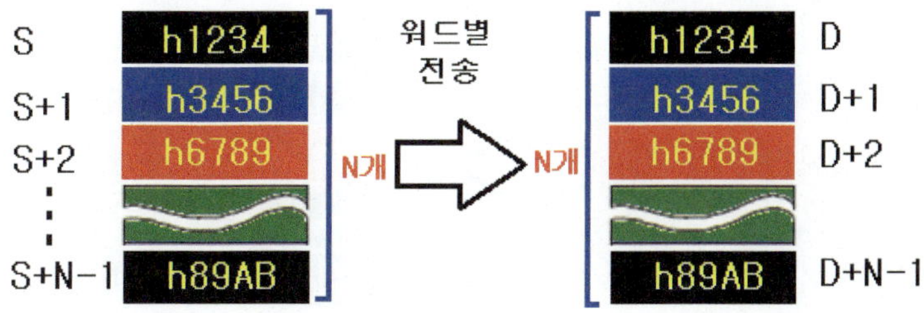

② 프로그램 예제

- 입력 접점 P00002가 ON 하였을 때 D0001, D0002, D0003, D0004 워드 데이터를 P0002, P0003, P0004, P0005에 저장하는 프로그램

5) FMOV, FMOVP

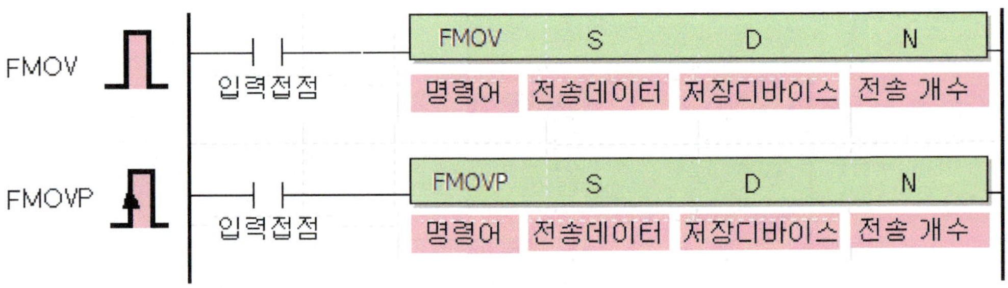

① FMOV (File Move)

- 워드 데이터 S를 D로부터 N개 워드 수만큼 차례로 전송한다.
- 데이터의 특정 영역을 Reset(초기화) 시킬 때 주로 사용한다.
- N의 범위가 지정 영역을 초과하는 경우는 에러 플래그(F110)를 셋(Set)하고 처리하지 않는다.

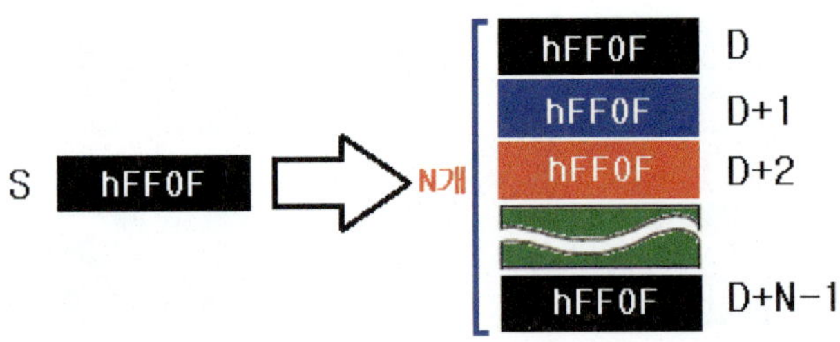

② 프로그램 예제

입력신호 P00000이 ON/OFF 후 P00001을 ON 하면 h1234의 워드 데이터가 D0010, D0011, D0012, D0013에 저장되고 P00002를 ON 하면 D0010~D0013에 저장된 h1234의 워드 데이터가 0으로 초기화되는 프로그램

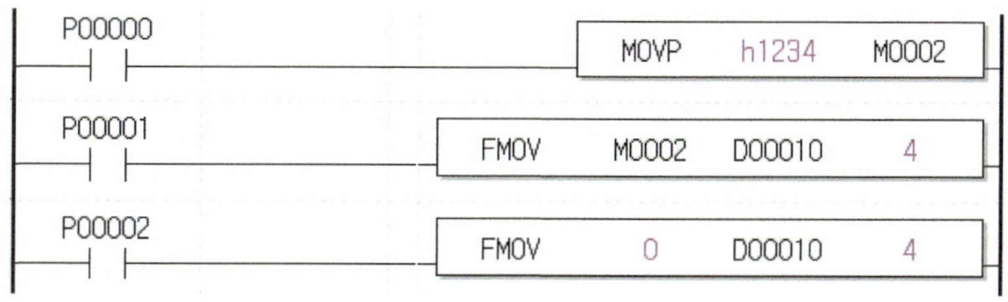

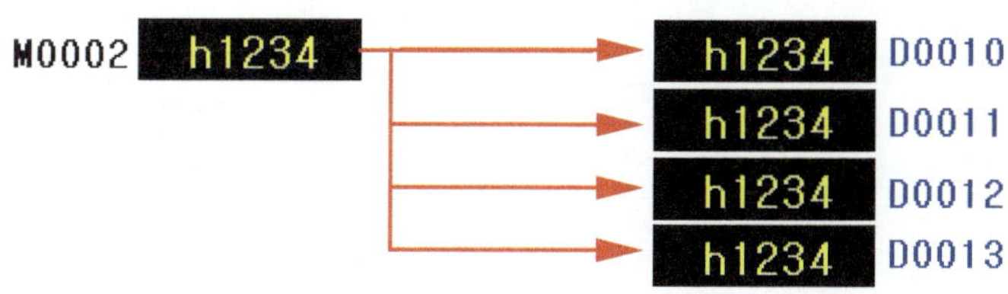

6) BMOV, BMOVP

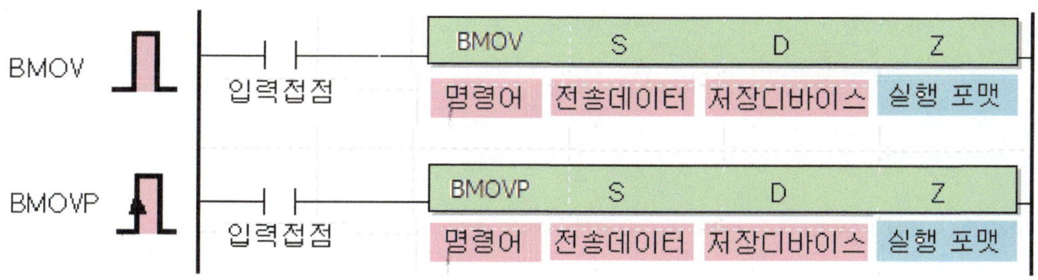

① BMOV (Bit Move)

- Z에 설정된 포맷에 의해 워드 데이터 S로부터 지정된 개수의 비트를 D로 전송한다.
- Z의 구조 : H6804

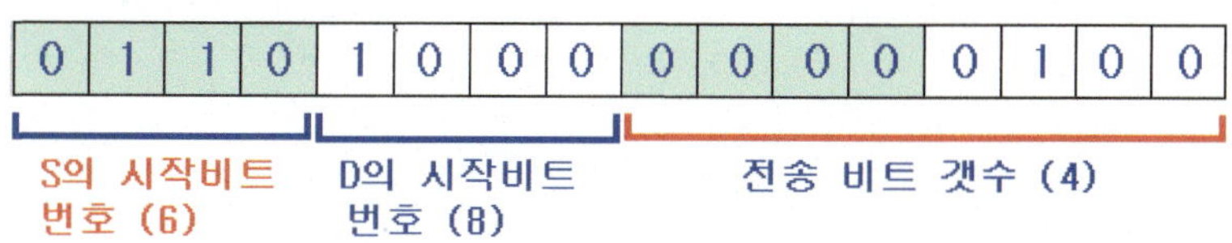

- Z의 전송 비트 개수 : h00~h10까지 가능
- D+Z의 결과 영역 초과시 에러 플래그(F110)를 셋(Set) 시키며 결과 처리를 하지 않는다.

② 프로그램 예제

입력신호 P00001을 ON 하면 M0002 영역의 4번째 비트부터 4개의 비트, 9번째 비트부터 5개의 비트를 P0002의 P00020 비트, P0002B 비트부터 저장하는 프로그램

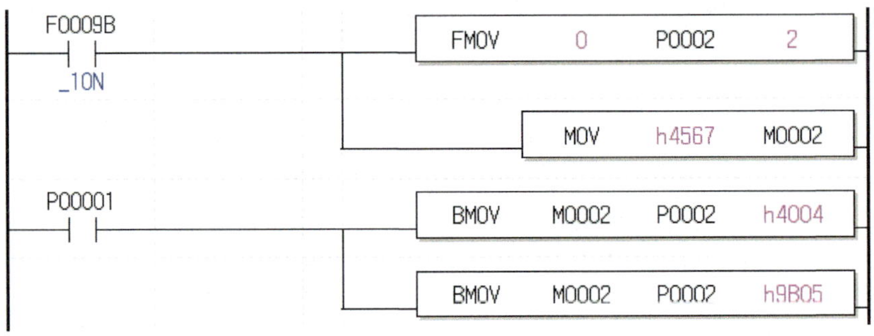

	F	E	D	C	B	A	9	8	7	6	5	4	3	2	1	0
M0002	0	1	0	0	0	1	0	1	0	1	1	0	0	1	1	1

	F	E	D	C	B	A	9	8	7	6	5	4	3	2	1	0
P0002	0	0	0	1	0	0	0	0	0	0	0	0	0	1	1	0

7) $MOV, $MOVP

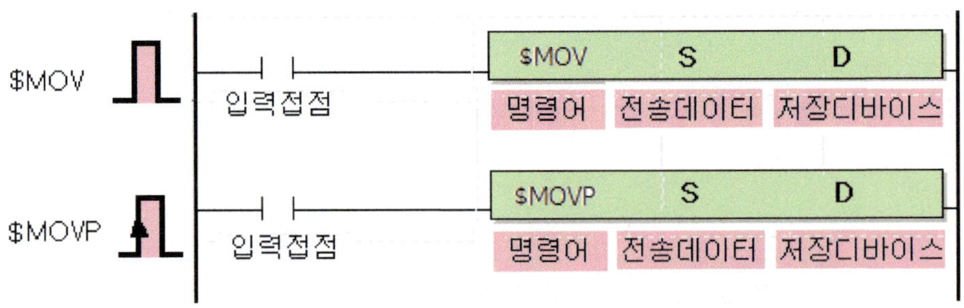

① $MOV(Character String Move)

- 영문자, 숫자 또는 특수 문자의 경우 글자 1개 : 1 Byte
  한글, 한자의 경우 글자 1개 : 2 Byte(1 Word)
- S부터 시작되는 문자열을 D로 시작되는 Device에 전송한다.

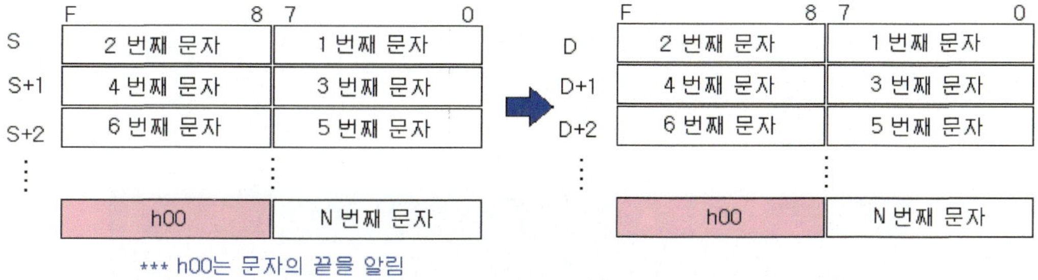

- S+n의 하위 바이트에 h00인 경우, D+n의 상위 바이트에는 h00이 저장됨.

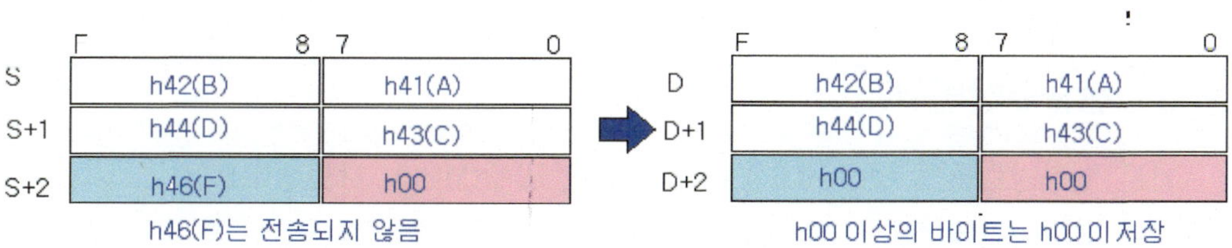

- 최대 전송할 수 있는 문자열은 31字(한글 15字)까지 가능하다.

② 프로그램 예제

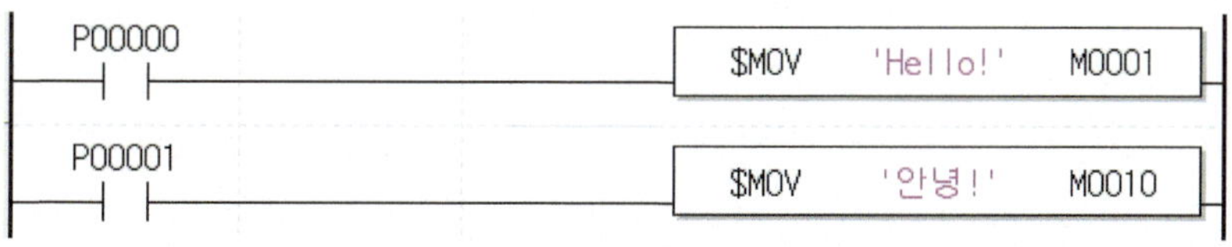

- 입력 접점으로 P00000이 ON 되면 문자열의 'Hello!'의 내용을 M0001부터 다음과 같이 아스키코드값으로 저장된다.

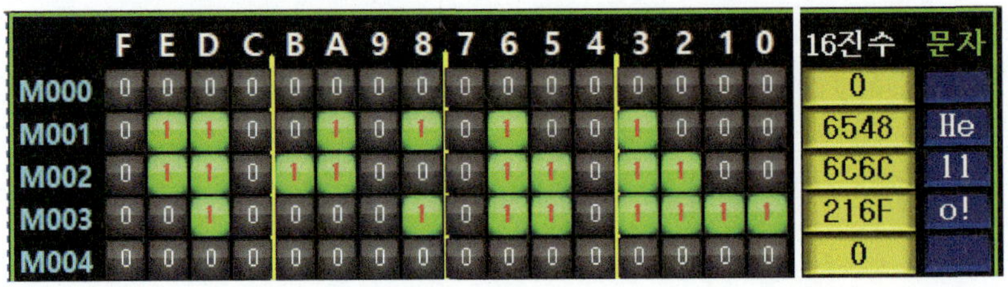

	F	E	D	C	B	A	9	8	7	6	5	4	3	2	1	0	16진수	문자
M000	0	0	0	0	0	0	0	0	0	0	0	0	0	0	0	0	0	
M001	0	1	1	0	0	1	0	1	0	1	0	0	1	0	0	0	6548	He
M002	0	1	1	0	1	1	0	0	0	1	1	0	1	1	0	0	6C6C	ll
M003	0	0	1	0	0	0	0	1	0	1	1	0	1	1	1	1	216F	o!
M004	0	0	0	0	0	0	0	0	0	0	0	0	0	0	0	0	0	

- 입력 접점으로 P00001이 ON 되면 문자열의 '안녕!'의 내용을 M0010부터 다음과 같이 저장된다.

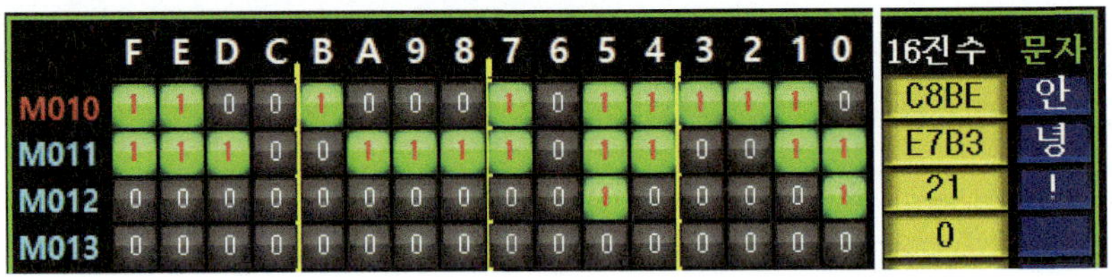

	F	E	D	C	B	A	9	8	7	6	5	4	3	2	1	0	16진수	문자
M010	1	1	0	0	1	0	0	0	1	0	1	1	1	1	1	0	C8BE	안
M011	1	1	1	0	0	1	1	1	1	0	1	1	0	0	1	1	E7B3	녕
M012	0	0	0	0	0	0	0	0	0	0	1	0	0	0	0	1	21	!
M013	0	0	0	0	0	0	0	0	0	0	0	0	0	0	0	0	0	

3.6.3 산술연산명령

- 기본 연산명령어는 덧셈(ADD), 뺄셈(SUB), 곱셈(MUL), 나눗셈(DIV)
- 기본 산술연산명령은 1 워드의 데이터를 다루고, 부호 있는 십진 연산을 수행
- 워드 곱셈의 경우 그 결과가 더블 워드에 저장되며, 나눗셈의 경우 몫과 나머지를 계산하여 몫을 1 워드에 저장하고 나머지를 1 워드에 저장함으로써 2 워드에 결과가 저장
- 덧셈 등에서 연산 결과가 저장영역에서 다룰 수 있는 범위를 초과할 가능성이 있는 경우 연산에 사용되는 데이터의 크기를 조절한 후 연산
  (데이터를 DINT로 변환한 후 DINT 덧셈연산을 해야 한다.)

3.6.4 BIN 사칙연산 명령

1) ADD, ADDP, DADD, DADDP

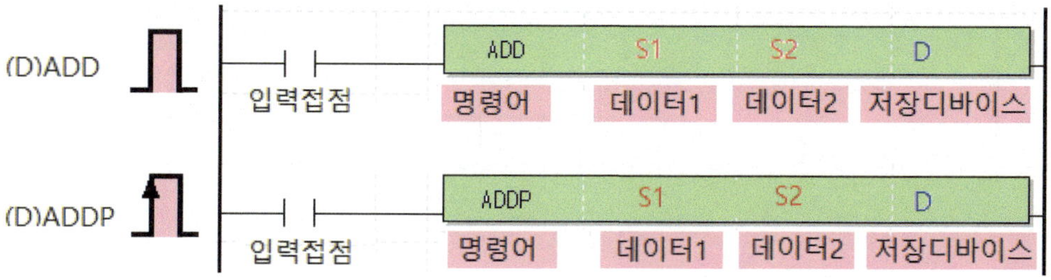

① ADD (Signed Binary Add)

- 워드 데이터 S1과 S2를 더한 후 결과를 D에 저장한다.
- 이때 Signed 연산을 실행한다.
- 연산 결과가 32,767(h7FFF)를 초과하거나 -32,768(h8000) 미만일 때 캐리 플래그는 셋(Set) 되지 않는다.

② DADD (Signed Binary Double Add)

- 더블워드 데이터 (S1+1, S1)과 (S2+1, S2)를 더한 후 결과를 (D+1, D)에 저장한다.
- 이때 Signed 연산을 실행한다.
- 연산 결과가 2,147,483,647(h7FFFFFFF)를 초과하거나 -2,147,483,648(h80000000) 미만일 때 캐리 플래그는 셋(Set) 되지 않는다.

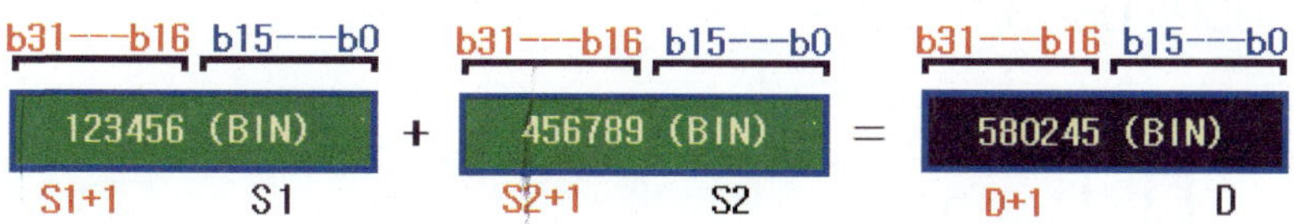

③ 프로그램 예제1

- D00001=3456, D00002=5678을 전송하여 D00003에는 더한 결과값 9134 저장되는 프로그램

- 프로그램

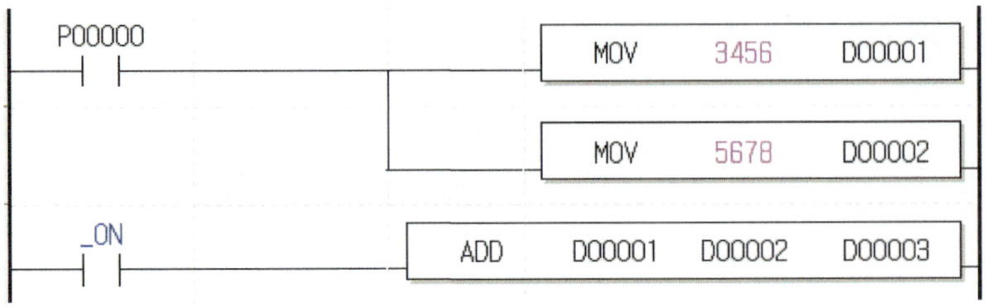

- 결과

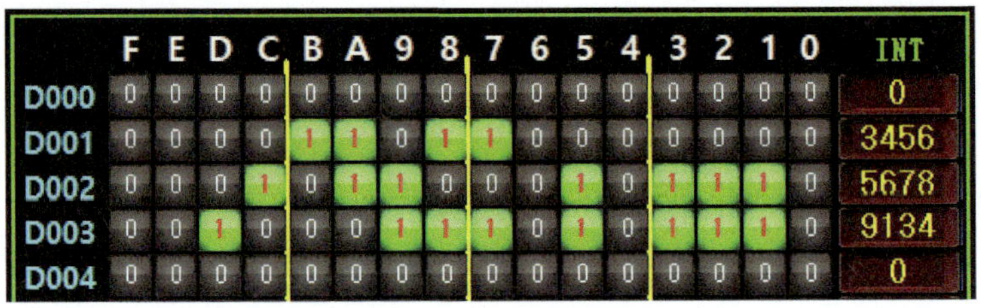

	F	E	D	C	B	A	9	8	7	6	5	4	3	2	1	0	INT
D000	0	0	0	0	0	0	0	0	0	0	0	0	0	0	0	0	0
D001	0	0	0	0	1	1	0	1	1	0	0	0	0	0	0	0	3456
D002	0	0	0	1	0	1	1	0	0	0	1	0	1	1	1	0	5678
D003	0	0	1	0	0	0	1	1	1	0	1	0	1	1	1	0	9134
D004	0	0	0	0	0	0	0	0	0	0	0	0	0	0	0	0	0

④ 프로그램 예제2

- D00001에 P00000를 ON하면 10씩 증가하여 타이머에 설정값을 저장하는 프로그램

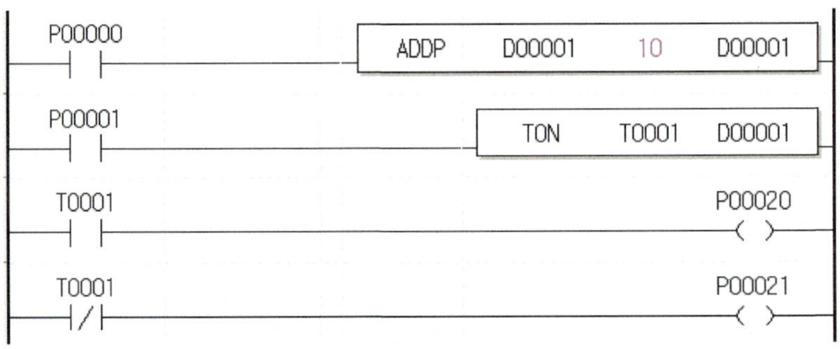

2) SUB, SUBP, DSUB, DSUBP

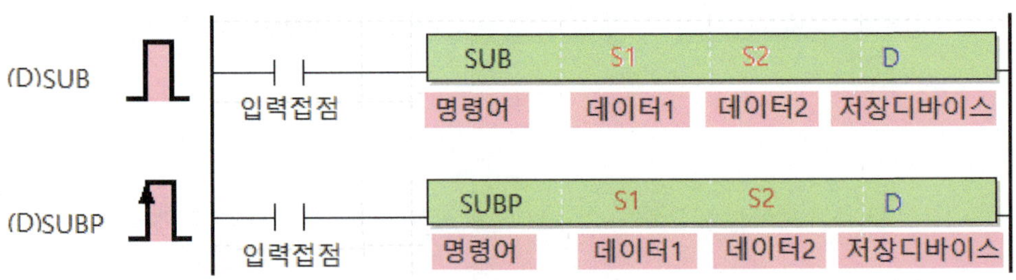

① SUB (Signed Binary Subtract)

- 워드 데이터 S1에서 S2를 감산 후 결과를 D(16bit)에 저장한다.
- 이때 Signed 연산을 실행한다.
- 연산 결과가 32,767(h7FFF)을 초과하거나 -32,768(h8000) 미만일 때 캐리 플래그는 셋(Set) 되지 않는다.

② DSUB (Signed Binary Double Subtract)

- 워드데이터 (S1+1, S1)에서 (S2+1, S2)를 감산 결과를 (D+1, D)에 저장한다.
- 이때 Signed 연산을 실행한다.
- 연산 결과가 2,147,483,647(h7FFFFFFF)를 초과하거나 −2,147,483,648(h80000000) 미만일 때 캐리 플래그는 셋(Set) 되지 않는다.

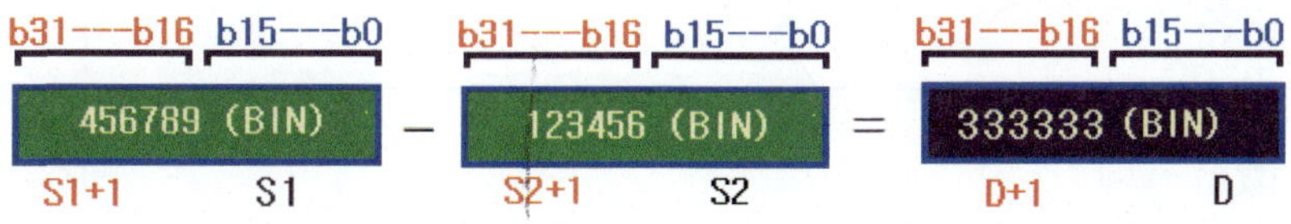

③ 프로그램 예제

- D00005=3456, D00006=1234를 전송하여 D00007에는 뺀 결과값이 2222가 저장되는 프로그램
- 프로그램

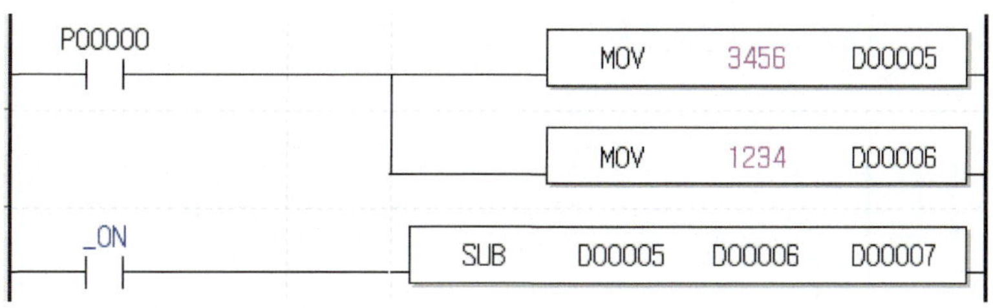

- 결과

	F	E	D	C	B	A	9	8	7	6	5	4	3	2	1	0	INT
D004	0	0	0	0	0	0	0	0	0	0	0	0	0	0	0	0	0
D005	0	0	0	0	1	1	0	1	1	0	0	0	0	0	0	0	3456
D006	0	0	0	0	0	1	0	0	1	1	0	1	0	0	1	0	1234
D007	0	0	0	0	1	0	0	0	1	0	1	0	1	1	1	0	2222
D008	0	0	0	0	0	0	0	0	0	0	0	0	0	0	0	0	0

④ 프로그램 예제2

- D00001에 P00000를 ON하면 10씩 감소하여 타이머에 설정값을 저장하는 프로그램

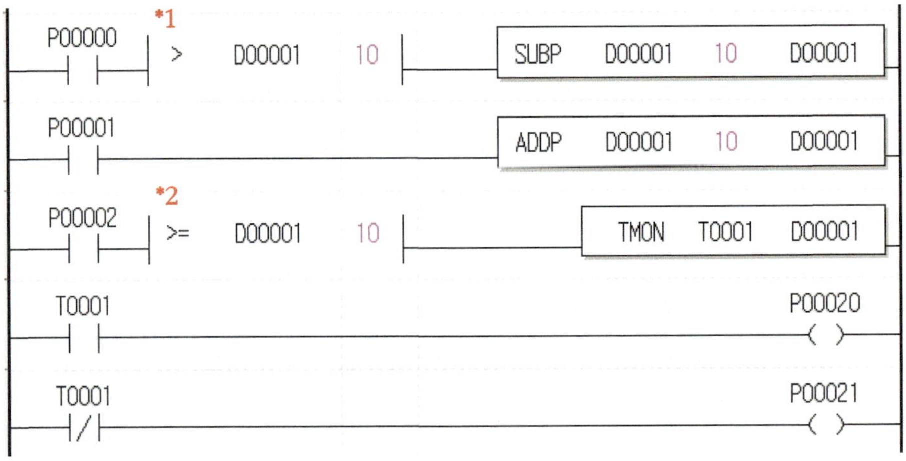

* 1. | 〉 D00001 10 | : 10을 초과하면 SUBP 명령어를 수행한다.

* 2. | 〉= D00001 10 | : 10 이상이면 TMON 타이머가 동작한다.

3) MUL, MULP, DMUL, DMULP

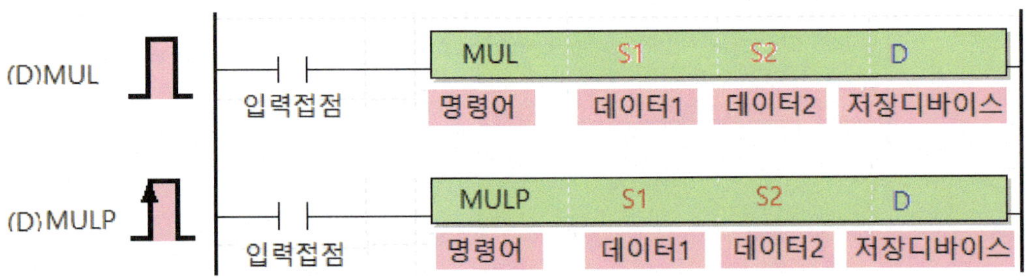

① MUL (Signed Binary Multiply)

- 워드 데이터 S1과 S2를 곱한 후 결과를 (D+1, D) 32bit에 저장한다.
- 이때 Signed 연산을 실행한다.

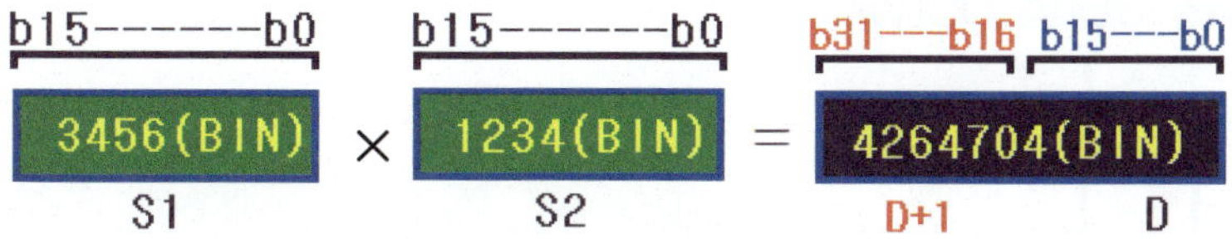

② DMUL (Signed Binary Double Multiply)

- 더블워드 데이터 (S1+1, S1)과 (S2+1, S2)를 곱한 후 결과를 D+3, D+2, D+1, D (64bit)에 저장한다.
- 이때 Signed 연산을 실행한다.

③ 프로그램 예제

- D00001=3456, D00002=1234를 전송하여 D00003, D00004에는 곱한 결과값 4,264,704가 저장되는 프로그램
- 프로그램

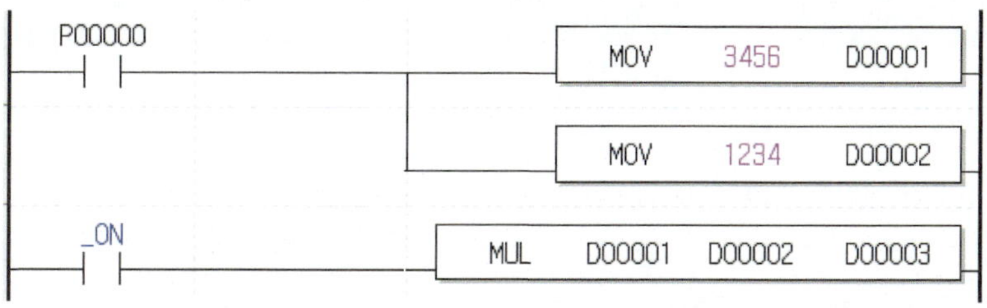

- 결과

	F	E	D	C	B	A	9	8	7	6	5	4	3	2	1	0	INT
D000	0	0	0	0	0	0	0	0	0	0	0	0	0	0	0	0	0
D001	0	0	0	0	1	1	0	1	1	0	0	0	0	0	0	0	3456
D002	0	0	0	0	0	1	0	0	1	1	0	1	0	0	1	0	1234
D003	0	0	0	1	0	0	1	1	0	0	0	0	0	0	0	0	4864
D004	0	0	0	0	0	0	0	0	0	1	0	0	0	0	0	1	65
D005	0	0	0	0	0	0	0	0	0	0	0	0	0	0	0	0	0

D00004의 값 : 222 + 216 = 4194304+65536
D00003의 값 : 4864
따라서 전체값은 4194304+65536+4864=4264704 이다.

4) DIV, DIVP, DDIV, DDIVP

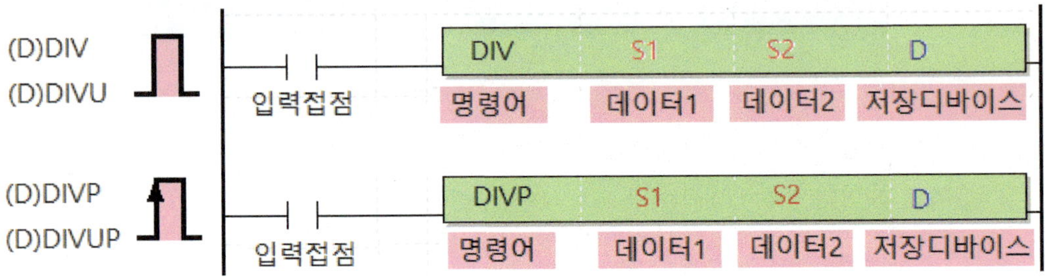

① DIV (Signed Binary Divide)

- 워드 데이터 S1을 S2로 나눈 후 몫을 D(16bit)에 나머지를 D+1에 저장한다.
- 이때 signed 연산을 실행한다.

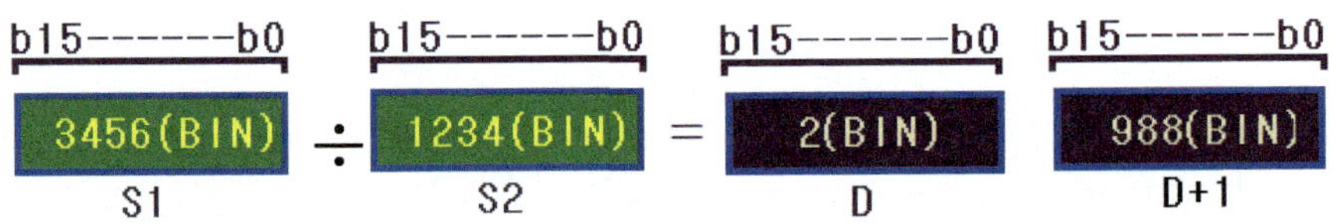

② DDIV (Signed Binary Double Divide)

- (S1+1, S1)을 (S2+1, S2)로 나눈 후 몫을 (D+1, D)에, 나머지를 (D+3, D+2)에 저장한다.
- 이때 Signed 연산을 실행한다.

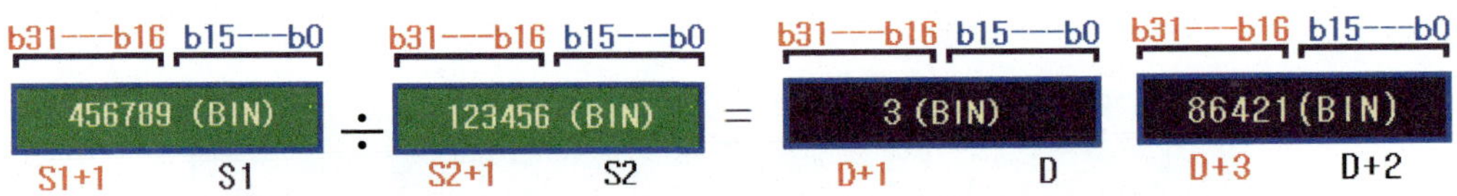

③ 프로그램 예제

P1000=5557, P1100=5인 경우, 입력신호인 P00000이 OFF ⇨ ON 되면 P1200에는 나눈 몫에 해당하는 1111이 저장되고 P1201에는 나눈 나머지 값인 2가 각각 저장되는 프로그램

- 프로그램

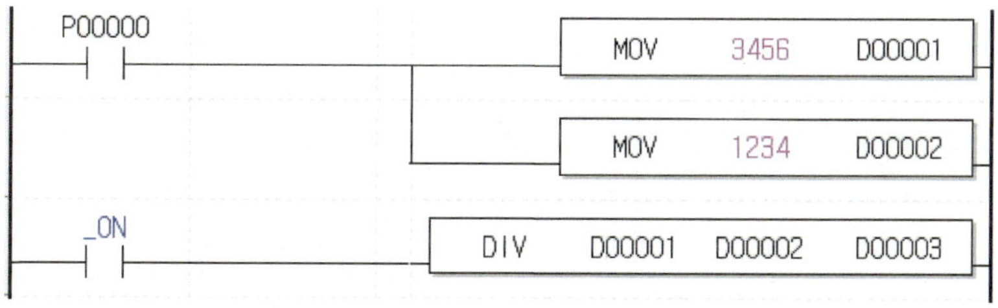

- 결과

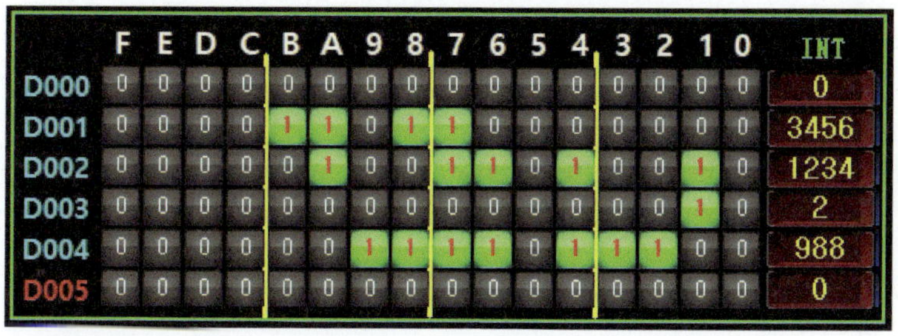

3.6.5 비교 연산 명령

1) S1, S2 비교연산

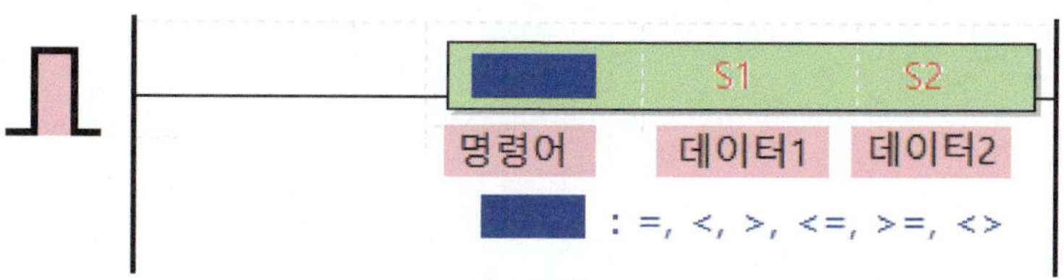

① S1과 S2를 비교하여 조건과 일치하면 현재의 연산 결과를 ON 한다. 이외의 연산 결과는 OFF

조건부호	조 건	연산결과
=	S1 = S2	ON
〈=	S1 ≤ S2	ON
〉=	S1 ≥ S2	ON
〈〉	S1 〈〉 S2	ON
〈	S1 〈 S2	ON
〉	S1 〉 S2	ON

- S1과 S2의 비교는 Signed 연산으로 실행한다.
- 따라서 h8000(-32,768)~hFFFF(-1)<0~h7FFF(32,767)와 같은 결과를 취하게 된다.

② 프로그램 예제

타이머 T0001의 현재값과 비교하여 연산 결과를 출력하는 프로그램

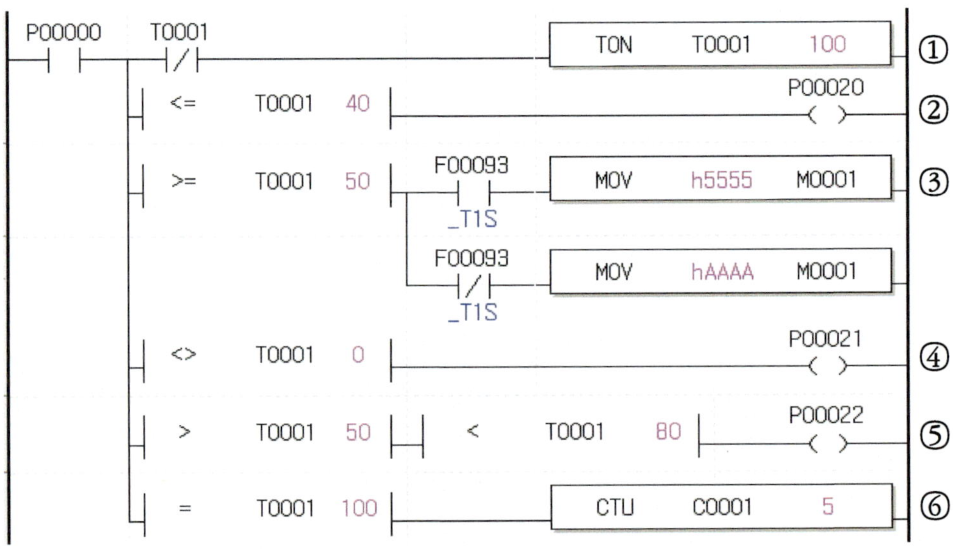

- ① P00000 ON 하면 T0001이 10초 주기로 반복 동작하는 타이머.
- ② 타이머 T0001이 현재값이 40(4초) 이하이면 P00020이 점등된다.
- ③ 타이머 T0001이 현재값이 50(5초) 이상이면 M0001 워드가 0.5초 H5555, 0.5초 HAAAA 데이터가 출력된다.
- ④ 타이머 T0001이 현재값이 0이 아니면 P00021이 점등된다.
- ⑤ 타이머 T0001이 현재값이 50(5초)을 초과하고 80(8초) 미만이면 P00022 가 점등된다.

$(51 \le T0001 \le 79)$

- ⑥ 타이머 T0001이 현재값이 100(10초)과 같으면 카운터의 현재값이 1씩 증가한다.

2) S1, S2, S3 비교연산

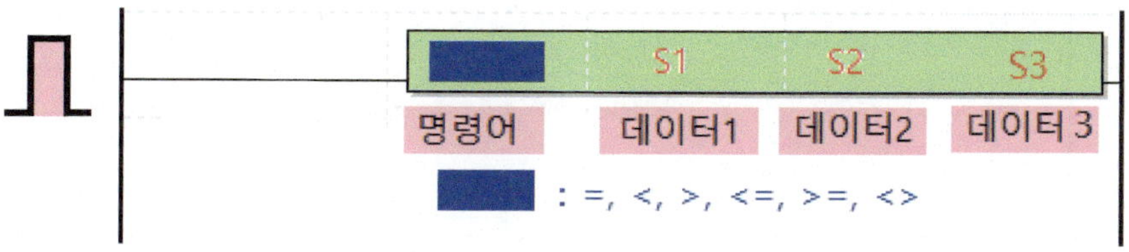

① AND3 (=3, 〉3, 〈3, 〉=3, 〈=3, 〈〉3)

- 비교 데이터로 지정된 S1, S2, S3로 지정된 3개의 워드 데이터를 비교하여 조건과 일치하면 ON, 불일치하면 OFF하고 이 결과와 현재의 연산 결과를 AND하여 새로운 연산 결과로 취한다.
- S1, S2, S3의 비교는 Signed 연산으로 실행한다.

② 프로그램 예제

입력신호인 P00000이 ON 되고, P0002 워드가 H5555(4초)-0(1초)-HAAAA(4초)-0(1초)를 출력하는 프로그램

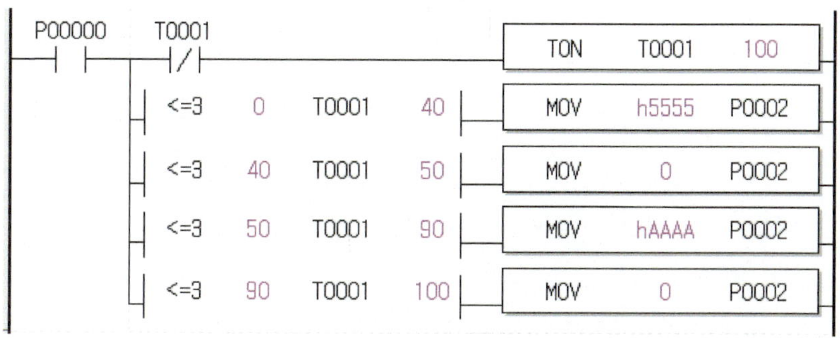

③ 두 개의 UP/DOWN 카운터의 현재 값이 0~5일 경우 P00020(하한), 6~45일 경우 P00021(정상), 46을 초과할 경우 P00022 LED를 ON 시킨다.

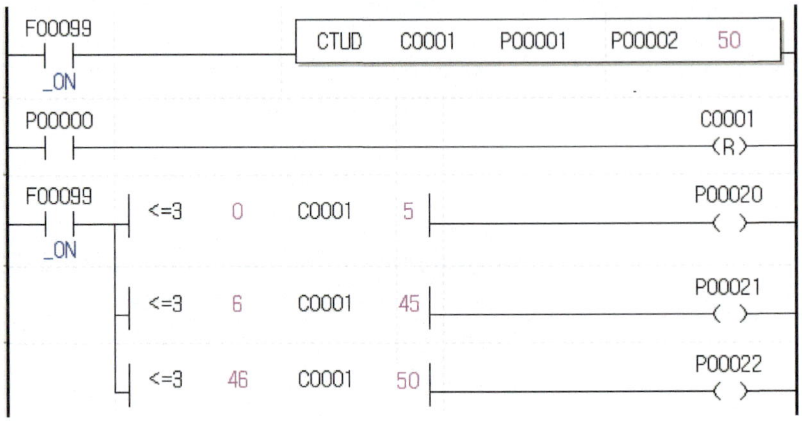

3.6.6 증감 명령

1) INC, INCP, DINC, DINCP

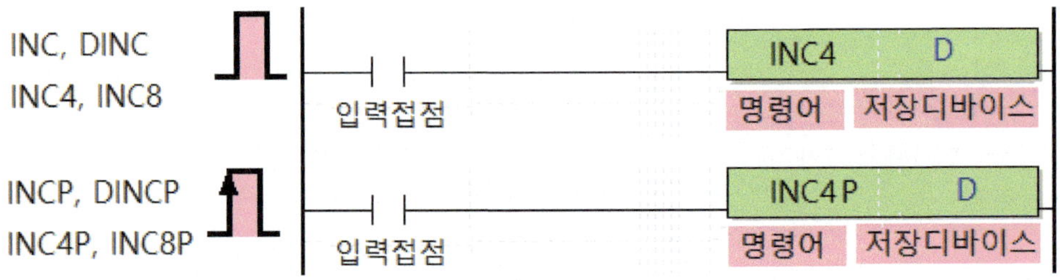

① INC(Increment)

- D에 1을 더한 결과를 다시 D에 저장한다.
- Signed 연산을 수행한다.

② DINC(Double Increment)

- D, D+1의 값에 1을 더한 결과를 다시 D, D+1에 저장한다.

③ 플래그 처리

- INC/DINC 명령어는 연산 결과로 인한 플래그 처리는 없다. 따라서 최대값에서 1 증가하는 시점에서 캐리 플래그(F112)가 발생되지 않는다.

④ 프로그램 예제

- 입력신호인 P00001이 OFF ⇨ ON 되면 D0001에 저장된 3456의 값에 1을 더한 값인 3457이 D0001에 저장되고 P00001이 OFF ⇨ ON 동작을 반복할 때마다 D0001에 저장되는 값은 1씩 증가된 값이 저장되는 프로그램(3456 ⇨ 3457 ⇨ 3458 ⇨ 3459 …)

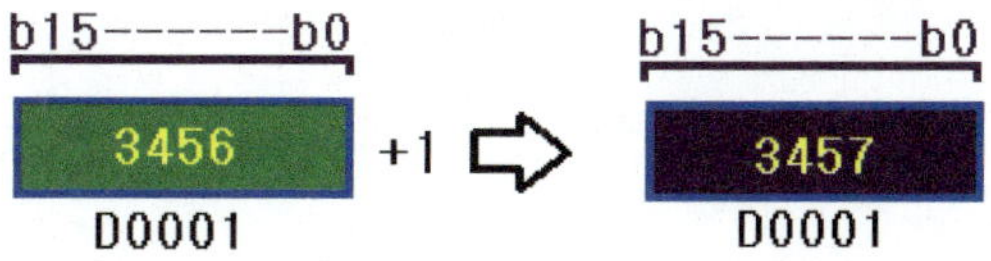

⑤ 프로그램 예제

일 자리~천 자리까지 1씩 증가시켜 0000~9999의 값을 BCD 값으로 출력하고 10진 정수의 값으로 전송시키는 프로그램.

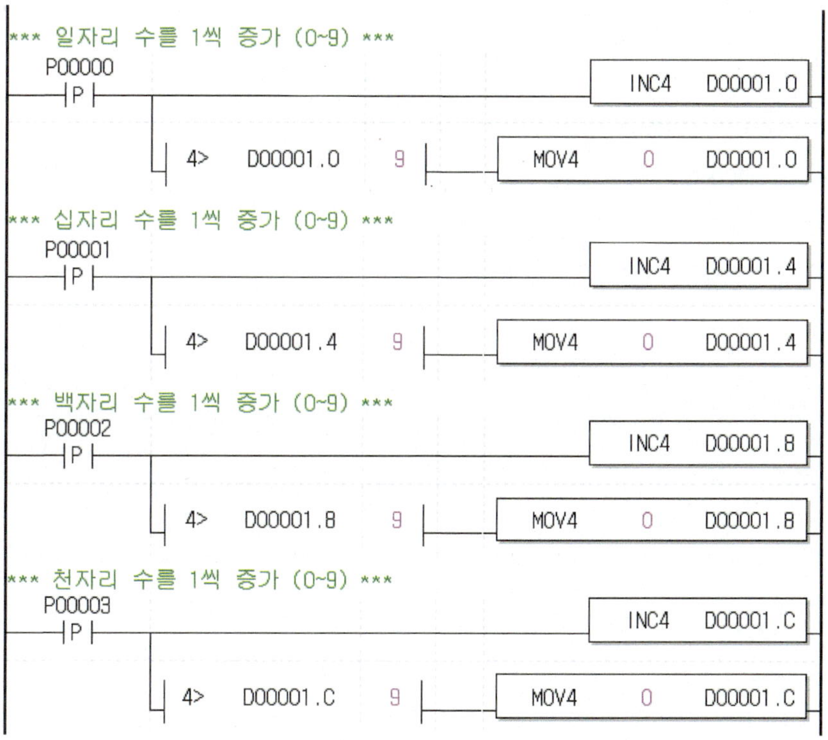

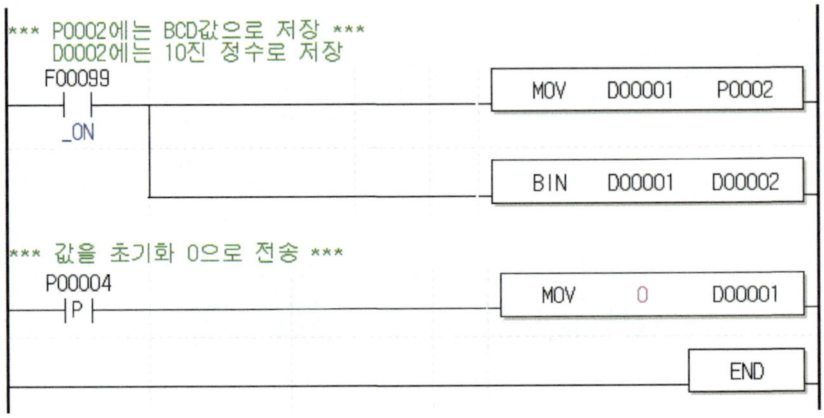

- 예를 들면

P00000를 OFF ⇨ ON할 때마다 D0001.0~D0001.3의 4bit가 데이터는 0 → 1 → 2 → 3 →, …, → 8 → 9 증가하여 9를 초과하면 0이 되어 다시 증가한다.

	F	E	D	C	B	A	9	8	7	6	5	4	3	2	1	0
D0001	0	0	0	0	0	0	0	0	0	0	0	0	0	1	0	1
													일			

- 같은 방법으로 P00001~P00003 OFF ⇨ ON 하여

D0001.4~D0001.7의 4bit가 데이터 : 6

D0001.8~D0001.B의 4bit가 데이터 : 7

D0001.C~D0001.F의 4bit가 데이터 : 8이면 아래와 같다.

	F	E	D	C	B	A	9	8	7	6	5	4	3	2	1	0
D0001	1	0	0	0	0	1	1	1	0	1	1	0	0	1	0	1
	(8)천				(7)백				(6)십				(5)일			

- D0001의 데이터를 P0002의 워드에 전송시키면 D0001의 데이터가 BCD값이므로 FND에 출력시키면 아래와 같이 출력된다.

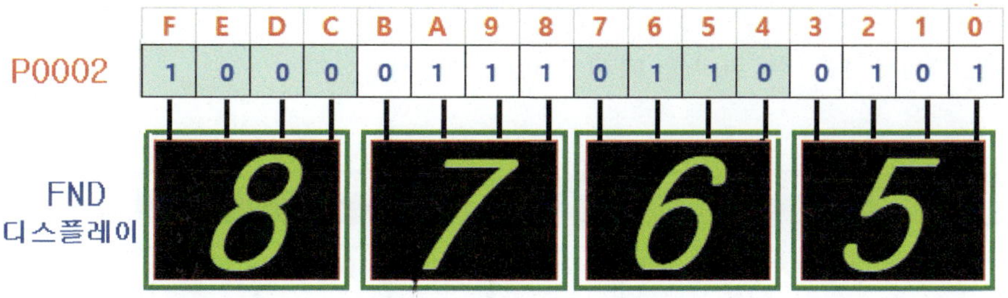

- D0001의 데이터를 D0002의 워드에 전송시키면 D0001의 데이터인 BCD값은 10진 정수의 값으로 아래와 같이 출력된다.

2) DEC, DECP, DDEC, DDECP

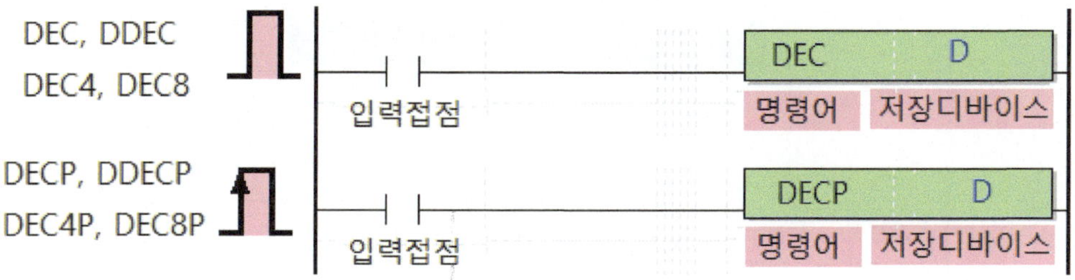

① DEC(Decrement)

- D에 1을 뺀 결과를 다시 D에 저장한다.
- D는 Signed int의 값으로 처리된다.

② DDEC(Double Decrement)

- D+1, D에서 1을 뺀 결과를 다시 D+1, D에 저장한다.

③ 플래그 처리

- INC/DINC 명령어는 연산 결과로 인한 플래그 처리는 없다. 따라서 최소값에서 1 감소하는 시점에서 캐리 플래그(F112)가 발생되지 않는다.

④ 프로그램 예제

- 입력신호인 P00000이 OFF ⇨ ON 되면 D0001에 저장된 4,567의 값에 1을 뺀 값인 4,566이 D0001에 저장되고 P00000이 OFF ⇨ ON 동작을 반복할 때마다 D0001에 저장되는 값은 1씩 뺀 값이 저장되는 프로그램
(4,567 ⇨ 4,566 ⇨ 4,565 ⇨ 4,564 ⇨ 4,563 …)

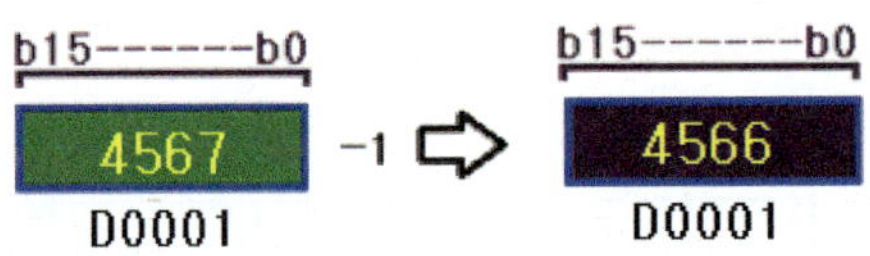

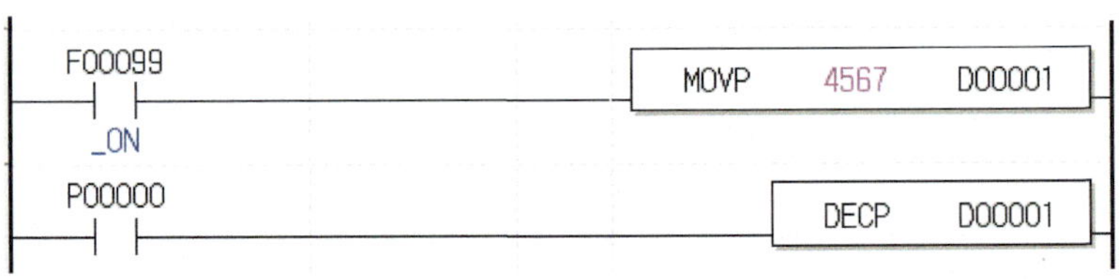

3.6.7 회전 명령

1) ROL, ROLP, DROL, DROLP

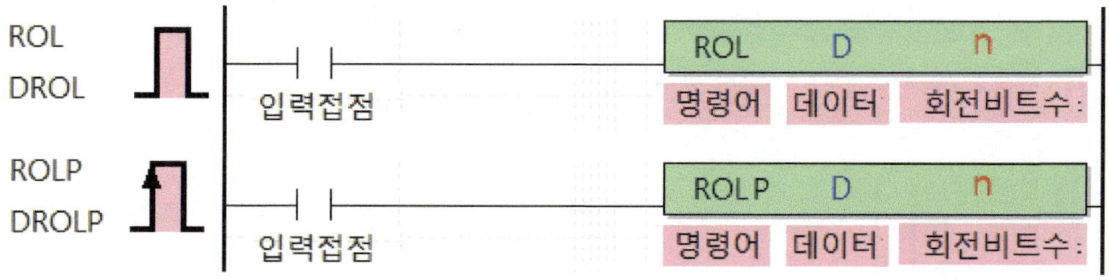

① ROL(Rotate Left)

- D의 16비트를 지정된 비트 수만큼 좌측으로 비트 회전하며 최상위 비트는 캐리플래그(F112)와 최하위 비트로 회전합니다. (1워드 내에서 회전)

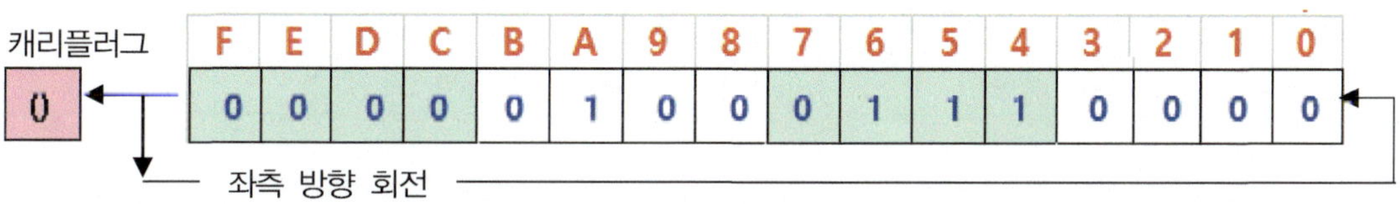

② DROL (Double Rotate Left)

- D과 D+1의 32비트 데이터를 좌측으로 캐리 플래그를 포함하지 않고 n bit 회전한다.

③ 프로그램 예제

M0001=h1234인 경우 입력신호인 P00000이 OFF ⇨ ON 되면 2비트 좌측으로 회전한 후 M0001에는 h48D0을 저장하는 프로그램.

계속 OFF ⇨ ON 하면 (h48D0 ⇨ h2341 ⇨ h8D04 ⇨ h3412 ⇨ hD048 …) 된다.

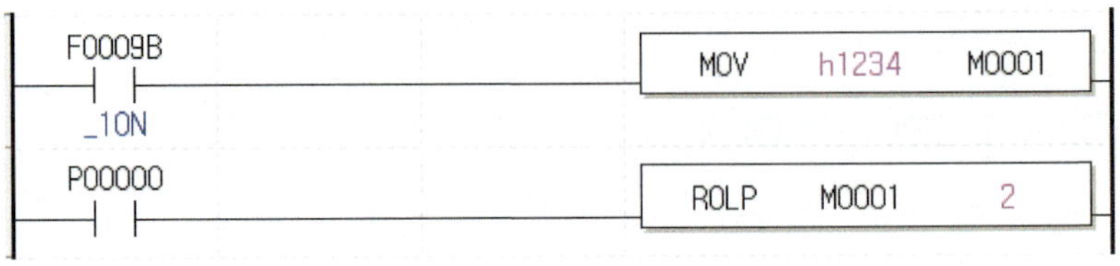

2) ROR, RORP, DROR, DRORP

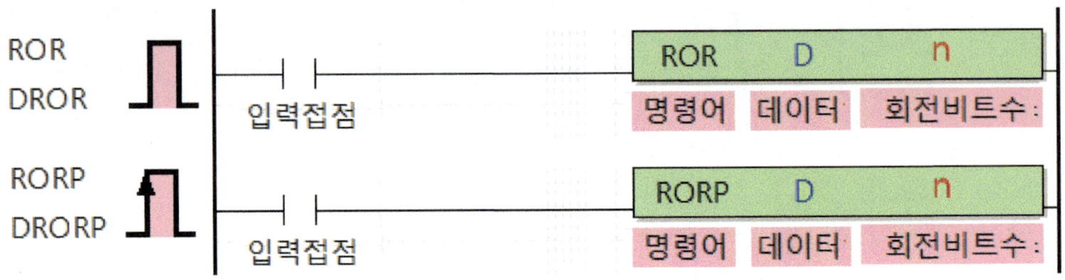

① ROR (Rotate Right)

- D1의 16개 비트를 지정된 비트 수만큼 우측으로 비트 회전하며 최하위 비트는 캐리 플래그(F112)와 최상위 비트로 회전한다. (1워드 내에서 회전)

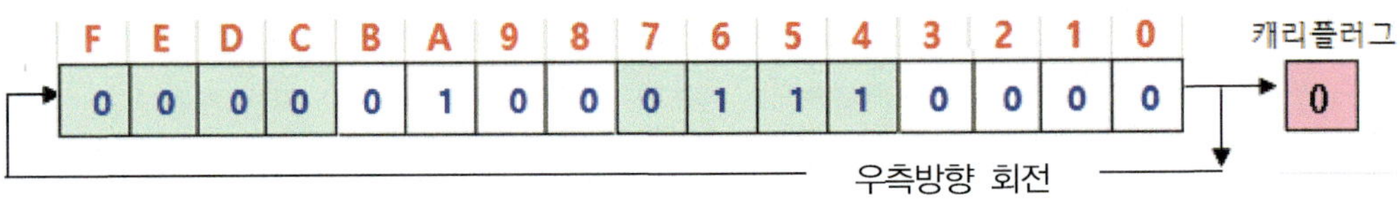

② DROR (Double Rotate Right)

- D과 D+1의 32bit 데이터를 우측으로 캐리 플래그를 포함하지 않고 n bit 회전한다.

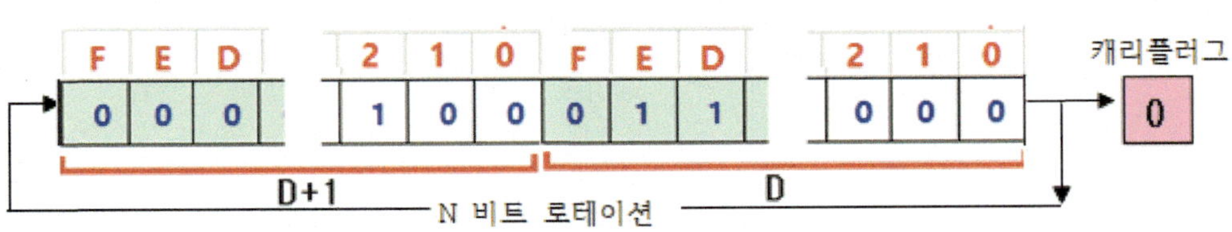

③ 프로그램 예제

M0001=h1234인 경우 입력신호인 P00000이 OFF ⇨ ON 되면 2비트 우측으로 회전한 후 M0001에는 h048D을 저장하는 프로그램.

계속 OFF ⇨ ON 하면 (h048D ⇨ h4123 ⇨ hD048 ⇨ h3412 ⇨ h8D04 …) 된다.

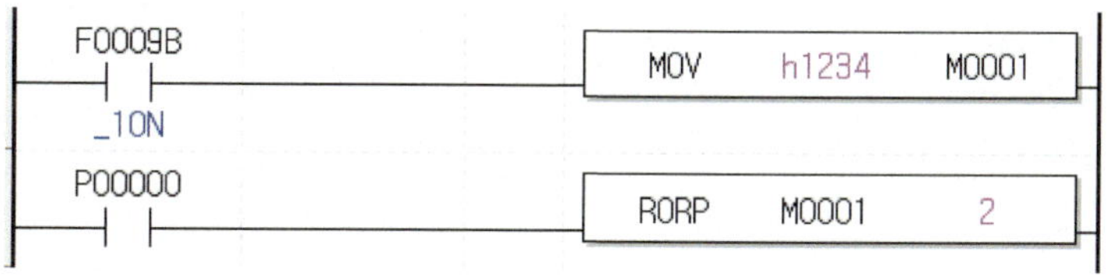

3.6.8 이동 명령

1) BSFT, BSFTP

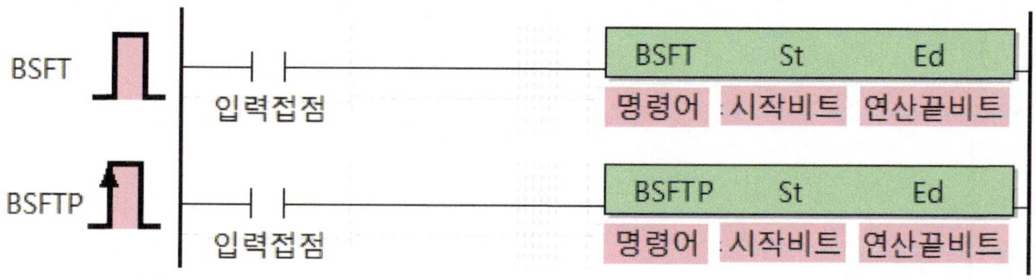

① BSFT (Bit Shift)

- 시작 비트(St)로부터 끝 비트(Ed) 방향으로 비트 데이터를 각각 1비트씩 shift 한다.
- 비트 shift 방향

St < Ed : left shift

St > Ed : right shift

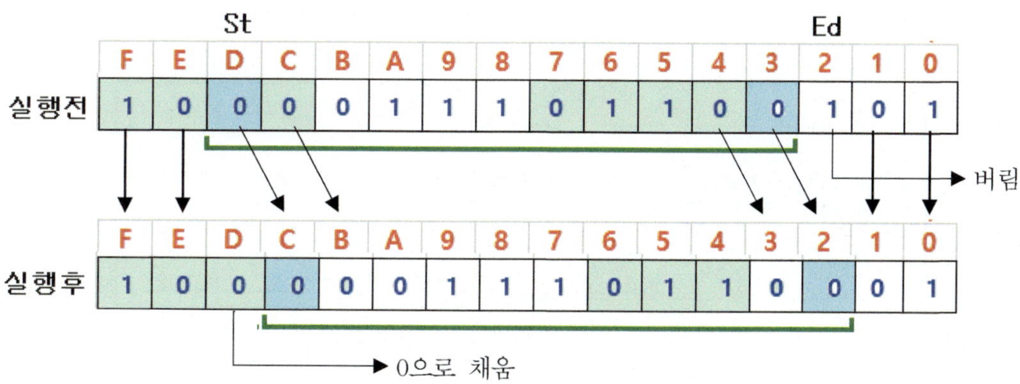

② 프로그램 예제

P0002=h8000인 경우 입력신호인 P00000이 OFF ⇨ ON 될 때마다 P0002F > P00025 순으로 시작 비트인 P0002F에서 끝 비트인 P00025까지 우측으로 비트 이동을 시키는 프로그램

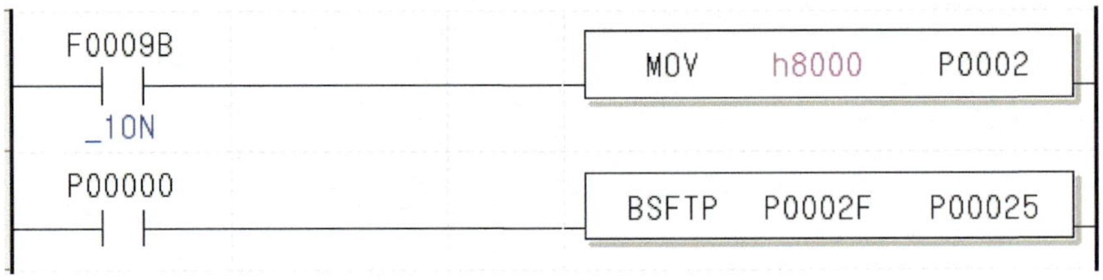

③ 프로그램 예제

P0002=h00FF인 경우 타이머 입력신호인 P00000이 ON 되면 P00020~P00027의 데이터가 P00001이 ON 하면 1초 간격으로 P00027에서 P00020으로 OFF 되고 P00002가 ON 하면 1초 간격으로 P00020에서 P00027로 OFF되는 프로그램

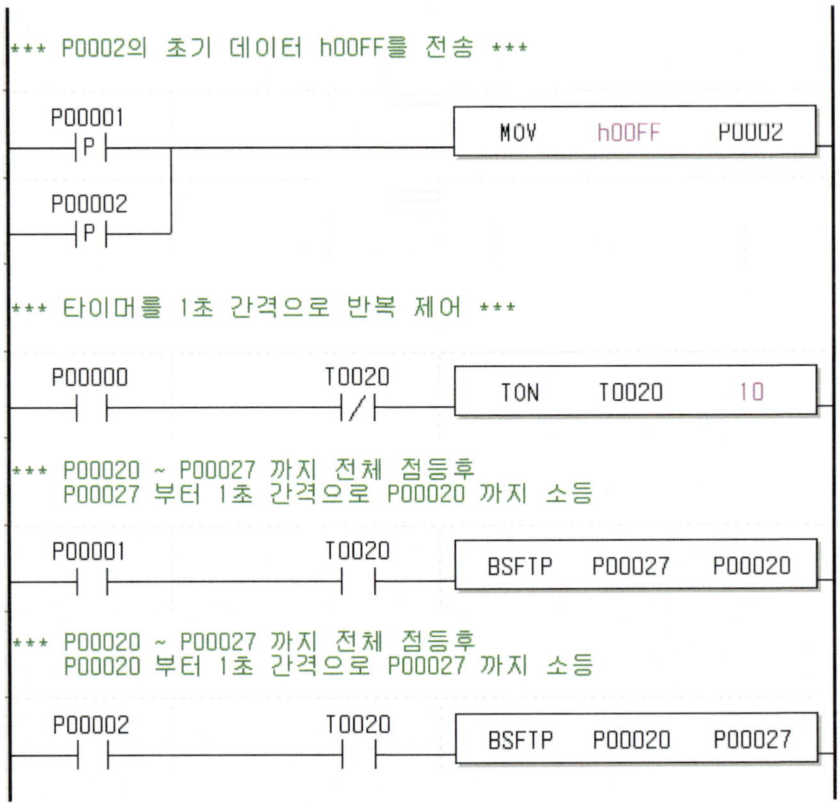

- ① P00001, P00002가 입력되면 P0002에 전송된 데이터

	F	E	D	C	B	A	9	8	7	6	5	4	3	2	1	0
P0002	0	0	0	0	0	0	0	0	1	1	1	1	1	1	1	1

- ② P00001이 ON 되면 P00027~P00020의 데이터가 1초 간격으로 우측으로 1비트씩 이동한다. 3초 후의 데이터 이동은 아래와 같다.

	F	E	D	C	B	A	9	8	7	6	5	4	3	2	1	0
P0002	0	0	0	0	0	0	0	0	0	0	0	1	1	1	1	1

- ③ P00002가 ON 되면 P00027~P00020의 데이터가 1초 간격으로 좌측으로 1비트씩 이동한다. 3초 후의 데이터 이동은 아래와 같다.

	F	E	D	C	B	A	9	8	7	6	5	4	3	2	1	0
P0002	0	0	0	0	0	0	0	0	1	1	1	1	1	0	0	0

2) BSFL, BSFLP, DBSFL, DBSFLP

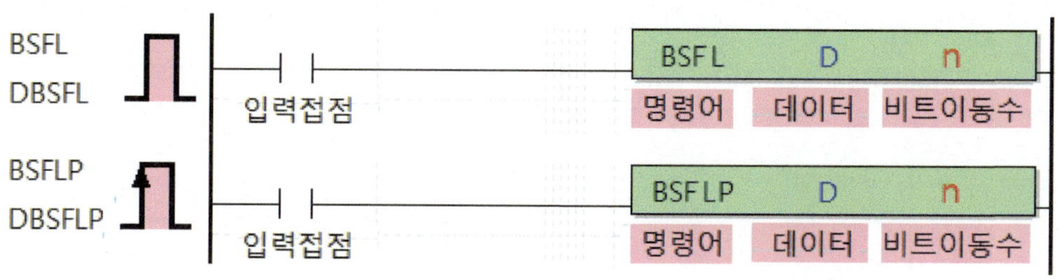

① BSFL (Bit Shift Left)

- D의 워드 데이터의 각 비트를 왼쪽으로 n번 bit shift 한다.
  n=2일 때 아래와 같다.

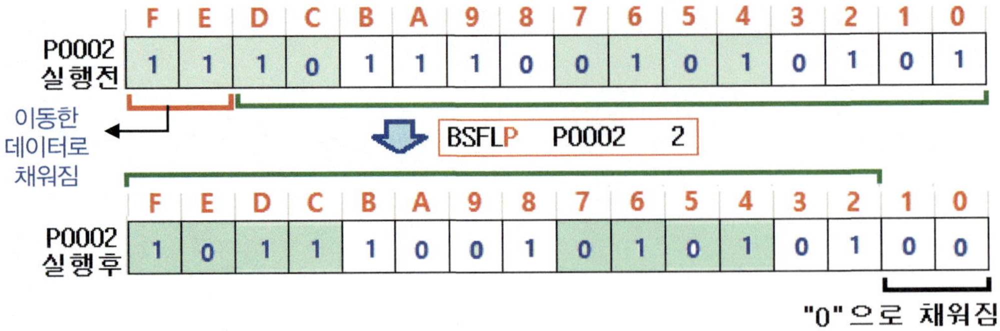

② DBSFL (Double Bit Shift Left)

- D+1, D의 더블 워드 데이터의 각 비트를 왼쪽으로 n번 bit shift 한다. n=7일 때 아래와 같다.

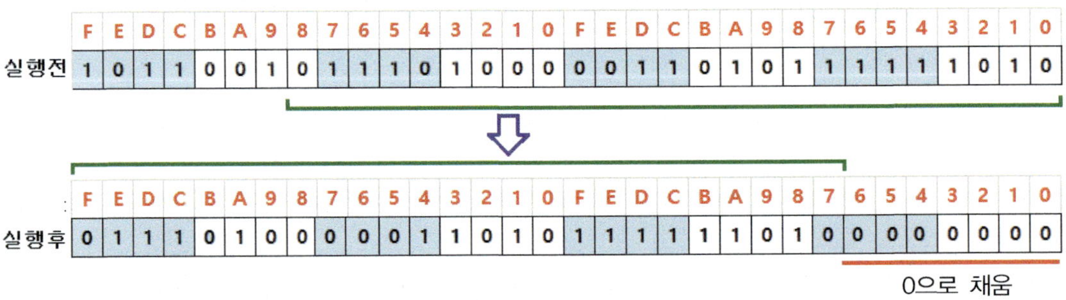

③ 프로그램 예제

P0002=h000F이므로 입력신호인 P00000이 OFF ⇨ ON 될 때마다 4비트씩 좌측 이동되어 P0002에 h00F0 ⇨ h0F00 ⇨ hF000 ⇨ h0000가 저장되는 프로그램

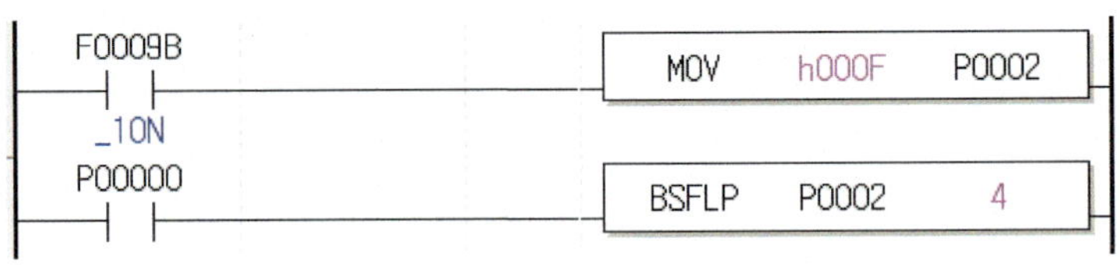

3) BSFR, BSFRP, DBSFR, DBSFRP

① BSFR (Bit Shift Right)

- D의 워드 데이터의 각 비트를 오른쪽으로 n로 지정된 비트 수만큼 비트 이동한다. n=3일 때 다음과 같다.

	F	E	D	C	B	A	9	8	7	6	5	4	3	2	1	0
실행전	1	0	0	0	0	1	1	1	0	1	1	0	0	1	0	1

	F	E	D	C	B	A	9	8	7	6	5	4	3	2	1	0
실행후	0	0	0	1	0	0	0	0	1	1	1	0	1	1	0	1

0으로 채움

② DBSFR (Double Bit Shift Right)

- D, D+1의 더블 워드 데이터의 각 비트를 오른쪽으로 n번 비트 이동한다.
- 마지막에 버려진 비트에 따라 캐리플래그를 ON/OFF 한다.

③ 프로그램 예제

P0002=hF000인 경우, 입력신호인 P00000이 OFF ⇨ ON 되면 4비트씩 우측으로 이동되어 P0002에 hF000 ⇨ h0F00 ⇨ h00F0 ⇨ h000F ⇨ h0000가 저장되는 프로그램

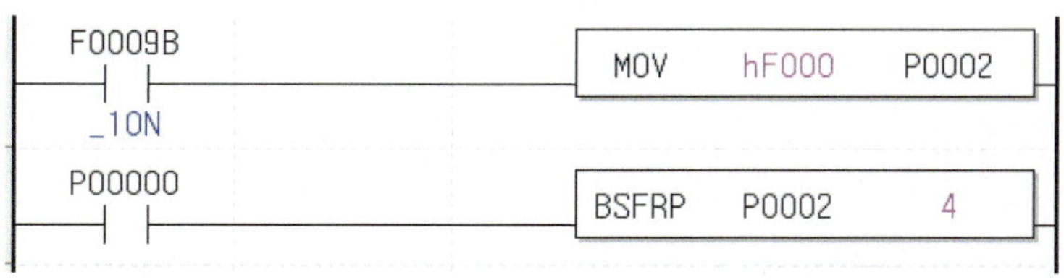

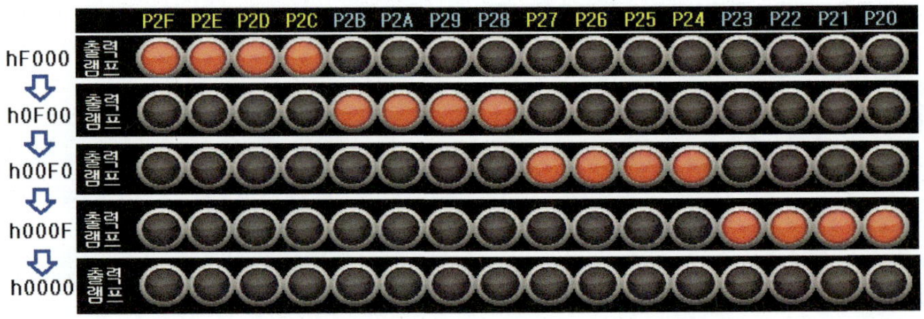

4) SR

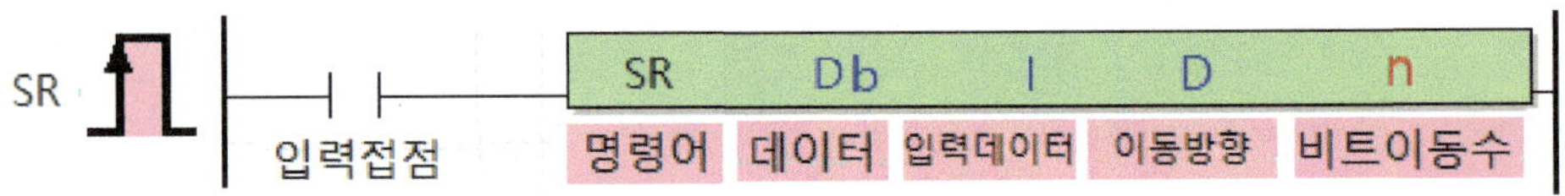

Db : 비트 단위로 shift 할 영역의 시작 비트

I : 비트 단위로 shift 할 입력데이터(I=0이면 0, I=1이면 1로 채워짐)

D : 비트 단위로 shift 할 이동 방향 (D=0이면 좌측, D=1이면 우측)

N : 비트 shift 할 개수

① SR

- SR 명령의 실행 조건인 입력신호가 OFF ⇨ ON 될 때마다 shift 시작 비트 Db부터 n개 데이터를 shift 한다.
- D에 설정된 입력 방향 설정 비트가 ON이면 Right shift, 입력 방향 비트가 OFF이면 Left shift 한다. (D=0이면 좌측, D=1이면 우측)
- 데이터 shift에 의해 비워진 비트는 I로 설정된 입력데이터 비트의 값으로 채워진다. (I=0이면 0으로, I=1이면 1로 채워짐)

F	E	D	C	B	A	9	8	7	6	5	4	3	2	1	0
1	0	0	0	0	1	1	1	0	1	1	0	0	1	0	1

② 프로그램 예제

- M00010=0, M00011=0인 경우, 입력신호인 1초 주기 클록 F00093이 OFF ⇨ ON 될 때마다 P0002 영역의 0번 비트부터 6개의 비트 데이터를 좌측 방향으로 비트 이동하고 비워진 입력데이터의 비트값은 0으로 채워지는 프로그램
- 입력 비트 데이터인 M00010=1이 되면 1의 비트 데이터값이 비워진 비트에 채워진다.

- 이동 방향 비트인 M00011=1이 되면 비트 데이터의 이동 방향은 우측으로 전환되고 1초 주기로 비트 이동을 실행한다.

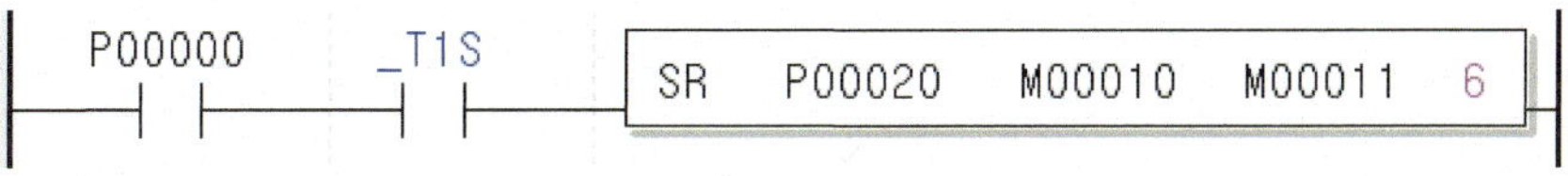

- P00020~P00025의 데이터가 M00010, M00011의 ON, OFF에 따라 전송 방법 전송 방향이 결정된다.

③ 프로그램 예제

- M00010, M00011의 데이터에 따라 입력신호인 1초 주기 클록 F00093이 OFF ⇨ ON 될 때마다 P0002 영역의 0번 비트부터 8개의 비트 데이터를 좌, 우측 방향으로 비트 이동하고 비워진 입력데이터의 비트값은 0, 1로 채워지는 프로그램

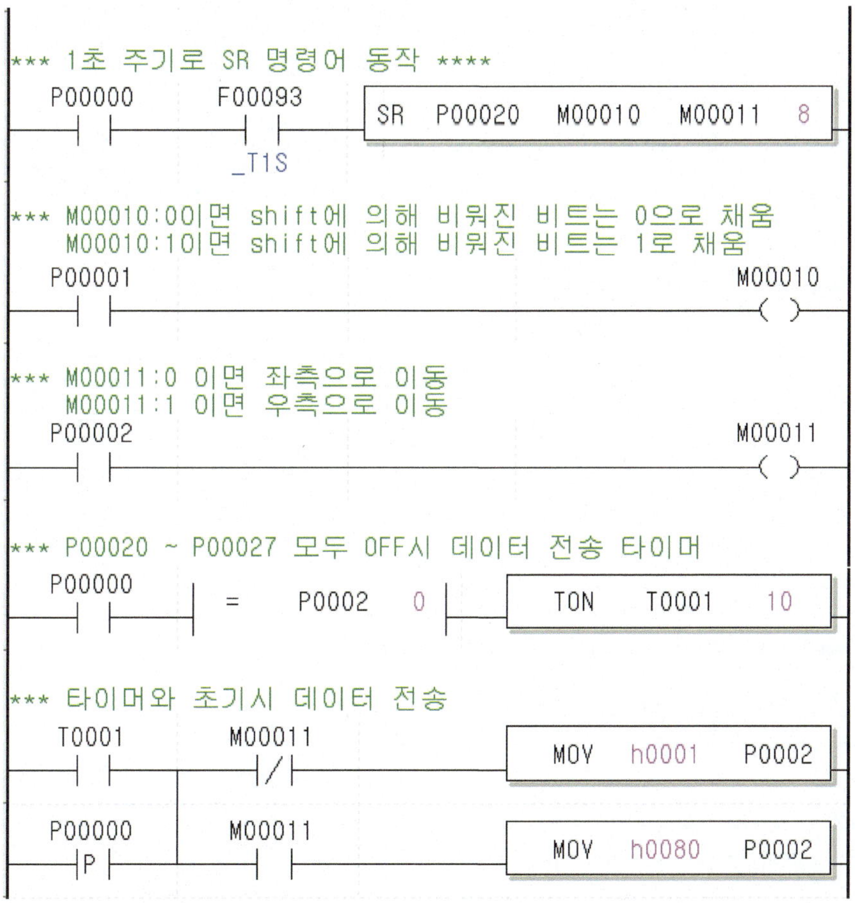

*①

*②

*① 초기데이터 : P00020 출력이 ON

	F	E	D	C	B	A	9	8	7	6	5	4	3	2	1	0
P0002	0	0	0	0	0	0	0	0	0	0	0	0	0	0	0	1

*② 초기데이터 : P00027 출력이 ON

	F	E	D	C	B	A	9	8	7	6	5	4	3	2	1	0
P0002	0	0	0	0	0	0	0	0	1	0	0	0	0	0	0	0

1. M0010:0, M0011:0 이고 P0000를 ON => 5초후

	F	E	D	C	B	A	9	8	7	6	5	4	3	2	1	0
P0002 실행전	0	0	0	0	0	0	0	0	0	0	0	0	0	0	0	1

1초에 1비트씩 좌측으로 이동

	F	E	D	C	B	A	9	8	7	6	5	4	3	2	1	0
P0002 실행후	0	0	0	0	0	0	0	0	0	0	1	0	0	0	0	0

"0" 으로 채워짐

2. M0010:1, M0011:0 이고 P0000를 ON => 5초후

	F	E	D	C	B	A	9	8	7	6	5	4	3	2	1	0
P0002 실행전	0	0	0	0	0	0	0	0	0	0	0	0	0	0	0	1

1초에 1비트씩 좌측으로 이동

	F	E	D	C	B	A	9	8	7	6	5	4	3	2	1	0
P0002 실행후	0	0	0	0	0	0	0	0	0	0	1	1	1	1	1	1

"1"로 채워짐

3. M0010: 0, M0011: 1 이고 P0000를 ON => 5초후

	F	E	D	C	B	A	9	8	7	6	5	4	3	2	1	0
P0002 실행전	0	0	0	0	0	0	0	0	1	0	0	0	0	0	0	0

1초에 1비트씩 우측으로 이동

	F	E	D	C	B	A	9	8	7	6	5	4	3	2	1	0
P0002 실행후	0	0	0	0	0	0	0	0	0	0	0	0	0	1	0	0

"0"으로 채워짐

4. M0010:1, M0011:1 이고 P0000를 ON => 5초후

P0002	F	E	D	C	B	A	9	8	7	6	5	4	3	2	1	0
실행전	0	0	0	0	0	0	0	0	1	0	0	0	0	0	0	0

1초에 1비트씩 우측으로 이동

P0002	F	E	D	C	B	A	9	8	7	6	5	4	3	2	1	0
실행후	0	0	0	0	0	0	0	0	1	1	1	1	1	1	0	0

"1"로 채워짐

3.6.9 표시 명령

1) SEG, SEGP

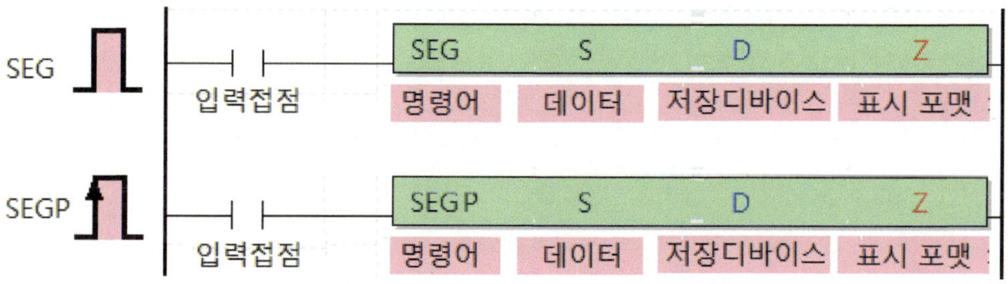

① SEG(7 Segment)

- Z에 설정된 포맷으로 S로부터 n개 숫자를 7 Segment로 변환하여 D에 저장함.

Z에 설정된 포맷(16진수)

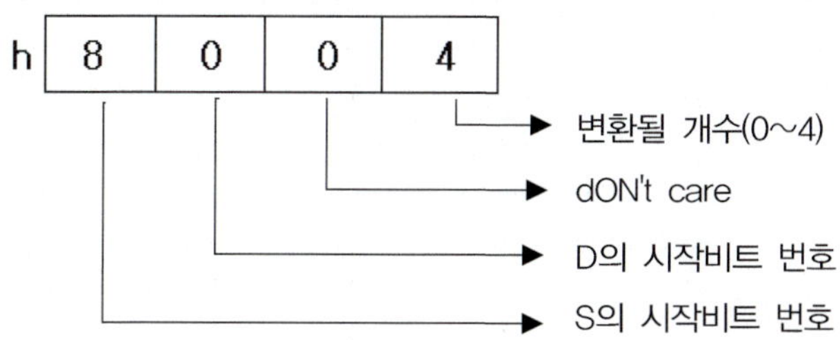

- 여기서 n은 변환될 숫자의 개수를 의미하며 4비트 단위이다.
- n이 0이면 변환하지 않는다.

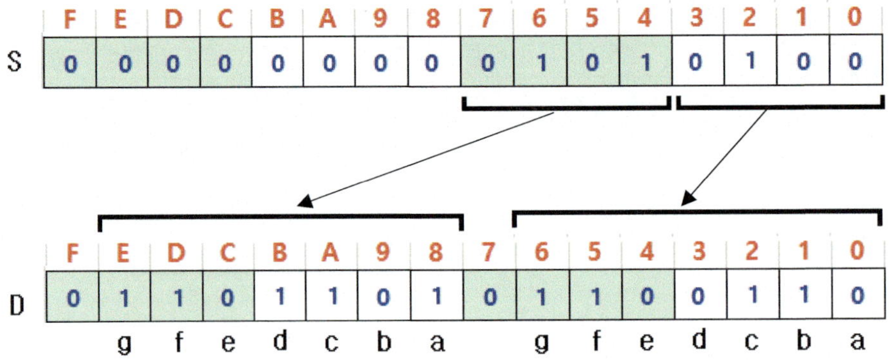

- 위의 그림 내용을 프로그램으로 해석하면
  S : D0010, D : M0010 워드라고 하면

  프로그램 ; SEG D0010 M0010 h0002이므로 D0010의 16진 값의 h0054 7-세그멘트로 변환하면 1byte중 최상위 비트는 해당 없으므로 5(01101101), 4(01100110)으로 표현된다.

② Segment의 구성

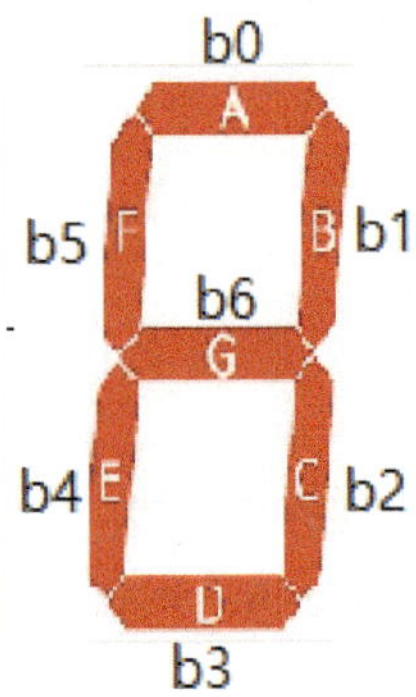

S1		7-세그멘트 구성		G	F	E	D	C	B	A	표시
16 진수	비트		b7	b6	b5	b4	b3	b2	b1	b0	데이터
0	0000		0	0	1	1	1	1	1	1	0
1	0001		0	0	0	0	0	1	1	0	1
2	0010		0	1	0	1	1	0	1	1	2
3	0011		0	1	0	0	1	1	1	1	3
4	0100		0	1	1	0	0	1	1	0	4
5	0101		0	1	1	0	1	1	0	1	5
6	0110		0	1	1	1	1	1	0	1	6
7	0111		0	0	1	0	0	1	1	1	7
8	1000		0	1	1	1	1	1	1	1	8
9	1001		0	1	1	0	1	1	1	1	9
A	1010		0	1	1	1	0	1	1	1	A
B	1011		0	1	1	1	1	1	0	0	B
C	1100		0	0	1	1	1	0	0	1	C
D	1101		0	1	0	1	1	1	1	0	D
E	1110		0	1	1	1	1	0	0	1	E
F	1111		0	1	1	1	0	0	0	1	F

③ 프로그램 예제

- 입력신호인 P00000이 OFF ⇨ ON 하면 7 Segment 변환 형식인 h8004에 의해서 M0000의 8번 비트부터 M0003의 0번 비트로 4개의 숫자를 변화하여 M0003~M0004까지의 2워드 영역에 저장하여 4자리 숫자가 표시되도록 하는 프로그램

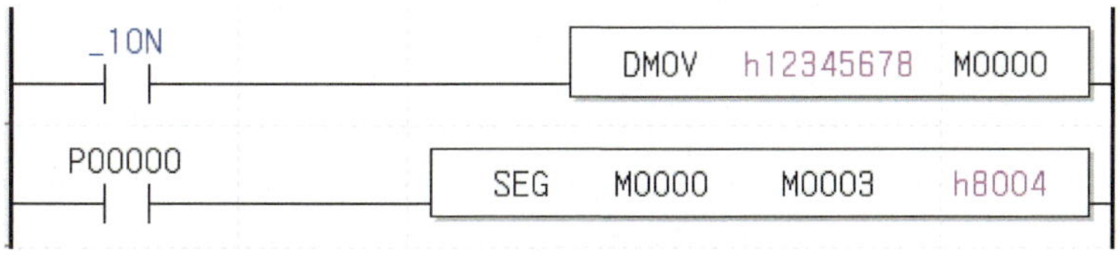

- 결과

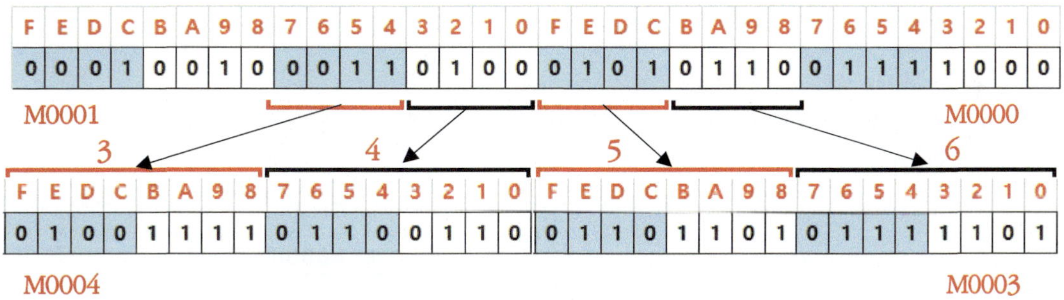

M0003워드의 상위 바이트:5, 하위 바이트:6
M0004워드의 상위 바이트:3, 하위 바이트:4

3.6.10 논리연산 명령

1) WAND, WANDP, DWAND, DWANDP

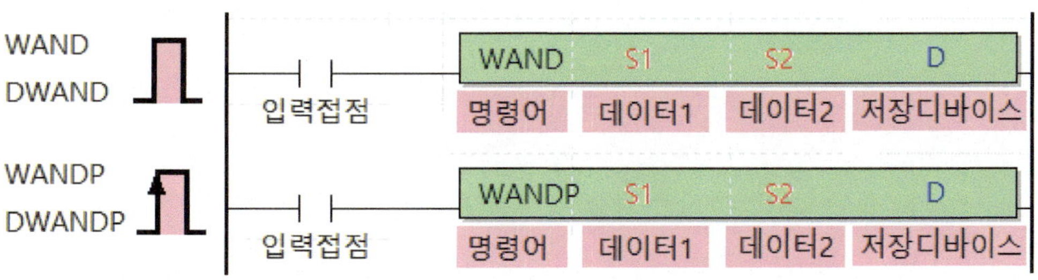

① WAND(Word AND)

- 워드 데이터(16비트) S1과 S2의 각 비트를 서로 논리적(AND)하여 결과를 D에 저장한다.

	F	E	D	C	B	A	9	8	7	6	5	4	3	2	1	0
M0001	1	1	1	0	1	1	1	0	0	1	0	1	0	1	0	1
M0002	0	0	0	0	1	1	0	0	0	0	1	1	1	1	1	1

WAND M0001 M0002 M0003

	F	E	D	C	B	A	9	8	7	6	5	4	3	2	1	0
M0003	0	0	0	0	1	1	0	0	0	0	0	1	0	1	0	1

② DWAND(Double Word AND)

- 더블 워드 데이터(32비트) (S1+1, S1)과 (S2+1, S2)의 각 비트를 서로 논리적(AND)하여 결과를 (D+1, D)에 저장한다.

	F	E	D	C	B	A	9	8	7	6	5	4	3	2	1	0	F	E	D	C	B	A	9	8	7	6	5	4	3	2	1	0
M0001 / M0000	0	1	1	0	0	1	0	1	1	1	1	1	0	1	0	1	1	1	1	0	0	0	0	0	1	1	1	1	1	1	1	1
M0003 / M0002	1	1	1	1	1	0	1	0	1	1	1	1	0	0	0	0	0	1	1	1	1	1	1	1	1	1	0	0	0	0	0	0

DWAND M0000 M0002 P0002

	F	E	D	C	B	A	9	8	7	6	5	4	3	2	1	0	F	E	D	C	B	A	9	8	7	6	5	4	3	2	1	0
P0003 / P0002	0	1	1	0	0	0	0	0	1	1	1	1	0	0	0	0	0	1	1	0	0	0	0	0	1	1	0	0	0	0	0	0

③ 논리 연산 테이블

분류	처리 내용	연산식	진리표		
			A	B	Y
논리적(AND)	입력 A, B가 모두 1일 때에만 1로 되고, 그 이외는 0이 된다.	Y=A * B	0	0	0
			0	1	0
			1	0	0
			1	1	1
논리합(OR)	입력 A, B가 모두 0일 때에만 0으로 되고, 그 이외는 1이 된다.	Y=A+B	0	0	0
			0	1	1
			1	0	1
			1	1	1
배타적 논리합 (XOR)	입력 A와 B가 같을 때 0으로 되며, 다를 때는 1이 된다.	$Y=\overline{A}\bullet B+A\bullet\overline{B}$	0	0	0
			0	1	1
			1	0	1
			1	1	0
부정 배타적 논리합(XNR)	입력 A와 B가 같을 때 1로 되며, 다를 때는 0이 된다.	$Y=(\overline{A}+B)(A+\overline{B})$	0	0	1
			0	1	0
			1	0	0
			1	1	1

④ 프로그램 예제

M0000=h789A, M0001=h3456, M0002=hFFFF, M0003=hFFFF인 경우, 입력신호인 P00000이 OFF ⇨ ON 하면 M0004~M0005 Double Word 영역에 DWAND한 결과값이 h3456789A가 저장되는 프로그램.

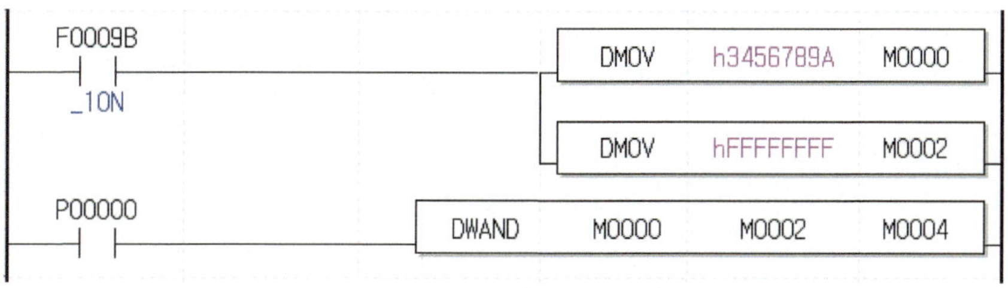

- 출력 결과

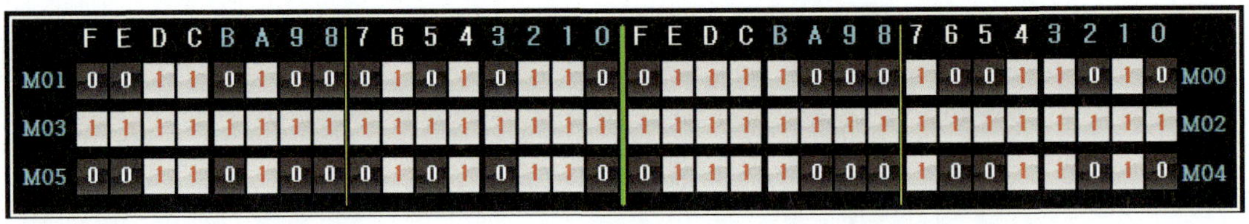

2) WOR, WORP, DWOR, DWORP

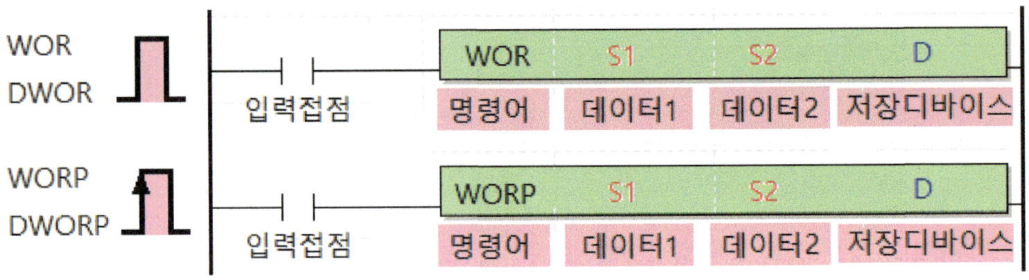

① WOR(Word OR)

- 워드 데이터(16비트) S1과 S2의 각 비트를 서로 논리합(OR)하여 결과를 D에 저장한다.

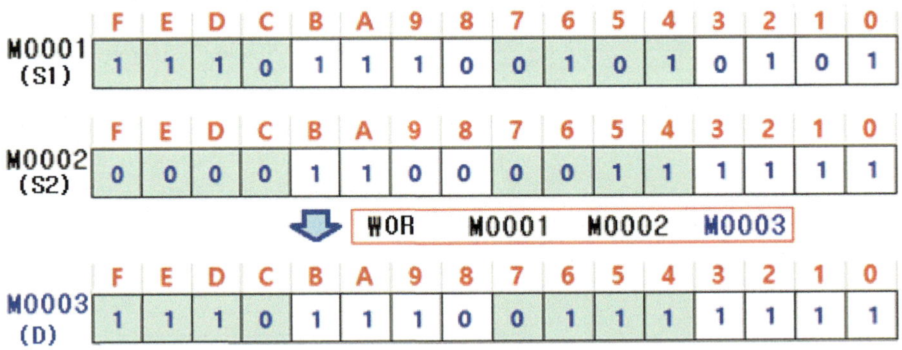

② DWOR(Double Word OR)

- 더블 워드 데이터(32비트) (S1+1, S1)과 (S2+1, S2)의 각 비트를 서로 논리합(OR)하여 결과를 (D+1, D)에 저장한다.

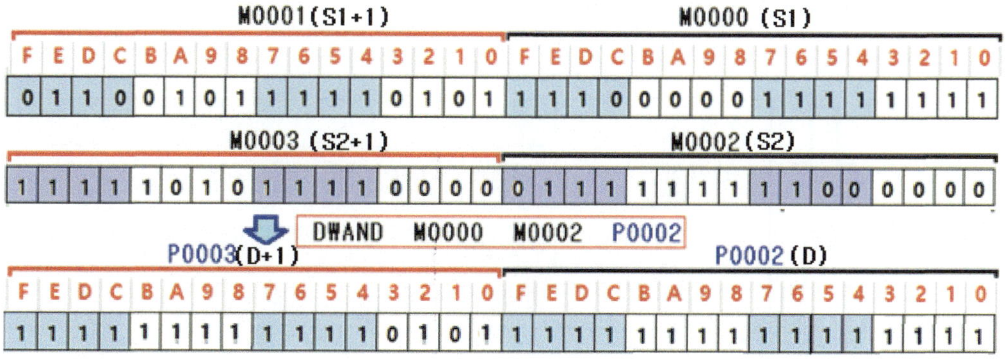

③ 프로그램 예제

M0000=h789A, M0001=h3456, M0002=h00FF, M0003=h00FF인 경우, 입력신호인 P00000이 OFF ⇨ ON 하면 M0004~M0005 Double Word 영역에 DWOR한 결과값이 h34FF78FF가 저장되는 프로그램.

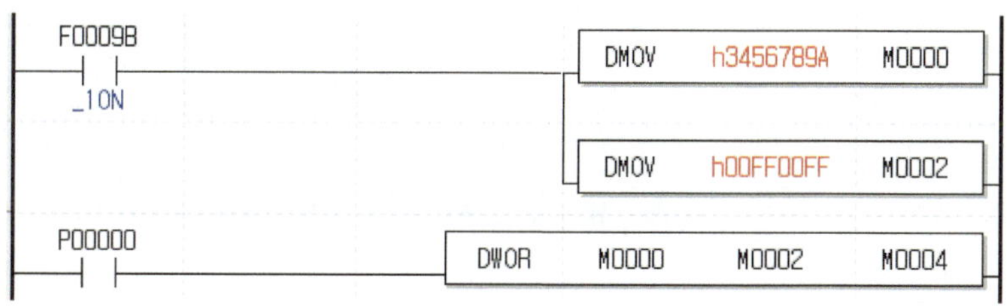

- 출력 결과

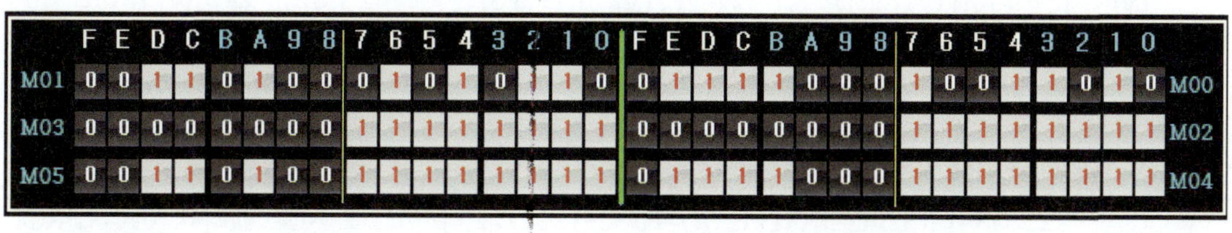

3) WXOR, WXORP, DWXOR, DWXORP

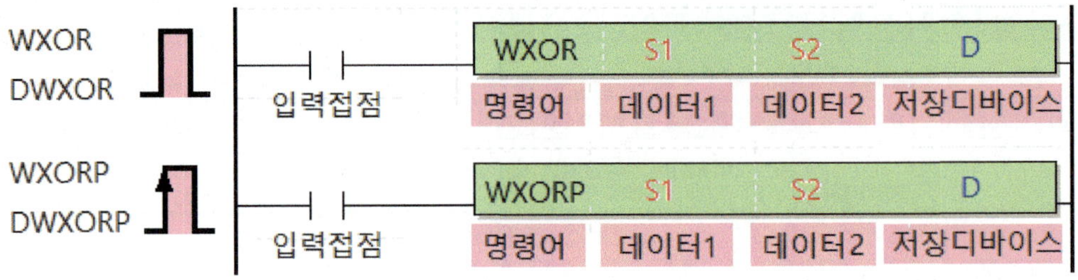

① WXOR(Word Exclusive OR)

- 워드 데이터(16비트) S1과 S2의 각 비트를 서로 배타적 논리합(XOR)하여 결과를 D에 저장한다.

	F	E	D	C	B	A	9	8	7	6	5	4	3	2	1	0
M0001 (S1)	1	1	1	0	1	1	1	0	0	1	0	1	0	1	0	1
M0002 (S2)	0	0	0	0	1	1	0	0	0	0	1	1	1	1	1	1

⇩ WXOR M0001 M0002 M0003

	F	E	D	C	B	A	9	8	7	6	5	4	3	2	1	0
M0003 (D)	1	1	1	0	0	0	1	0	0	1	1	0	1	0	1	0

- 배타적 논리합(WXOR)은 S1, S2 각각의 비트값이 다르면 '1'이고 같으면 '0'으로 D의 해당 비트에 저장하는 연산을 말한다.

② DWXOR(Double Word Exclusive OR)

- 더블 워드 데이터(32비트) (S1+1, S1)과 (S2+1, S2)의 각 비트를 서로 배타적 논리합(XOR) 하여 결과를 (D+1, D)에 저장한다.

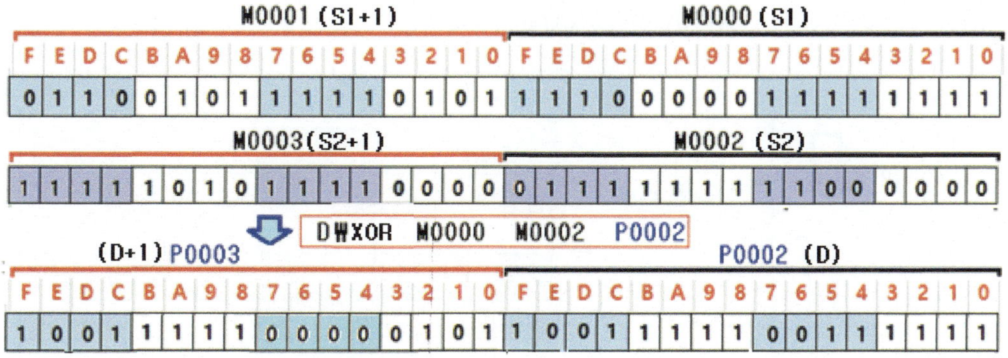

③ 프로그램 예제

M0000=h789A, M0001=h3456, M0002=hFFFF, M0003=hFFFF인 경우, 입력신호인 P00000이 OFF ⇨ ON 하면 M0004~M0005 Double Word 영역에 DWXOR한 결과값이 hCBA98765가 저장되는 프로그램.

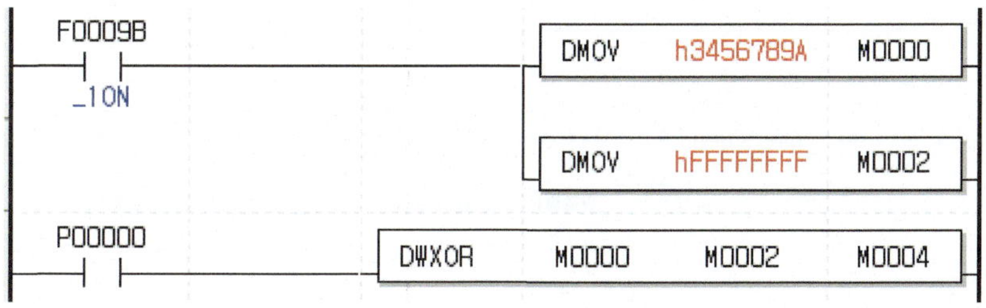

- 출력 결과

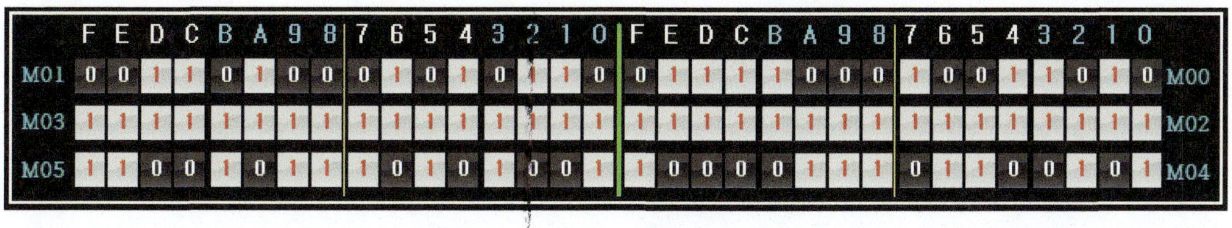

4) WXNR, WXNRP, DWXNR, DWXNRP

① WXNR(Word Exclusive NOR)

- 워드 데이터(16비트) S1과 S2의 각 비트를 서로 부정 배타적 논리합(WXNR)하여 결과를 D에 저장한다.

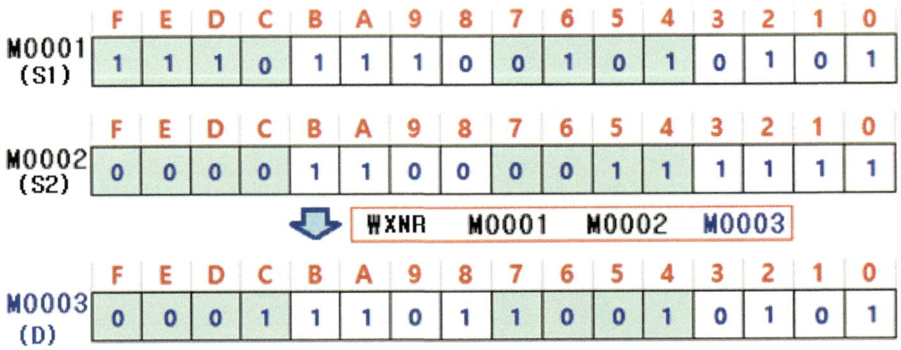

- 부정 배타적 논리합(WXNR)은 S1, S2 각각의 비트값이 다르면 '0'이고 같으면 '1'로 D의 해당 비트에 저장하는 연산을 말한다.

② DWXNR(Double Word Exclusive NOR)

- 더블 워드 데이터(32비트) (S1+1, S1)과 (S2+1, S2)의 각 비트를 서로 부정 배타적 논리합(DWXNR)하여 결과를 (D+1, D)에 저장한다.

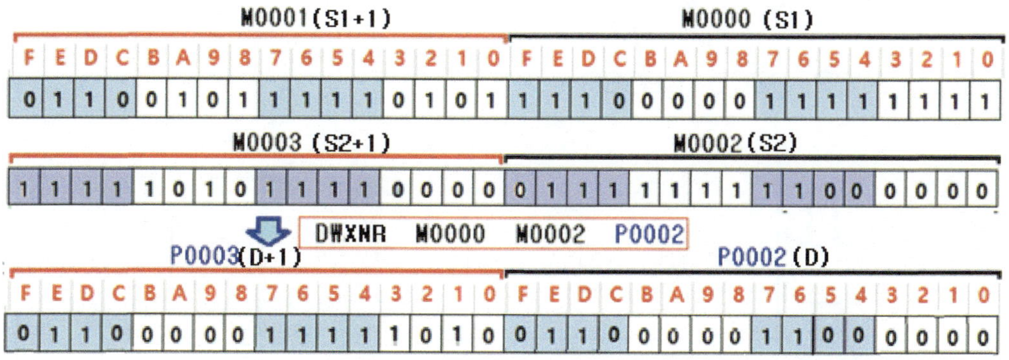

③ 프로그램 예제

M0000=h789A, M0001=h3456, M0002=hFFFF, M0003=hFFFF인 경우, 입력신호인 P00000이 OFF ⇨ ON 하면 M0004~M0005 Double Word 영역에 DWXOR한 결과값이 hCB56879A가 저장되는 프로그램.

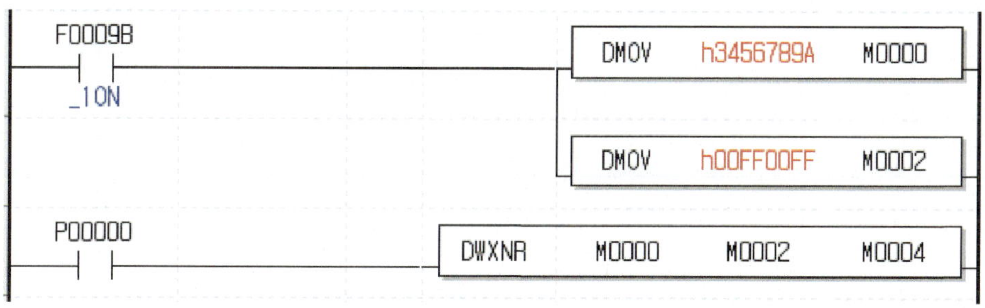

- 출력 결과

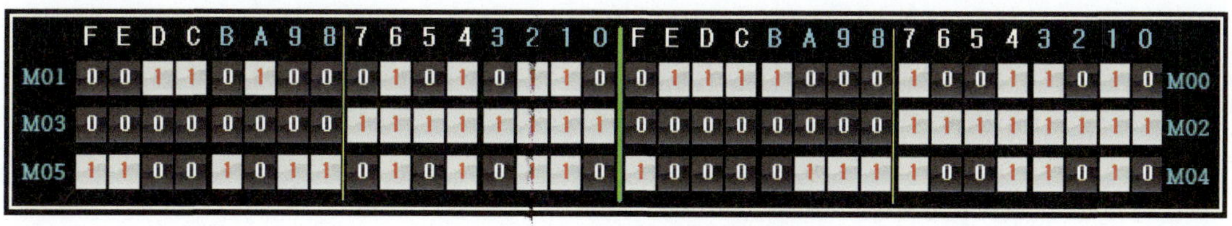

3.6.11 코드 변환 명령

1) BCD, BCDP, DBCD, DBCDP

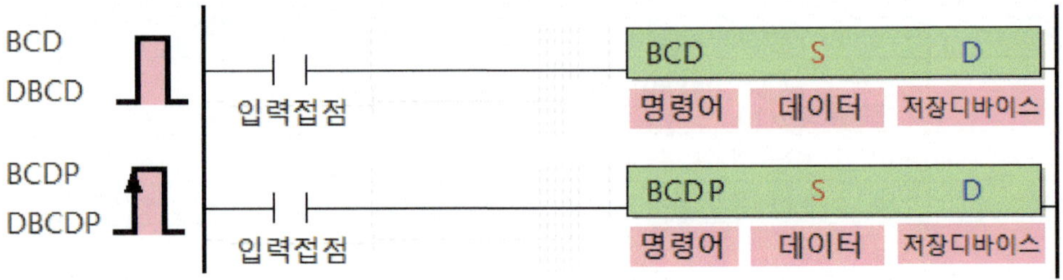

① BCD(Binary Coded Decimal)

- S로 지정된 Device의 BIN 데이터(0~h270F)를 BCD로 변환하여 D에 저장한다.

명령어	데이터 크기	BIN	BCD
BCD(P)	16bit	0~9999 (h0~h270F)	h0~h9999
DBCD(P)	32bit	0~99999999 (h0~h05F5E0FF)	h0~h99999999

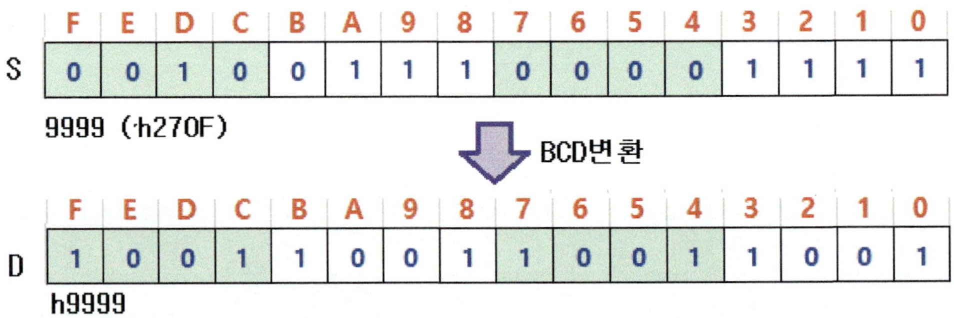

- 프로그램 예제

: 카운터 C0001의 현재값을 D00001에 BCD값으로 저장하는 프로그램.

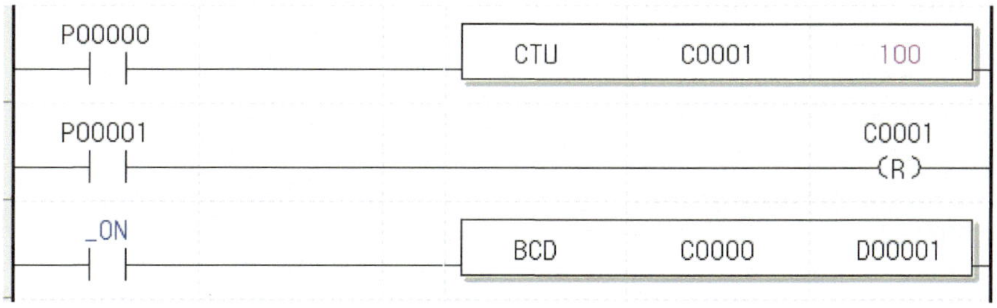

② DBCD (Double Binary Coded Decimal)

- S+1, S로 지정된 Device의 BIN 데이터(0~h05F5E0FF)를 BCD로 변환하여, D+1, D에 각각 저장한다.

S+1(상위워드) / S(하위워드)

F	E	D	C	B	A	9	8	7	6	5	4	3	2	1	0	F	E	D	C	B	A	9	8	7	6	5	4	3	2	1	0
0	0	0	0	0	1	0	1	1	1	1	1	0	1	0	1	1	1	1	0	0	0	0	0	1	1	1	1	1	1	1	1

99999999(h05F5E0FF)

BCD변환

D+1(상위4자리) / D(하위4자리)

F	E	D	C	B	A	9	8	7	6	5	4	3	2	1	0	F	E	D	C	B	A	9	8	7	6	5	4	3	2	1	0
1	0	0	1	1	0	0	1	1	0	0	1	1	0	0	1	1	0	0	1	1	0	0	1	1	0	0	1	1	0	0	1

h99999999

- 에러 : BIN 데이터가 BCD 변환하여 표시할 수 있는 범위를 초과하면 에러 플래그(F110)를 셋(Set)한다.

- 프로그램 예제

  : 입력신호 P00000이 ON 하였을 때 T0001의 데이터를 BCD 변환하여 P0002에 출력하는 프로그램

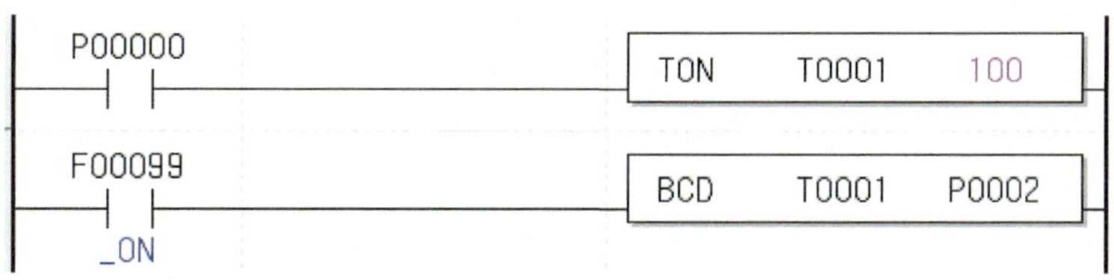

예를 들면 T0001의 현재값이 53이면

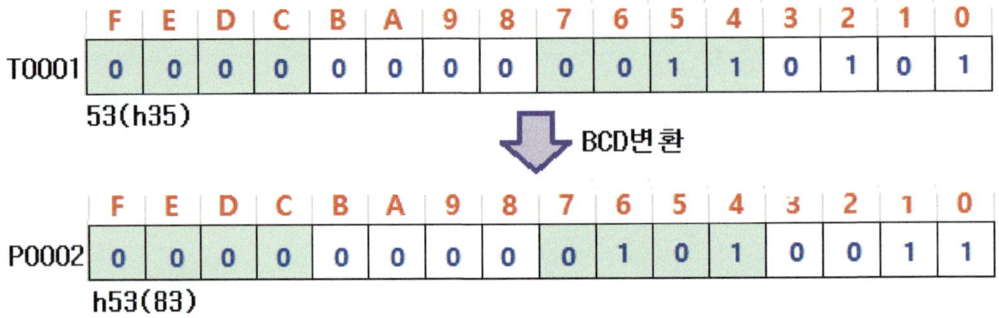

② Counter 현재값 외부 출력 예제

- 물품 재고가 입 · 출고 되는 창고에 재고가 50개이면 입고 콘베이어는 정지하고, 재고 숫자는 외부의 디스플레이에 나타난다.
- 컨베이어 전동기는 운전 중이다.
- 시스템 도

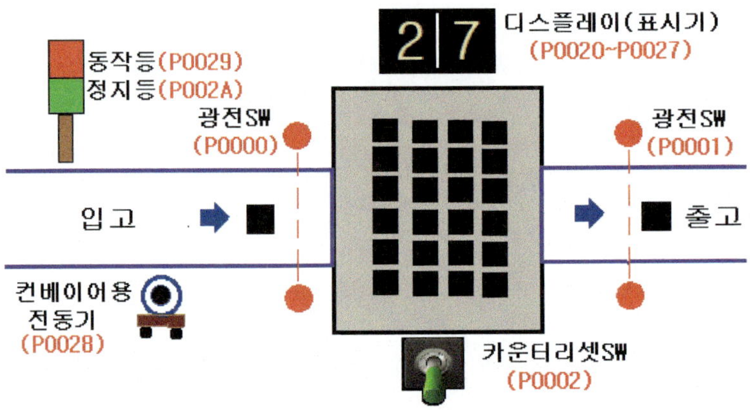

- 프로그램

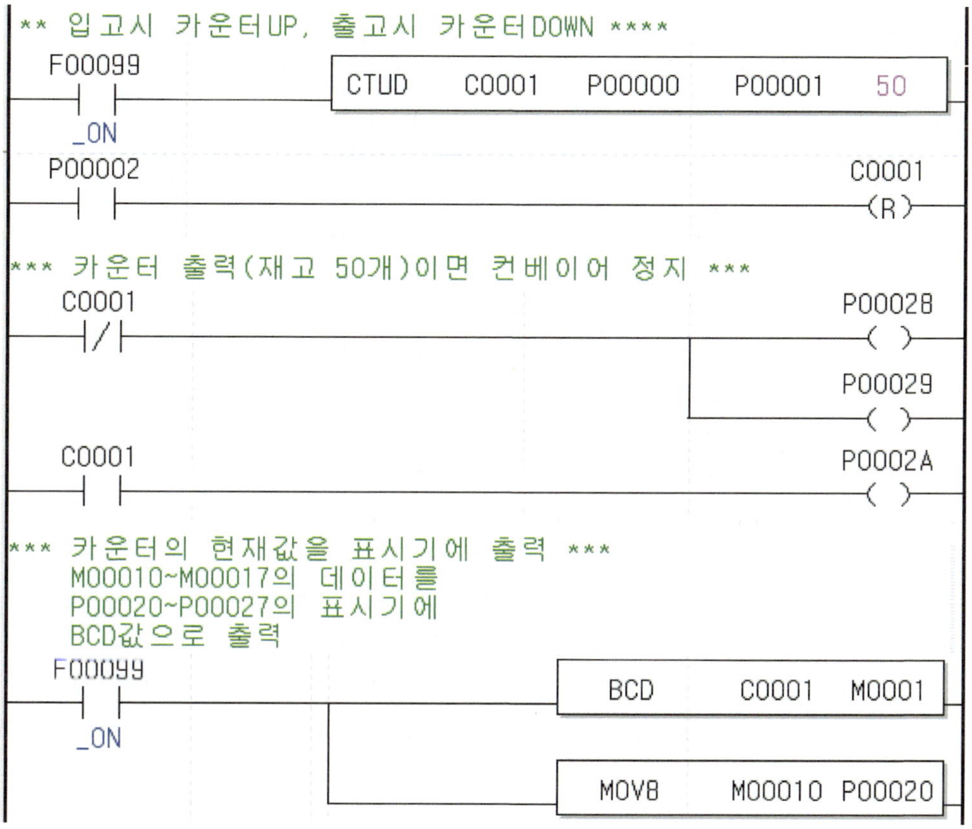

2) BIN, BINP, DBIN, DBINP

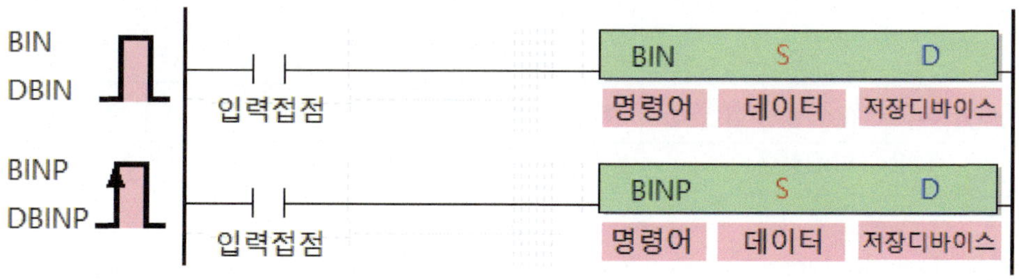

① BIN(Binary)

- S로 지정된 Device의 BCD 데이터(0~9999)를 BIN 데이터로 변환하여 D에 저장한다.

명령어	데이터 크기	BCD	BIN
BIN(P)	16bit	h0~h9999	0~9999 (h0~h270F)
DBIN(P)	32bit	h0~h99999999	0~99999999 (h0~h05F5E0FF)

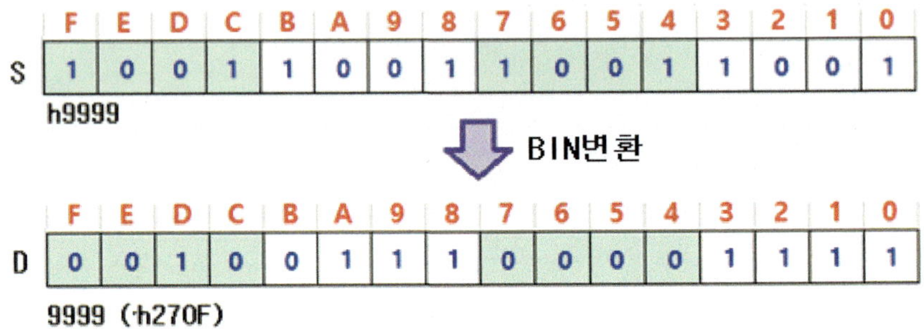

- 프로그램 예제

  : 디지털 스위치의 값을 D00001에 10진 정수값으로 저장하는 프로그램.

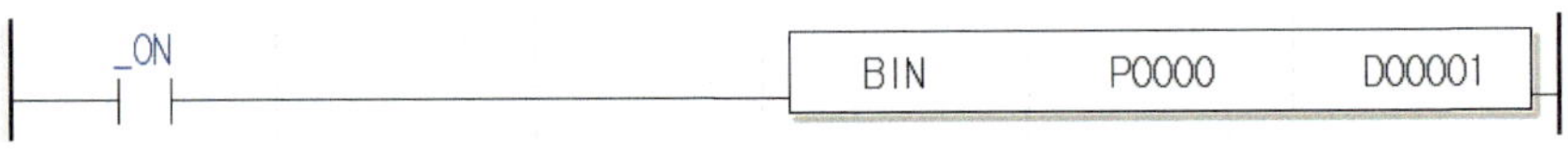

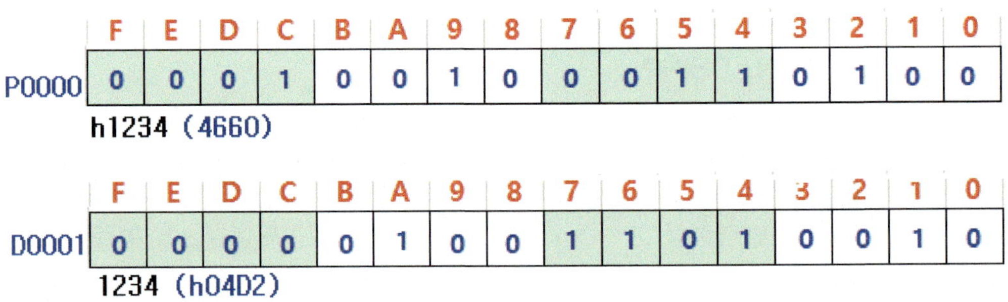

② DBIN (Double Binary)

- S+1, S로 지정된 Device의 BCD 데이터(h0~h99999999)를 BIN 데이터로 변환하여 D+1, D에 저장한다.

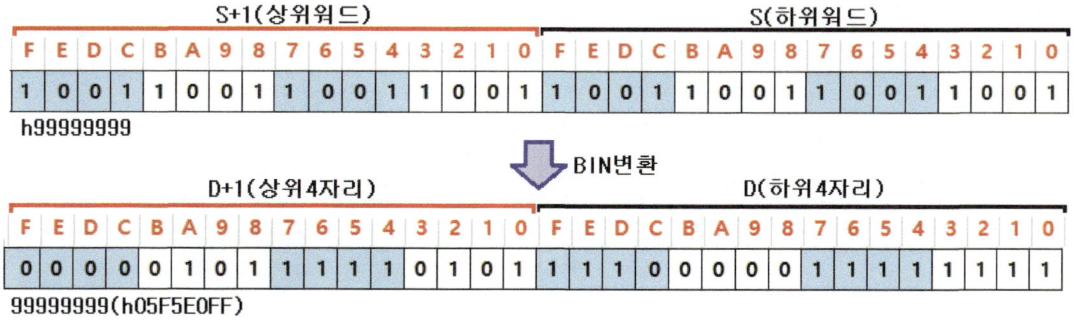

- 프로그램 예제

: 디지털 스위치 P0000 워드에서 P00000~P0000B의 데이터를 D00001에 전송하여 BIN 형식으로 D00002에 저장하여 T0001의 설정값으로 지정하는 프로그램

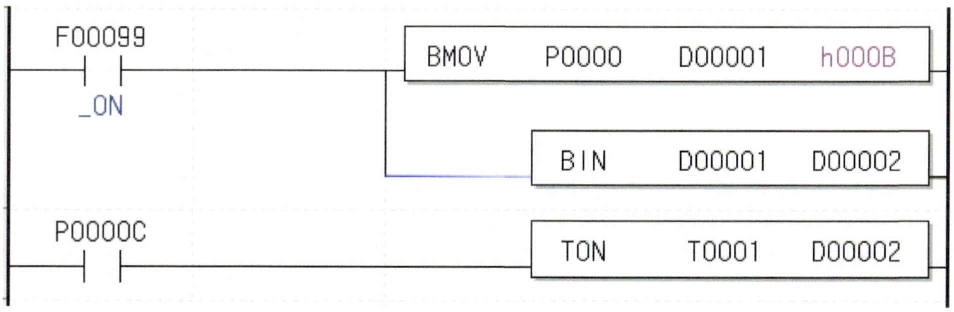

예를 들면 디지털 스위치 P0000 워드 값이 120이면

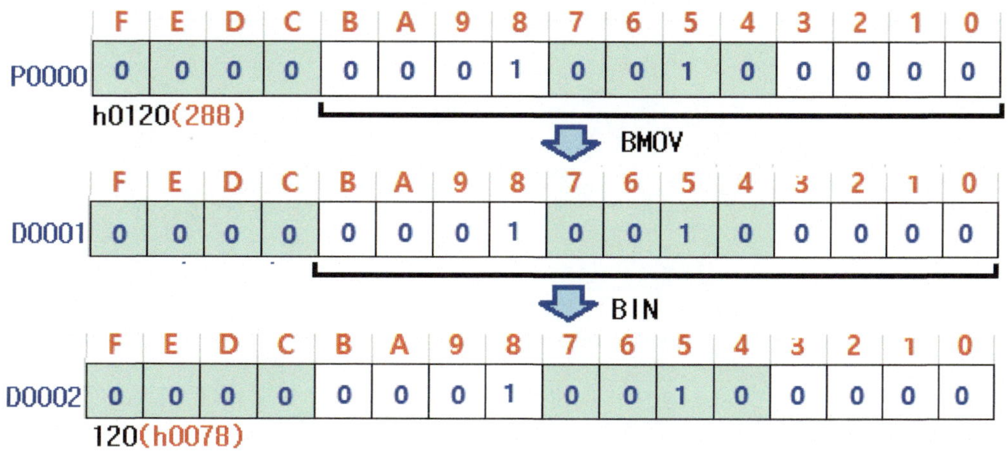

디지털 스위치

[출력코드표]

수	COM("C") 단자와 접속되는 단자				COM
	1	2	4	8	C
0					●
1	●				●
2		●			●
3	●	●			●
4			●		●
5	●		●		●
6		●	●		●
7	●	●	●		●
8				●	●
9	●			●	●

[디지털스위치 외형]

[단자번호]

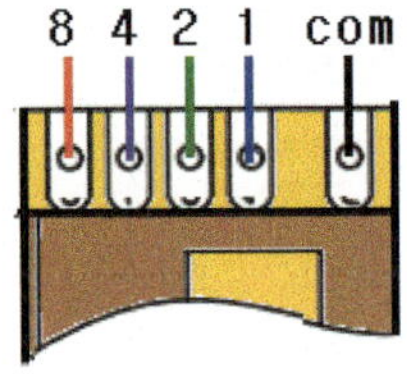

[디지털스위치와 SW 배선도]

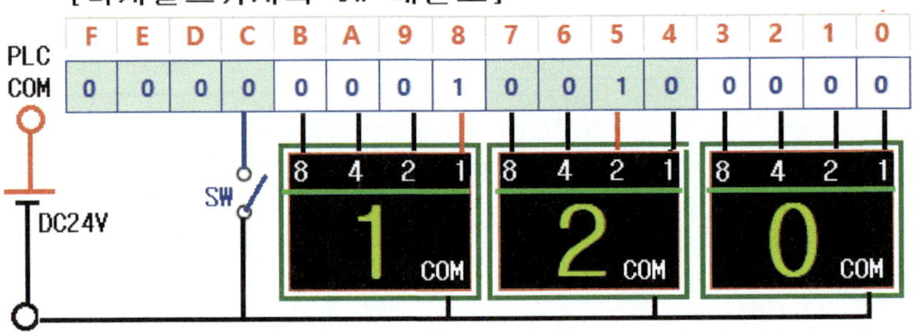

CHAPTER

04 기본 프로그램 작성

4.1 자기유지회로

자기 유지 회로는 Push Button 등의 순간 동작으로 만들어진 입력신호가 계전기에 가해지면 입력신호가 제거되어도 계전기의 동작을 계속 지켜주는 회로이다.

이 회로는 제어계의 가장 기본이며 유지형 스위치를 사용하지 않고 자기 유지 회로를 이용하는 이유는 공급 전원이 무단으로 차단된 후 재공급될 경우의 회로를 보호 하기 위함이다.

1) 목적

시퀀스 유접점 회로를 PLC 프로그램으로 작성 및 이해할 수 있다.

2) 동작 조건

기동 버튼(PB1)과 정지 버튼(PB0)을 이용하여 RL 램프(PL1)와 GL 램프를 제어한다.

3) 시퀀스 회로도

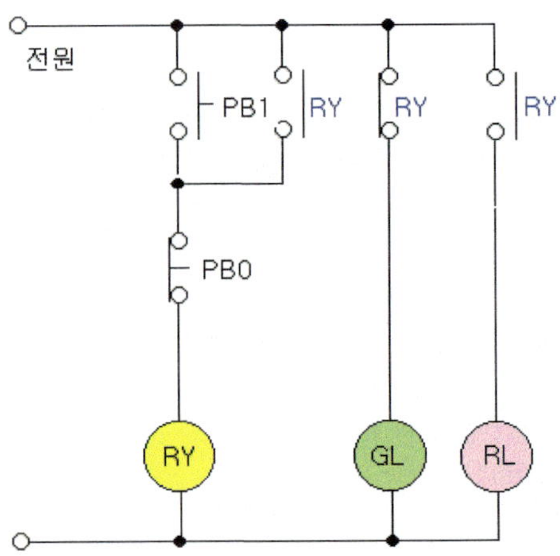

4) 프로그램 작성

(1) I/O 리스트 작성

시퀀스 회로의 동작을 분석하고 입력(스위치류, 센서류)과 출력(램프, 부저, 솔레노이드, MS 등), 내부 디바이스(릴레이, 타이머, 카운터 등)를 확인하여 I/O 리스트를 작성한다.

시퀀스 회로		I/O 할당	기능설명	기타
입력	PB0	P0000	정지 푸쉬버튼 스위치	
	PB1	P0001	기동 푸쉬버튼 스위치	
출력	GL	P0020	정지시 표시등	녹색등
	RL	P0021	운전시 표시등	적색등
RY		M0000	자기 유지용 릴레이	

(2) PLC 프로그래밍

시퀀스 회로의 좌측부터 세로 방향으로 가상선을 아래 그림과 같이 작성한다.

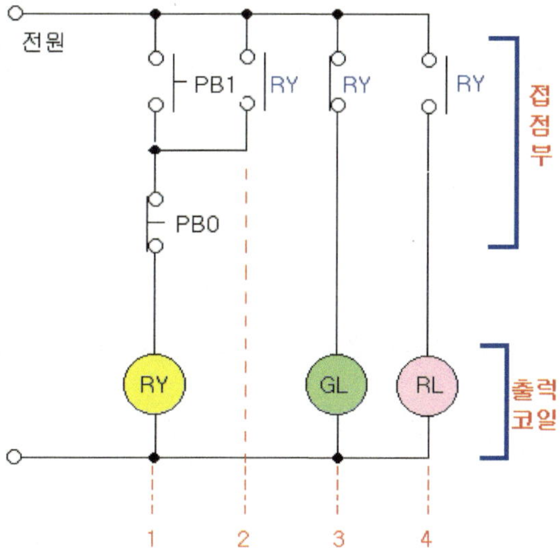

- 시퀀스 도면의 가로선은 PLC 래더도의 세로선으로 도면의 세로선은 PLC 래더도의 가로선으로 하여 a 접점, b 접점, 출력 코일을 작성하고 디바이스 주소는 I/O 리스트를 보고 입력한다.

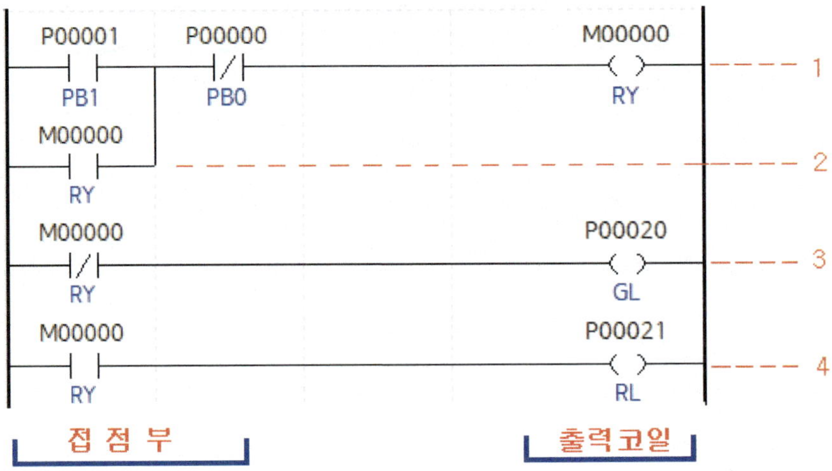

변수작성과 변수 보기는 제2장 PLC 사용 방법을 참고한다.

5) PLC 쓰기

접속설정 후 접속, 쓰기, 런 확인 (모니터 시작)

6) 외부 입출력 결선도 (점선 부분)

- 전원 (아래 그림 참고)
  : 입력은 DC 24V 연결
  출력은 부하 정격전압

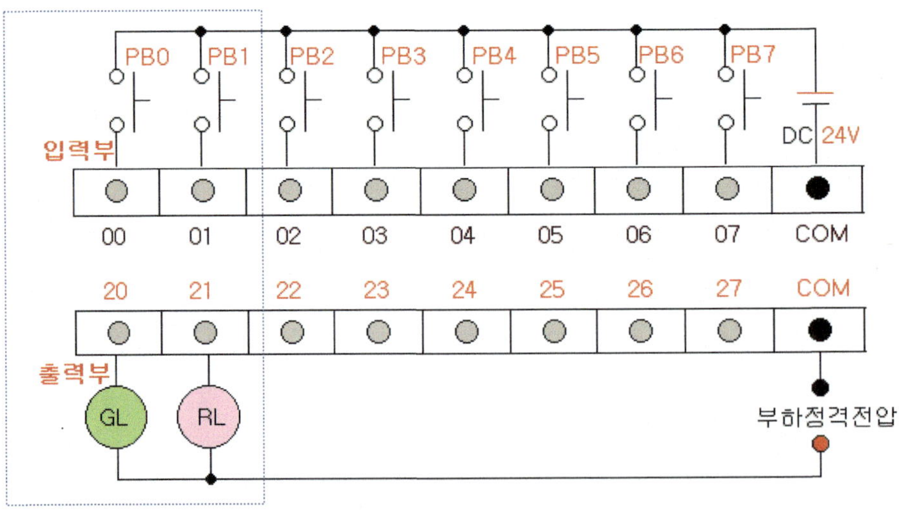

- 외부 입출력 결선도 (점선 부분)

* PLC 전원은 AC220V

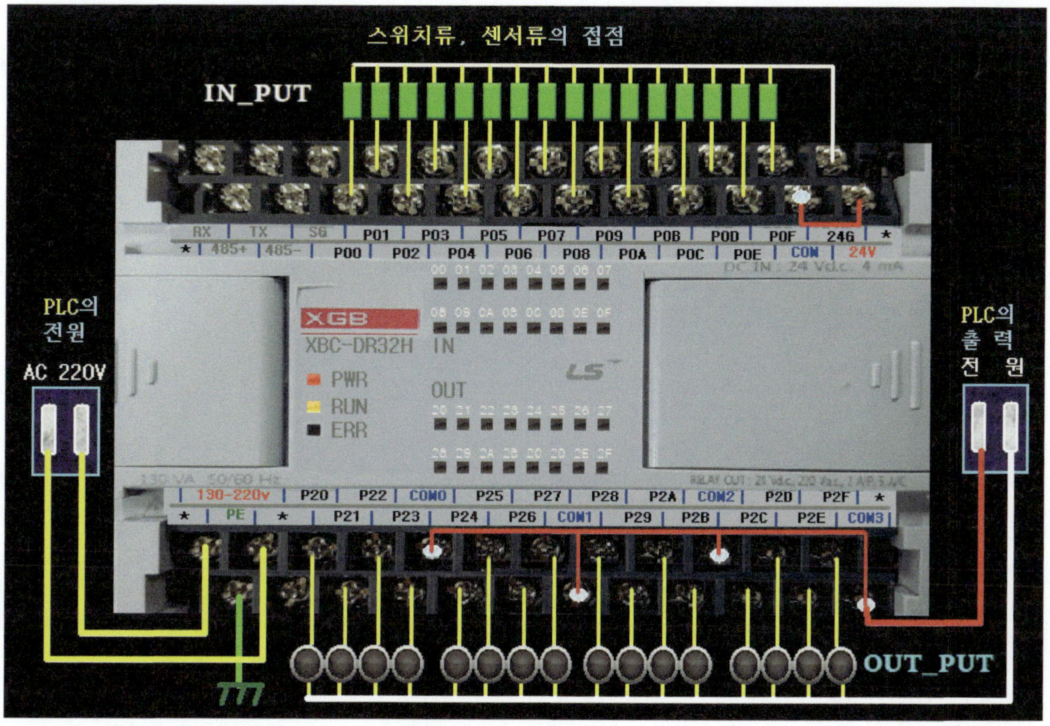

4.2 촌동(인칭)회로

조그(JOG)회로라고도 하며, 전동기를 운전하는데 기동스위치를 눌러 자기 유지시키고 계속 운전하다 정지시키는 것이 아니고 별도의 푸시 버튼 스위치를 두어 이 스위치를 누르고 있는 동안만 전동기가 운전되는 것을 촌동 운전이라 한다.

1) 목적

- 시퀀스 유접점 회로를 PLC 프로그램으로 작성 및 동작을 이해할 수 있다.

2) 동작조건

- 기동버튼(PB1), 정지버튼(PB0), 촌동버튼(PB2)을 이용하여 RL 램프와 GL 램프를 제어한다.

3) 시퀀스 회로도

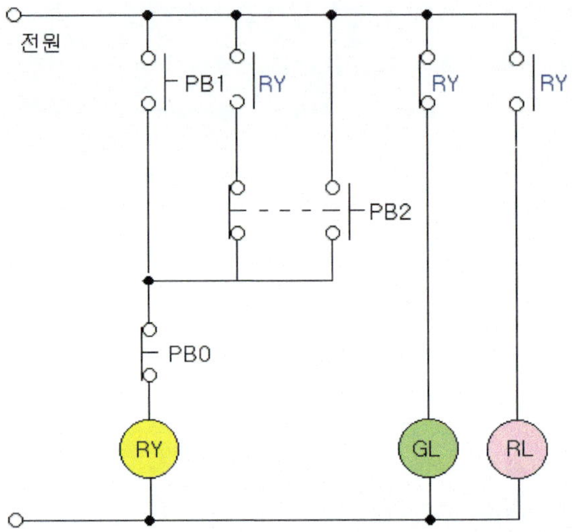

4) PLC I/O List.

시퀀스 회로		I/O 할당	기능설명	기타
입력	PB0	P0000	정지 Push Button 스위치	
	PB1	P0001	기동 Push Button 스위치	자기유지
	PB2	P0002	촌동 Push Button 스위치	
출력	GL	P0020	정지시 표시등	녹색등
	RL	P0021	운전시 표시등	적색등
RY		M0000	자기유지용 릴레이	

5) PLC 프로그램

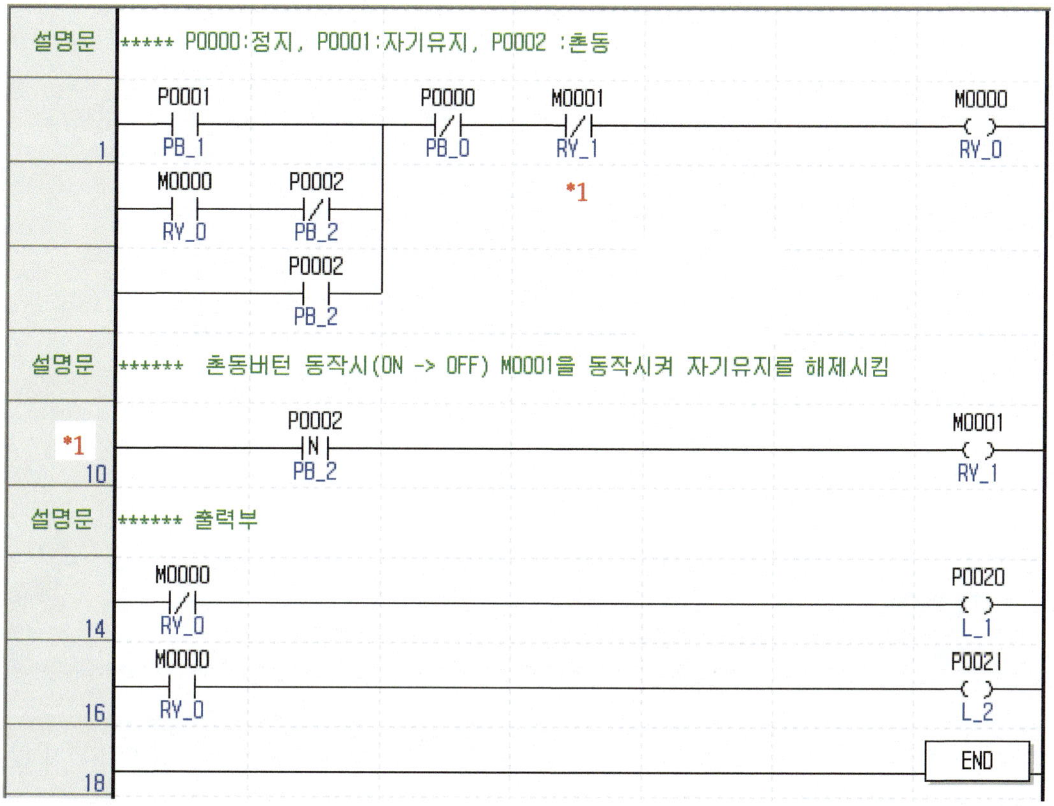

- *1 부분은 첨가 부분으로 유 접점에서는 OFF가 우선이나 무접점에서는 OFF와 ON이 동시에 동작하므로 PLC 프로그램에서는 촌동 버튼에 의한 동작이 되지 않고 자기 유지가 된다. 그러므로 *1 부분을 첨가하여 자기 유지를 해제시켜야 한다.

6) 외부 입출력 결선도

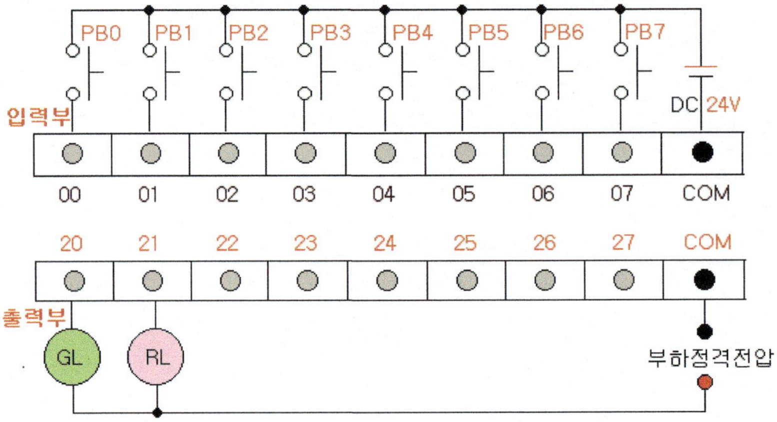

4.3 인터록 회로

상대 동작 금지회로라고도 하며 서로 상대되는 회로에서 먼저 작동한 회로가 OFF되지 않은 상태에서 반대의 대상이 작동되지 않는 회로

1) 목적

시퀀스 유접점 회로를 PLC 프로그램으로 작성 및 동작을 이해할 수 있다.

2) 동작 조건

Push Button(PB1), Push Button(PB2), 정지 Push Button(PB0)을 이용하여 RL1 램프, RL2 램프, GL(PL) 램프를 제어한다.

3) 시퀀스 회로도

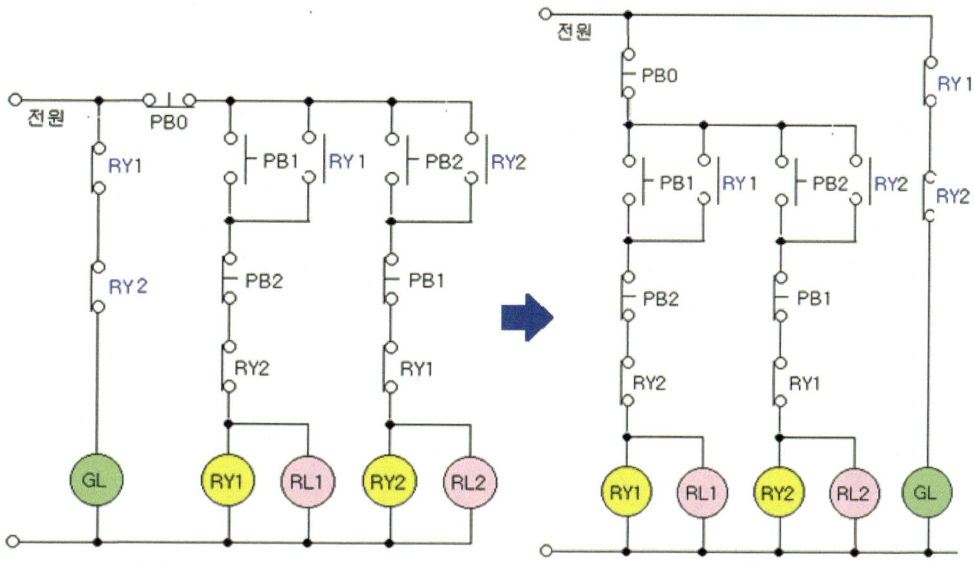

4) PLC I/O List

시퀀스 회로		I/O 할당	기능설명	기타
입력	PB0	P0000	정지 Push Button 스위치	
	PB1	P0001	Push Button 스위치	RY1 동작
	PB2	P0002	Push Button 스위치	RY2 동작
출력	PL	P0020	정지시 표시등	녹색등
	RL1	P0021	RY1 동작 표시등	적색등
	RL2	P0022	RY2 동작 표시등	적색등
RY1		M0001	릴레이	
RY2		M0002	릴레이	

5) PLC 프로그램 (1)

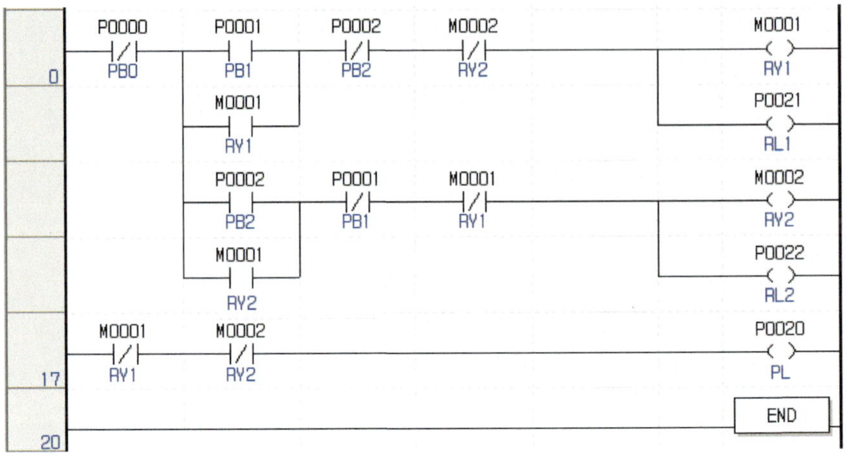

6) PLC 프로그램 (2)

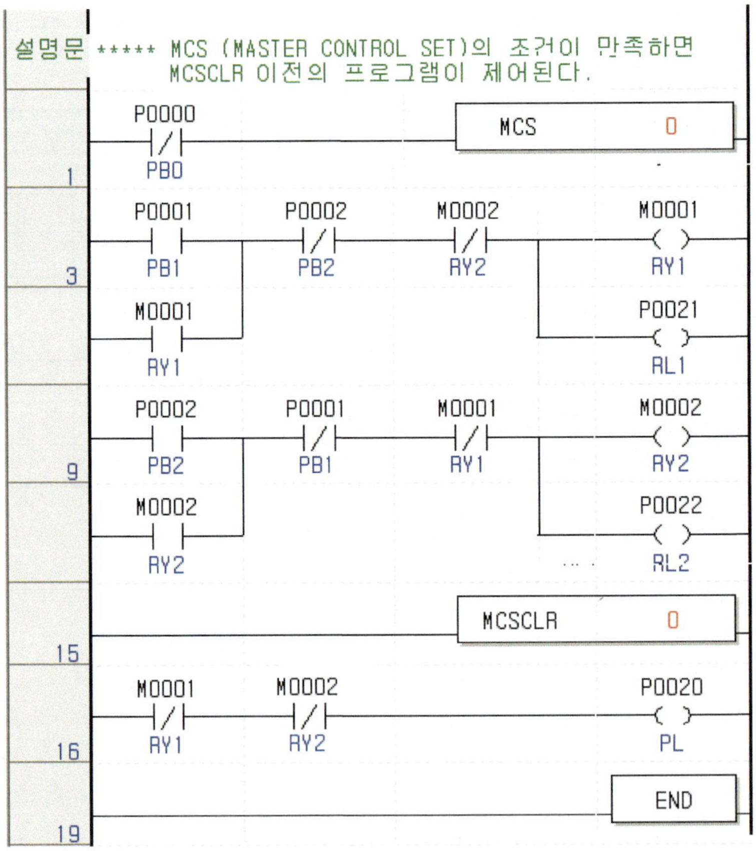

4.4 정동기 정역회로 (주회로 생략)

1) 목적

- 시퀀스 유접점 회로를 PLC 프로그램으로 작성 및 동작을 이해할 수 있다.

2) 동작 조건

- 정방향 버튼(PB1), 역방향 버튼(PB2), 정지 버튼(PB0)을 이용하여 MC1, MC2를 제어하여 3상 유도 전동기를 정, 역전 회전 방향을 운전하고 RL1 램프, RL2 램프, GL(PL) 램프가 제어된다.
- 과부하가 되면 EOCR이 동작하여 Buzzer와 황색등이 교대로 동작한다.

3) 시퀀스 회로도 (적색 부분 프로그래밍)

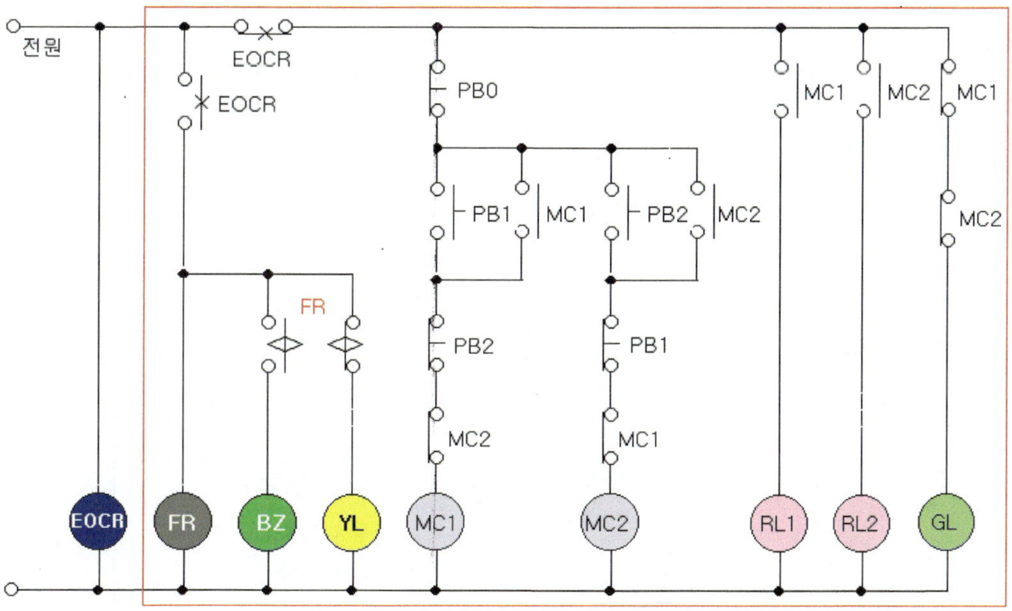

4) PLC I/O List.

시퀀스 회로		I/O 할당	기능설명	기타
입력	PB0	P0000	정지 Push Button 스위치	
	PB1	P0001	정방향 Push Button 스위치	MC1 동작
	PB2	P0002	역방향 Push Button 스위치	MC2 동작
	EOCR	P0003	전자식 과전류계전기	
출력	MC1	P0020	정방향 MC	
	MC2	P0021	역방향 MC	
	RL1	P0022	정방향 동작 표시등	적색등
	RL2	P0023	역방향 동작 표시등	적색등
	GL	P0024	정지 시 표시등	녹색등
	YL	P0025	과부하 시 경보	황색등
	BZ	P0026		부저

5) PLC 프로그램

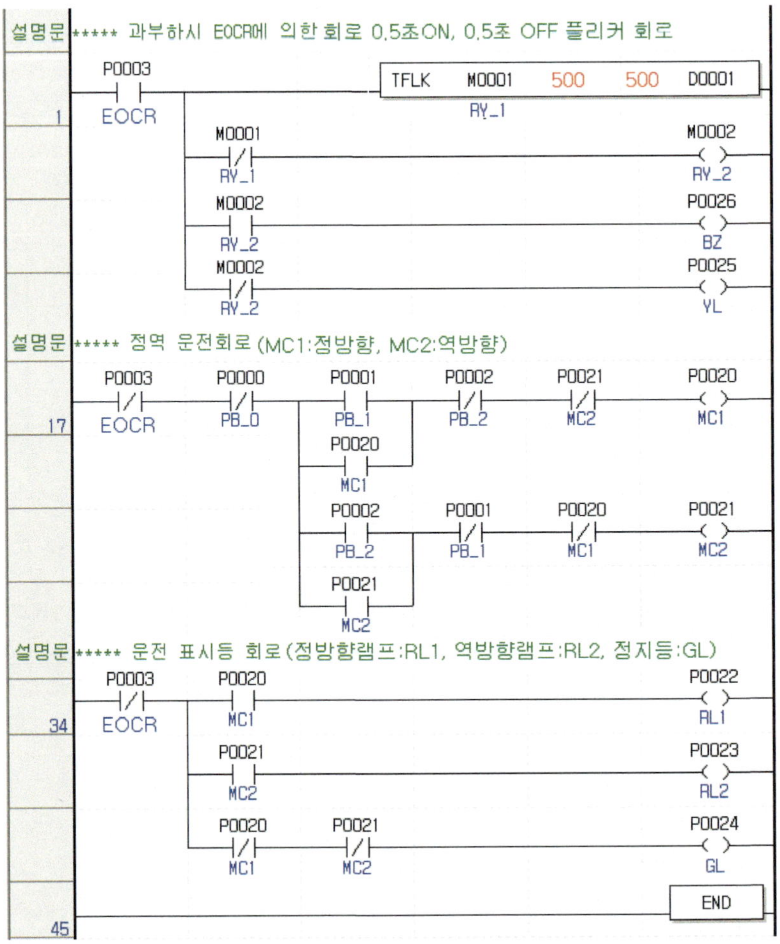

6) 외부 입출력 결선도

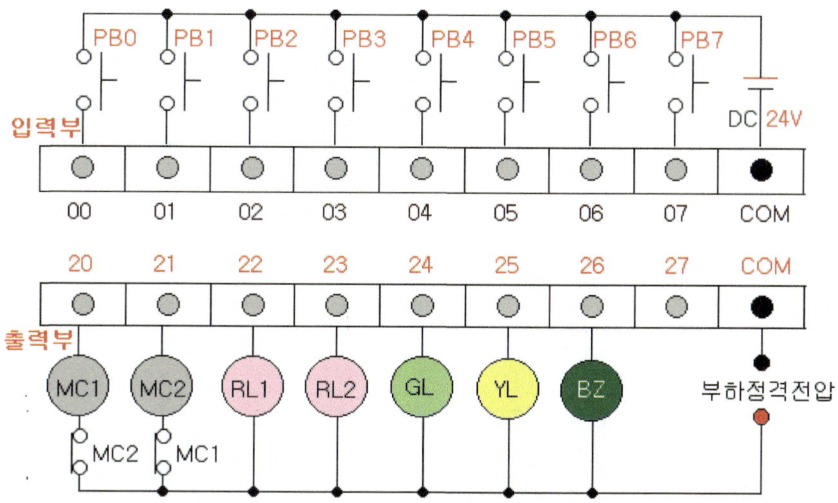

4.5 장학퀴즈 회로

1) 목적

- 퀴즈 회로를 PLC 프로그램으로 작성 및 동작을 이해할 수 있다.

2) 동작조건

- 사회자_버튼(PB0), 학생_A 버튼(PB1), 학생_B 버튼(PB2), 학생_C 버튼(PB3)을 이용하여 RL1 램프, RL2 램프, RL3 램프및 부저를 인터록에 의한 퀴즈 회로를 구성한다.

3) 시퀀스 회로도

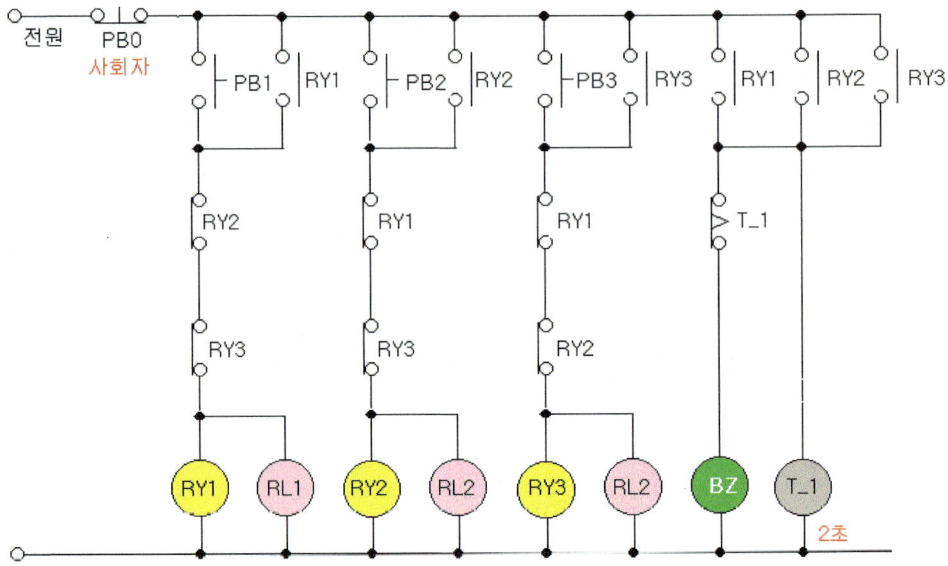

4) PLC I/O List.

시퀀스 회로		I/O 할당	기능설명	기타
입력	사회자	P0000	정지 Push Button 스위치	
	PB1	P0001	학생_A Push Button 스위치	
	PB2	P0002	학생_B Push Button 스위치	
	PB3	P0003	학생_C Push Button 스위치	
출력	BZ	P0020	학생_A,B,C 동작시 2초동작	부저
	RL1	P0021	학생_A 동작 표시등	적색등
	RL2	P0022	학생_B 동작 표시등	적색등
	RL3	P0023	학생_C 동작 표시등	적색등
RY1		M0001	학생_A 자기유지 릴레이	
RY2		M0002	학생_B 자기유지 릴레이	
RY3		M0003	학생_C 자기유지 릴레이	
T_1		T0001	부저 울림시간제어	TON

5) PLC 프로그램

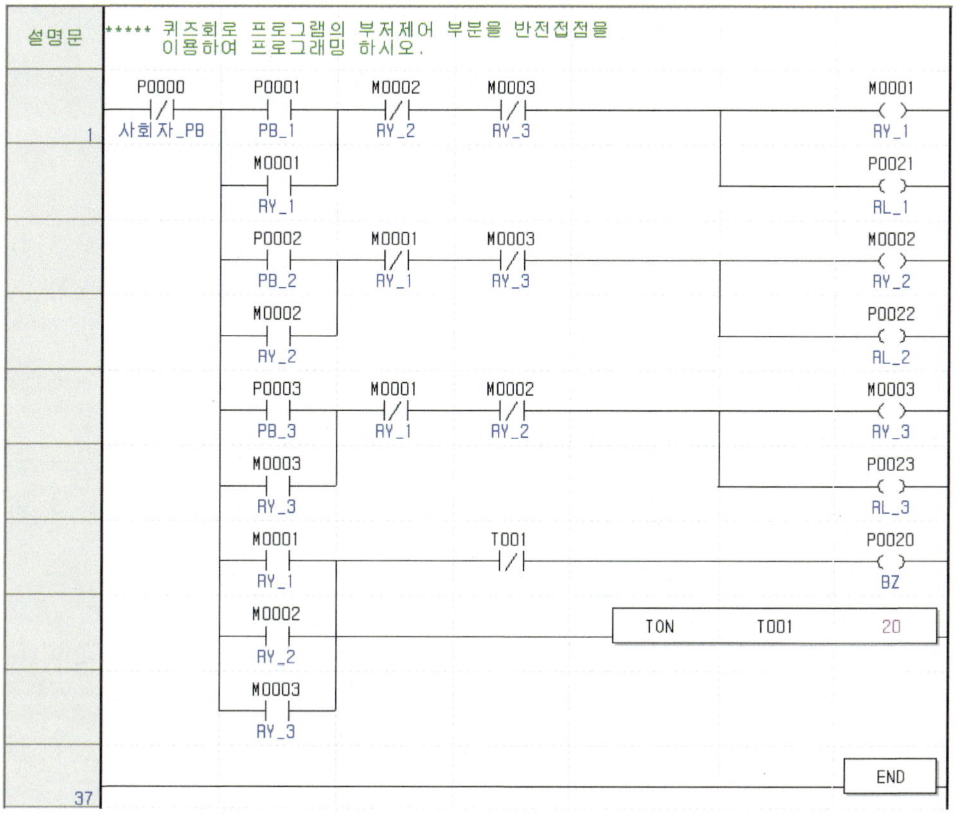

6) 외부 입출력 결선도

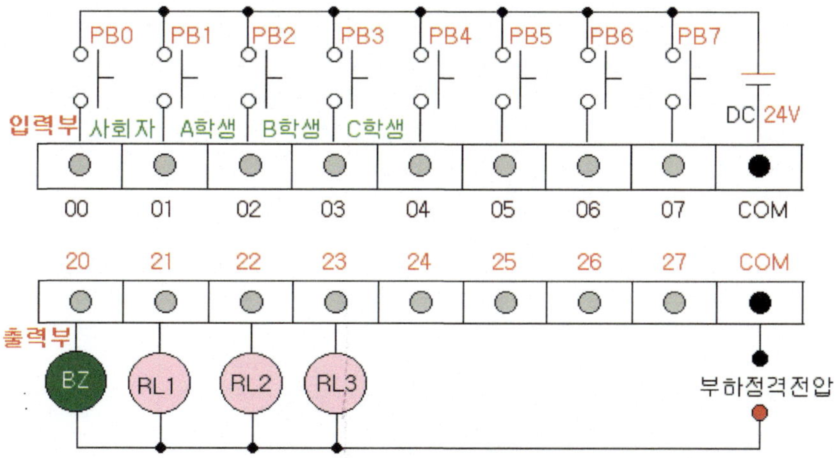

4.6 정역 Y-△ 제어 회로

1) 목적

- 정역 Y-△ 회로를 PLC 프로그램으로 작성 및 동작을 이해할 수 있다.

2) 동작 조건

- 정지 버튼(PB0), 정방향 버튼(PB1), 역방향 버튼(PB2)을 이용하여 정역 Y-△회로를 구성하고 RL1 램프, RL2 램프, RL3 램프 및 RL4 램프를 구성한다.

3) 시퀀스 회로도 (실선 내의 부분을 프로그래밍)

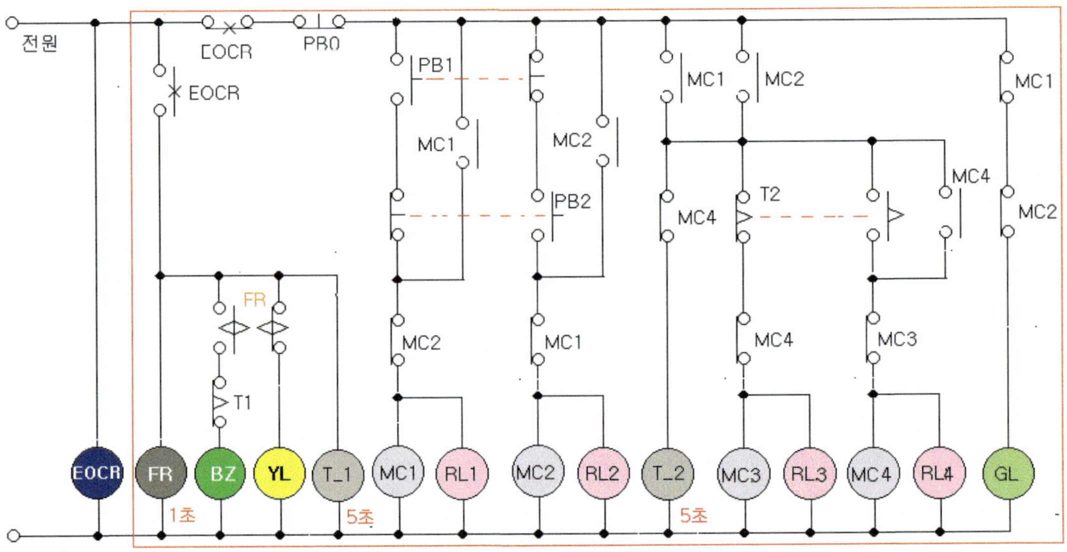

4) PLC I/O List.

시퀀스 회로		I/O 할당	기능설명	기타
입력	PB0	P0000	정지 Push Button 스위치	
	PB1	P0001	정방향 Push Button 스위치	
	PB2	P0002	역방향 Push Button 스위치	
	EOCR	P0003	전자식 과전류계전기	
출력	GL	P0020	정지 시 표시등	녹색등
	MC1,RL1	P0021	정방향 MC, 표시등	적색등
	MC2,RL2	P0022	역방향 MC, 표시등	적색등
	MC3,RL3	P0023	Y결선 MC, 표시등	적색등
	MC4,RL4	P0024	△결선 MC, 표시등	적색등
	YL	P0025	과부하 시 표시등	계속점멸
	BZ	P0026	과부하 시 부저	5초동작
T_1		T0001	부저 울림 시간 제어	TON
T_2		T0002	Y결선=>△결선 시간 제어	TON
FR		플리커회로 사용, TFLK 응용명령어 사용		

5) PLC 프로그램

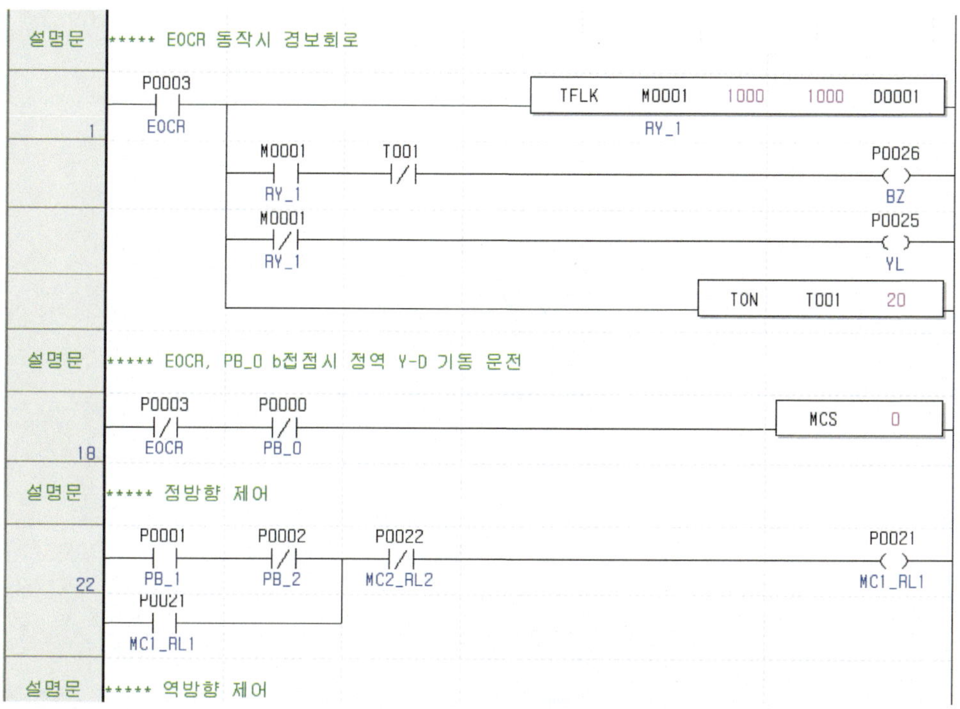

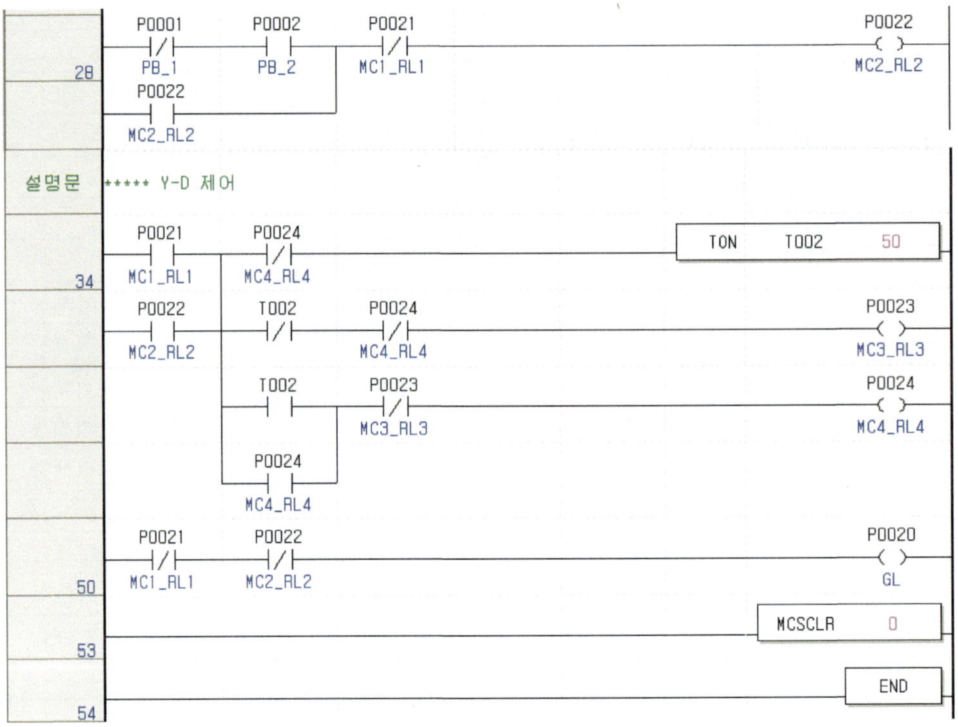
28
P0001 PB_1
P0002 PB_2
P0021 MC1_RL1
P0022 MC2_RL2
P0022 MC2_RL2
설명문 ***** Y-D 제어
34
P0021 MC1_RL1
P0024 MC4_RL4
TON T002 50
P0022 MC2_RL2
T002
P0024 MC4_RL4
P0023 MC3_RL3
T002
P0023 MC3_RL3
P0024 MC4_RL4
P0024 MC4_RL4
50
P0021 MC1_RL1
P0022 MC2_RL2
P0020 GL
53
MCSCLR 0
54
END

6) 주회로

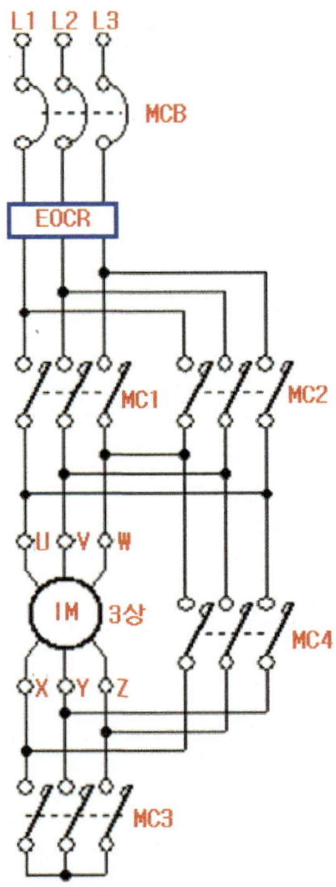
L1 L2 L3
MCB
EOCR
MC1
MC2
U V W
IM 3상
MC4
X Y Z
MC3

7) 외부 입출력 결선도

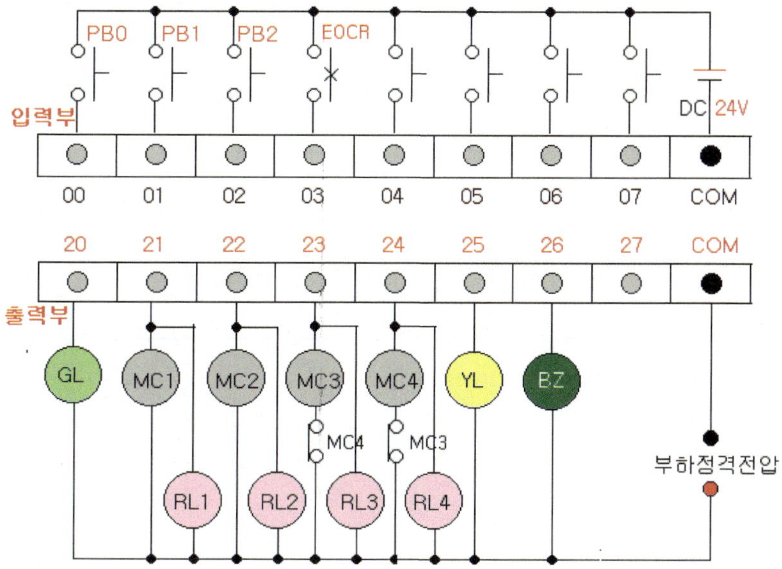

4.7 플리커 회로

1) 목적

- 플리커 회로의 구성 및 회로를 이해할 수 있다.

2) 동작조건

- PB_0(정지), PB_1(기동) 버튼을 사용하여 RL(2초 ON_1초 OFF), GL(1초 ON-2초 OFF) 동작을 계속 반복한다.

3) PLC I/O List.

구분		I/O 할당	기능설명	비고
입력	PB_0	P0000	정지 푸쉬 버튼 스위치	적색
	PB_1	P0001	기동 푸쉬 버튼 스위치	녹색
출력	RL	P0020	2초 ON-1초 OFF	적색등
	GL	P0021	1초 ON-2초 OFF	녹색등
T_1		T0001	1초 지연 타이머	TON
T_2		T0002	2초 지연 타이머	TON
RY_0		M0000	자기유지 릴레이	

4) PLC 프로그램 (1)

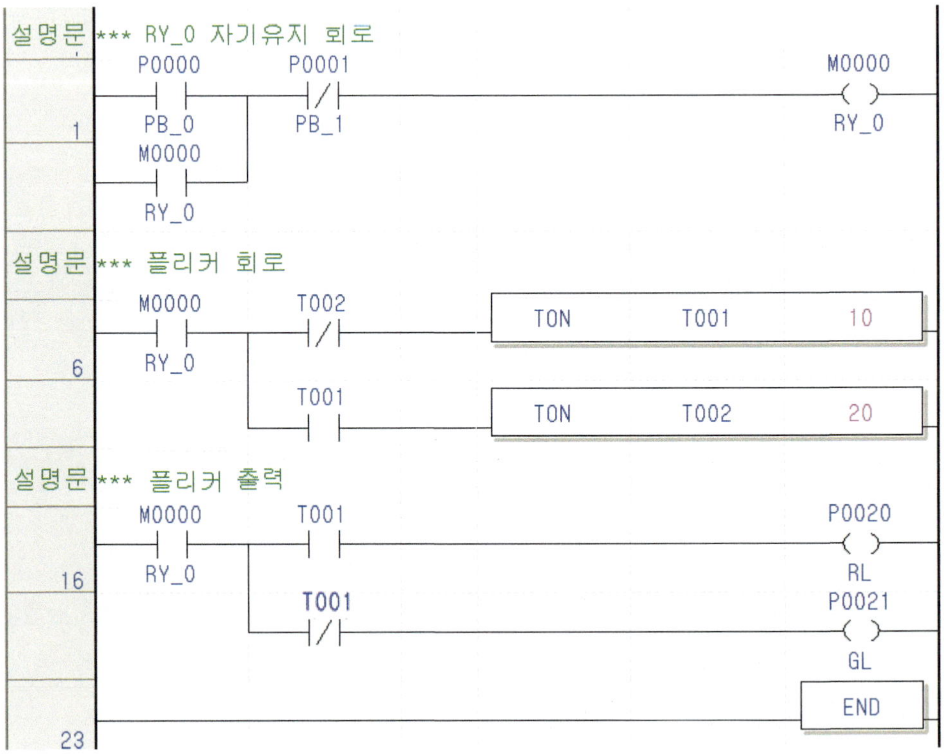

5) PLC 프로그램 (2)

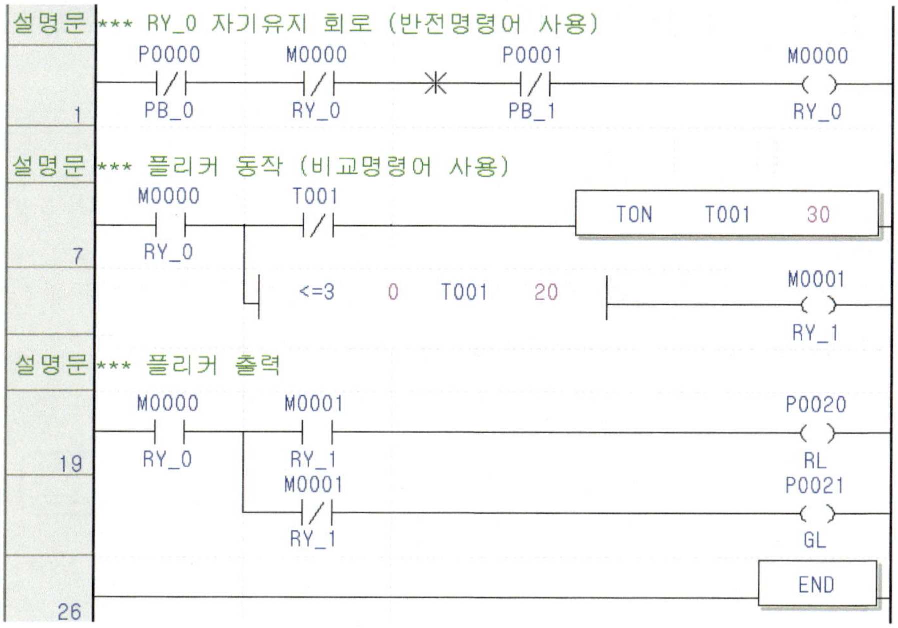

6) PLC 프로그램 (3)

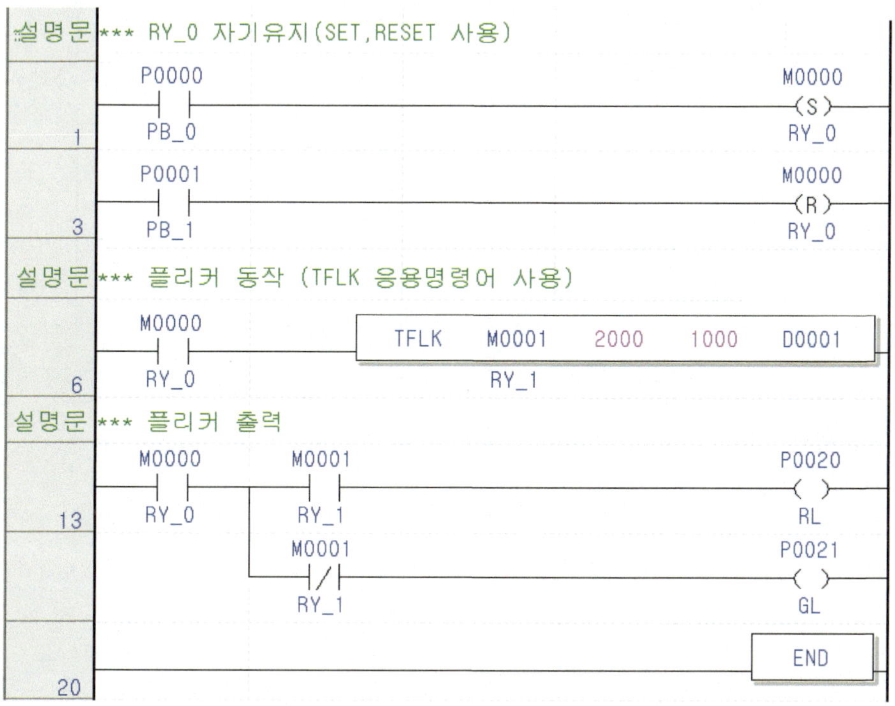

4.8 순차 회로(1)

1) 목적

- 순차 회로의 구성 및 회로를 이해할 수 있다.

2) 동작조건

- PB_0(정지), PB_1(기동) 버튼을 사용하여 L_1, L_2, L_3, L_4를 1초 간격으로 그림과 같이 순차적인 동작을 계속 반복한다.

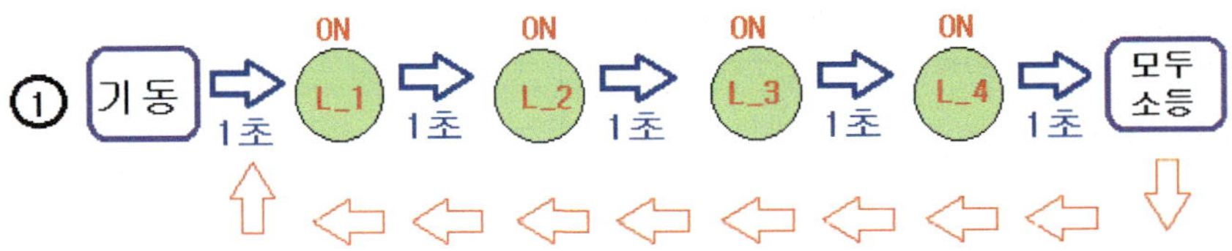

3) 시퀀스 회로

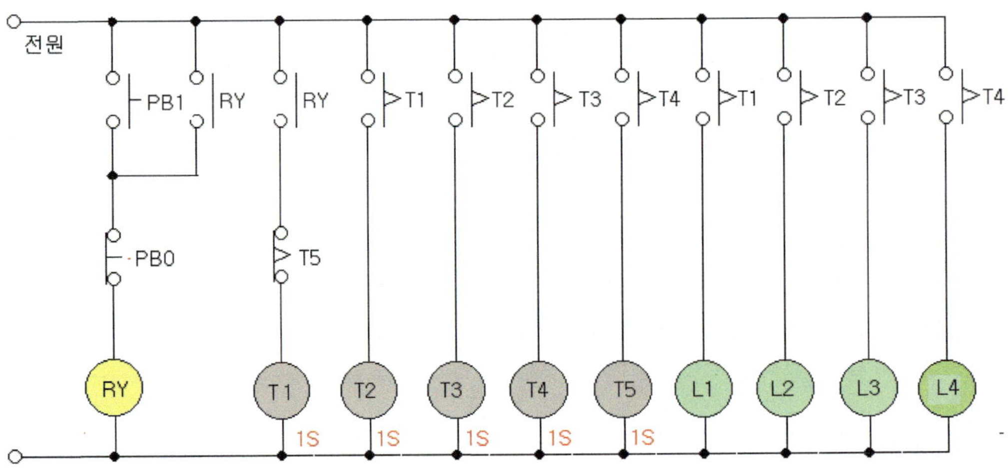

4) PLC I/O List.

구분		I/O 할당	기능설명	비고
입력	PB_0	P0000	정지 푸쉬 버튼 스위치	적색
	PB_1	P0001	기동 푸쉬 버튼 스위치	녹색
출력	L_1	P0021	동작설명 참고	
	L_2	P0022	"	
	L_3	P0023	"	
	L_4	P0024	"	
T_1		T0001	1초 지연 타이머	TON
T_2		T0002	"	"
T_3		T0003	"	"
T_4		T0004	"	"
T_5		T0005	"	"
RY_0		M0000	자기유지 릴레이	

5) PLC 프로그램 (1)

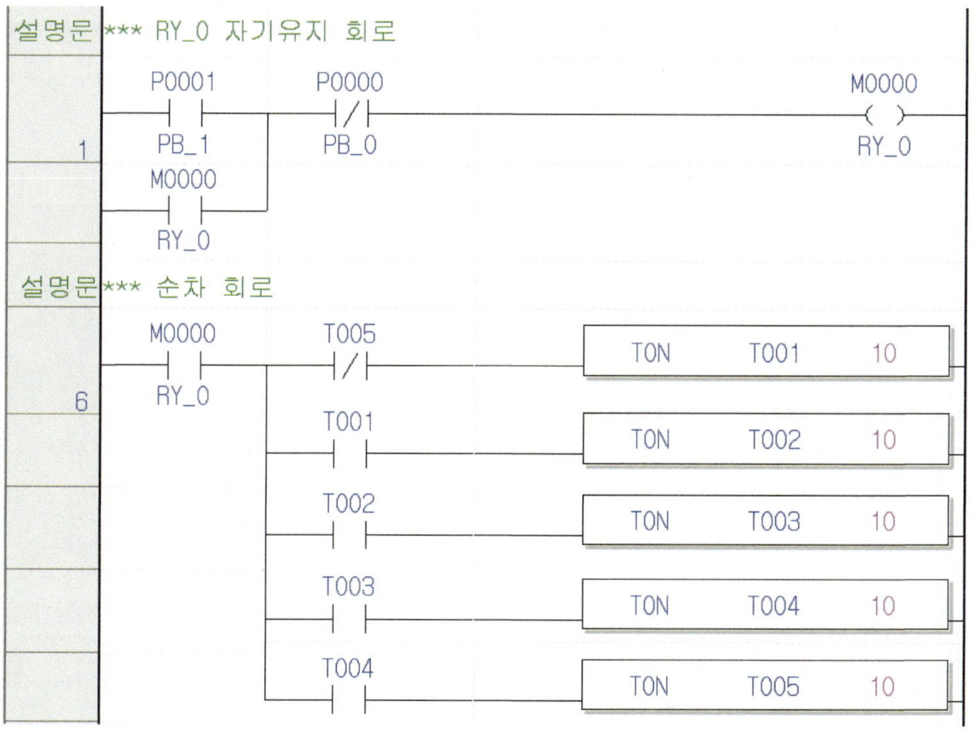

설명문 출력
T001
P0021
L_1
28
T002
P0022
L_2
30
T003
P0023
L_3
32
T004
P0024
L_4
34
END
36

6) PLC 프로그램 (2)

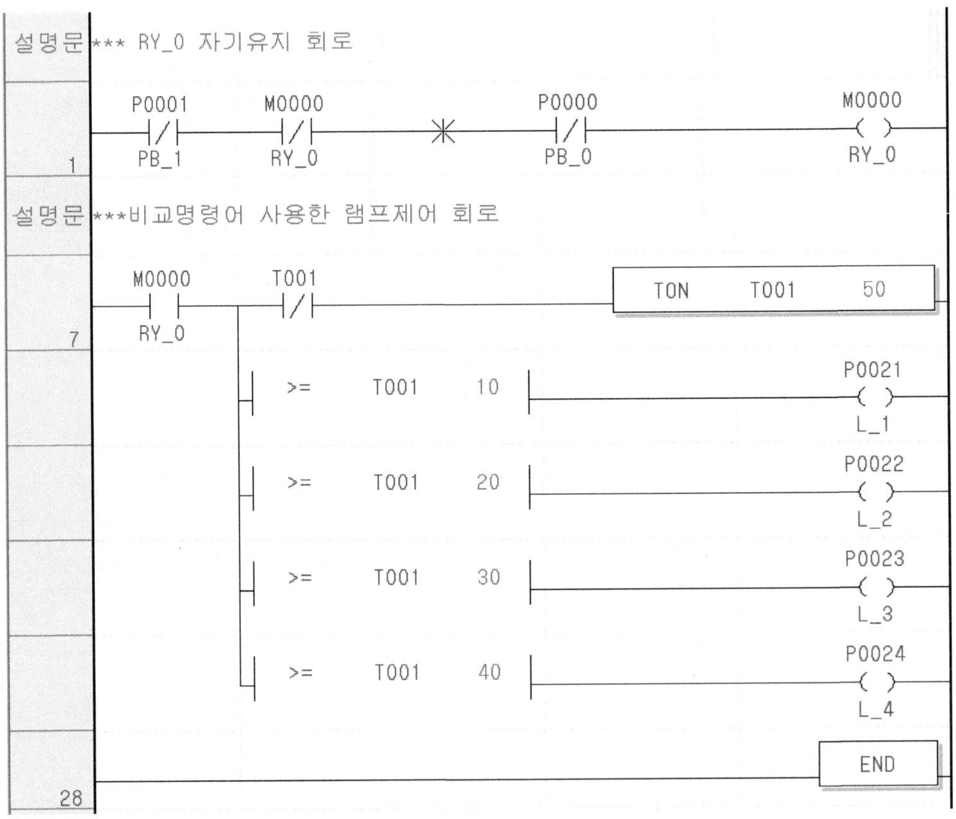
설명문 *** RY_0 자기유지 회로
P0001
PB_1
M0000
RY_0
P0000
PB_0
M0000
RY_0
1
설명문 ***비교명령어 사용한 램프제어 회로
M0000
RY_0
T001
TON T001 50
7
>= T001 10
P0021
L_1
>= T001 20
P0022
L_2
>= T001 30
P0023
L_3
>= T001 40
P0024
L_4
END
28

4.9 순차 회로(2)

1) 목적

- 순차 회로의 구성 및 회로를 이해할 수 있다.

2) 동작조건

- PB_0(정지), PB_1(기동) 버튼을 사용하여 L_1, L_2, L_3, L_4를 1초 간격으로 그림과 같이 순차적인 점멸 동작을 계속 반복한다.

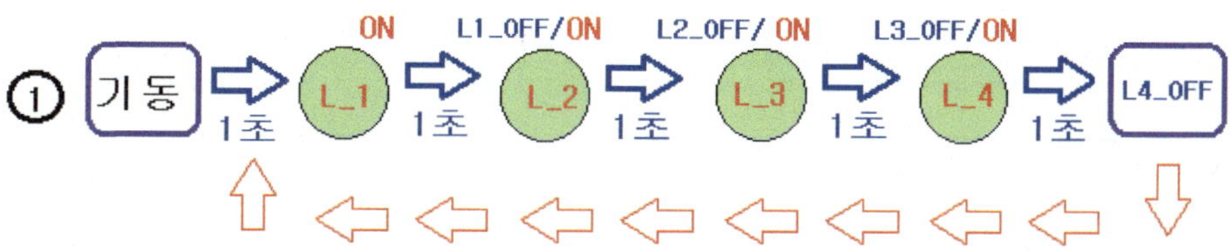

3) 시퀀스 회로

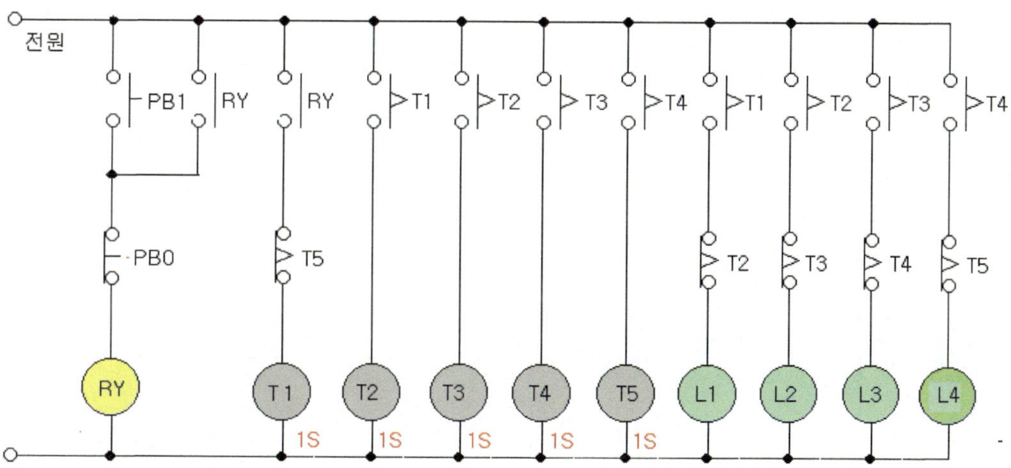

4) PLC I/O List.

구분		I/O 할당	기능설명	비고
입력	PB_0	P0000	정지 Push Button 스위치	적색
	PB_1	P0001	기동 Push Button 스위치	녹색
출력	L_1	P0021	동작설명 참고	
	L_2	P0022	"	
	L_3	P0023	"	
	L_4	P0024	"	
T_1		T0001	1초 지연 타이머	TON
T_2		T0002	"	"
T_3		T0003	"	"
T_4		T0004	"	"
T_5		T0005	"	"
RY_0		M0000	자기유지 릴레이	

5) PLC 프로그램 (1)

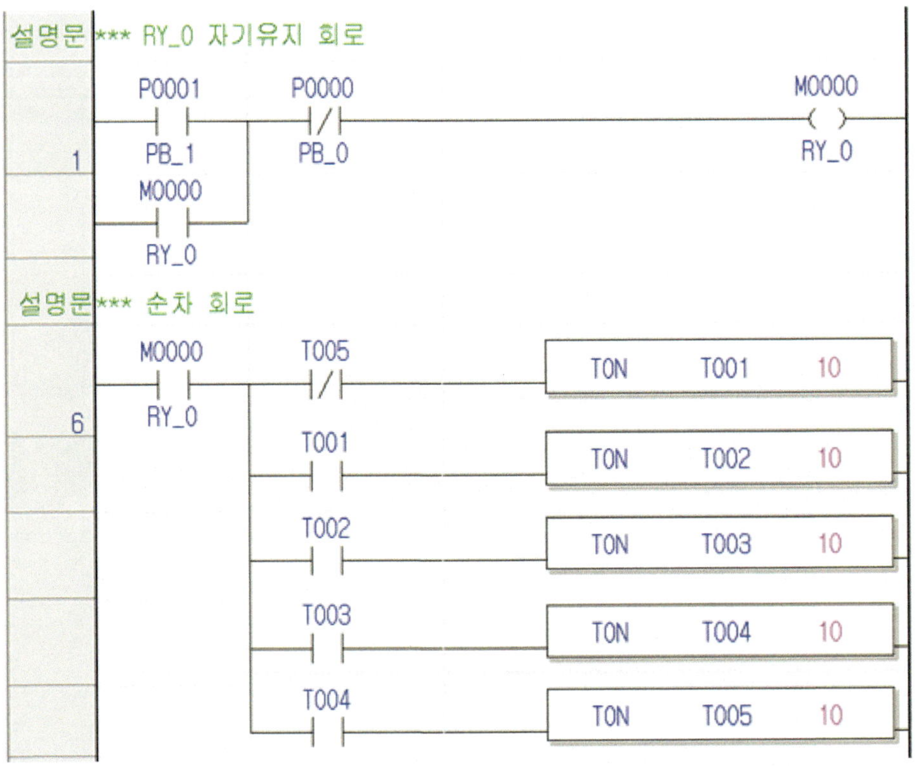

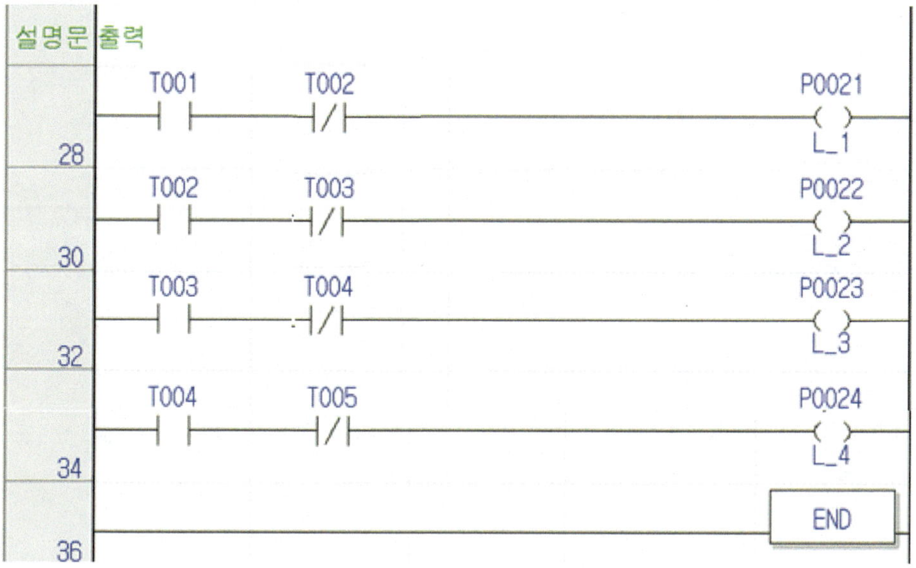
설명문 출력
T001
T002
P0021
L_1
28
T002
T003
P0022
L_2
30
T003
T004
P0023
L_3
32
T004
T005
P0024
L_4
34
END
36

6) PLC 프로그램 (2)

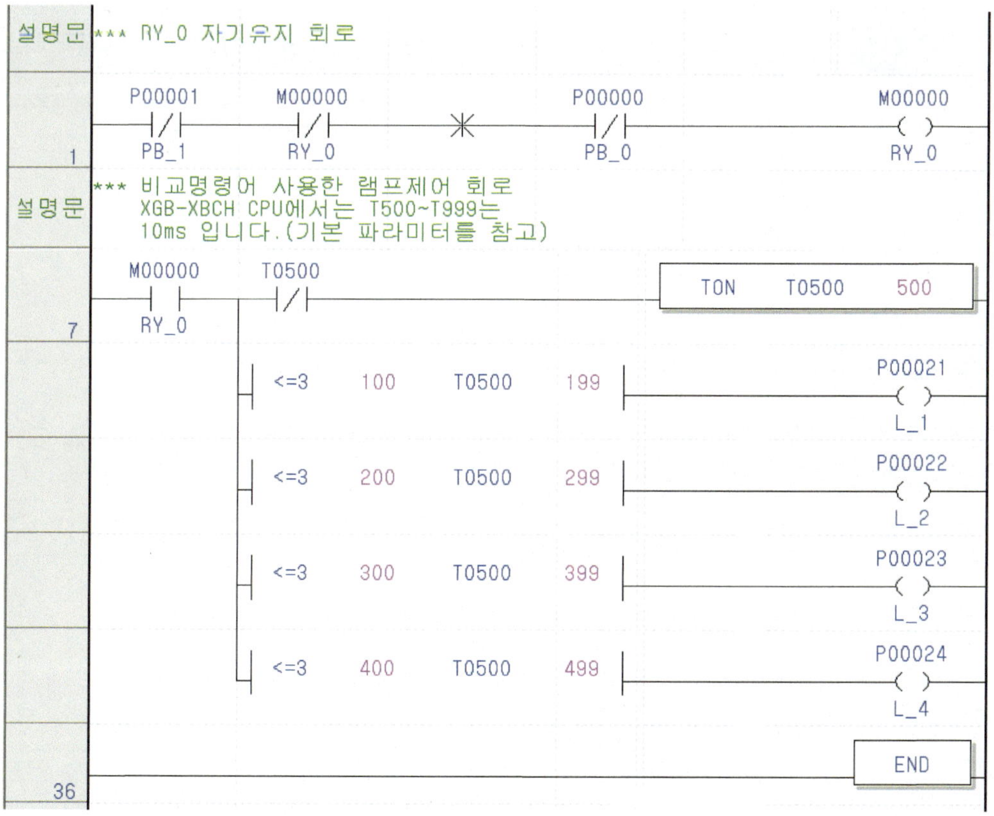
설명문 *** RY_0 자기유지 회로
P00001
M00000
P00000
M00000
PB_1
RY_0
PB_0
RY_0
1
설명문 *** 비교명령어 사용한 램프제어 회로
XGB-XBCH CPU에서는 T500~T999는
10ms 입니다.(기본 파라미터를 참고)
M00000
T0500
TON T0500 500
RY_0
7
<=3 100 T0500 199
P00021
L_1
<=3 200 T0500 299
P00022
L_2
<=3 300 T0500 399
P00023
L_3
<=3 400 T0500 499
P00024
L_4
END
36

• XGB-XBCH 기본파라미터 설정

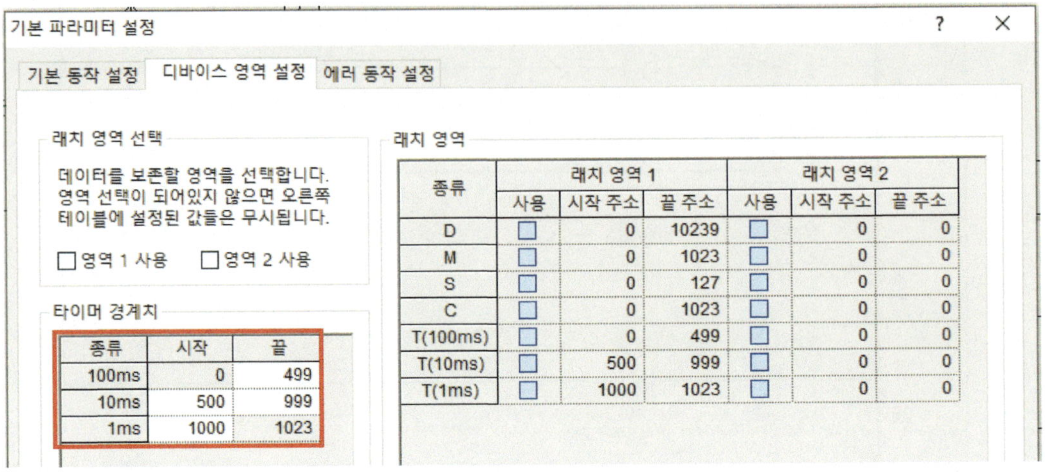

4.10 PLC 프로그램 제어 순서 이해하기

1) 목적

- PLC 프로그램 제어 순서를 이해할 수 있다.
- 스캔 타임을 이해할 수 있다.

2) 동작조건

- PB_1에 의하여 L_0, L_1, L_2를 프로그램에 따라 분석한다.
- PB_0에 의하여 L_0, L_1, L_2를 소등된다.

3) PLC I/O List.

구분		I/O 할당	기능설명	비고
입력	PB_0	P0000	OFF 푸쉬 버튼	
	PB_1	P0001	ON 푸쉬 버튼	
출력	L_0	P0020	파일럿 램프_0	
	L_1	P0021	파일럿 램프_1	
	L_2	P0022	파일럿 램프_2	
RY_0		M0000	내부 릴레이	

4) PLC 프로그램 (1) : PB_1의 (–| |–)에 의한 프로그램

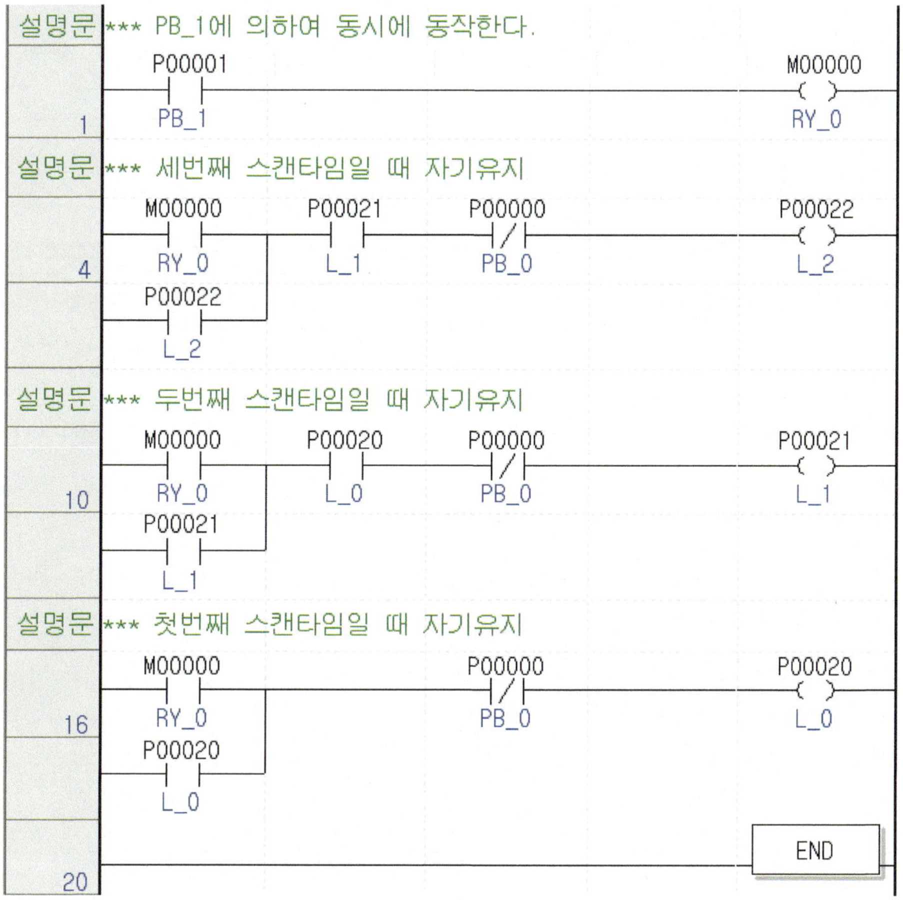

5) PLC 프로그램 (2) : PB_1의 (-|P|-)에 의한 프로그램

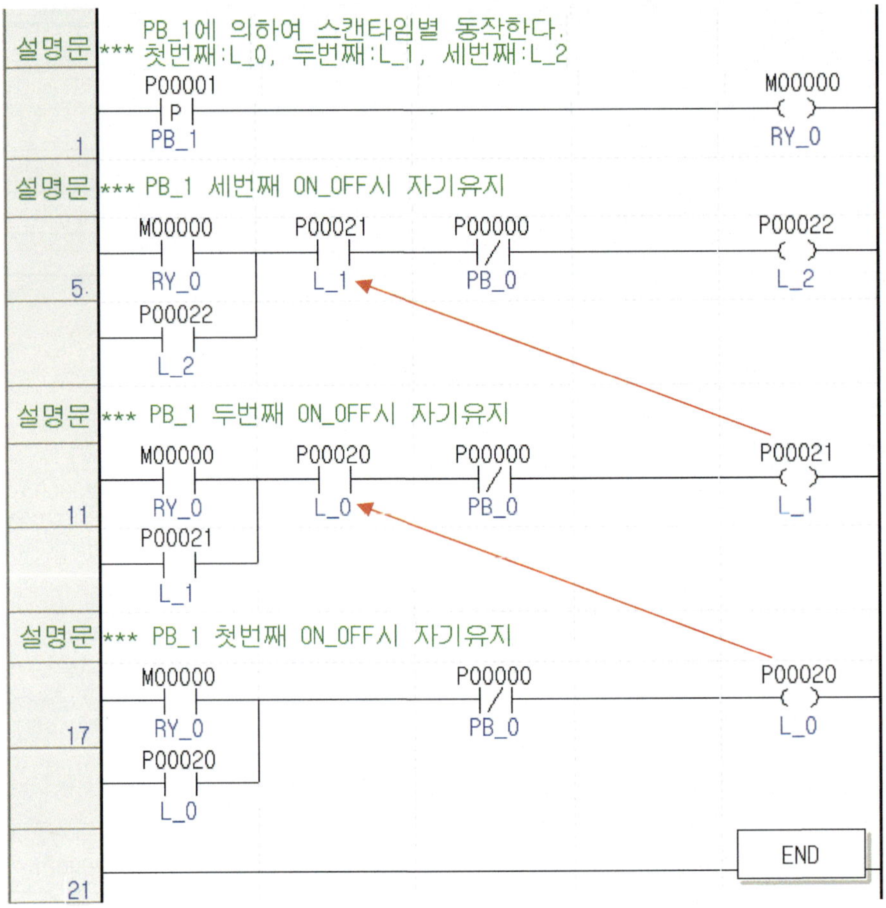

각 스텝별 연산하는 순서는 다음과 같다.

렁	스텝	명령어	OP 1	OP 1 변수
0	0	설명문	*** PB_1에 의하여 스캔타임별 동작한다. 첫번째:L_0, 두번째:L_1, 세번째:L_2	
1	1	LOADP	P00001	PB_1
	3	OUT	M00000	RY_0
2	4	설명문	*** PB_1 세번째 ON_OFF시 자기유지	
3	5	LOAD	M00000	RY_0
	6	OR	P00022	L_2
	7	AND	P00021	L_1
	8	AND NOT	P00000	PB_0
	9	OUT	P00022	L_2
4	10	설명문	*** PB_1 두번째 ON_OFF시 자기유지	
5	11	LOAD	M00000	RY_0
	12	OR	P00021	L_1
	13	AND	P00020	L_0
	14	AND NOT	P00000	PB_0
	15	OUT	P00021	L_1
6	16	설명문	*** PB_1 첫번째 ON_OFF시 자기유지	
7	17	LOAD	M00000	RY_0
	18	OR	P00020	L_0
	19	AND NOT	P00000	PB_0
	20	OUT	P00020	L_0
8	21	END		

6) PLC 프로그램 (3) : PB_1의 (-|P|-)에 의한 프로그램

5) PLC 프로그램 (2)의 3번렁(스텝5~9)과 7번렁(스텝17~20)이 서로 위, 아래가 바뀐 프로그램(출력 코일이 P20, P21, P22순으로 되어있음)

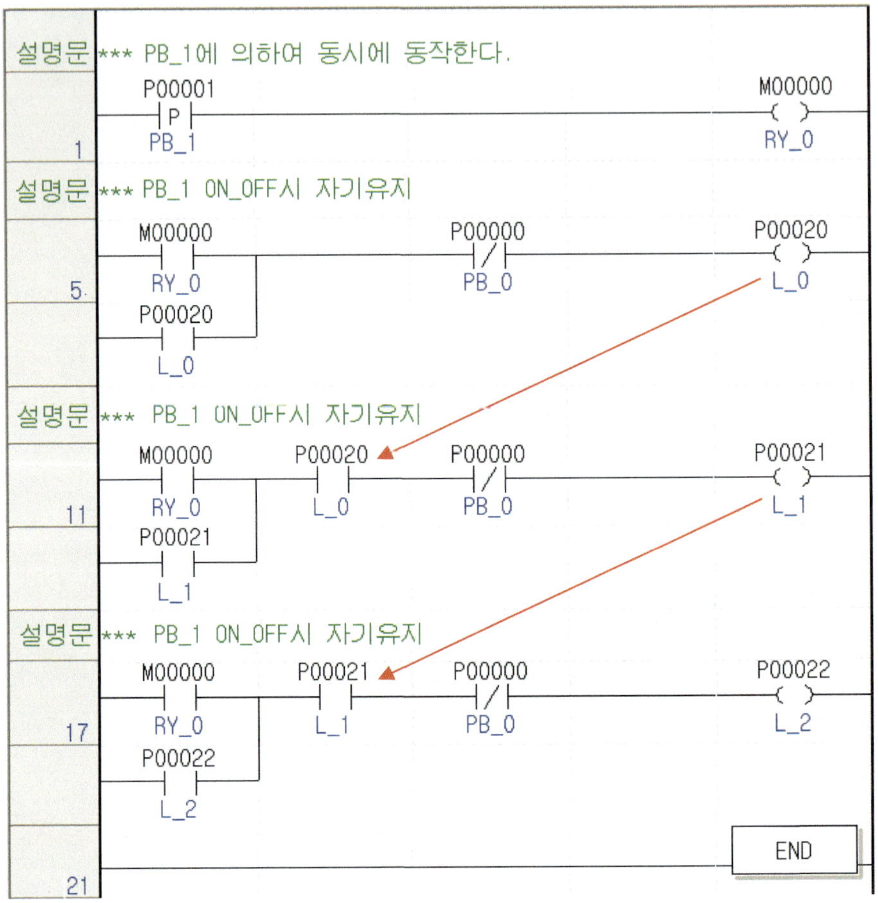

① 모든 프로그램은 왼쪽에서 오른쪽으로 제어된다.

② 모든 프로그램은 위에서 아래로 제어된다.

③ 모든 프로그램은 계속 반복 제어된다.

④ 접점의 -|P|-, -|N|- 은 1 Scan Time 동안만 ON 된다.

⑤ 응용명령어의 MOVP, ADDP, SUBP, INCP, DECP 등의 P는 1 Scan Time 동안만 연산된다.

4.11 ONE 버튼 기동_정지 회로(1)

1) 목적

- 단일 버튼에 의한 기동정지 회로의 구성 및 제어를 이해할 수 있다.

2) 동작조건

- PB_0 버튼을 사용하여 L_1, L_2를 ON/OFF 제어를 한다.

3) 시퀀스 회로

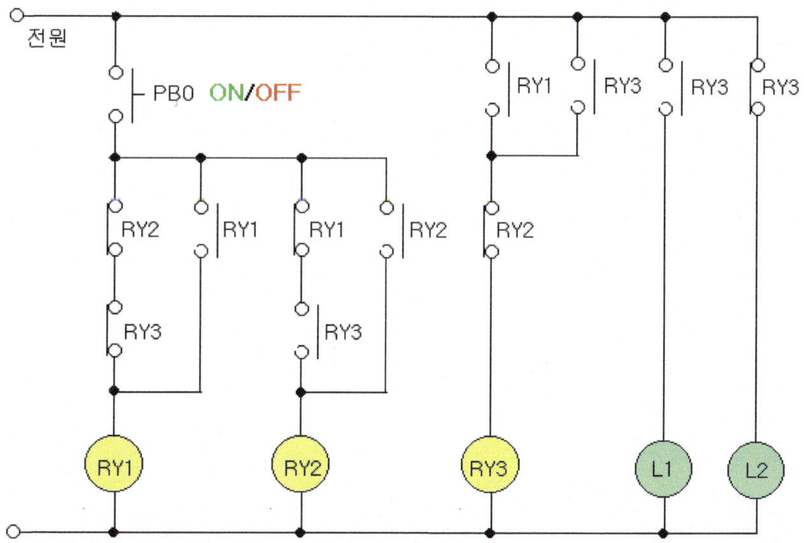

4) PLC I/O List.

구분		I/O 할당	기능설명	비고
입력	PB_0	P0000	ON/OFF 푸쉬 버튼	녹색
출력	L_1	P0021	RY_3 ON시 동작	
	L_2	P0022	RY_3 OFF시 동작	
RY_1		M0001	보조 릴레이1	
RY_2		M0002	보조 릴레이2	
RY_3		M0003	ON/OFF 릴레이	

5) PLC 프로그램 (1)

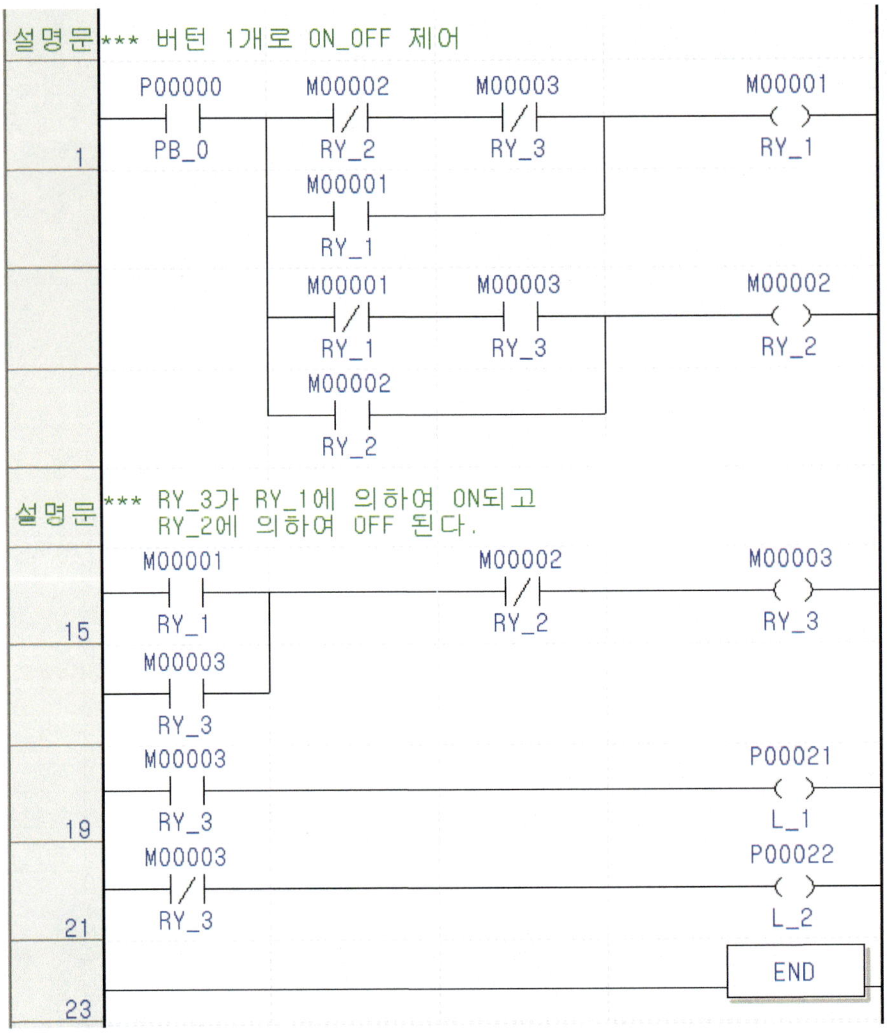

설명문 *** 버턴 1개로 ON_OFF 제어
1
P00000
PB_0
M00002
RY_2
M00003
RY_3
M00001
RY_1
M00001
RY_1
M00001
RY_1
M00003
RY_3
M00002
RY_2
M00002
RY_2
설명문 *** RY_3가 RY_1에 의하여 ON되고
RY_2에 의하여 OFF 된다.
15
M00001
RY_1
M00002
RY_2
M00003
RY_3
M00003
RY_3
19
M00003
RY_3
P00021
L_1
21
M00003
RY_3
P00022
L_2
23
END

4.12 ONE 버튼 기동_정지 회로(2)

1) 목적

- 응용 명령어(FF)에 의하여 기동정지 회로의 구성 및 제어를 이해할 수 있다.
- 플립플롭회로에 의한 기동정지 회로의 구성 및 제어를 이해할 수 있다.
- 링카운터(CTR)에 의하여 기동정지 회로의 구성 및 제어를 이해할 수 있다.
- P 접점과 SET 코일과 RESET 코일을 사용하여 회로의 구성할 수 있다.

2) 동작조건

- PB_0 버튼을 사용하여 L_1, L_2를 ON/OFF 제어를 한다.

3) PLC I/O List.

구분		I/O 할당	기능설명	비고
입력	PB_0	P0000	ON/OFF 푸쉬 버튼	녹색
출력	L_1	P0021	RY_3 ON시 동작	
	L_2	P0022	RY_3 OFF시 동작	
RY_1		M0001	보조 릴레이1	
RY_2		M0002	보조 릴레이2	

4) PLC 프로그램

(1) FF 명령어

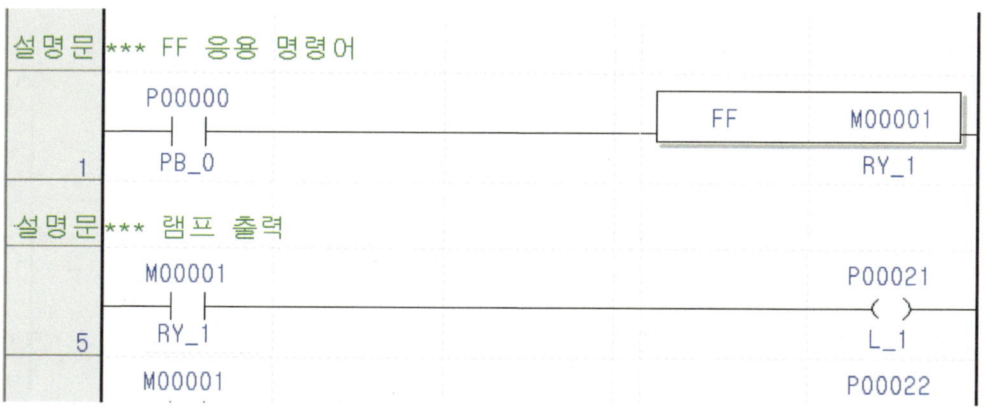

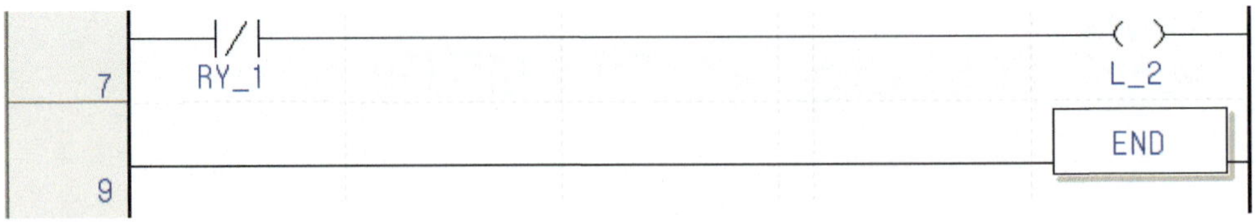

(2) 플립플롭 회로

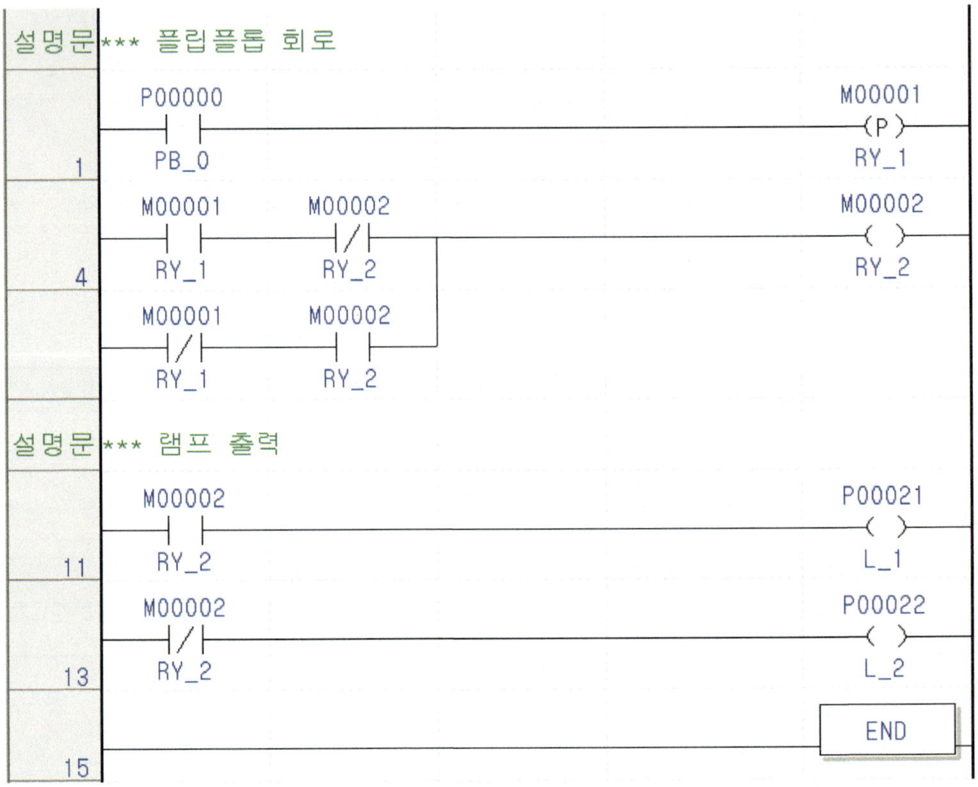

(3) 링카운터(CTR) 원버튼회로

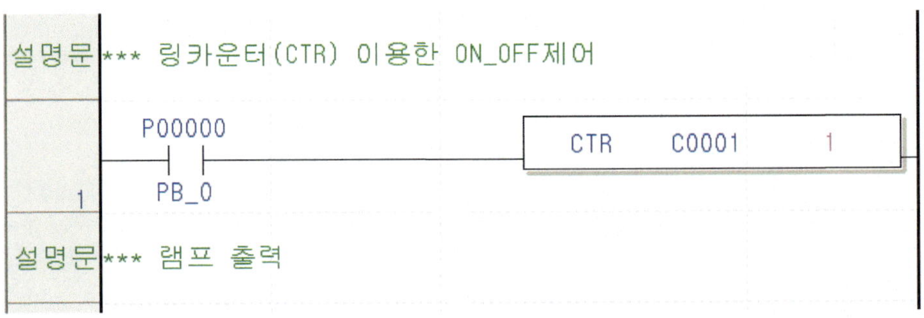

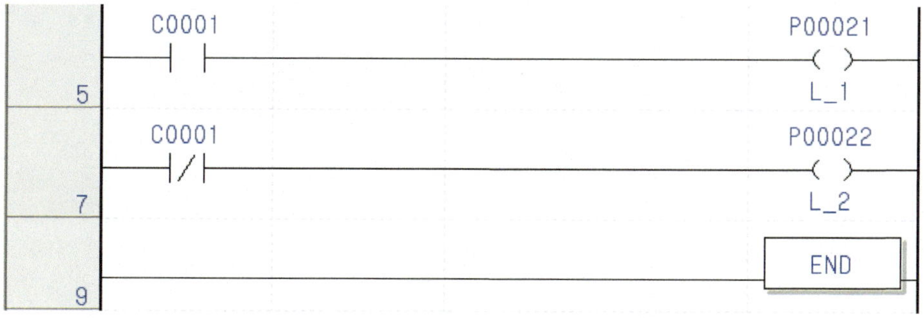

(4) P 접점과 SET 코일, RESET 코일 원버튼 회로

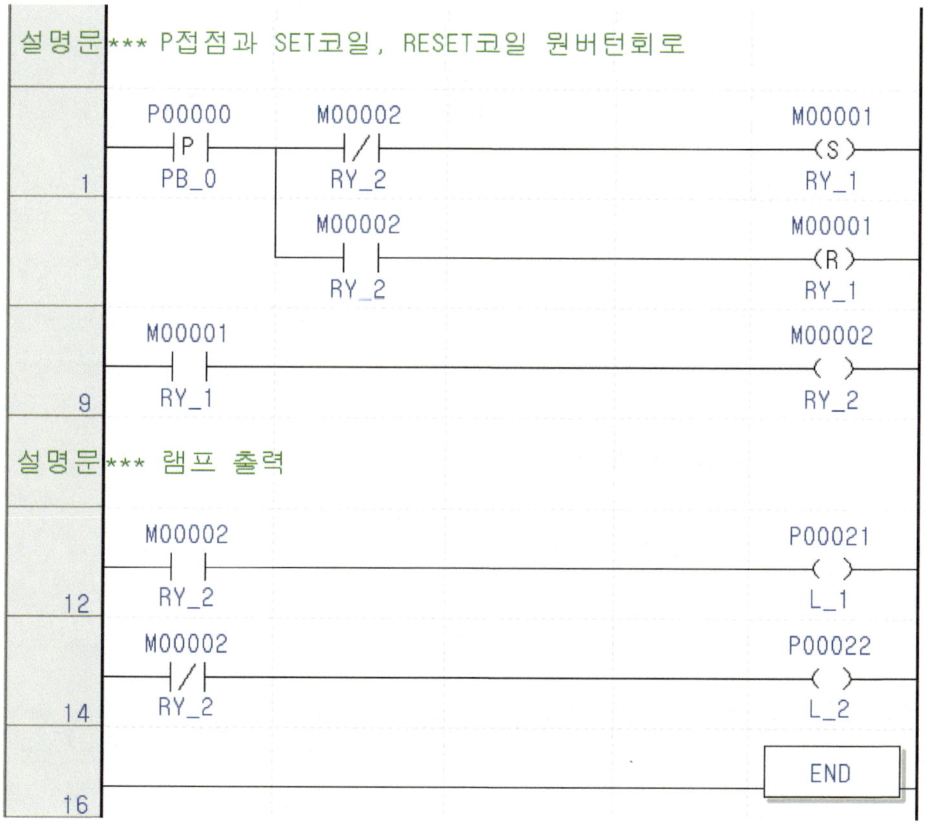

CHAPTER

05

응용 프로그램 작성

5.1 보행자 신호등 제어 회로

1) 목적

- 순차 회로를 이용하여 신호등 제어 회로의 구성 및 제어를 이해할 수 있다.

2) 동작조건

- 타임 차트를 보고 보행자 신호등 제어를 한다.
- 보행자가 버튼을 누른 후 35초 동안 동작이 완료되면 평상시로 복귀한다.

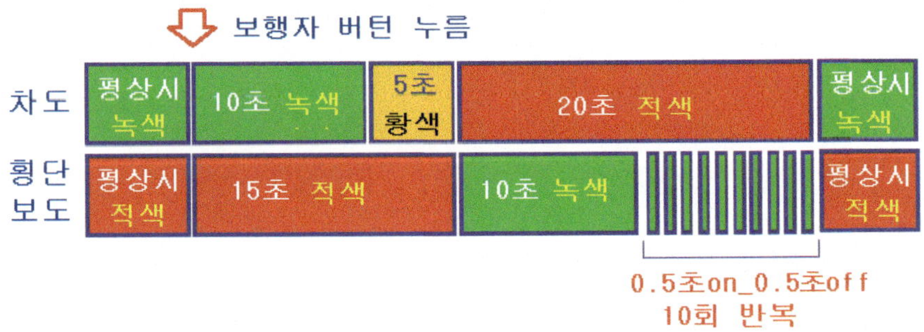

3) PLC I/O List.

구분		I/O 할당	기능설명	비고
입력	PB_0	P0000	ON 푸시 버튼	녹색
출력	L_0	P0020	차도 녹색등	평상시, 10초
	L_1	P0021	차도 황색등	5초
	L_2	P0022	차도 적색등	20초
	L_3	P0023	횡단 보도 적색등	평상시, 15초
	L_4	P0024	횡단 보도 녹색등	10초 점등, 10초 점멸
T1~T3		T0001~T0003	순차제어 타이머	10초, 5초, 10초
T4~T5		T0004~T0005	플리커 타이머	0.5초
T10		T0010	플리커 횟수 제어 타이머	10초
C01		C0001	플리커 횟수제어	CTU
응용명령			TFLK : 플리커 접점	
특수접점		F93	플리커 접점	1초 주기 클럭

4) PLC 프로그램 (1)

- 순차제어와 플리커 회로를 이용.
- 카운터 횟수를 타이머로 제어하는 프로그램

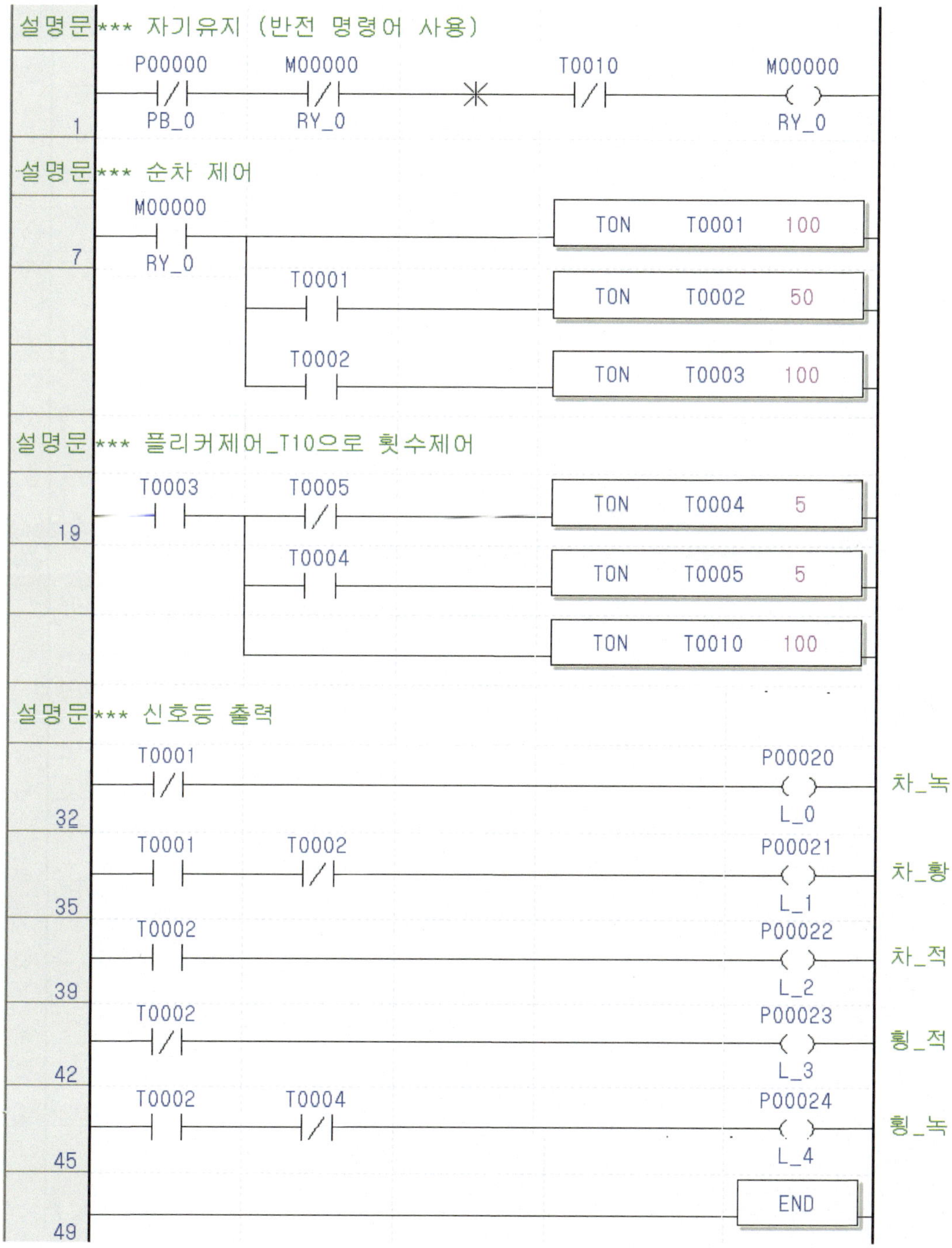

5) PLC 프로그램 (2)

- 순차제어와 응용명령어(TFLK)를 이용.
- 카운터 이용 프로그램

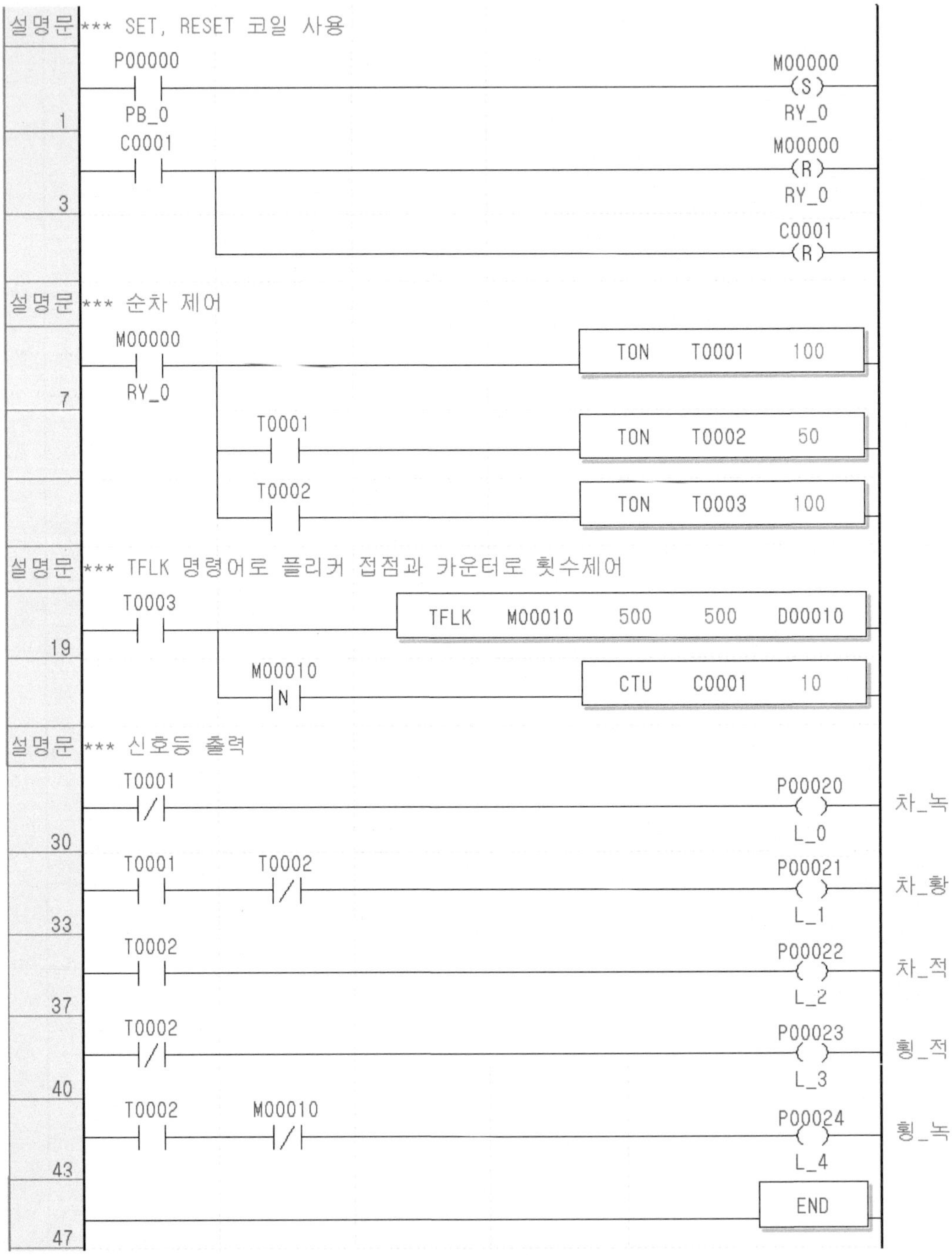

⇨ 카운터 리셋은 카운터 출력 접점이 사용되는 위치에 따라 해야 한다. 위와 같은 경우는 STEP 3 이후부터 STEP 19 이전에 사용하여야 한다. 만일 신호등 출력부터 END 사이에 사용하면 C0001의 출력 접점이 리셋 후에 M0000를 리셋되기 때문에 M0000가 리셋되지 않아 계속 점멸하게 된다.

6) PLC 프로그램 (3)

- 비교 명령어를 이용.
- 특수 릴레이(F93: 1초 주기 클럭)이용 프로그램

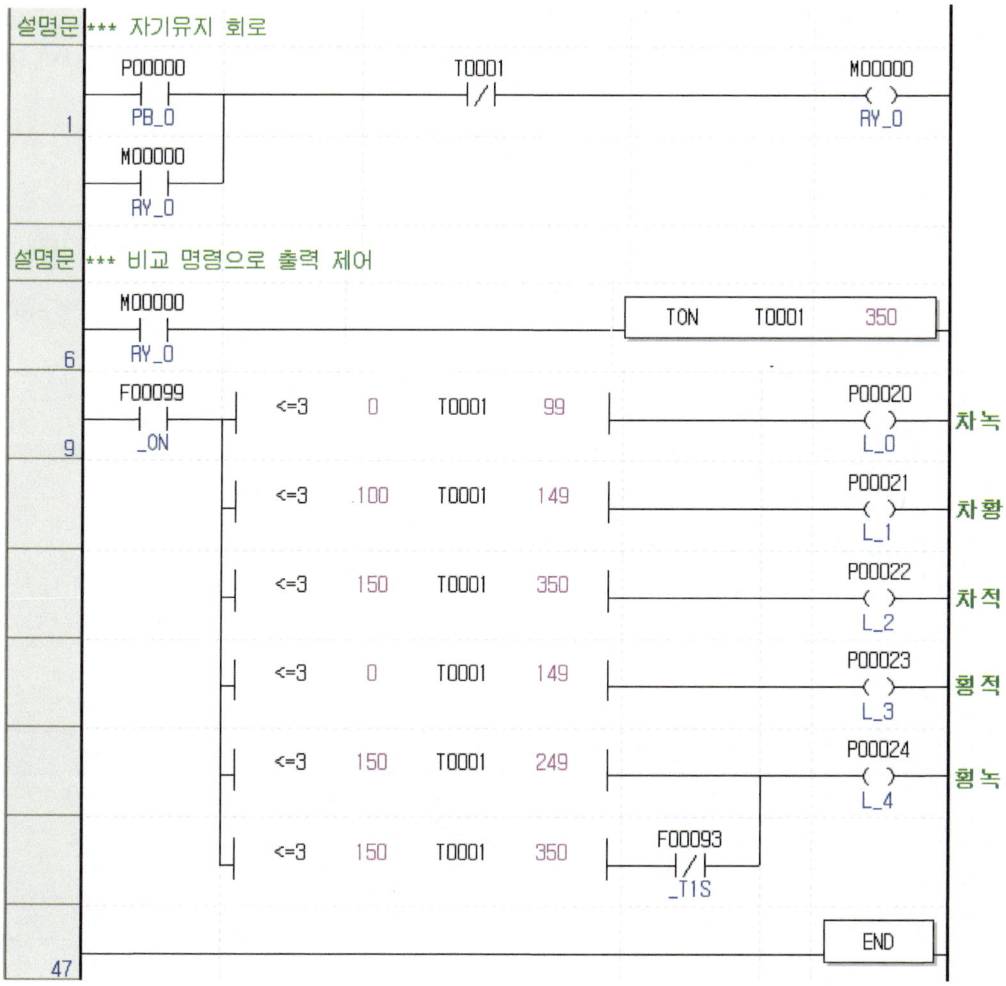

5.2 타이머 설정값 제어하기

1) 목적

- 타이머 설정값을 버튼으로 설정하고 타이머의 현재값을 디스플레이(FND)로 모니터링 할 수 있다.

XP-Builder 시뮬레이션 순서

☞ **중요** : XGK/XGB 프로젝트 창에서 I/0 파라미터를 작성하지 말 것.(뒷 페이지 그림 참고)

① XGK/XGB 프로그램을 작성한다.

② 작성된 프로그램을 시뮬레이션 시작을 누른다.

③ XP-Builder 시뮬레이션 시작을 누른다.

④ 시뮬레이션 확인 후 : XP-Builder 시뮬레이션 끝 ⇨ XGK/XGB 시뮬레이션 끝

2) 동작조건

- 특수 릴레이를 이용하여 초기 설정값을 10초로 한다.
- PB_1을 ON_OFF 하면 설정값이 1초씩 증가한다.
- PB_2을 ON_OFF 하면 설정값이 1초씩 감소한다.
- 타이머의 설정값은 1～99초 범위 안에서 설정한다.
- 타이머의 입력은 PB_3, 현재값 출력은 1초 단위로 FND 디스플레이로 한다.

3) PLC I/O List.

구분		I/O 할당	기능설명	비고
입력	PB_1	P0001	설정값 증가 버튼	1초증가
	PB_2	P0002	설정값 감소 버튼	1초감소
	PB_3	P0003	타이머 동작 버튼	ON_OFF
출력	FND_1	P0020～P0023	타이머 현재값 일단위	BCD값
	FND_2	P0024～P0027	타이머 현재값 십단위	BCD값
	L_8	P0028	타이머 출력	
D영역		D0001	타이머 설정값 디바이스	INT값
특수릴레이		F009B	1스캔 ON 접점	
타이머		T0001	동작 타이머	1초~99초

4) PLC 프로그램 (1)

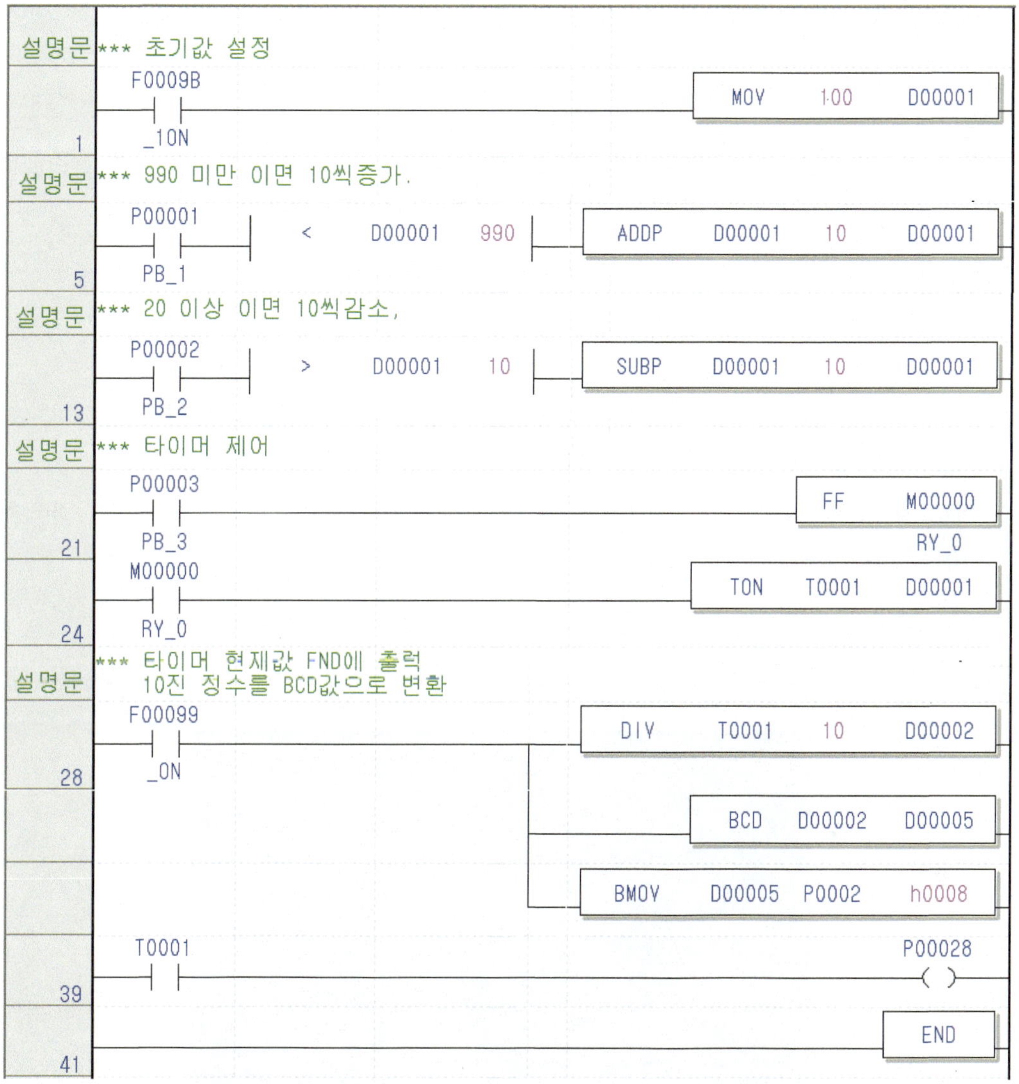

설명문 *** 초기값 설정
F0009B
_1ON
1
MOV 100 D00001
설명문 *** 990 미만 이면 10씩증가.
P00001
PB_1
5
< D00001 990
ADDP D00001 10 D00001
설명문 *** 20 이상 이면 10씩감소,
P00002
PB_2
13
> D00001 10
SUBP D00001 10 D00001
설명문 *** 타이머 제어
P00003
PB_3
21
FF M00000
RY_0
M00000
RY_0
24
TON T0001 D00001
설명문 *** 타이머 현재값 FND에 출력
10진 정수를 BCD값으로 변환
F00099
_ON
28
DIV T0001 10 D00002
BCD D00002 D00005
BMOV D00005 P0002 h0008
T0001
39
P00028
41
END

5.3 카운터 설정값 제어하기

1) 목적

- 카운터 설정값을 버튼으로 설정하고 카운터의 현재값을 디스플레이(FND)로 모니터링을 할 수 있다.

2) 동작조건

- PB_0에 의하여 초기 설정값을 50으로 한다.
- PB_1에 의하여 설정값을 1초 미만 ON_OFF 하면 1씩 증가하고 1초 이상 ON_OFF 하면 10씩 증가한다.
- PB_2에 의하여 설정값을 1초 미만 ON_OFF 하면 1씩 감소하고 1초 이상 ON_OFF 하면 10씩 감소한다.
- 카운터의 설정값은 1~99의 범위 안에서 설정한다.
- 카운터의 펄스 입력은 PB_3, 출력은 FND 디스플레이로 한다.

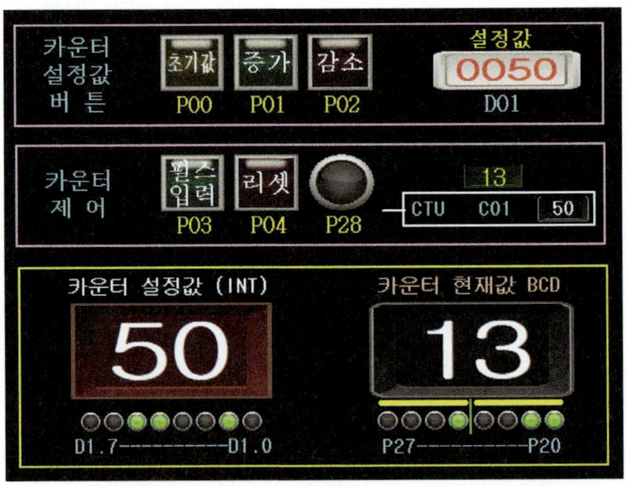

3) PLC I/O List.

구분		I/O 할당	기능설명	비고
입력	PB_0	P0000	초기값 설정 버튼	
	PB_1	P0001	설정값 증가 버튼	
	PB_2	P0002	설정값 감소 버튼	
	PB_3	P0003	카운터 펄스 버튼	
	PB_4	P0004	카운터 리셋 버튼	
출력	FND_1	P0020~P0023	카운터 현재값 일단위	BCD값
	FND_2	P0024~P0027	카운터 현재값 십단위	BCD값
	L_8	P0028	카운터 출력	
		D0001	카운터 설정값 디바이스	INT값

4) PLC 프로그램 (1)

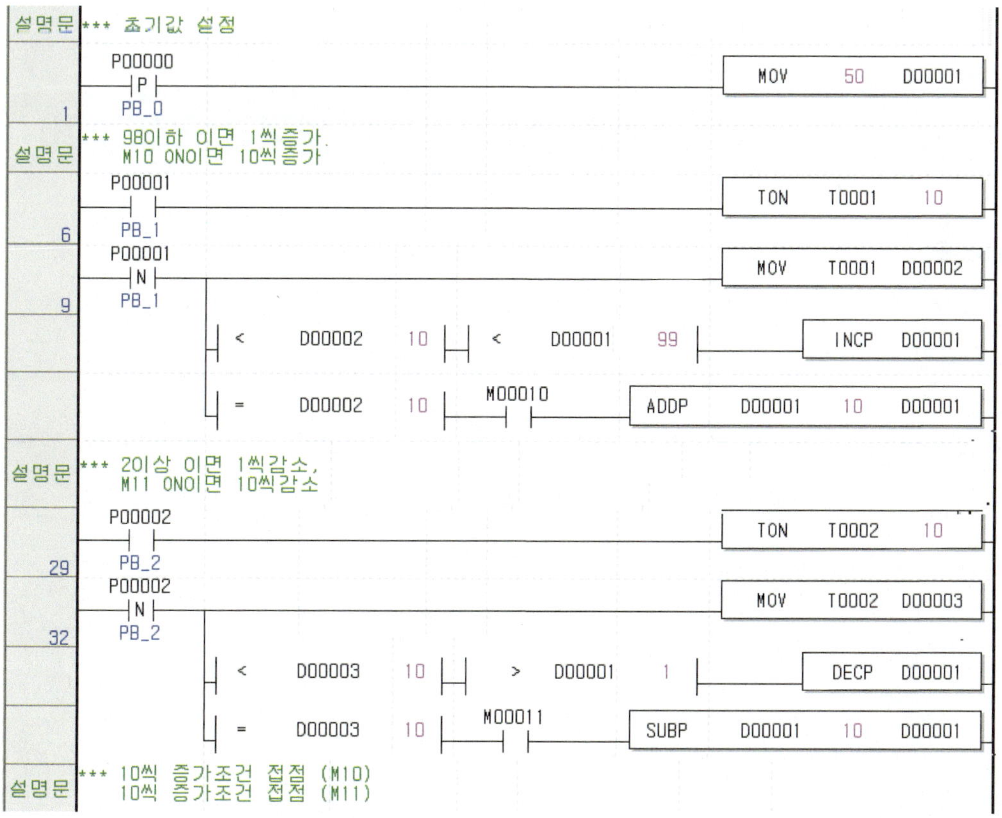

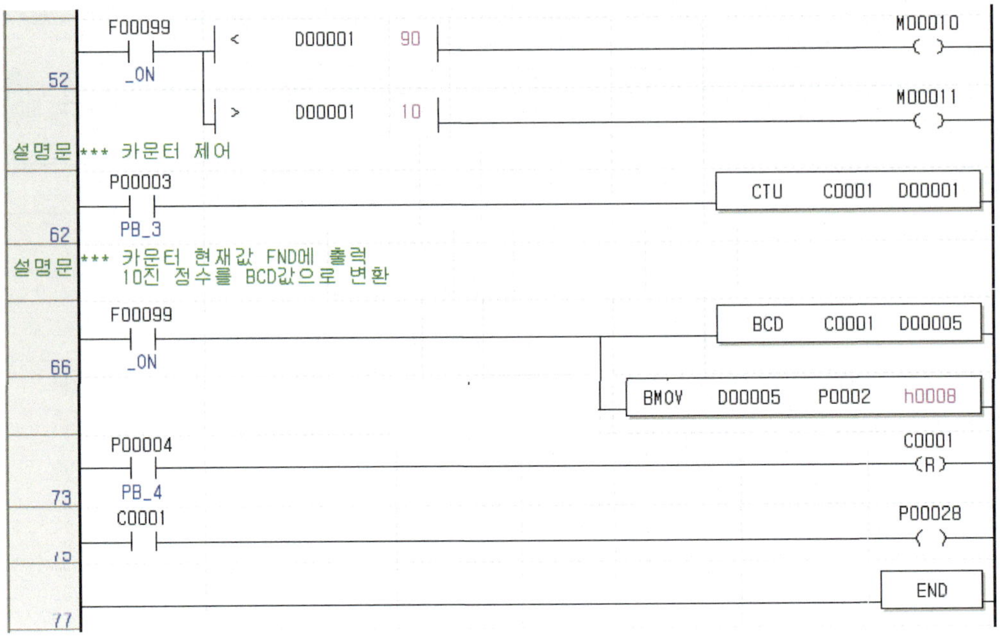

5.4 디지털 스위치 응용(타이머 설정값 제어하기)

1) 목적

- 타이머 설정값을 Digital Switch로 설정하고 타이머의 현재값을 디스플레이(FND)로 모니터링을 할 수 있다.

2) 동작조건

- Digital Switch에 의하여 타이머의 설정값을 제어한다.
- Digital Switch를 입력측에 아래와 같이 접속한다.
- 타이머의 설정값은 0.1~9.9초의 범위 안에서 설정한다.
- 타이머의 현재값 출력은 FND 디스플레이로 한다.

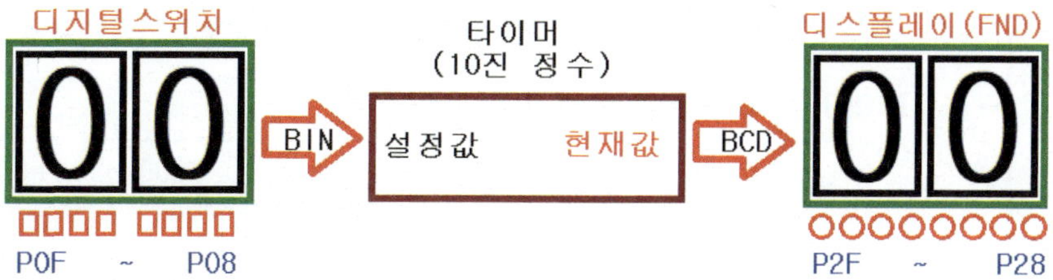

3) PLC I/O List.

구분		I/O 할당	기능설명	비고
입력	PB_0	P0000	타이머 기동 버튼	
	PB_1	P0001	타이머 정지 버튼	
	PB_2	P0002	데이터 입력 버튼	
	D.S_일	P0008~P000B	디지털스위치 일단위	BCD값
	D.S_십	P000C~P000F	디지털스위치 십단위	BCD값
출력	FND_1	P0028~P002B	타이머 현재값 일단위	BCD값
	FND_2	P002C~P002F	타이머현재값 십단위	BCD값
	L_0	P0020	타이머 출력	
		D0001	타이머 설정값 디바이스	INT값

4) PLC 프로그램 (1)

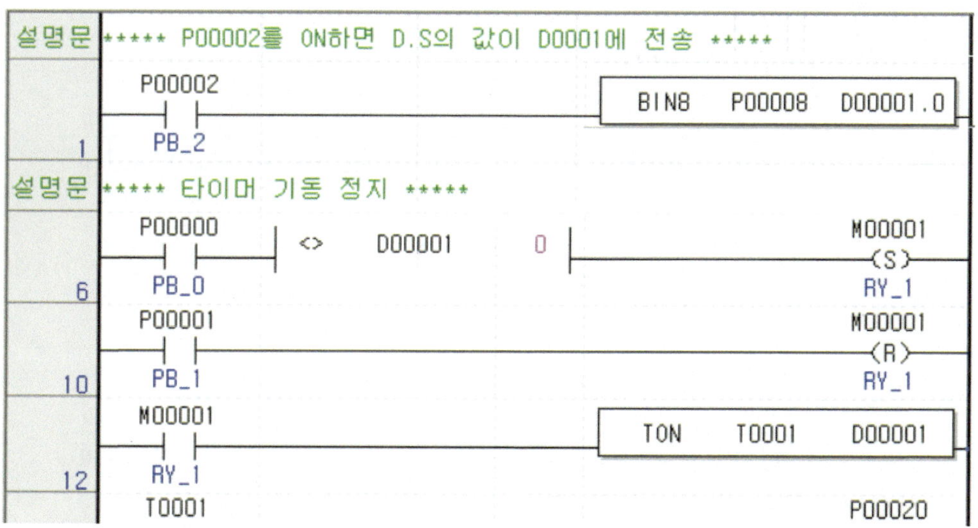

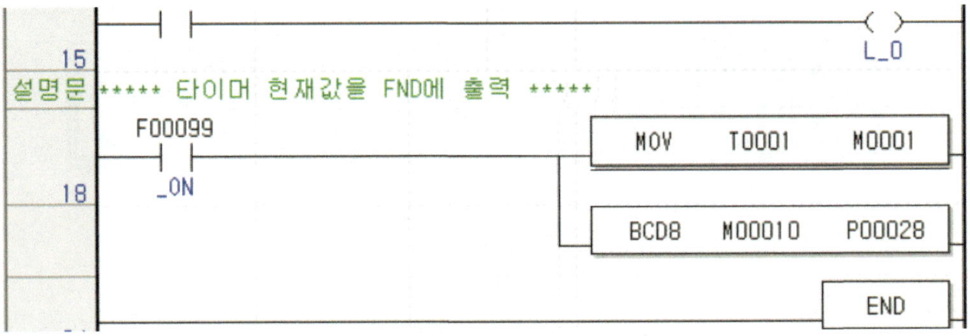

① 디지털 스위치의 숫자가 4자리이면 다음과 같이 입력 디바이스에 4 BIT씩 결선한다. 그러나 이 과제에서 P0000~P0007은 입력 버튼을 사용하기 위하여 P0008~P000F를 사용한다.

	F	E	D	C	B	A	9	8	7	6	5	4	3	2	1	0
P000	0	1	0	1	0	0	1	0	0	0	0	0	0	0	0	0

② 예를 들면 위와 같이 52를 디지털 스위치에 입력하면 P000 워드에는 2진수 0101 0010 0000 0000이 저장된다.

- 이것을 MOV P000 D0001 하면 D0001 디바이스에는 20992, 10진 정수가 아래와 같이 저장되고

	F	E	D	C	B	A	9	8	7	6	5	4	3	2	1	0
D0001	0	1	0	1	0	0	1	0	0	0	0	0	0	0	0	0

- 이것을 BIN P000 D0001 하면 D0001 디바이스에는 5200, 10진 정수가 아래와 같이 저장되고

	F	E	D	C	B	A	9	8	7	6	5	4	3	2	1	0
D0001	0	0	0	1	0	1	0	0	0	1	0	1	0	0	0	0

- 이것을 BIN8 P0008 D0001.0 하면 D0001 디바이스에는 52, 10진 정수가 아래와 같이 저장된다. 따라서 우리가 필요한 값은 디지털 스위치와 같은 값이다.

	F	E	D	C	B	A	9	8	7	6	5	4	3	2	1	0
D0001	0	0	0	0	0	0	0	0	0	0	1	1	0	1	0	0

P0008번 Bit부터 상위 8Bit, 즉 P0008~P000F의 데이터를 D0001의 디바이스 0번 Bit에서 2진수로 표시한다. (D영역은 M영역처럼 Bit가 단위가 아니고 워드이므로 비트 개념으로 표시할 때에는 D0001.0으로 사용한다.)

③ FND 디스플레이 출력도 출력 디바이스에 4 BIT씩 결선한다. 그러나 이 과제에서 P0020~P0027은 출력 램프를 사용하기 위하여 P0028~P002F를 사용한다.

5.5 스톱워치 제어_1 (5단)

1) 목적

- 카운터를 이용하여 스톱워치 5단 제어를 디스플레이(FND)와 내부 D, M 영역을 이용하여 모니터링을 할 수 있다.

2) 동작조건

- START 버튼에 의하여 타임이 100msec 단위로 제어한다.
  이때 현재 시각은 아래 그림과 같이 M005~M007, P002(FND)에 출력된다.
- STOP_5단 버튼에 의하여 누를 때 1단에서 4단은 D0010~D0013에 저장되고 마지막 5단은 P002의 FND에 출력된다.
- RESET 버튼을 ON 하여 초기화된다.
- 스톱워치가 출력 중에는 RESET 버튼을 ON 하여도 초기화되면 안 된다.

아래 그림은 동작을 시뮬레이터 하기 위하여 XP-BUILDER를 이용하여 제작하였다.

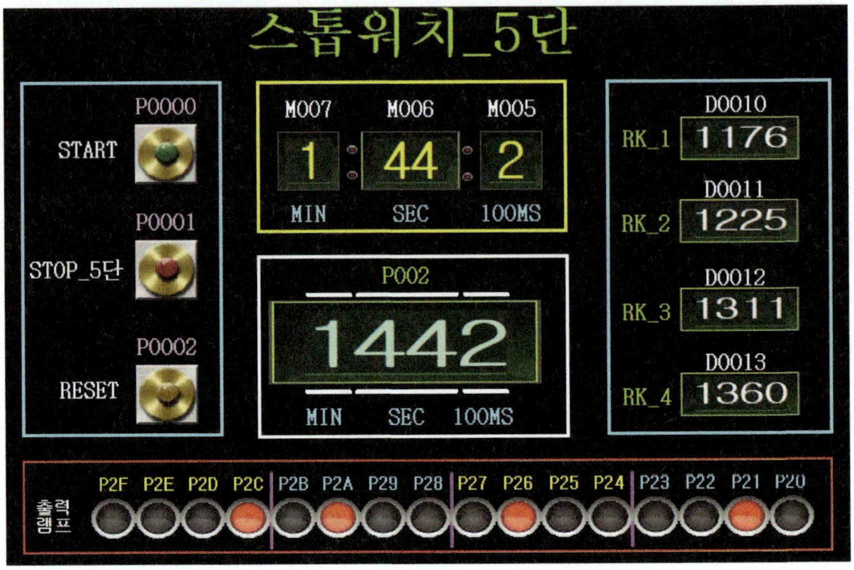

3) PLC I/O List.

구분		I/O 할당	기능설명	비고
입력	START	P0000	기동 버튼	
	STOP_5단	P0001	정지 버튼	5단
	RESET	P0002	리셋 버튼	초기화
출력	FND	P002	스탑워치 현재값	워드값
		D0010~D0013	단계별 저장영역	

4) PLC 프로그램 (1)

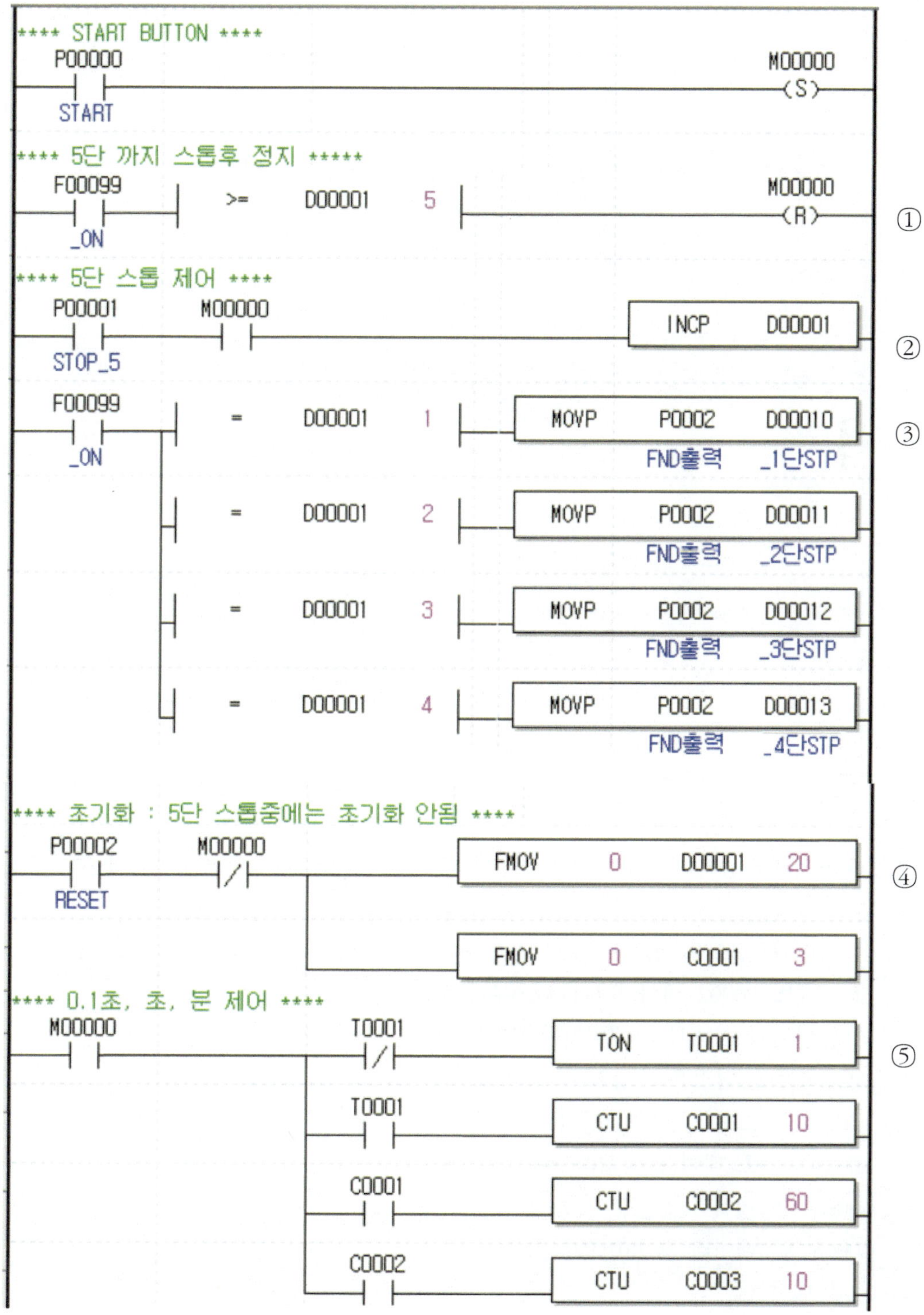
**** START BUTTON ****
P00000
START
M00000
(S)
**** 5단 까지 스톱후 정지 *****
F00099
_ON
>= D00001 5
M00000
(R)
①
**** 5단 스톱 제어 ****
P00001
STOP_5
M00000
INCP D00001
②
F00099
_ON
= D00001 1
MOVP P0002 D00010
FND출력 _1단STP
③
= D00001 2
MOVP P0002 D00011
FND출력 _2단STP
= D00001 3
MOVP P0002 D00012
FND출력 _3단STP
= D00001 4
MOVP P0002 D00013
FND출력 _4단STP
**** 초기화 : 5단 스톱중에는 초기화 안됨 ****
P00002
RESET
M00000
FMOV 0 D00001 20
④
FMOV 0 C0001 3
**** 0.1초, 초, 분 제어 ****
M00000
T0001
TON T0001 1
⑤
T0001
CTU C0001 10
C0001
CTU C0002 60
C0002
CTU C0003 10

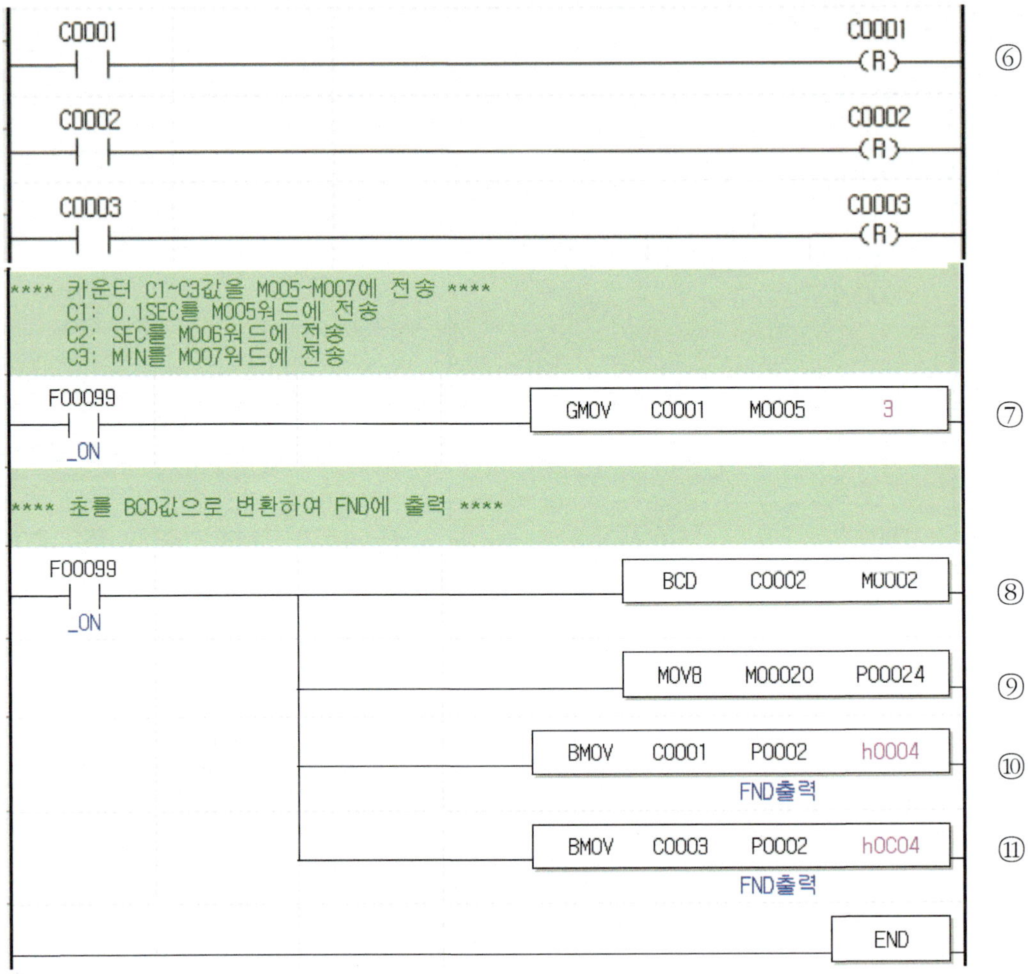

① D0001의 1씩 증가하여 값이 5 이상이면 M0000를 리셋시켜 5단 스톱워치의 동작을 정지시킨다.

② START 버튼을 ON 한 후 STOP 버튼에 의해 1~5의 단계별 조건을 생성한다.

③ 각 단계별 P0002 데이터를 D0010부터 D0013에 저장한다.

④ 리셋 버튼에 의해서 단계별 데이터와 카운터 현재값을 초기화한다.
(M0000의 B 접점은 스톱워치 동작 중에는 리셋되지 않도록 함)

⑤ T0001: 0.1초 클럭 연속적으로 발생
C0001: 0.1초 데이터 생성(0~9)
C0002: 초 데이터 생성(0~59)
C0003: 분 데이터 생성(0~9)

⑥ ⑤의 데이터를 연속적으로 발생하기 위하여 출력 시 자동 리셋 시킨다.

⑦ C0001~C0003의 데이터를 M0005~M0007 INT 값으로 각각 전송시킨다.
예를 들면 현재 시각이 3분 47초 6이면
C0001 : 6을 M0005에 전송하면

	F	E	D	C	B	A	9	8	7	6	5	4	3	2	1	0
M0005	0	0	0	0	0	0	0	0	0	0	0	0	0	1	1	0

C0002 : 47을 M0006에 전송하면

	F	E	D	C	B	A	9	8	7	6	5	4	3	2	1	0
M0006	0	0	0	0	0	0	0	0	0	0	1	0	1	1	1	1

C0003 : 3을 M0007에 전송하면

	F	E	D	C	B	A	9	8	7	6	5	4	3	2	1	0
M0007	0	0	0	0	0	0	0	0	0	0	0	0	0	0	1	1

⑧ C0002에 현재값을 47이라고 하면 이것은 INT 값이므로 다음과 같이 저장된다.

	F	E	D	C	B	A	9	8	7	6	5	4	3	2	1	0
C000	0	0	0	0	0	0	0	0	0	0	1	0	1	1	1	1

이 데이터를 MOV C0002 P0002 시키면 FND에는 "002F"로 출력된다.
FND 디스플레이는 16진수 또는 BCD 값으로 읽어 들인다. 따라서 데이터가 두 자릿수 이상이 되면 BCD로 변환하여 전송시켜야 한다.

	F	E	D	C	B	A	9	8	7	6	5	4	3	2	1	0
M0002	0	0	0	0	0	0	0	0	0	1	0	0	0	1	1	1

⑨ M0002의 데이터를 FND 디스플레이의 백 단위, 십 단위에 저장되어야 하므로
- MOV8 M00020 P00024 하면 M0002 워드의 0번 bit부터 8번 bit까지 데이터를 P0002 워드의 4번 bit 상위 8bit를 전송시킨다.

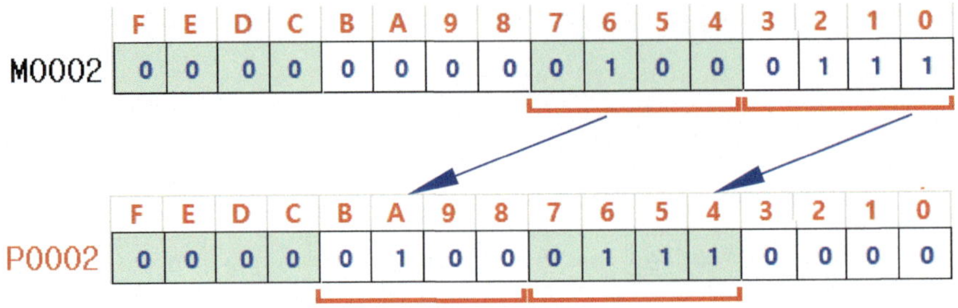

⑩ C0001의 데이터를 FND 디스플레이의 일 단위에 저장되어야 하므로
- BMOV C0001 P0002 H0004 하면 C0001 워드의 0번 bit부터 4bit를 P0002 워드의 0번 bit부터 상위 4bit에 전송시킨다.

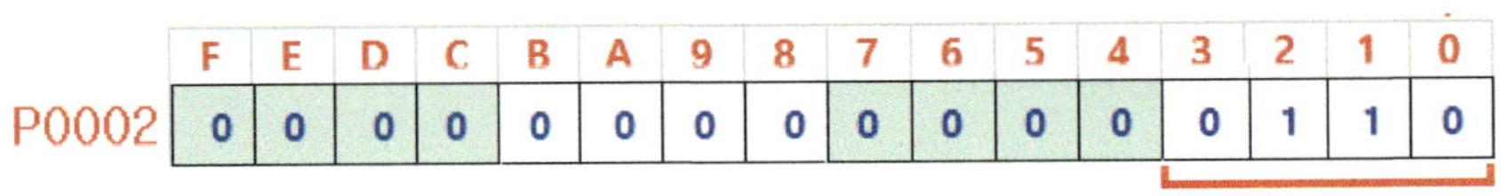

⑪ C0003의 데이터를 FND 디스플레이의 천 단위에 저장되어야 하므로
- BMOV C0003 P0002 H0C04 하면 C0003 워드의 0번 bit부터 4bit를 P0002 워드의 C번 bit부터 상위 4bit에 전송시킨다.

5.6 스톱워치 제어_2 (5단)

1) 목적

- ADD, DIV 연산을 이용하여 스톱워치 5단 제어를 디스플레이(FND)와 내부 D, M 영역을 이용하여 모니터링을 할 수 있다.

2) 동작조건

- START 버튼에 의하여 타임이 100msec 단위로 제어한다.
  이때 현재 시각은 아래 그림과 같이 M005~M007, P002(FND)에 출력된다.
- STOP_5단 버튼에 의하여 누를 때 1단에서 4단은 D0010~D0013에 저장되고 마지막

5단은 P002의 FND에 출력된다.

- RESET 버튼을 ON 하여 초기화된다.
- 스톱워치가 출력 중에는 RESET 버튼을 ON 하여도 초기화되면 안 된다.

아래 그림은 동작을 시뮬레이터 하기 위하여 XP-BUILDER를 이용하여 제작하였다.

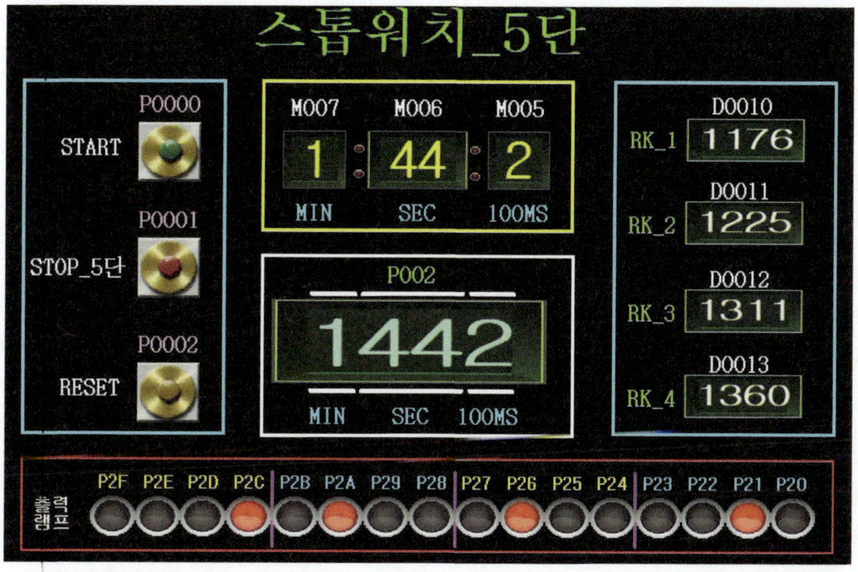

3) PLC I/O List.

구분		I/O 할당	기능설명	비고
입력	START	P0000	기동 버튼	
	STOP_5단	P0001	정지 버튼	5단
	RESET	P0002	리셋 버튼	초기화
출력	FND	P002	스탑워치 현재값	워드값
		D0010~D0013	단계별 저장영역	

4) PLC 프로그램

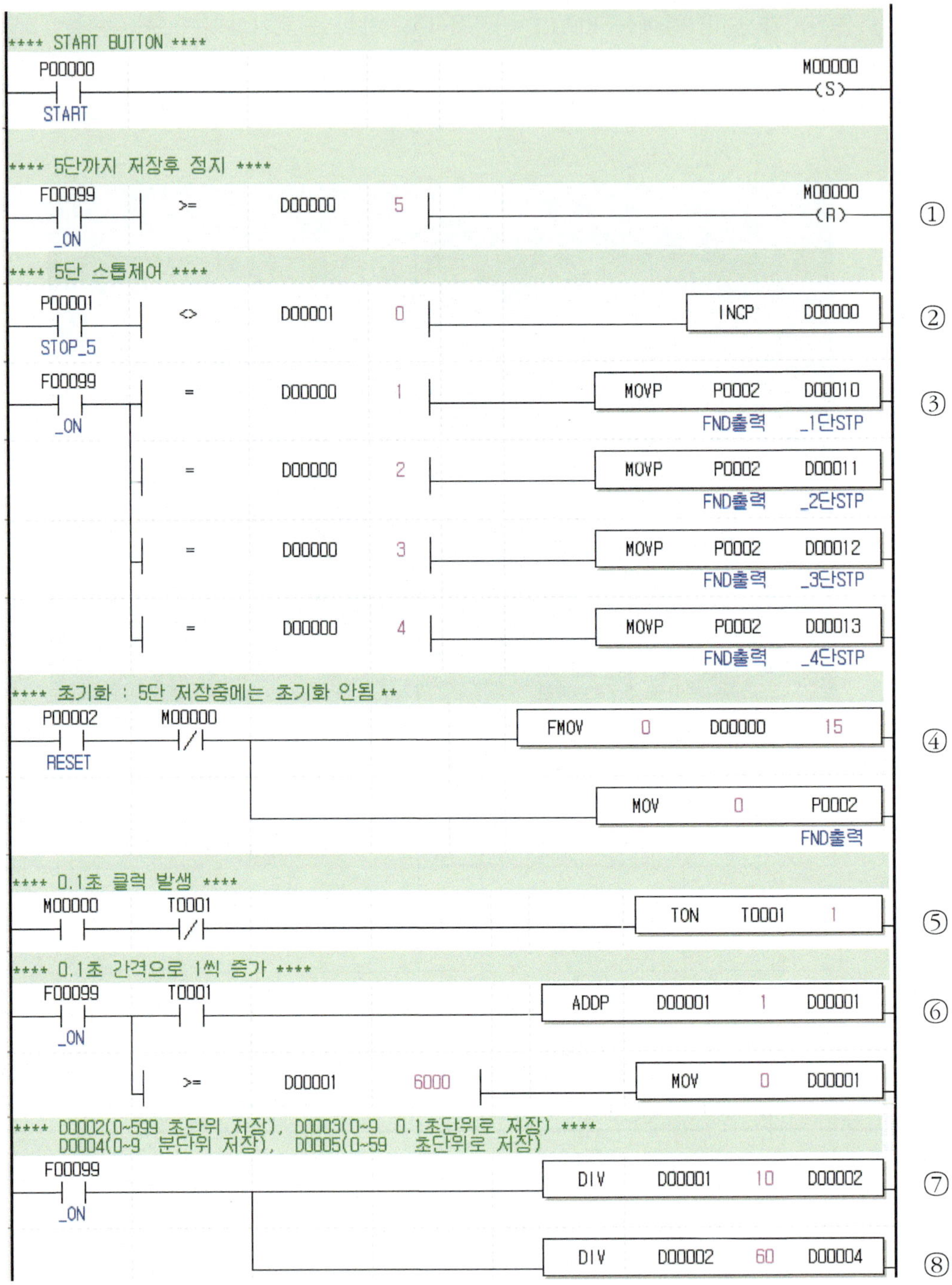
**** START BUTTON ****
P00000
START
M00000
S
**** 5단까지 저장후 정지 ****
F00099
_ON
>=
D00000
5
M00000
R
①
**** 5단 스톱제어 ****
P00001
STOP_5
<>
D00001
0
INCP
D00000
②
F00099
_ON
=
D00000
1
MOVP
P0002
D00010
FND출력
_1단STP
③
=
D00000
2
MOVP
P0002
D00011
FND출력
_2단STP
=
D00000
3
MOVP
P0002
D00012
FND출력
_3단STP
=
D00000
4
MOVP
P0002
D00013
FND출력
_4단STP
**** 초기화 : 5단 저장중에는 초기화 안됨 **
P00002
RESET
M00000
FMOV
0
D00000
15
④
MOV
0
P0002
FND출력
**** 0.1초 클럭 발생 ****
M00000
T0001
TON
T0001
1
⑤
**** 0.1초 간격으로 1씩 증가 ****
F00099
_ON
T0001
ADDP
D00001
1
D00001
⑥
>=
D00001
6000
MOV
0
D00001
**** D0002(0~599 초단위 저장), D0003(0~9 0.1초단위로 저장) ****
D0004(0~9 분단위 저장), D0005(0~59 초단위로 저장)
F00099
_ON
DIV
D00001
10
D00002
⑦
DIV
D00002
60
D00004
⑧

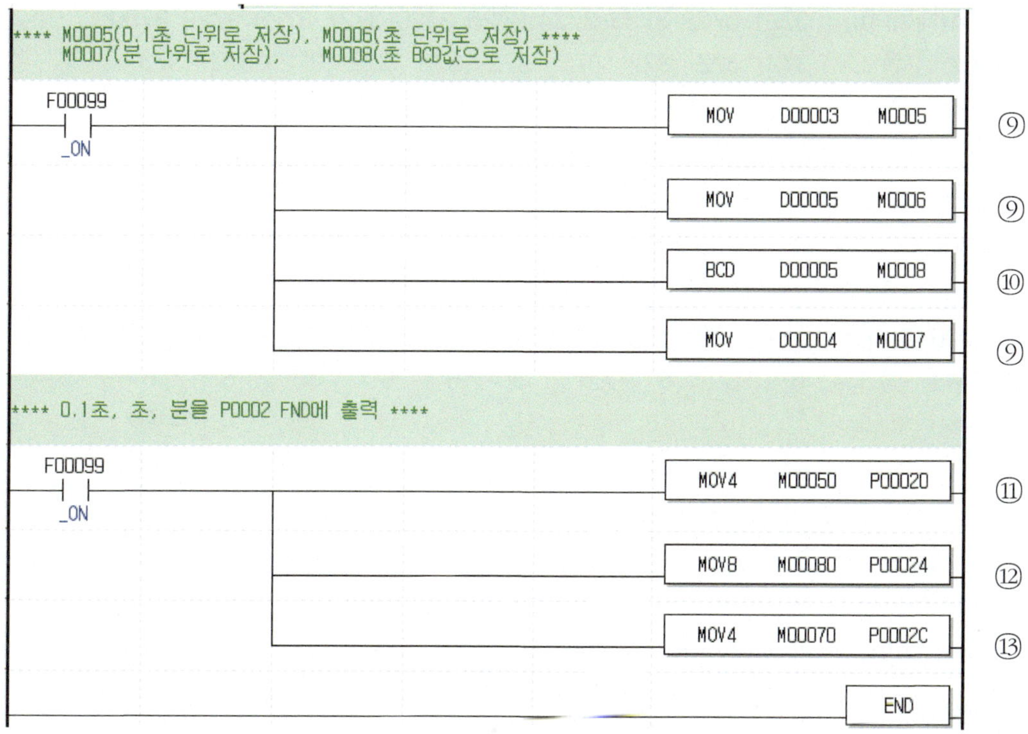

① D0001의 1씩 증가하여 값이 5 이상이면 M0000를 리셋시켜 5단 스톱워치의 동작을 정지시킨다.

② START 버튼을 ON 한 후 STOP 버튼에 의해 1~5의 단계별 조건을 생성한다.

③ 각 단계별 P0002 데이터를 D0010부터 D0013에 저장한다.

④ 리셋 버튼에 의해서 단계별 데이터와 FND 현재값을 초기화한다.
(M0000의 B 접점은 스톱워치 동작 중에는 리셋되지 않도록 함)

⑤ T0001: 0.1초 클럭 연속적으로 발생

⑥ 0.1초 간격으로 5999까지 누적시킨다.

⑦ D0001의 데이터가 3725이면 D0002에는 몫으로 375, D0003에는 나머지로 5가 저장된다.
이때 372는 초, 5는 0.1초 단위임.
예를 들면

D0001(데이터) :	1	2	3	4	5	6	7	8	9	10
D0002 (몫) :	0	0	0	0	0	0	0	0	0	1
D0003(나머지) :	1	2	3	4	5	6	7	8	9	0

D0001(데이터):	3721	3722	3723	3724	3725	3726	3727	3728	3729	3730
D0002 (몫) :	372	372	372	372	372	372	372	372	372	373
D0003(나머지) :	1	2	3	4	5	6	7	8	9	0

⑧ D0002의 데이터가 372이면 D0004에는 몫으로 6, D0005에는 나머지로 12가 저장된다. 이때 6은 분, 12는 초 단위임.

D0002(데이터) :	371	372	373	374	375	376	377	378	379	380
D0004 (몫) :	6	6	6	6	6	6	6	6	6	6
D0005(나머지) :	11	12	13	14	15	16	17	18	19	20

⑨ 스톱워치에 필요한 데이터는 D0003(100msec), D0005(sec), D0004(min)이므로 이것을 시물레이션 하기 위하여 XP-BUILDER를 이용하여 제작한 M0005~M0007 영역으로 전송하였다.

⑩ D0005의 초 단위의 데이터는 0~59의 두 자릿수이므로 BCD로 변환하여 전송시켜야 한다.

⑪~⑬ 이 부분을 아래와 같이 프로그래밍 하여도 된다.

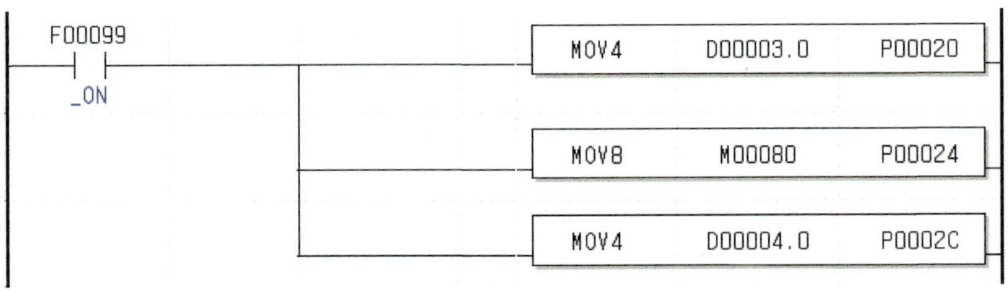

5.7 정역 회전수 설정과 회전수 표시

1) 목적

- 디지털 스위치를 이용하여 정방향 회전수, 역방향 회전수를 설정할 수 있고 전동기(DC24V, 저속용)의 회전수를 FND 디스플레이를 이용하여 측정할 수 있다.

2) 동작조건

- Select Switch ON/OFF시 디지털 스위치를 이용하여 정, 역방향 회전수를 설정한다.
- 센서와 FND 디스플레이를 이용하여 전동기의 회전수가 측정되어야 한다.
- 정방향, 역방향 버튼을 이용하여 전동기를 정역 운전한다.
- 정지 버튼에 의해서 정지 시에는 FND 디스플레이가 초기화 되어야 한다.

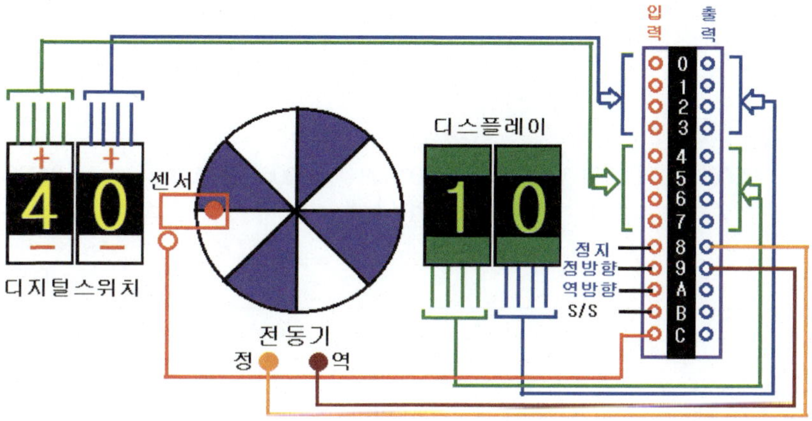

다. PLC I/O List.

구분		I/O 할당	기능설명	비고
입력	D_S	P0000~P0007	디지털스위치	회전수설정
	PB_0	P0008	정지버튼	
	PB_1	P0009	정방향버튼	
	PB_2	P000A	역방향버튼	
	S/S	P000B	Select Switch	2단(ON/OFF)
	SEN	P000C	센서	포토센서
출력	FND	P0020~P0027	전동기 회전수 표시	워드값
	F_RY	P0028	정방향 릴레이	
	R_RY	P0029	역방향 릴레이	
	GL	P002A	정지 표시등	녹색등
	RL_1	P002B	정방향 표시등	적색등
	RL_2	P002C	역방향 표시등	적색등

4) PLC 프로그램

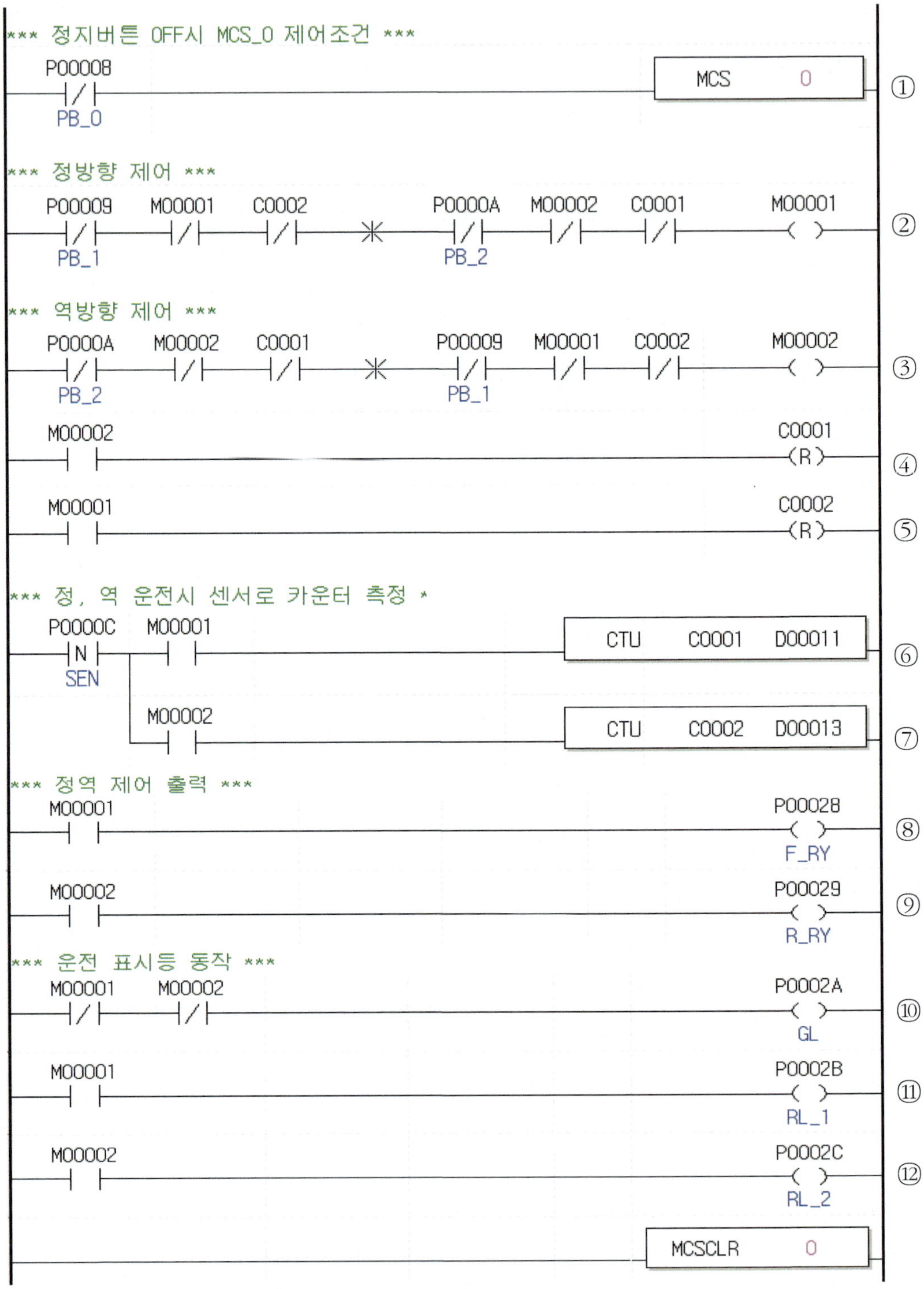

*** 정지버튼 OFF시 MCS_0 제어조건 ***
P00008
PB_0
MCS 0
①
*** 정방향 제어 ***
P00009 M00001 C0002 P0000A M00002 C0001 M00001
PB_1 PB_2
②
*** 역방향 제어 ***
P0000A M00002 C0001 P00009 M00001 C0002 M00002
PB_2 PB_1
③
M00002 C0001 R
④
M00001 C0002 R
⑤
*** 정, 역 운전시 센서로 카운터 측정 *
P0000C N M00001
SEN
CTU C0001 D00011
⑥
M00002
CTU C0002 D00013
⑦
*** 정역 제어 출력 ***
M00001 P00028
F_RY
⑧
M00002 P00029
R_RY
⑨
*** 운전 표시등 동작 ***
M00001 M00002 P0002A
GL
⑩
M00001 P0002B
RL_1
⑪
M00002 P0002C
RL_2
⑫
MCSCLR 0

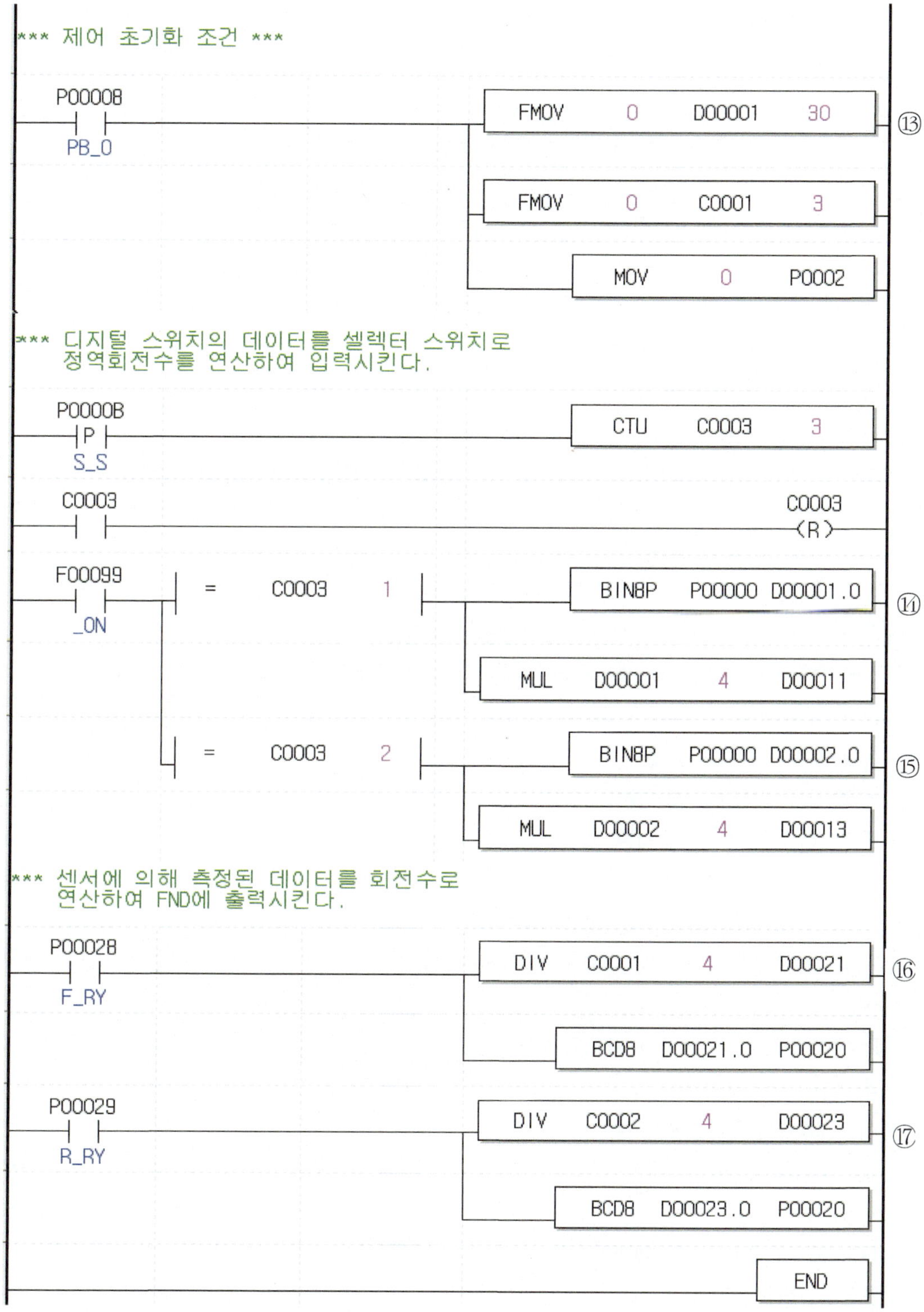
*** 제어 초기화 조건 ***
P00008
PB_0
FMOV 0 D00001 30
FMOV 0 C0001 3
MOV 0 P0002
⑬
*** 디지털 스위치의 데이터를 셀렉터 스위치로
정역회전수를 연산하여 입력시킨다.
P0000B
P
S_S
CTU C0003 3
C0003
C0003
R
F00099
_ON
= C0003 1
BIN8P P00000 D00001.0
MUL D00001 4 D00011
⑭
= C0003 2
BIN8P P00000 D00002.0
MUL D00002 4 D00013
⑮
*** 센서에 의해 측정된 데이터를 회전수로
연산하여 FND에 출력시킨다.
P00028
F_RY
DIV C0001 4 D00021
BCD8 D00021.0 P00020
⑯
P00029
R_RY
DIV C0002 4 D00023
BCD8 D00023.0 P00020
⑰
END

① 정지 버튼 PB0(P0008)의 B 접점에 의해서 MCS 0 ~ MCSCLR 0이 제어된다.

② 정방향 동작 접점(M0001) 제어

- PB1(P0009) : 수동 제어
- C0002 접점 : 자동 제어 (역방향일 때 회전수 카운터)
- P000A, M0002, C0001 : 인터록 접점

③ 역방향 동작 접점(M0002) 제어

- PB2(P000A) : 수동 제어
- C0001 접점 : 자동 제어 (정방향일 때 회전수 카운터)
- P0009, M0001, C0002 : 인터록 접점

④ 역방향 동작 접점(M0002) 동작시 정방향 회전수 카운터 리셋

⑤ 정방향 동작 접점(M0001) 동작시 역방향 회전수 카운터 리셋

⑥ 정방향 운전시 설정값 D00011에 해당하는 값만큼 카운팅 되어 C0001 접점 ON

예) 설정값(D00011)이 100이면 25회 회전하면 센서(P000C)에 의해서 C0001의 접짐이 ON (1회전 하면 4번 카운터 된다.)

⑦ 역방향 운전시 설정값 D00013에 해당하는 값만큼 카운팅 되어 C0002 접점 ON

⑧ 정방향 동작 접점(M0001)에 의하여 정방향 출력(P0028)

⑨ 역방향 동작 접점(M0002)에 의하여 역방향 출력(P0029)

⑩~⑫ 제어 표시등

- P002A : 정지 표시등
- P002B : 정방향 표시등
- P002C : 역방향 표시등

⑬ 정지 버튼 동작시 D00001~D00030, C0001~C0003, P002(FND : 디스플레이) 모두 초기화

⑭ 셀렉터 스위치 첫 번째 ON/OFF에 의하여

- 디지털 스위치(P000) 데이터 16진수의 값이 십진수로 D00001.0~D00001.7의 8 Bit로 저장
- (D00001 데이터 * 4)의 데이터를 D00011에 저장하여 정방향 카운터 설정값으로 지정하여 정방향 횟수 제어

⑮ 셀렉터 스위치 두 번째 ON/OFF에 의하여

- 디지털 스위치(P000) 데이터 16진수의 값이 십진수로 D00002.0~D00002.7의 8 Bit로 저장
- (D00002 데이터 * 4)의 데이터를 D00013에 저장하여 역방향 카운터 설정값으로 지정하여 역방향 횟수 제어

예) 정방향 횟수를 25회, 역방향 횟수를 40회로 제어하면

셀렉터 스위치 첫 번째 ON/OFF에 의하여 : 정방향 횟수를 25회

	F	E	D	C	B	A	9	8	7	6	5	4	3	2	1	0
P0000 (H0025)	0	0	0	0	0	0	0	0	0	0	1	0	0	1	0	1

⇩ BIN

	F	E	D	C	B	A	9	8	7	6	5	4	3	2	1	0
D0001 (25)	0	0	0	0	0	0	0	0	0	0	0	1	1	0	0	1

⇩ MUL 4

	F	E	D	C	B	A	9	8	7	6	5	4	3	2	1	0
D0011 (100)	0	0	0	0	0	0	0	0	0	1	1	0	0	1	0	0

셀렉터 스위치 두 번째 ON/OFF에 의하여 : 역방향 횟수를 40회

	F	E	D	C	B	A	9	8	7	6	5	4	3	2	1	0
P0000 (H0040)	0	0	0	0	0	0	0	0	0	1	0	0	0	0	0	0

⇩ BIN

	F	E	D	C	B	A	9	8	7	6	5	4	3	2	1	0
D0002 (40)	0	0	0	0	0	0	0	0	0	0	1	0	1	0	0	0

⇩ MUL 4

	F	E	D	C	B	A	9	8	7	6	5	4	3	2	1	0
D0013 (160)	0	0	0	0	0	0	0	0	1	1	0	0	0	0	0	0

⑯ 정방향 카운터의 현재값을 BCD 값으로 변환하여 FND에 출력

예) 정방향 카운터의 현재값이 84이면

	F	E	D	C	B	A	9	8	7	6	5	4	3	2	1	0
C0001 (84)	0	0	0	0	0	0	0	0	0	1	0	1	0	1	0	0

⇩ DIV 4

	F	E	D	C	B	A	9	8	7	6	5	4	3	2	1	0
D0021 (21)	0	0	0	0	0	0	0	0	0	0	0	1	0	1	0	1

⇩ BCD8

	F	E	D	C	B	A	9	8	7	6	5	4	3	2	1	0
P002 (H0021)	0	0	0	0	0	0	0	0	0	0	1	0	0	0	0	1

⑰ 역방향 카운터의 현재값을 BCD 값으로 변환하여 FND에 출력

5.8 숫자 입력기로 타이머 카운터 설정값 입력하기

1) 목적

- 내부메모리 영역을 이용하여 수 입력기를 제작하여 타이머, 카운터의 설정값을 입력할 수 있다.

2) 동작조건

- 수 입력기는 4자리까지 입력되어야 한다.
- 타이머 설정값 입력 시에는 1, 0, 0, 0 ⇨ TIM ⇨ ENT 하면 타이머 설정값이 100초 입력된다.
- 수 입력기의 데이터 삭제 시에는 CLR을 누른다.
- 카운터 설정값 입력 시에는 1, 0, 0, 0 ⇨ CNT ⇨ ENT 하면 카운터 설정값이 100 입력된다.
- 타이머와 카운터의 설정값을 D 영역과 M 영역을 이용하여 프로그램할 수 있다.

☞ 아래 그림은 동작을 시뮬레이션을 하기 위하여 XP-BUILDER를 이용하여 제작하였다.
☞ 여기서는 타이머 설정값 M0018, 카운터 설정값 M0020 워드를 사용하였음.

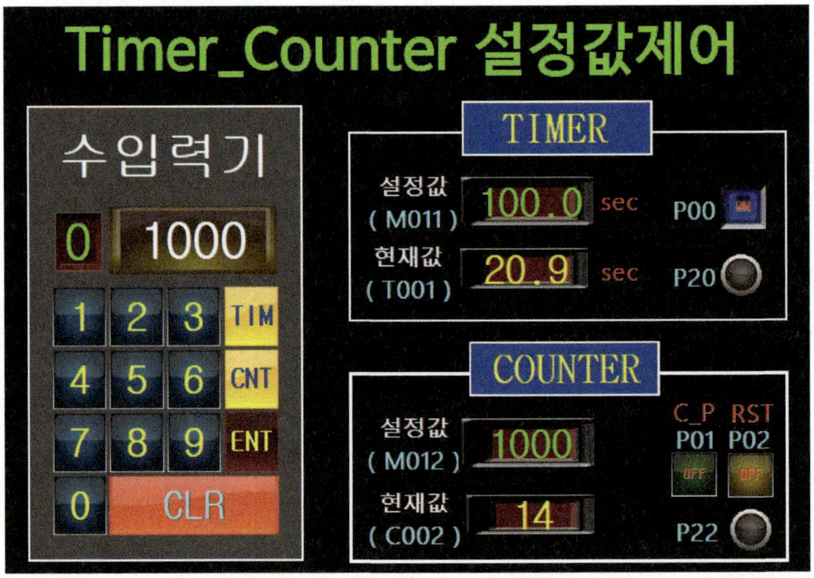

3) PLC I/O List.

구분	I/O 할당	기능설명	비고
0~9 버튼	M0000~M0009	0~9 수입력 버튼	bit
TIM버튼	M0011	TIM설정값 전송	bit, toggle
CNT버튼	M0012	CNT설정값 전송	bit, toggle
ENT버튼	M0013	설정값 전송 버튼	bit
CLR버튼	M0014	초기화 버튼	bit
0~9 저장	M002	0~9 저장	word
0000~9999	M010	0000~9999	word
타이머 설정값	M011	타이머 설정값	word
카운터 설정값	M012	카운터 설정값	word

4) PLC 프로그램

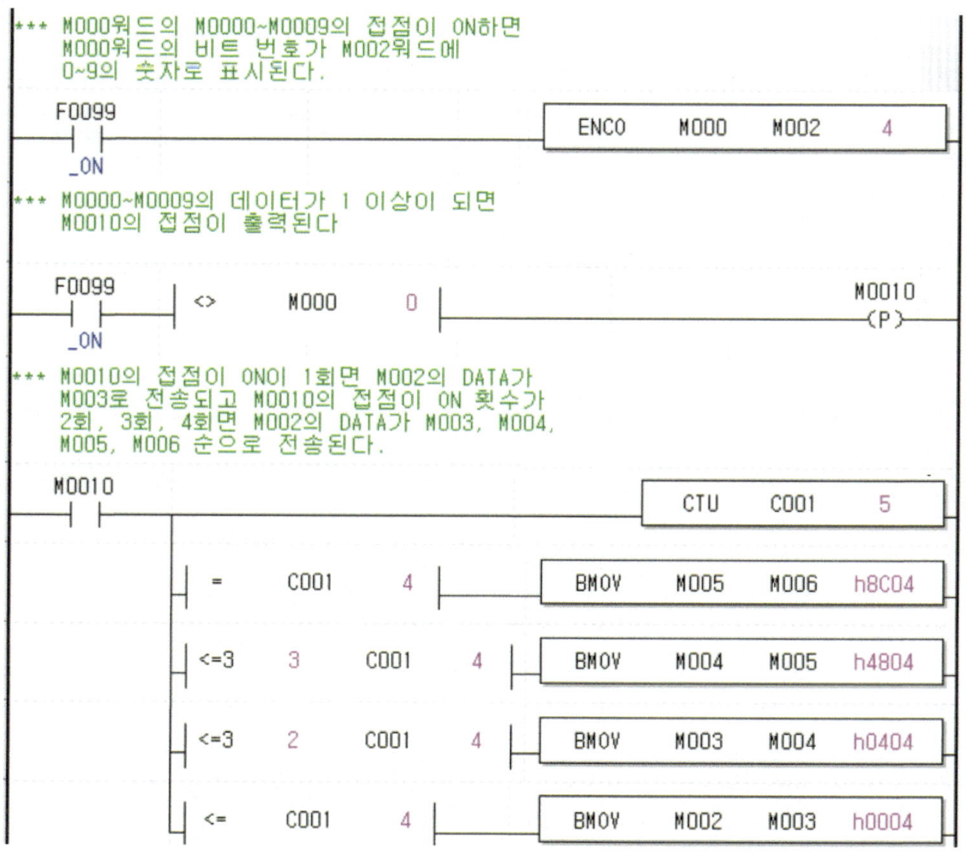

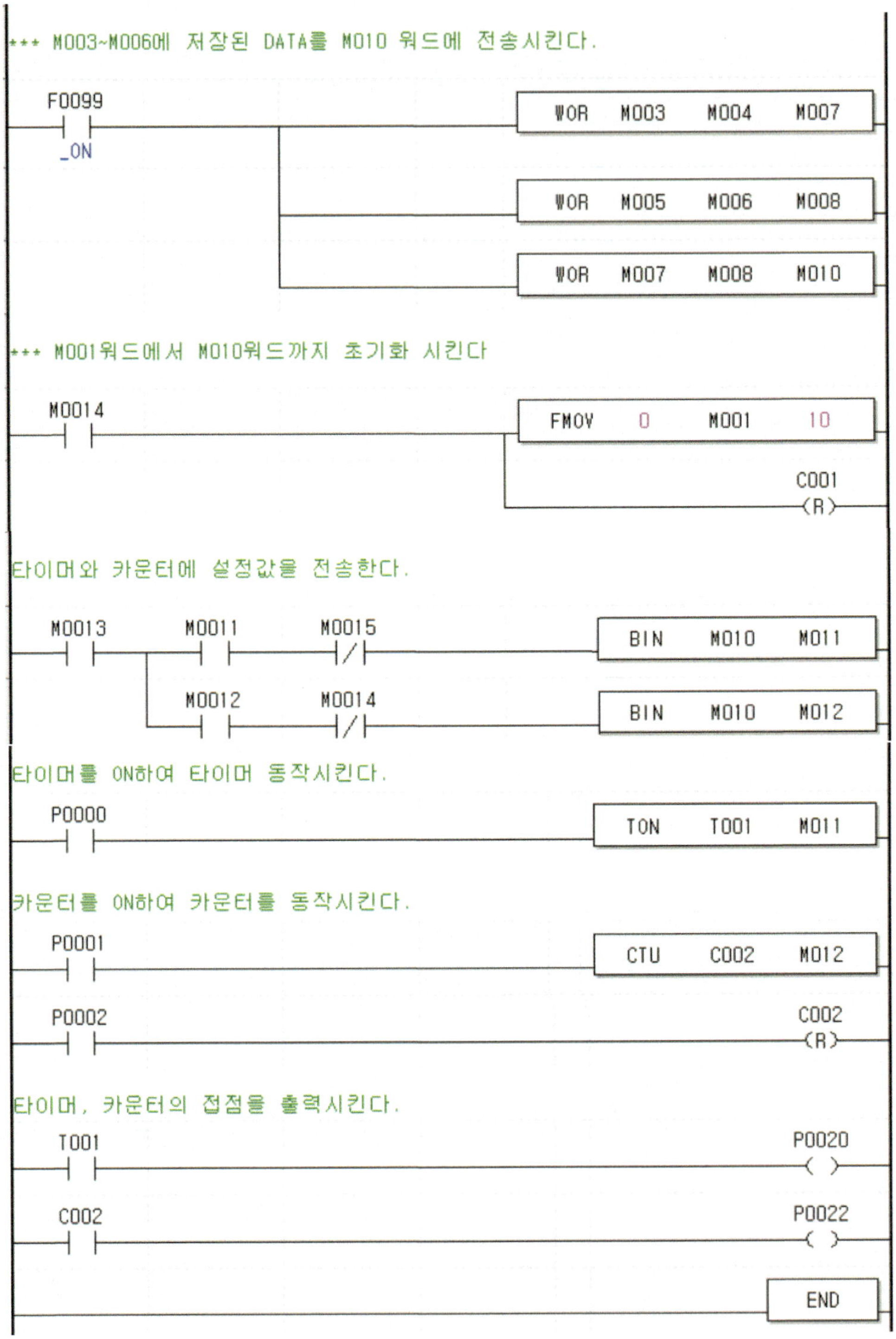
*** M003~M006에 저장된 DATA를 M010 워드에 전송시킨다.
F0099
_ON
WOR M003 M004 M007
WOR M005 M006 M008
WOR M007 M008 M010
*** M001워드에서 M010워드까지 초기화 시킨다
M0014
FMOV 0 M001 10
C001
R
타이머와 카운터에 설정값을 전송한다.
M0013
M0011
M0015
BIN M010 M011
M0012
M0014
BIN M010 M012
타이머를 ON하여 타이머 동작시킨다.
P0000
TON T001 M011
카운터를 ON하여 카운터를 동작시킨다.
P0001
CTU C002 M012
P0002
C002
R
타이머, 카운터의 접점을 출력시킨다.
T001
P0020
C002
P0022
END

5.9 사거리 신호등 제어

1) 목적

- MOV 명령을 이용하여 출력 데이터를 전송하여 사거리 신호등을 제어할 수 있다.
- 비교명령을 이용하여 출력 데이터를 순차적으로 제어할 수 있다.

나. 동작조건

- 기동 버튼(P0000)으로 타임 챠트를 참고하여 프로그램 하시오.(실제 신호체계와 무관)
- 기동 전에는 A 도로, B 도로 황색등이 1초 주기로 점멸한다.
- 횡단 보도 녹색등 점멸은 1초 ON, 1초 OFF 5회 반복한다.

☞ 아래 그림은 제어를 시뮬레이션 하기 위하여 XP-BUILDER를 이용하여 제작하였다.

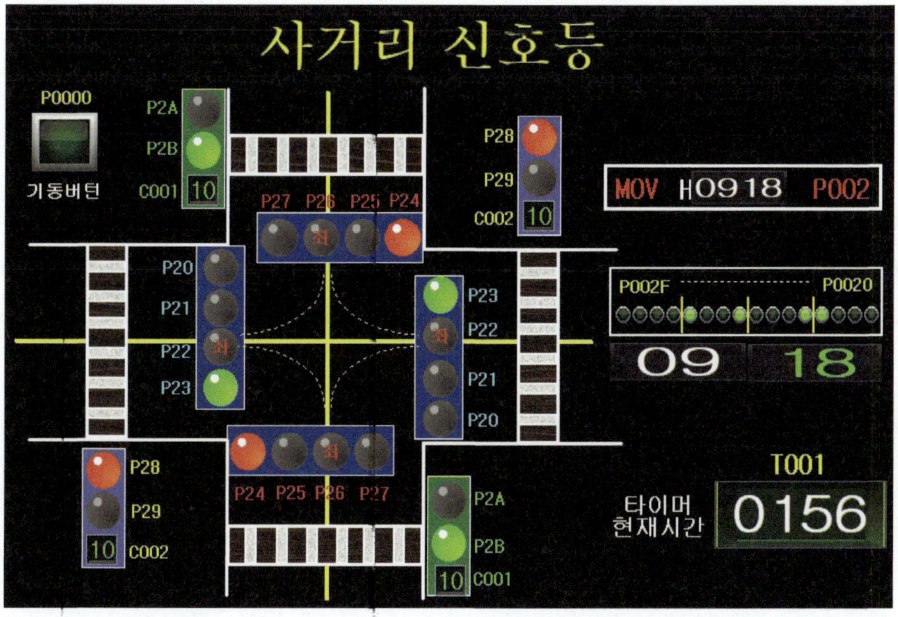

3) 타임 챠트

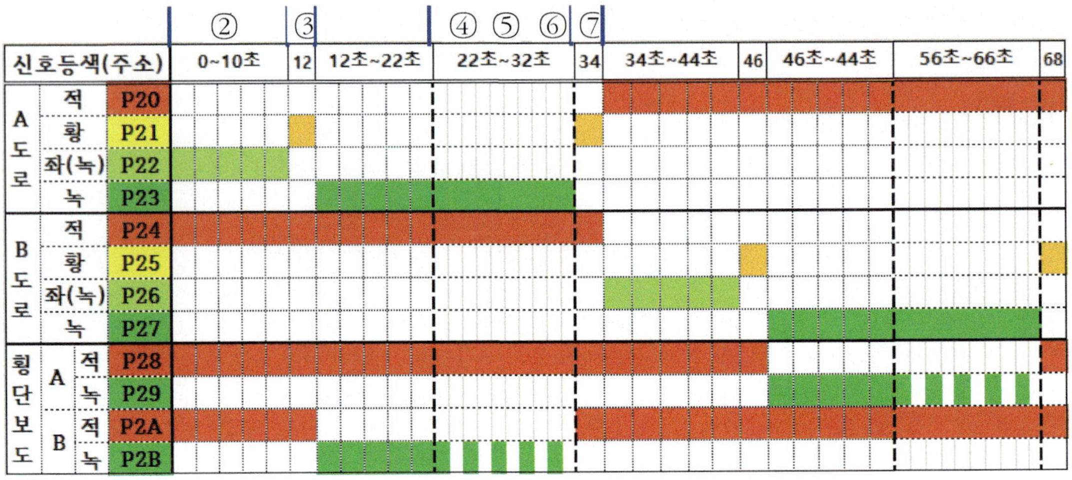

4) PLC I/O List.

구분		I/O 할당	기능설명	비고
입력	기동	P0000	신호등 제어	bit
출력	A도로	P0020~P0023	적, 황, 좌(녹), 녹	bit
	B도로	P0024~P0027	적, 황, 좌(녹), 녹	bit
	횡단A	P0028~P0029	적, 녹	bit
	횡단B	P002A~P002B	적, 녹	bit

5) PLC 프로그램

- 시간대별로 다중 출력 방식으로 데이터를 전송

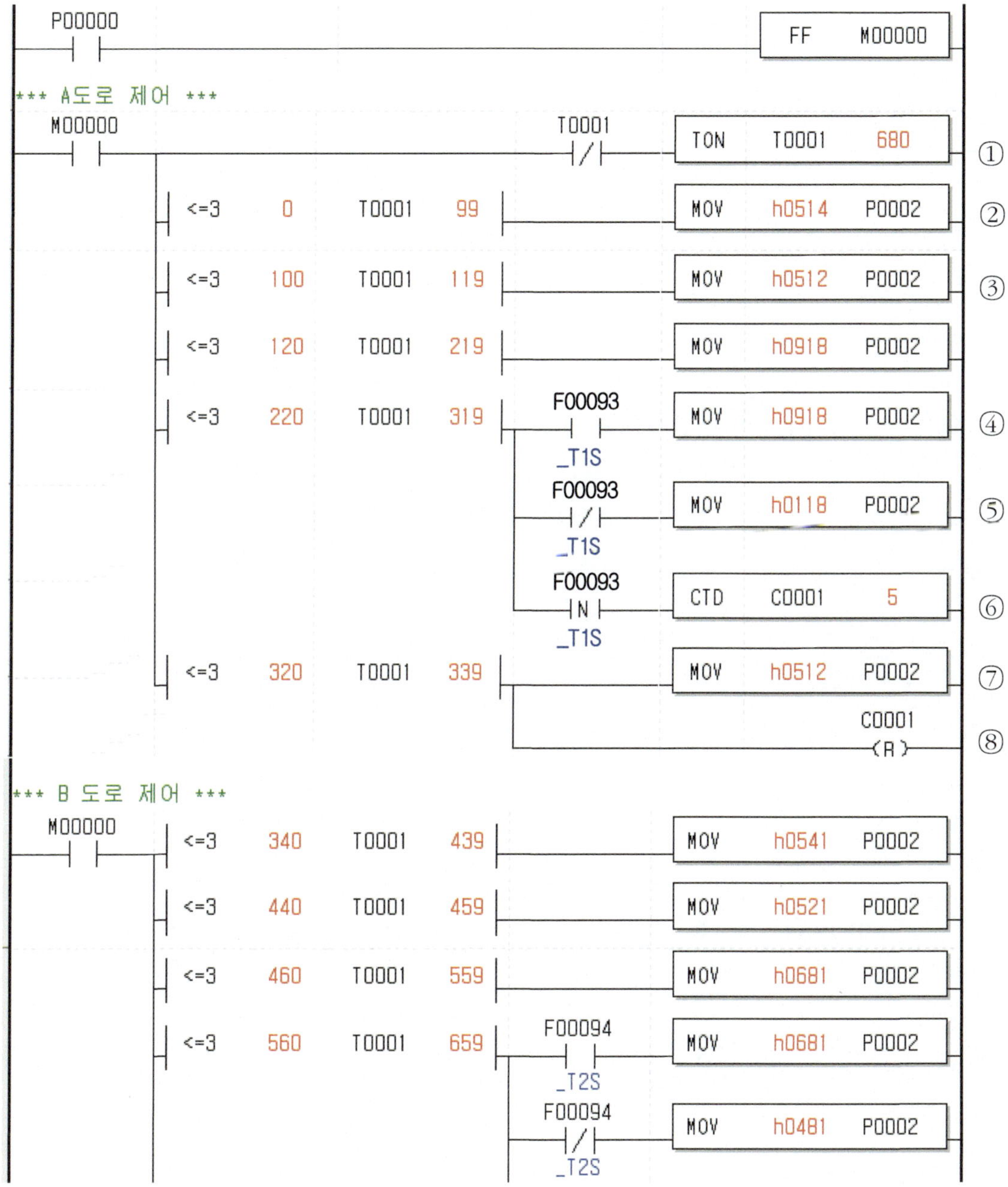

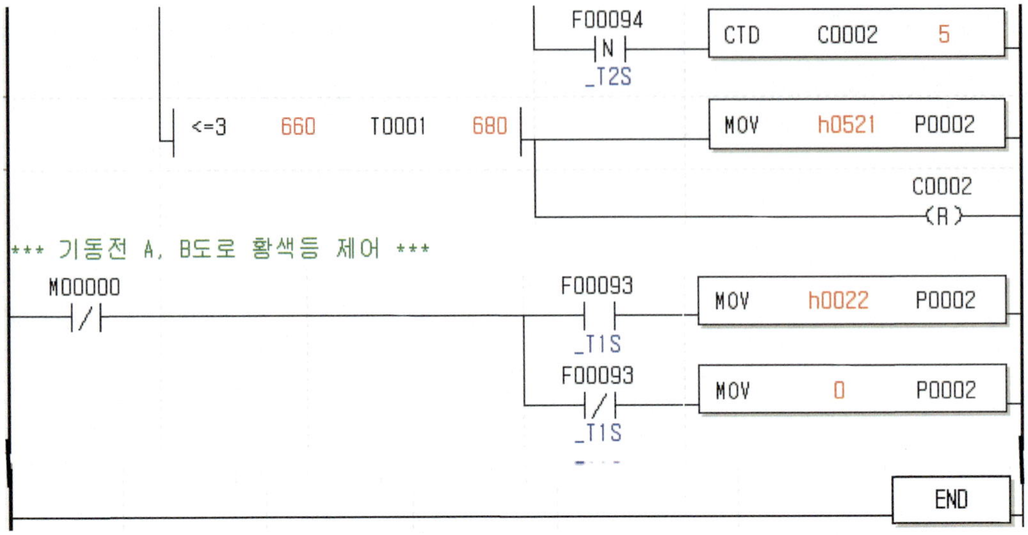

⑨

① 타임 차트의 1주기의 시간(0~68sec)을 타이머로 동작

② 타임 차트에서 0~10초 동안의 출력 데이터를 P0002 워드에 전송

ON 상태의 램프가 P0002A, P00028, P00024, P00022이므로 16진수로 표시하면 h0514이다.

	F	E	D	C	B	A	9	8	7	6	5	4	3	2	1	0
P0002	0	0	0	0	0	1	0	1	0	0	0	1	0	1	0	0
	0				5				1				4			

③ 타임 차트에서 10~12초 동안의 출력 데이터를 P0002 워드에 전송

	F	E	D	C	B	A	9	8	7	6	5	4	3	2	1	0
P0002	0	0	0	0	0	1	0	1	0	0	0	1	0	0	1	0
	0				5				1				2			

④, ⑤, ⑥ : 타임 차트에서 22~32초 동안의 출력 데이터를 P0002 워드에 전송

- 0.5초 ON일 때

	F	E	D	C	B	A	9	8	7	6	5	4	3	2	1	0
P0002	0	0	0	0	1	0	0	1	0	0	0	1	1	0	0	0
	0				9				1				8			

- 0.5초 OFF일 때

	F	E	D	C	B	A	9	8	7	6	5	4	3	2	1	0
P0002	0	0	0	0	0	0	0	1	0	0	0	1	1	0	0	0
	0				1				1				8			

⑨ 전체 동작전에 황색등 0.5초 ON, 0.5초 OFF 점멸

	F	E	D	C	B	A	9	8	7	6	5	4	3	2	1	0
P0002	0	0	0	0	0	0	0	0	0	0	1	0	0	0	1	0
	0				0				2				2			

5.10 PLC 시계 제어

1) 목적

- PLC DATERD 명령어를 이용하여 디지털시계를 제어할 수 있다.
- 타이머와 카운터를 이용하여 일반 디지털시계를 제어할 수 있다.
- 응용명령어를 이용하여 디지털시계의 제어를 응용할 수 있다.

2) 동작조건

- DATERD 날짜 시간 데이터 읽기 명령어를 이용하여 PLC의 시간을 데이터에 저장한다.
- PLC_시간은 아래와 같이 년(M0010), 월(M0011), 일(M0012), 시(M0013), 분(M0014), 초(M0015), 요일(M0020~M0022)에 저장한다.
- **맞춤_시간**은 시(C0003), 분(C0002), 초(C0002), 요일(D0010~D0012)에 저장된다.
- 아래 그림의 PLC_시간과 **맞춤 시간**은 P0000 START 버튼이 ON 하면 동작한다.
- **맞춤_시간**은 P0001, P0002, P0003에 의하여 분, 시간, 요일을 조정할 수 있다. (이때 각각의 버튼을 누를 때 1씩 증가, 2초 이상 길게 누르면 0.2초 간격으로 1씩 증가하여야 한다.)

☞ 아래 그림은 동작을 시뮬레이터 하기 위하여 XP-BUILDER를 이용하여 제작하였다.

3) PLC I/O List.

구분		I/O 할당	기능설명	비고
입력	START	P0000	시간 제어 기동 버튼	bit
	MIN	P0001	맞춤_시간 분 조정 버튼	bit
	HOUR	P0002	맞춤_시간 시 조정 버튼	bit
	WEEK	P0003	맞춤_시간 요일 조정 버튼	bit
년 숫자표시기		M0010	PLC_시간 년 데이터	word
월 숫자표시기		M0011	PLC_시간 월 데이터	word
일 숫자표시기		M0012	PLC_시간 일 데이터	word
시 숫자표시기		M0013	PLC_시간 시 데이터	word
분 숫자표시기		M0014	PLC_시간 분 데이터	word
초 숫자표시기		M0015	PLC_시간 초 데이터	word
요일 숫자표시기		M0020~M0022	PLC_시간 요일 데이터	word
초 숫자표시기		C0001	맞춤_시간 초 데이터	word
분 숫자표시기		C0002	맞춤_시간 분 데이터	word
시 숫자표시기		C0003	맞춤_시간 시 데이터	word
요일 숫자표시기		D0010~D0012	맞춤_시간 요일 데이터	word

라. PLC 프로그램

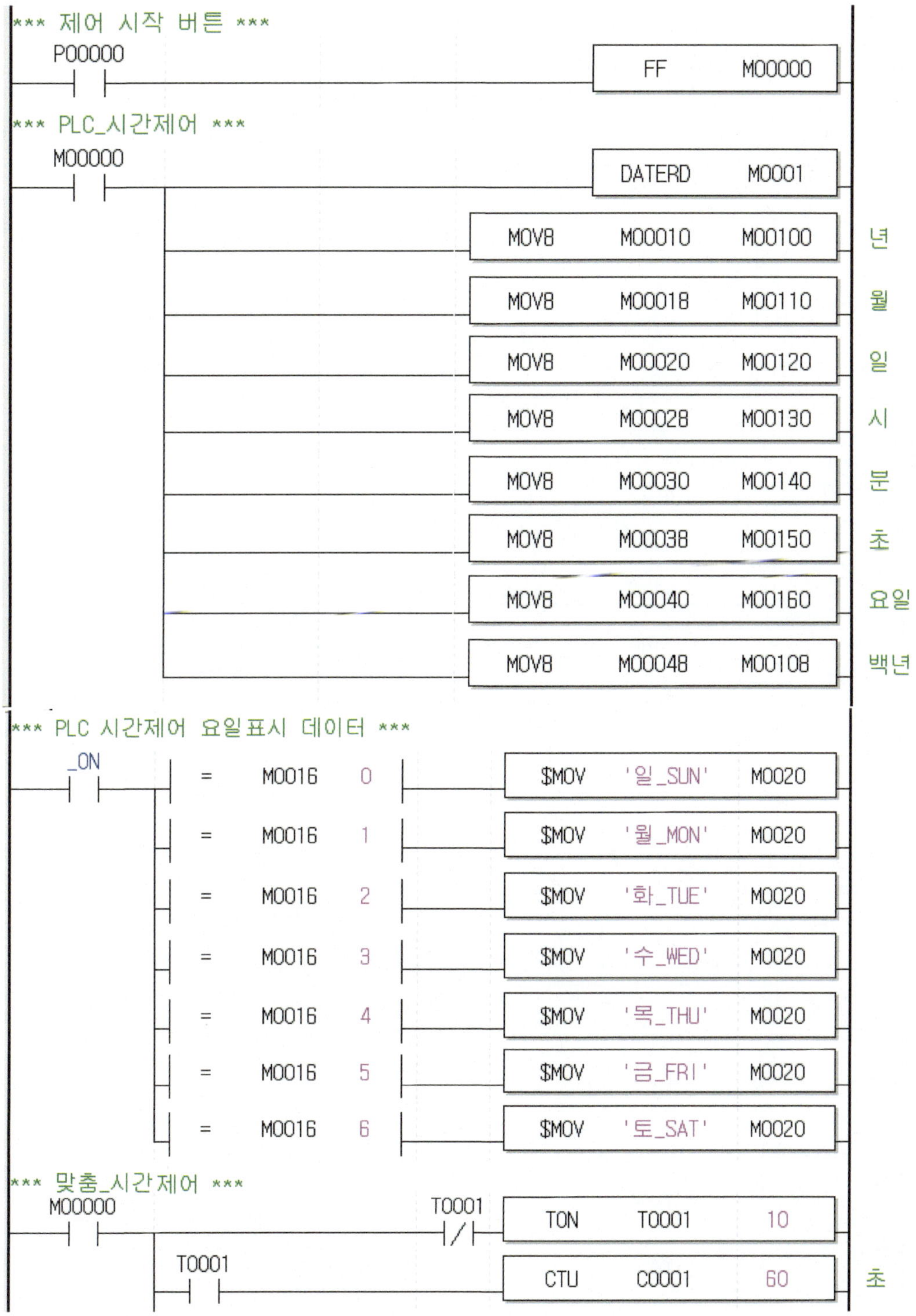
*** 제어 시작 버튼 ***
P00000
FF M00000
*** PLC_시간제어 ***
M00000
DATERD M0001
MOV8 M00010 M00100 년
MOV8 M00018 M00110 월
MOV8 M00020 M00120 일
MOV8 M00028 M00130 시
MOV8 M00030 M00140 분
MOV8 M00038 M00150 초
MOV8 M00040 M00160 요일
MOV8 M00048 M00108 백년
*** PLC 시간제어 요일표시 데이터 ***
_ON
= M0016 0
$MOV '일_SUN' M0020
= M0016 1
$MOV '월_MON' M0020
= M0016 2
$MOV '화_TUE' M0020
= M0016 3
$MOV '수_WED' M0020
= M0016 4
$MOV '목_THU' M0020
= M0016 5
$MOV '금_FRI' M0020
= M0016 6
$MOV '토_SAT' M0020
*** 맞춤_시간제어 ***
M00000
T0001
TON T0001 10
T0001
CTU C0001 60 초

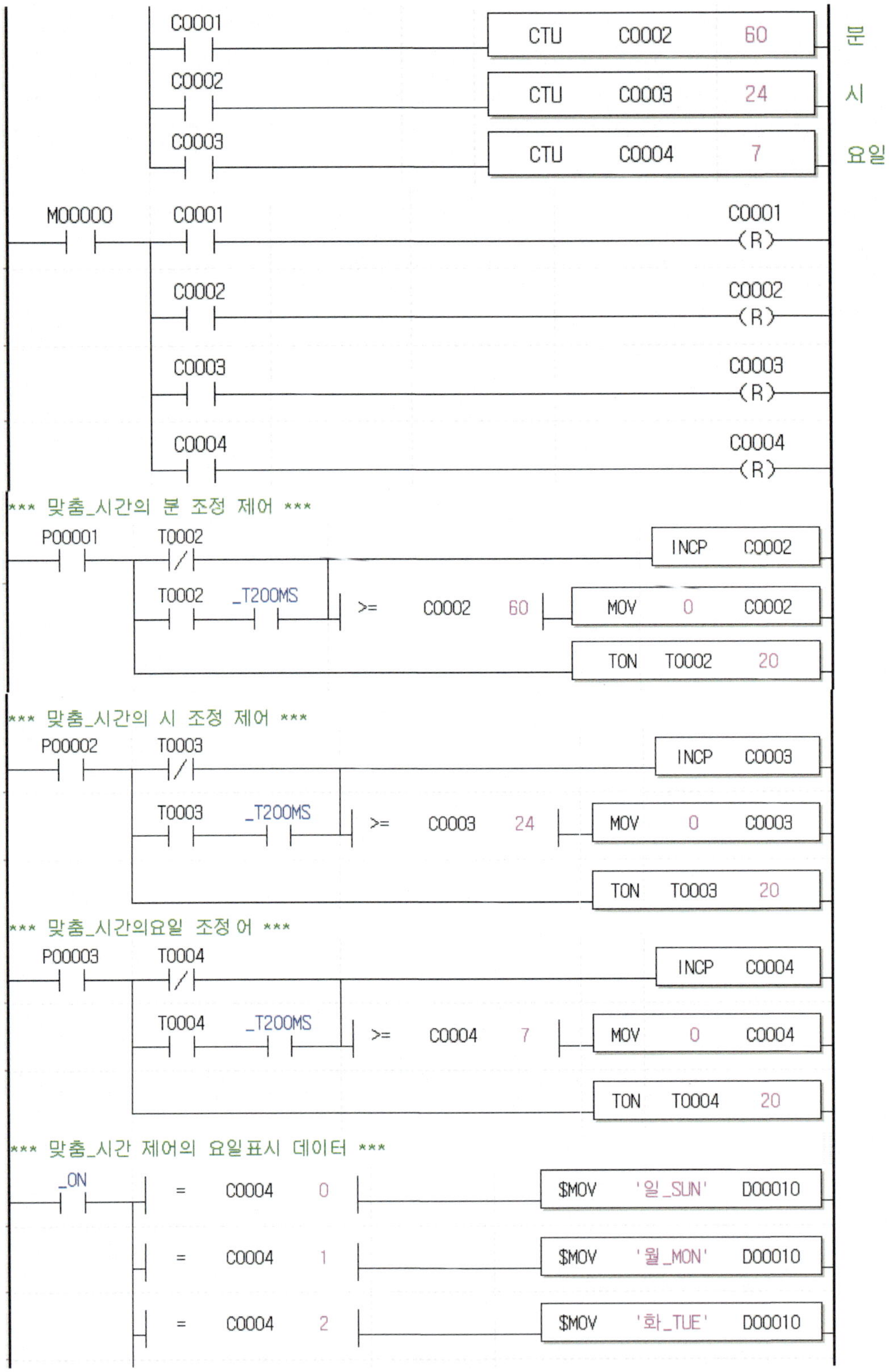
C0001
CTU C0002 60
분
C0002
CTU C0003 24
시
C0003
CTU C0004 7
요일
M00000
C0001
C0001 (R)
C0002
C0002 (R)
C0003
C0003 (R)
C0004
C0004 (R)
*** 맞춤_시간의 분 조정 제어 ***
P00001
T0002
INCP C0002
T0002 _T200MS
>= C0002 60
MOV 0 C0002
TON T0002 20
*** 맞춤_시간의 시 조정 제어 ***
P00002
T0003
INCP C0003
T0003 _T200MS
>= C0003 24
MOV 0 C0003
TON T0003 20
*** 맞춤_시간의요일 조정 어 ***
P00003
T0004
INCP C0004
T0004 _T200MS
>= C0004 7
MOV 0 C0004
TON T0004 20
*** 맞춤_시간 제어의 요일표시 데이터 ***
_ON
= C0004 0
$MOV '일_SUN' D00010
= C0004 1
$MOV '월_MON' D00010
= C0004 2
$MOV '화_TUE' D00010

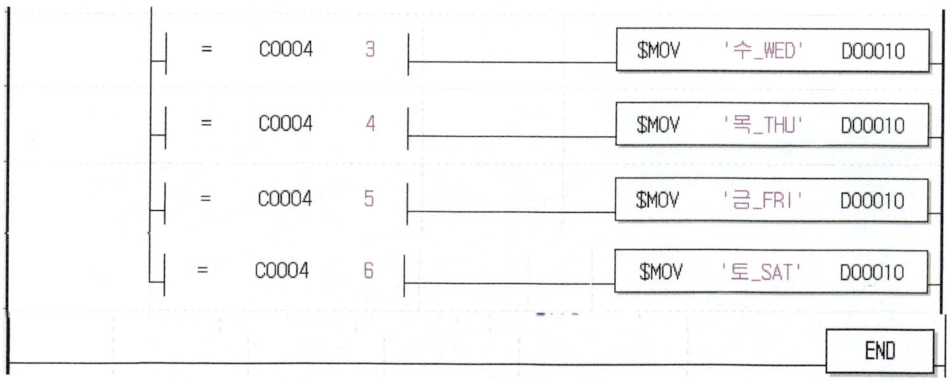

5.11 난수 맞추기 게임

1) 목적

- PLC 특수 명령어를 이용하여 난수를 만들 수 있다.
- 모니터에서 난수의 범위를 정할 수 있다.
- 인덱스 레지스터(Z) 이용한 프로그램을 응용할 수 있다.
- TCMP, SCHP 등 응용명령어를 이해할 수 있다.

2) 동작조건

- 토글스위치에 의해서 난수 1, 난수 2를 10개씩 생성한다.
- 10개의 난수는 같지 않아야 한다.
- 난수의 범위는 1~99까지 변경 가능 하여야 한다.
- 아래 그림과 같이 난수 1과 난수 2가 생성되면 토글스위치 ON에 의해서 같은 수가 있으면 램프가 점등되고 난수 1의 위치 번호가 확인되어야 한다. (아래 그림 참고)
- 확인 토글스위치 OFF에 의하여 초기 상태가 되어야 한다.

☞ 아래 그림은 동작을 시뮬레이션 하기 위하여 XP-BUILDER를 이용하여 제작하였다.

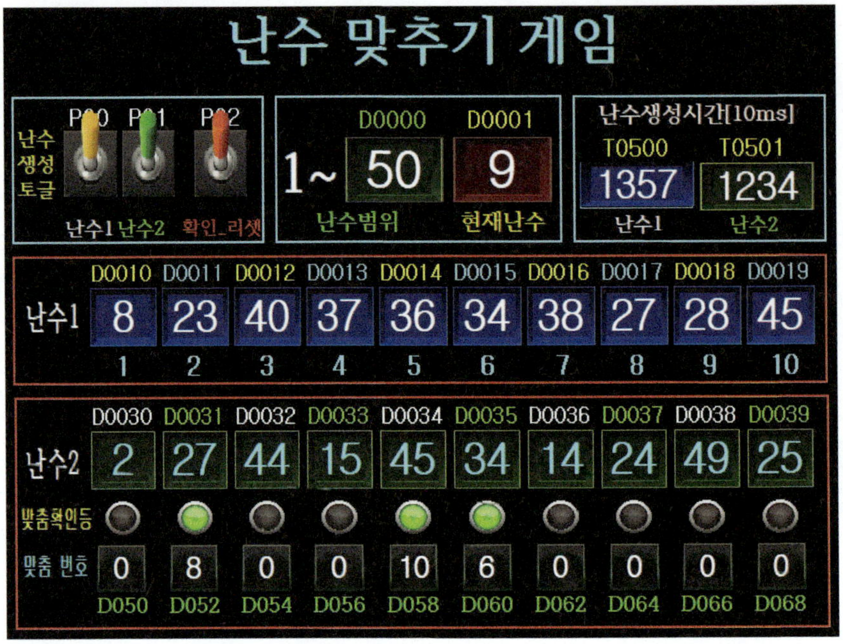

3) PLC I/O List.

구분		I/O 할당	기능설명	비고
입력	난수1 토글SW	P0000	ON하면 난수1 10개 생성	bit
	난수2 토글SW	P0001	ON하면 난수2 10개 생성	bit
	확인_리셋 토글SW	P0002	ON하면 같은 난수를 확인, OFF하면 초기화	bit
난수 범위		D0000	난수 범위 지정	word
현재 난수		D0001	실시간 생성되는 난수 표시	word
난수 1		D0010~D0019	생성된 난수 1 저장	word
난수 2		D0030~D0039	생성된 난수 2 저장	word
검색 디바이스		D0050~D0069	난수1, 난수2의 값 검색과 확인에 필요한 디바이스	word
난수 1 생성시간		T0500	난수 1의 10개 생성된 시간	word
난수 2 생성시간		T0501	난수 2의 10개 생성된 시간	word

4) PLC 프로그램

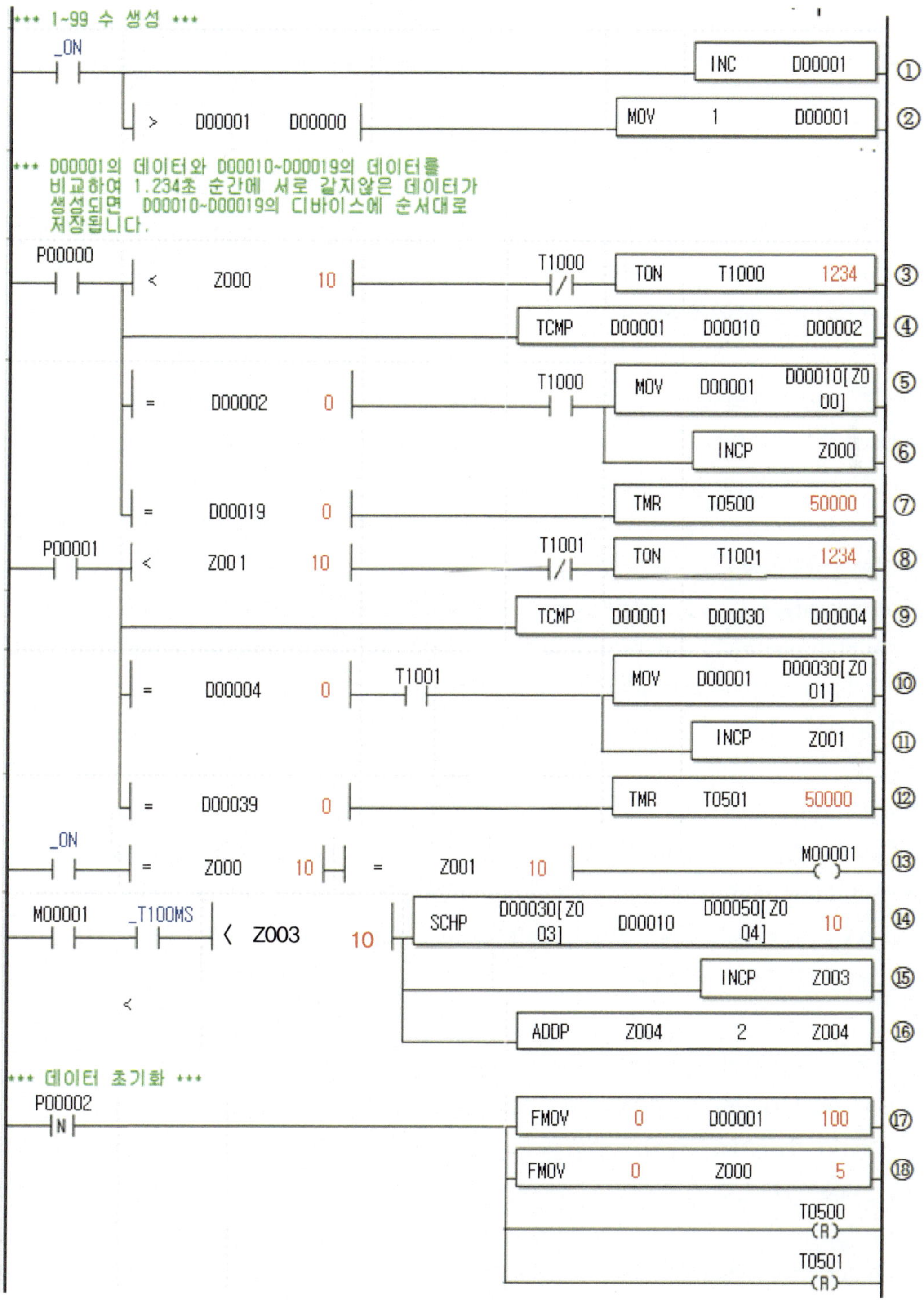
*** 1~99 수 생성 ***
_ON
INC D00001
> D00001 D00000
MOV 1 D00001
*** D00001의 데이터와 D00010~D00019의 데이터를 비교하여 1.234초 순간에 서로 같지않은 데이터가 생성되면 D00010~D00019의 디바이스에 순서대로 저장됩니다.
P00000
< Z000 10
T1000
TON T1000 1234
TCMP D00001 D00010 D00002
= D00002 0
MOV D00001 D00010[Z000]
INCP Z000
= D00019 0
TMR T0500 50000
P00001
< Z001 10
T1001
TON T1001 1234
TCMP D00001 D00030 D00004
= D00004 0
MOV D00001 D00030[Z001]
INCP Z001
= D00039 0
TMR T0501 50000
= Z000 10
= Z001 10
M00001
M00001 _T100MS
< Z003 10
SCHP D00030[Z003] D00010 D00050[Z004] 10
INCP Z003
ADDP Z004 2 Z004
*** 데이터 초기화 ***
P00002
FMOV 0 D00001 100
FMOV 0 Z000 5
T0500
T0501
①
②
③
④
⑤
⑥
⑦
⑧
⑨
⑩
⑪
⑫
⑬
⑭
⑮
⑯
⑰
⑱

① RUN 됨과 동시에 D00001에 1씩 스캔 단위로 증가한다.

② D00001의 값은 D00000보다 크면 D00001에 1이 전송된다.

D00000의 데이터는 화면에서 숫자 입력기에서 입력시킬 수 있다.

예) D00000의 데이터 값이 40이면 1~40 범위 내에서 D00001에 스캔 타임 단위로 표시된다.

③~⑦ : 난수 1의 값 제어에 관한 내용

③ 난수의 개수가 10개 미만이면 1.234초 간격으로 T1000의 출력이 발생한다.

④ 입력신호인 P00000이 On 되면 D00001에 생성된 난수 1의 데이터와 D00010부터 16개(D00010~D00025) 워드 영역의 데이터를 비교하여 D00002 영역에 비교한 결과값(같으면 1, 다르면 0)을 저장한다.

⑤~⑥ : 난수 1의 값이 D00010~D00019 디바이스에 저장에 관한 내용

⑤ D00002의 데이터가 "0"(D00002.0~D00002.F의 데이터가 "0")이면 D00001의 데이터와 D00010~D00019의 데이터가 같은 것이 없다는 뜻이 된다. 따라서 같은 데이터가 아니면 1.234초 간격으로 D00010부터 D00019 디바이스 순으로 D00001의 데이터를 저장한다.

⑥ 인덱스 레지스터 Z000의 데이터가 조건이 만족하면 1씩 증가한다.

예) D00001=5, D00010=0이면 D00001의 데이터와 D00010의 데이터가 같지 않으므로 D00002의 데이터가 "0"이 된다. 이때 T1000의 출력이 ON 하면 D00010[Z000]에서 Z000=0이므로 D00010=5가 저장되고 Z000=1이 저장된다.

⑦ 난수 1의 데이터가 D00010~D00019에 모두 저장되는 시간이다.

⑧~⑫ : 난수 2의 값 제어에 관한 내용

⑧ 난수의 개수가 10개 미만이면 1.234초 간격으로 T1001의 출력이 발생한다.

⑨ 입력신호인 P00001이 On 되면 D00001에 생성된 난수 1의 데이터와 D00030부터 16개(D00030~D00045) 워드 영역의 데이터를 비교하여 D00004 영역에 비교한 결과값(같으면 1, 다르면 0)을 저장한다.

⑩~⑪ : 난수 2의 값이 D00030~D00039 디바이스에 저장에 관한 내용

⑩ D00004의 데이터가 "0"(D00004.0~D00004.F의 데이터가 "0")이면 D00001의 데이터와 D00030~D00039의 데이터가 같은 것이 없다는 뜻이 된다. 따라서 같은 데이터가 아니면 1.234초 간격으로 D00030부터 D00039 디바이스 순으로 D00001의 데이터를 저장한다.

⑪ 인덱스 레지스터 Z001의 데이터가 조건이 만족하면 1씩 증가한다.

예) D00001=5, D00030=21, D00031=0이면 D00001의 데이터와 D00031의 데이터가 같지 않으므

로 D00004의 데이터가 “0”이 된다. 이때 T1001의 출력이 ON 하면 D00030[Z000]에서 Z000=1이므로 D00031=5가 저장되고 Z001=2가 저장된다.

⑫ 난수 2의 데이터가 D00030~D00039에 모두 저장되는 시간이다.

⑬ Z000=10 : 난수 1의 데이터가 D00010~D00019에 모두 저장된 후에 Z000의 데이터가 10이 된다. 이것은 난수 1의 개수가 10개 생성되었음을 뜻한다. 따라서 난수 1과 난수 2의 개수가 모두 10개씩 생성되었을 때 M00001의 접점이 ON 된다.

⑭~⑯ : 난수 1, 난수 2의 값 검색에 관한 내용

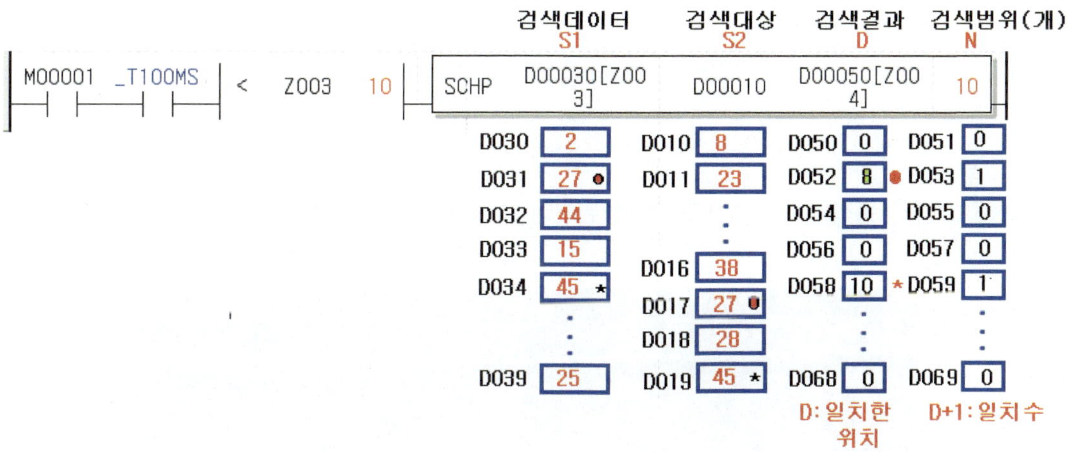

⑭ SCH 명령어에서 첫 번째 찾은 값의 주소를 D에 저장하고 S1과 같은 값의 총수를 D+1에 저장한다.

예) 위 그림에서 난수 2의 두 번째 숫자 27은 난수 1의 8번째 숫자와 같으므로 D00052(D) 워드에는 “8”이 저장되고 D00053(D+1)에는 같은 값의 총수인 “1”이 저장된다.

⑮ 위 그림에서 S1 : D00030[Z003]의 디바이스 주소를 Z003의 데이터 값이 1씩 증가함에 따라 D00030, D00031, D00032, …… D00039 주소가 증가한다.

⑯ 위 그림에서 D : D00050[Z004]의 디바이스 주소를 Z004의 데이터 값이 2씩 증가함에 따라 D00050, D00052, D00054, …… D00068 주소가 증가한다.

⑰~⑱ : 데이터 초기화에 관한 내용

⑰ P00002가 OFF될 때 D00001~D00100의 데이터가 “0”으로 초기화된다.

⑱ P00002가 OFF될 때 Z000~Z004의 데이터가 “0”으로 초기화된다.

5.12 구구단 연산하기

1) 목적

- 인덱스 레지스터(Z)를 이용한 프로그램을 응용할 수 있다.
- INC(P), MOV, MUL 등 응용명령어를 이해할 수 있다.

2) 동작조건

- 구구단의 단수를 19단까지 입력하도록 한다.
- 구구단 연산한 값은 단계별, 스캔 타임으로 증가하여 데이터 레지스터(D)에 저장하도록 한다.

☞ 아래 그림은 동작을 시뮬레이션 하기 위하여 XP-BUILDER를 이용하여 제작하였다.

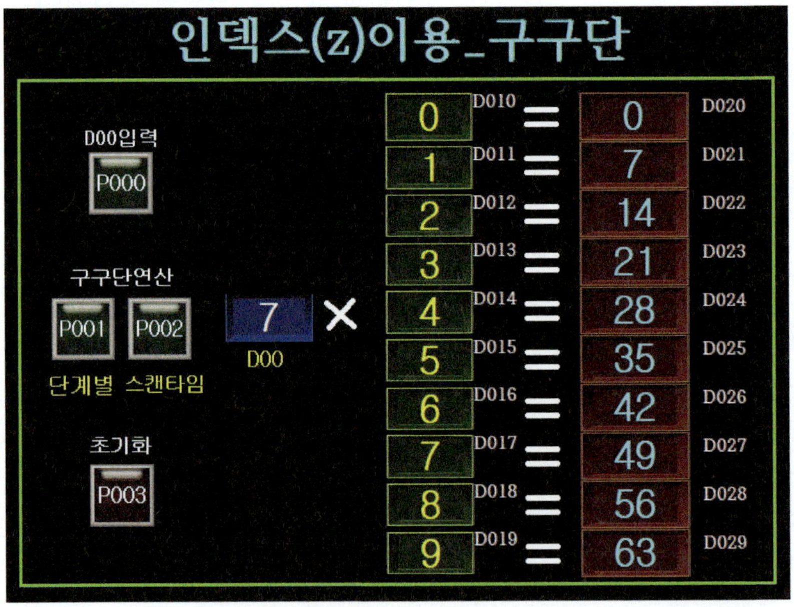

3) 프로그램

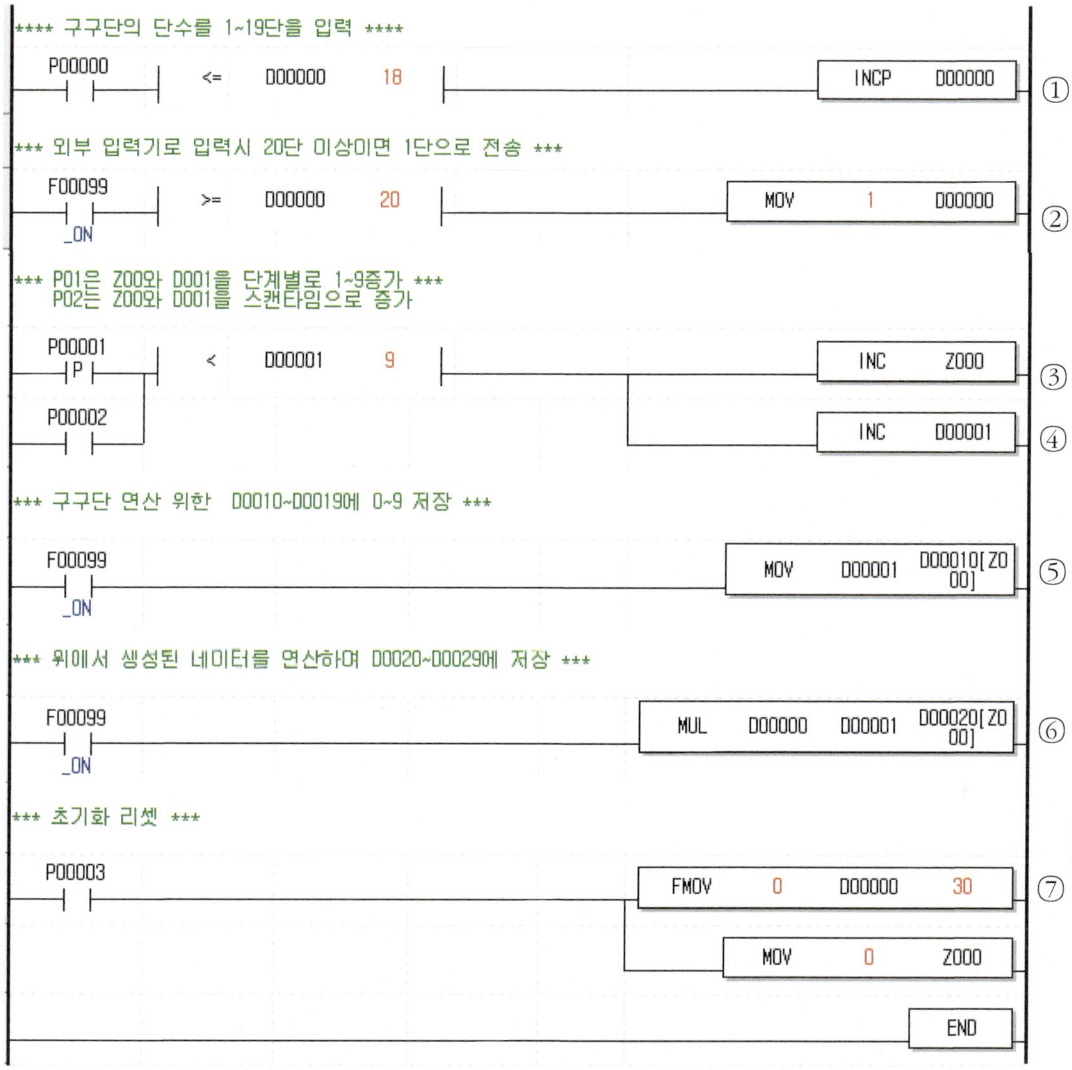

① P00000를 ON/OFF 하면 D00000의 데이터가 1씩 증가하여 1~19의 값이 저장된다.

② D00000의 데이터가 20 이상이면 D00000에 1이 전송된다.

③ P00001을 ON 할 때마다 Z000와 D00001의 데이터가 1씩 증가하여 1~9의 값이 저장된다.

④ P00002를 ON 하면 Z000와 D00001의 데이터가 스캔 타임으로 1씩 증가하여 1~9의 값이 저장된다.

⑤ ③과 ④에서 값이 1이면 1이 D00010+1 디바이스에 저장되고, 값이 2이면 2가 D00010+2 디바이스에 저장되고, 값이 3이면 3이 D00010+3 디바이스에 저장되고, 값이 9면 9가

D00010+9, 즉 D00019에 9가 저장된다.

⑥ 위에서 저장된 값을 MUL 연산하여 D00020~D00029 디바이스에 저장한다.

⑦ P00003을 ON 하면 D00000~D00029, Z000의 데이터가 0이 되어 초기 상태가 된다.

CHAPTER

06

PLC 공압제어

6.1 단동 실린더 수동 및 자동제어

1) 목적

- 단동 실린더를 이해하고 프로그램을 할 수 있다.
- 변위 선도를 이해하고 작성할 수 있다.
- 센서를 이해하고 배선할 수 있다.

2) 동작 조건

- 버튼 PB1을 누르면 릴레이 X0가 자기 유지되어 단동 실린더가 전진하고, 버튼 PB0을 누르면 X0가 자기 유지 해제되어 실린더가 후진한다.
- 센서 S1, S2에 의해서 자동으로 전진, 후신을 반복한다.

3) 공압 회로도와 전기회로도

(1) 수동 제어

- 초기 상태 : 실린더는 후진 상태가 된다.

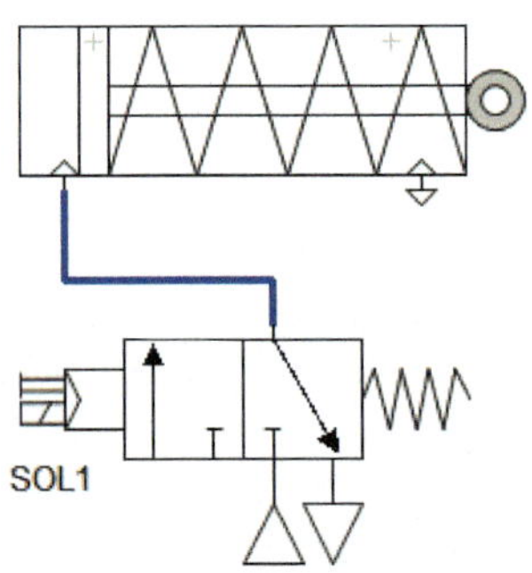

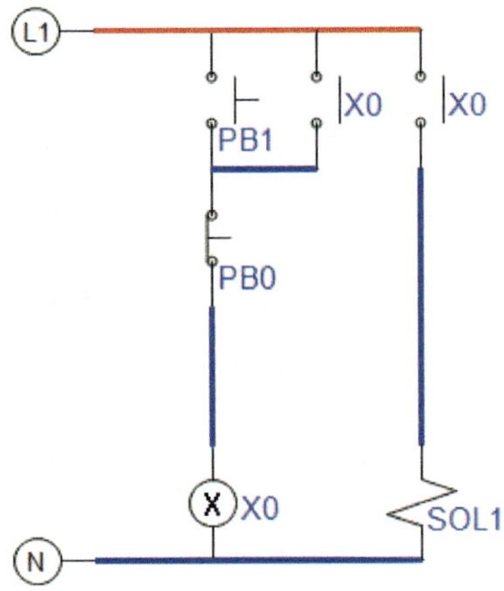

- 전진시 : PB1 ON ⇨ X0여자(자기 유지) ⇨ SOL1 동작 ⇨ 밸브의 제어 위치가 전환 ⇨ 실린더 전진
- 후진시 : PB0 ON ⇨ X0소자 ⇨ SOL1 소자 ⇨ 스프링의 힘에 의해 밸브의 제어 위치가 초기 상태 전환 ⇨ 실린더 후진

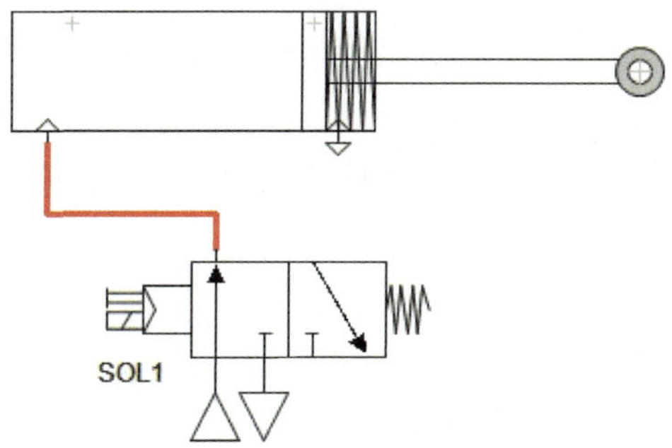

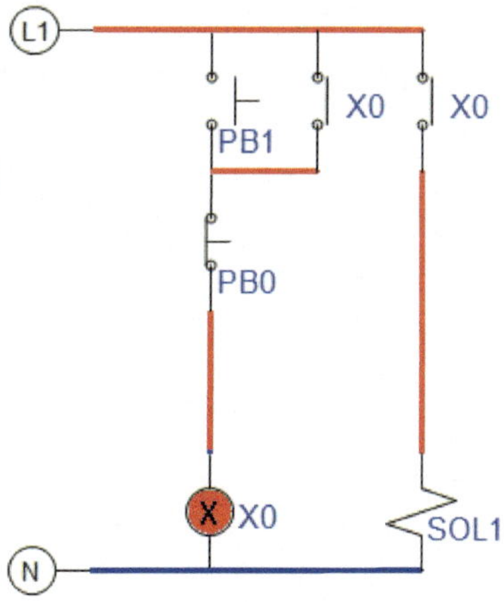

(2) 자동 연속 반복제어

가) 변위 선도

단계	1 A+	2 A−	3	4
실린더_A				
SEN	S1	S2		
보조계전기	X1	X2		

① 1단계 : 실린더_A 전진하면 S1 동작

② 2단계 : 실린더_A 후진하면 S2 동작

- 초기 상태 : 실린더는 후진 상태가 된다.

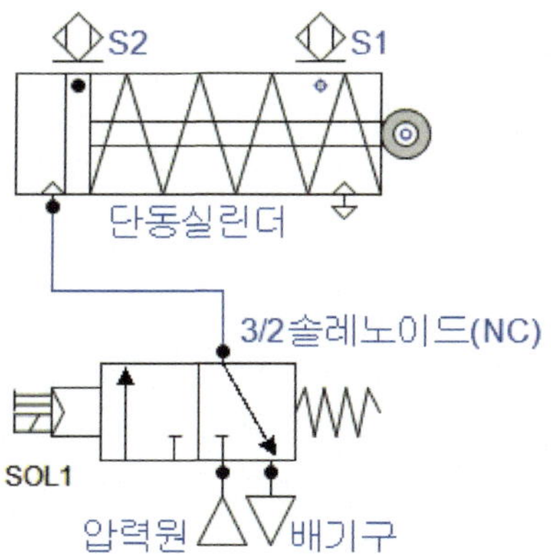

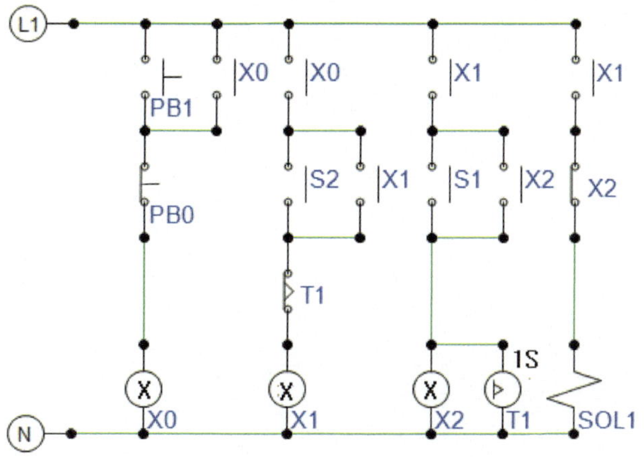

- 전진시 : PB1 ON ⇨ X0여자(자기 유지) ⇨ S2 ON ⇨ X1 여자 ⇨ SOL1 여자 ⇨ 실린더 전진 ⇨ S2 OFF, S1 ON
- 후진시 : S1 ON ⇨ X2 여자 ⇨ SOL1 소자 ⇨ 스프링의 힘에 의해 밸브의 제어 위치가 초기 상태 전환 ⇨ 실린더 후진 ⇨ S1 OFF, S2 ON
- 이때 전기제어 회로도 T1에 의하여 X1, X2가 초기 상태로 되어 아래와 같이 계속 반복 동작을 한다.

4) PLC I/O List.

구분		I/O 할당	기능설명	비고
입력	PB0	P0000	정지 버튼	
	PB1	P0001	기동 버튼	
	S1	P0002	전진후 감지 센서	자기근접센서
	S2	P0003	후진후 감지 센서	“
출력	SOL1	P0020	압축공기 방향전환	3/2위치 편솔
X0		M0000	자기유지 릴레이	
X1~X2		M0001~M0002	단계별 릴레이	

5) PLC 프로그램 : 자동 연속 반복제어

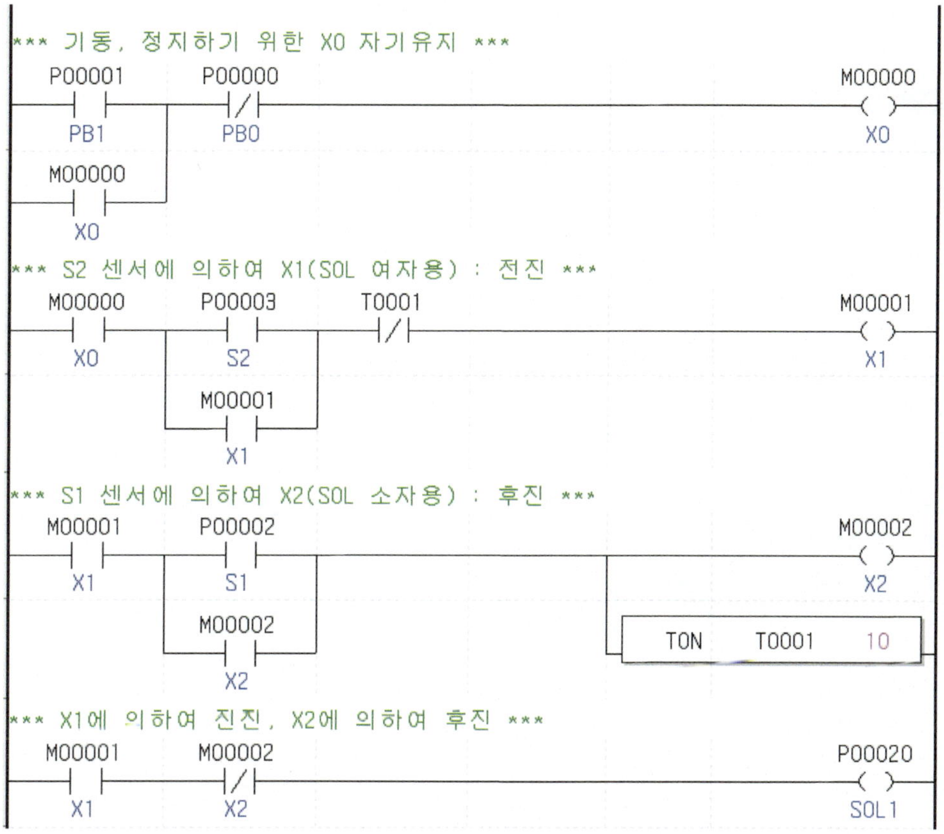

6.2 복동 실린더 수동 및 자동제어

1) 목적

- 복동 실린더를 이해하고 프로그램을 할 수 있다.
- 변위 선도를 이해하고 작성할 수 있다.
- 센서를 이해하고 배선할 수 있다.

2) 동작 조건

- 버튼 PB1을 누르면 릴레이 X0가 자기 유지되어 복동 실린더가 전진하고, 버튼 PB0을

누르면 X0가 자기 유지 해제되어 실린더가 후진한다.

- 센서 S1, S2에 의해서 자동으로 전진, 후진을 반복한다.

3) 공압 회로도와 전기회로도

(1) 수동 제어

- 초기 상태 : 실린더는 후진 상태가 된다.

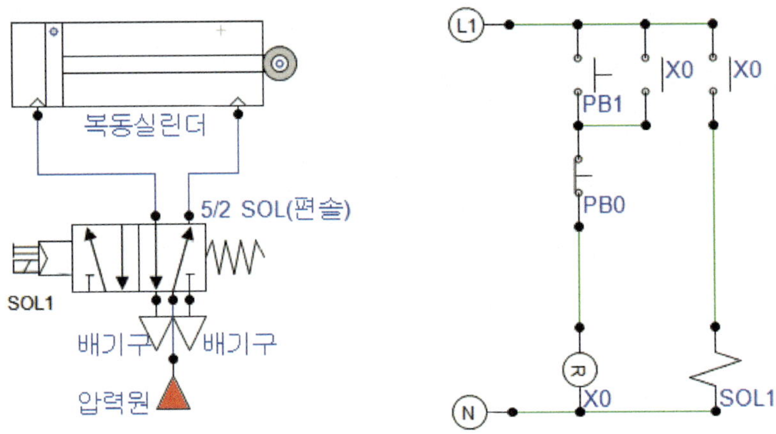

- 전진시 : PB1 ON ⇨ X0여자 (자기 유지) ⇨ SOL1 동작 ⇨ 밸브의 제어 위치가 전환 ⇨ 실린더 전진
- 후진시 : PB0 ON ⇨ X0소자 ⇨ SOL1 소자 ⇨ 스프링의 힘에 의해 밸브의 제어 위치가 초기 상태 전환 ⇨ 실린더 후진

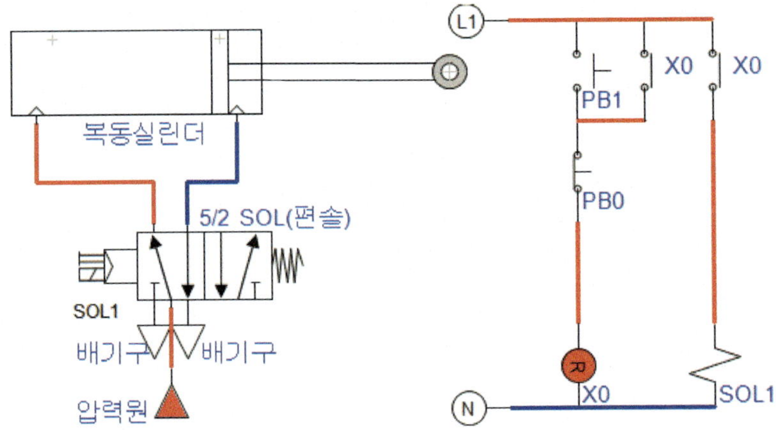

(2) 자동 연속 반복제어

가) 변위 선도

단계	1 A+	2 A-	3	4
실린더_A				
SEN		S1	S2	
보조계전기	X1	X2		

① 1단계 : 실린더_A 전진하면 S1 동작

② 2단계 : 실린더_A 후진하면 S2 동작

- 초기 상태 : 실린더는 후진 상태가 된다.

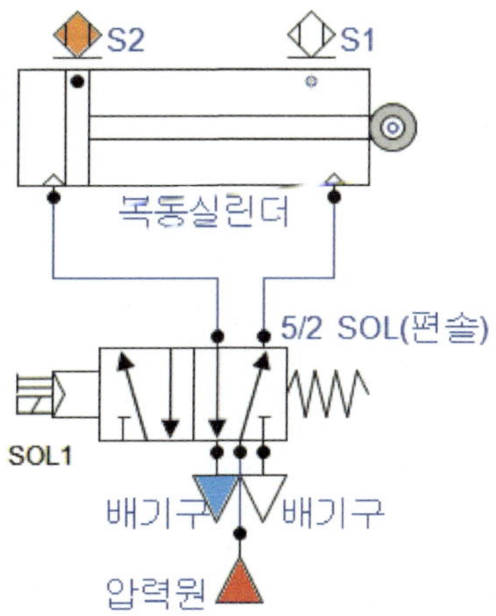

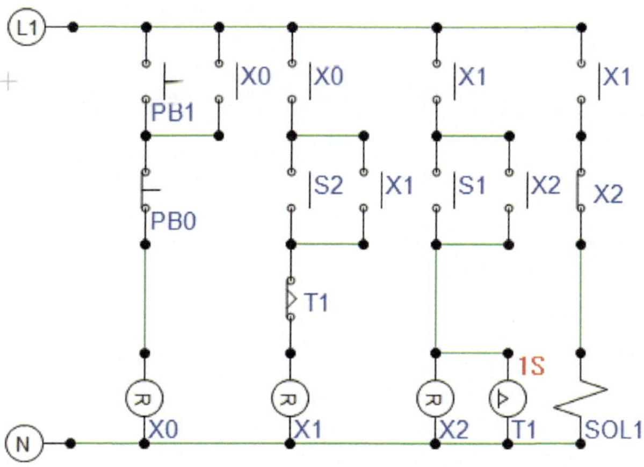

- 전진시 : PB1 ON ⇨ X0여자(자기 유지) ⇨ S2 ON ⇨ X1 여자 ⇨ SOL1 여자 ⇨ 실린더 전진 ⇨ S2 OFF, S1 ON
- 후진시 : S1 ON ⇨ X2 여자 ⇨ SOL1 소자 ⇨ 스프링의 힘에 의해 밸브의 제어 위치가 초기 상태 전환 ⇨ 실린더 후진 ⇨ S1 OFF, S2 ON
- 이때 전기제어 회로도 T1에 의하여 X1, X2가 초기 상태로 되어 아래와 같이 계속 반복 동작을 한다.

4) PLC I/O List.

구분		I/O 할당	기능설명	비고
입력	PB0	P0000	정지 버튼	
	PB1	P0001	기동 버튼	
	S1	P0002	전진후 감지 센서	자기근접센서
	S2	P0003	후진후 감지 센서	“
출력	SOL1	P0020	압축공기 방향전환	5/2위치 편솔
X0		M0000	자기유지 릴레이	
X1~X2		M0001~M0002	단계별 릴레이	

5) PLC 프로그램 : 자동 연속 반복제어

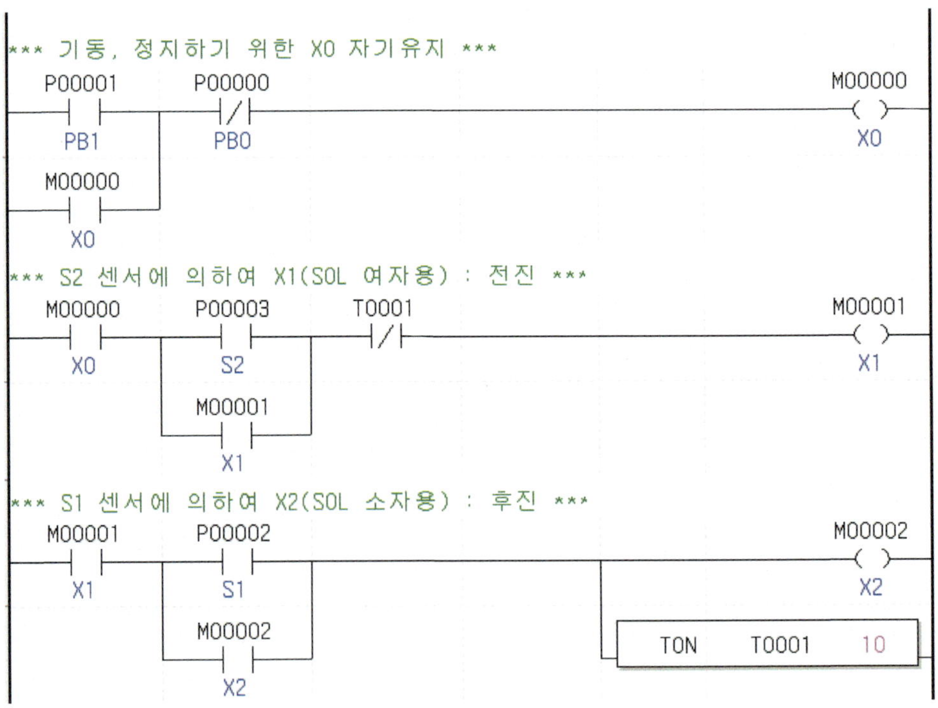

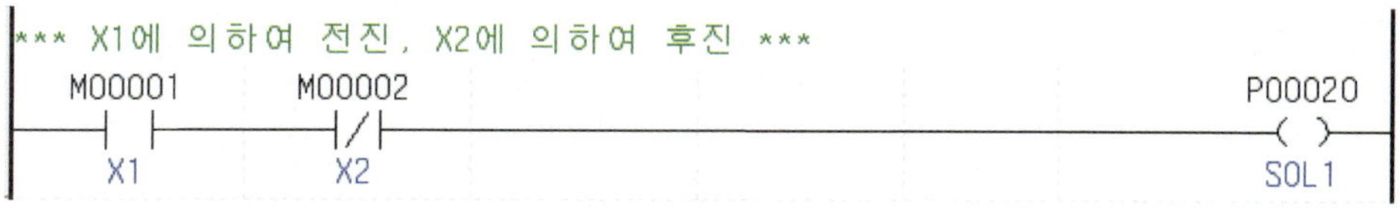

6.3 편솔, 복동 실린더 2개 연속제어(A+, B+, A-, B-)

1) 목적

- 복동 실린더를 이해하고 프로그램을 할 수 있다.
- 변위 선도를 이해하고 작성할 수 있다.
- 센서를 이해하고 배선할 수 있다.

2) 동작 조건

- 버튼 PB1을 누르면 릴레이 X0가 사기 유지되어 실린더A 전진 ⇨ 실린더B 전진 ⇨ 실린더 A 후진 ⇨ 실린더B가 후진한다.
- 센서 S1~S4에 의해서 자동으로 위의 동작을 반복한다.

3) 공압 회로도와 전기회로도

(1) 공압회로도

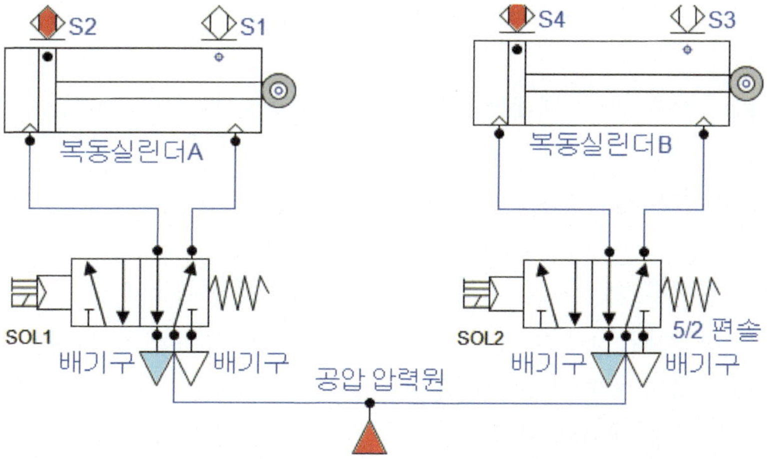

(2) 변위 선도

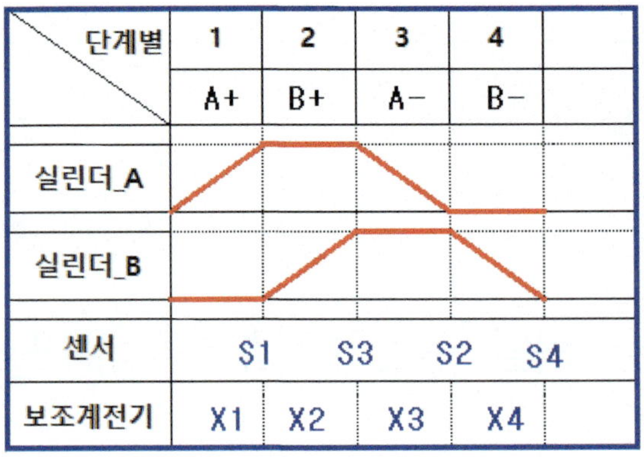

(3) 전기회로도

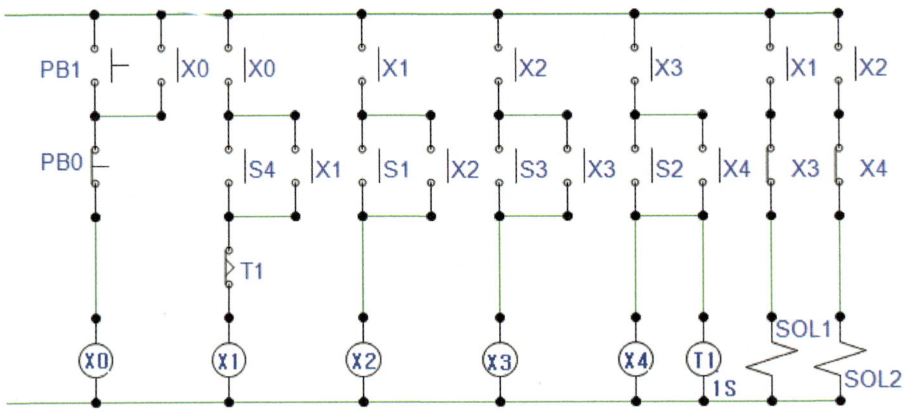

- 기동 : PB1 ON ⇨ X0 여자 (자기 유지)
- 1단계 : X0_A접점 ON 상태에서 4단계(B-) 동작센서(S4)에 의하여 X1 여자 ⇨ 실린더A 전진 (A+)
- 2단계 : X1_A접점 ON 상태에서 1단계(A+) 동작센서(S1)에 의하여 X2 여자 ⇨ 실린더B 전진 (B+)
- 3단계 : X2_A접점 ON 상태에서 2단계(B+) 동작센서(S3)에 의하여 X3 여자 ⇨ 실린더A 후진 (A-)
- 4단계 : X3_A접점 ON 상태에서 3단계(B+) 동작센서(S2)에 의하여 X4 여자 ⇨ 실린더B 후진 (B-) ⇨ 이때 T1에 의하여 1초 후 X0가 자기 유지된 상태에서 X1~X4가 초기 상태가 되어 다시 1단계부터 4단계까지 반복 제어한다.
- 정지 : 동작 중에 PB0에 의하여 X0가 소자되어 초기 상태가 된다.

4) PLC I/O List.

구분		I/O 할당	기능설명	비고
입력	PB0	P0000	정지 버튼	
	PB1	P0001	기동 버튼	
	S1	P0002	실린더A 전진후 감지 센서	자기근접센서
	S2	P0003	실린더A 후진후 감지 센서	“
	S3	P0004	실린더B 전진후 감지 센서	“
	S4	P0005	실린더B 후진후 감지 센서	“
출력	SOL1	P0020	실린더A 압축공기 방향전환	5/2위치 편솔
	SOL2	P0021	실린더B 압축공기 방향전환	“
X0		M0000	자기유지 릴레이	
X1~X4		M0001~M0004	단계별 릴레이	

5) PLC 프로그램

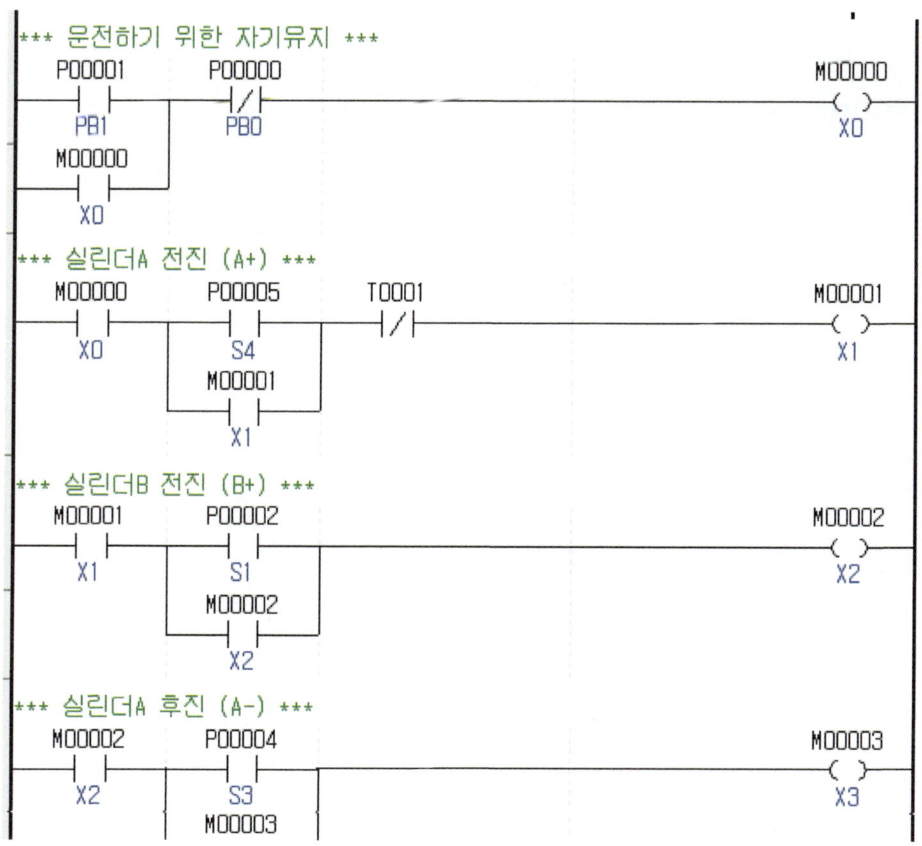

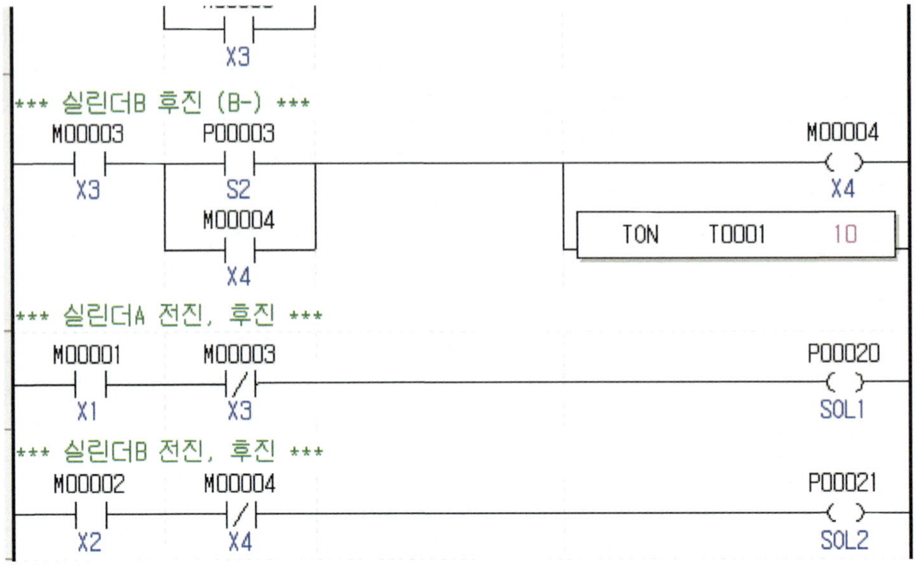

6.4 양솔, 복동 실린더 연속제어 : A+, A-

1) 목적

- 양솔을 이해하고 프로그램을 할 수 있다.
- 변위 선도를 이해하고 작성할 수 있다.
- 센서를 이해하고 연속 동작을 제어할 수 있다.

2) 동작 조건

- 기동 버튼을 누르면 릴레이 X0가 자기 유지되어 실린더A 전진 ⇨ 실린더A 후진
- 센서 S1, S2에 의해서 자동으로 위의 동작을 반복한다.

3) 변위 선도

단계	1 A+	2 A−	3	4
실린더_A				
SEN	S1	S2		
보조계전기	X1	X2		

① 1단계 : 실린더_A 전진하면 S1 동작

② 2단계 : 실린더_A 후진하면 S2 동작

4) 공압 회로도와 전기회로도

- 초기 상태 : 실린더는 후진 상태가 된다.

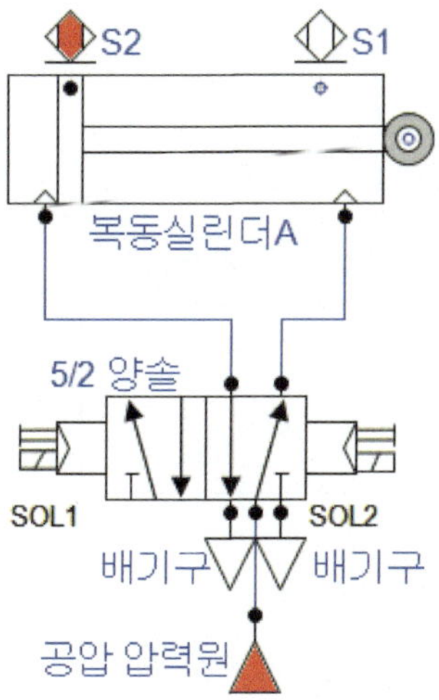

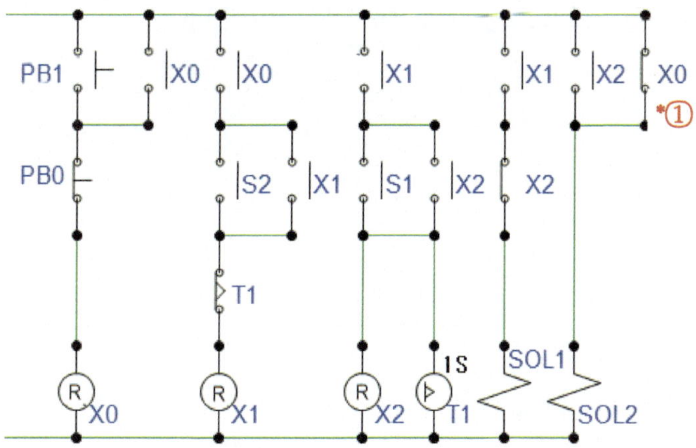

*① 정지시 초기화(후진)시키기 위한 접점이다.

- 전진시 : PB1 ON ⇨ X0여자(자기 유지) ⇨ S2 ON ⇨ X1 여자 ⇨ SOL1 여자 ⇨ 실린더 전진 ⇨ S2 OFF, S1 ON
- 후진시 : X1 여자 ⇨ S1 ON ⇨ X2 여자 ⇨ SOL1 소자 ⇨ SOL2 여자 ⇨ 실린더 후진 ⇨ S1 OFF, S2 ON
- 이때 전기제어 회로도 T1에 의하여 X1, X2가 초기 상태로 되어 아래와 같이 계속 반복 동작을 한다.

- SOL1과 SOL2가 동시에 동작하면 전(前) 동작이 우선한다.

예) SOL1 동작 후 SOL2 동작하면 전진되어 있다.

SOL2 동작 후 SOL1 동작하면 후진되어 있다.

5) PLC I/O List.

구분		I/O 할당	기능설명	비고
입력	PB0	P0000	ON/OFF 버튼	
	S1	P0001	전진 후 감지 센서	자기 근접센서
	S2	P0002	후진 후 감지 센서	"
출력	SOL1	P0021	압축공기 방향 전환	5/2 위치 양솔
	SOL2	P0022	압축공기 방향 전환	
X0		M0000	자기 유지 릴레이	
X1~X2		M0001~M0002	단계별 릴레이	

6) PLC 프로그램 : 자동 연속 반복제어

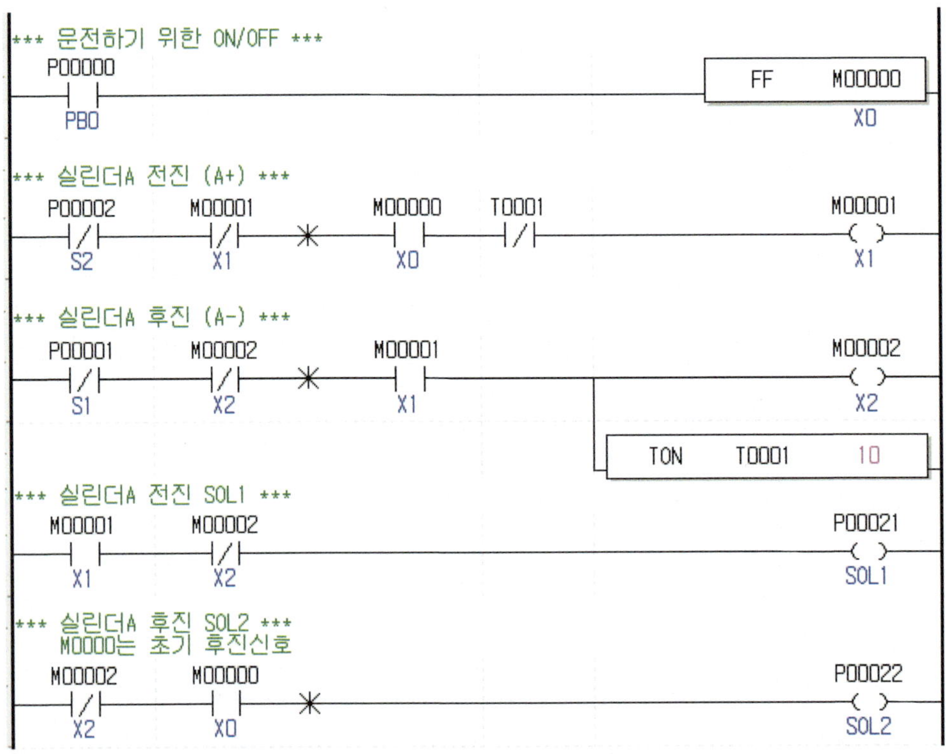

6.5 양솔, 복동 실린더 2개 연속제어 : A+, B+, A-, B-

1) 목적

- 양솔을 이해하고 프로그램을 할 수 있다.
- 센서를 이해하고 연속 동작을 제어할 수 있다.
- 캐스케이드 제어를 이해하고 프로그램할 수 있다.

2) 동작 조건

- 기동 버튼을 누르면 릴레이 X0가 자기 유지되어 실린더A 전진 ⇨ 실린더B 전진 ⇨ 실린더A 후진 ⇨ 실린더B 후진
- 센서 S1~S4에 의해서 자동으로 위의 동작을 반복한다.

3) 변위 선도

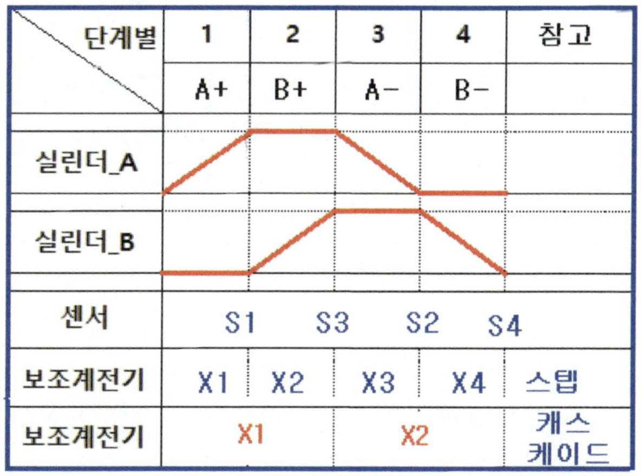

4) 공압 회로도와 전기회로도

- 초기 상태 : 실린더는 후진 상태가 된다.

(1) 공압 회로도

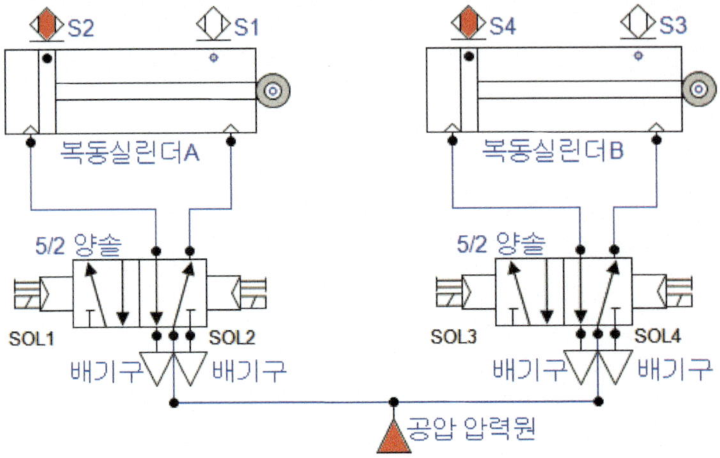

(2) 전기회로도

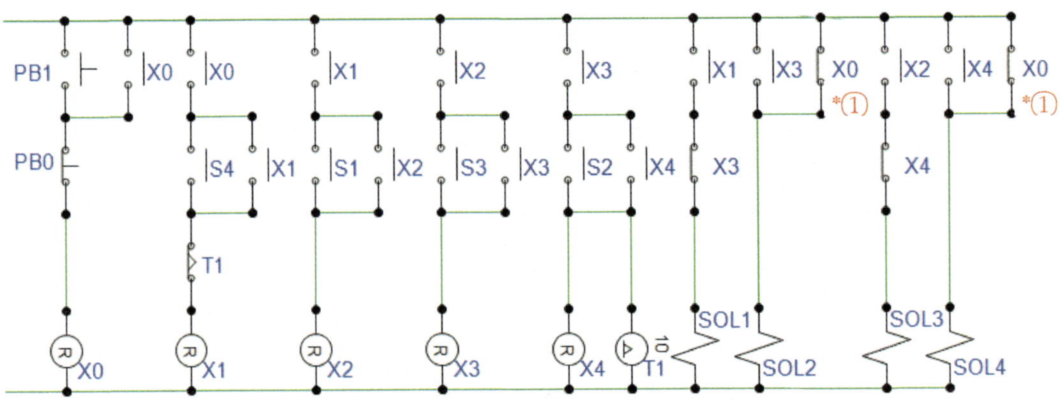

*① 정지시 초기화(후진)시키기 위한 접점입니다.

- 기동 : PB1 ON ⇨ X0 여자 (자기 유지)
- 1단계 : X0_A접점 ON 상태에서 4단계(B-) 동작센서(S4)에 의하여 X1 여자 ⇨ SOL1 여자 ⇨ 실린더A 전진 (A+)
- 2단계 : X1_A접점 ON 상태에서 1단계(A+) 동작센서(S1)에 의하여 X2 여자 ⇨ SOL3 여자 ⇨ 실린더B 전진 (B+)
- 3단계 : X2_A접점 ON 상태에서 2단계(B+) 동작센서(S3)에 의하여 X3 여자 ⇨ SOL2 여자 ⇨ 실린더A 후진 (A-)
- 4단계 : X3_A접점 ON 상태에서 3단계(B+) 동작센서(S2)에 의하여 X4 여자 ⇨ SOL4

여자 ⇨ 실린더B 후진 (B-)

⇨ 이때 T1에 의하여 1초 후 X0가 자기 유지된 상태에서 X1~X4가 초기 상태가 되어 다시 1단계부터 4단계까지 반복 제어한다.

- **정지** : 동작 중에 PB0에 의하여 X0가 소자되어 초기 상태가 된다.

(3) 캐스케이드 회로도

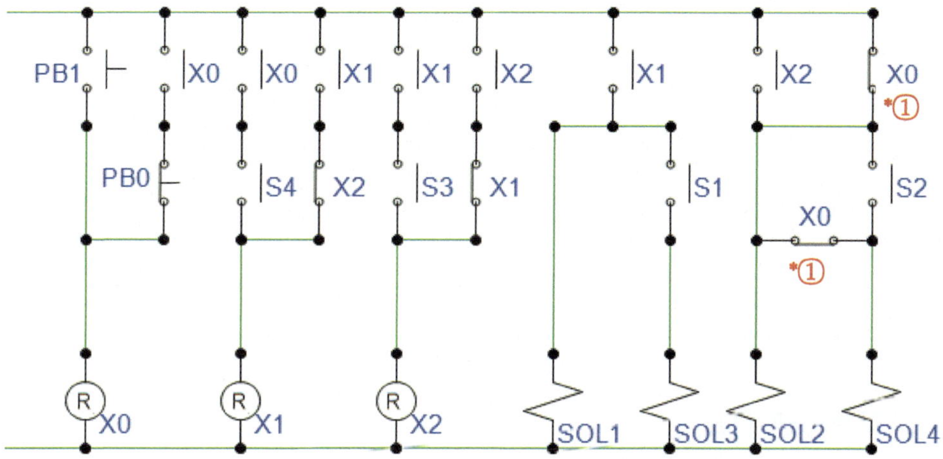

*① 정지시 초기화(후진)시키기 위한 접점입니다.

- **기동** : PB1 ON ⇨ X0 여자 (자기 유지)
- **1단계** : X0_A접점 ON 상태에서 4단계(B-) 동작센서(S4)에 의하여 X1 여자 ⇨ SOL1 여자 ⇨ 실린더A 전진 (A+)
- **2단계** : X1_A접점 ON 상태에서 1단계(A+) 동작센서(S1)에 의하여 ⇨ SOL3 여자 ⇨ 실린더B 전진 (B+)
- **3단계** : X1_A접점 ON 상태에서 2단계(B+) 동작센서(S3)에 의하여 X2 여자 ⇨ SOL2 여자 ⇨ 실린더A 후진 (A-)
- **4단계** : X2_A접점 ON 상태에서 3단계(A-) 동작센서(S2)에 의하여 ⇨ SOL4 여자 ⇨ 실린더B 후진 (B-)
- **정지** : 동작 중에 PB0에 의하여 X0가 소자 되어 X0_B 접점이 ON 되어 SOL2 (A후진 SOL), SOL4 (B후진 SOL)이 여자 되어 초기 상태가 된다.

5) PLC I/O List.

구분		I/O 할당	기능설명	비고
입력	PB0	P0000	ON/OFF 버튼	
	S1	P0001	실린더A 전진후 감지 센서	자기근접센서
	S2	P0002	실린더A 후진후 감지 센서	“
	S3	P0003	실린더B 전진후 감지 센서	
	S4	P0004	실린더B 후진후 감지 센서	
출력	SOL1	P0021	실린더A 전진	5/2위치 양솔
	SOL2	P0022	실린더A 후진	
	SOL3	P0023	실린더B 전진	
	SOL4	P0024	실린더B 후진	
X0		M0000	자기유지 릴레이	
X1~X2		M0001~M0002	단계별 릴레이	

6) PLC 프로그램 (1)

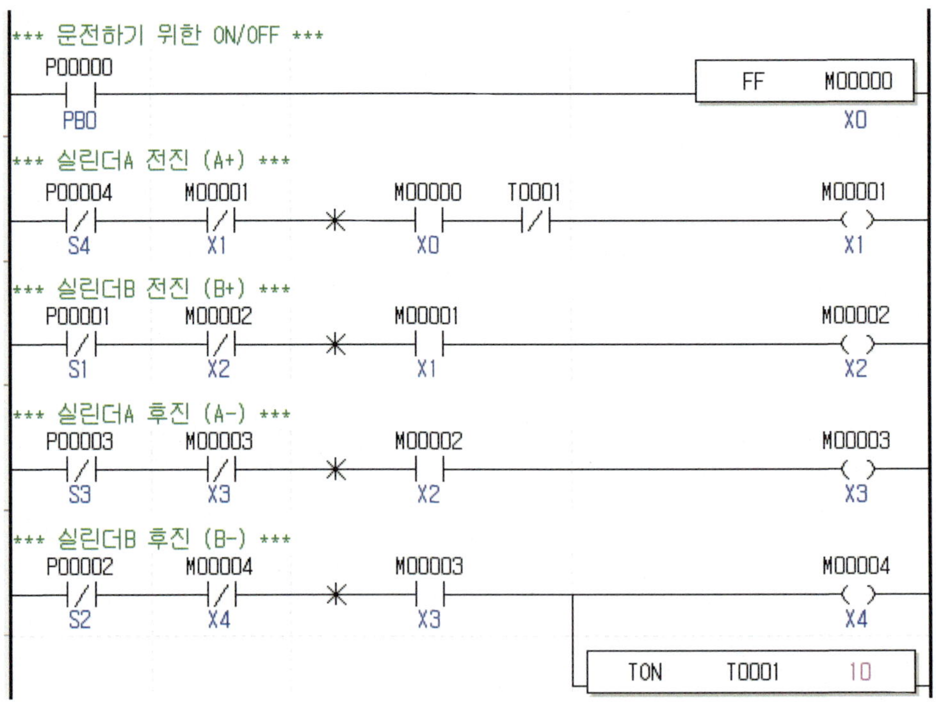

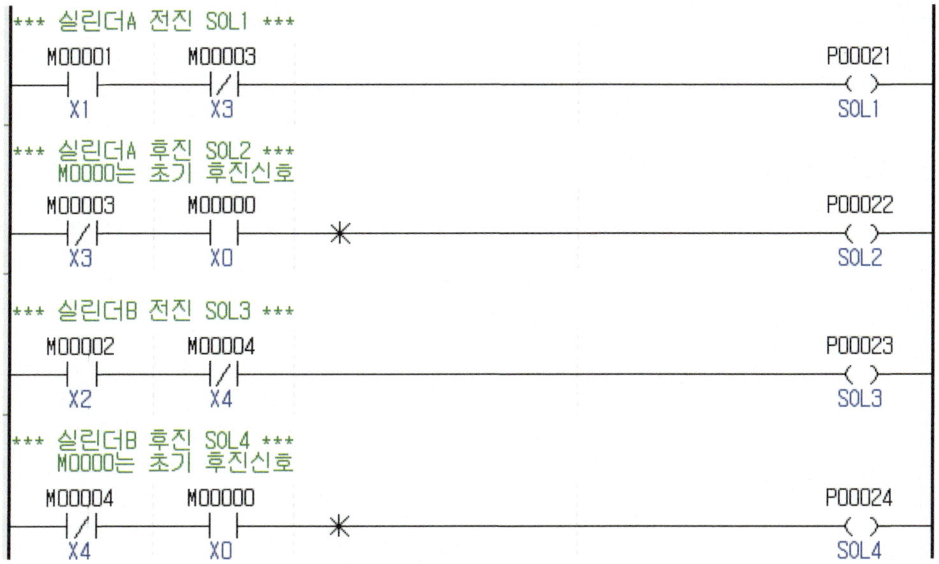

- PLC 프로그램 (2) : 캐스케이드 회로

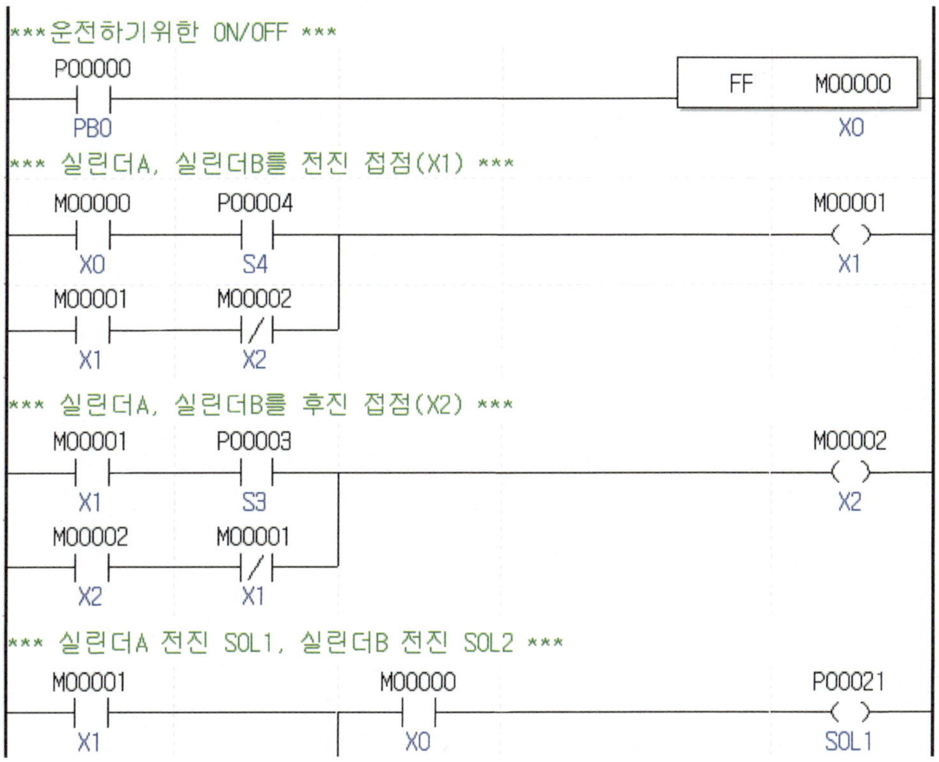

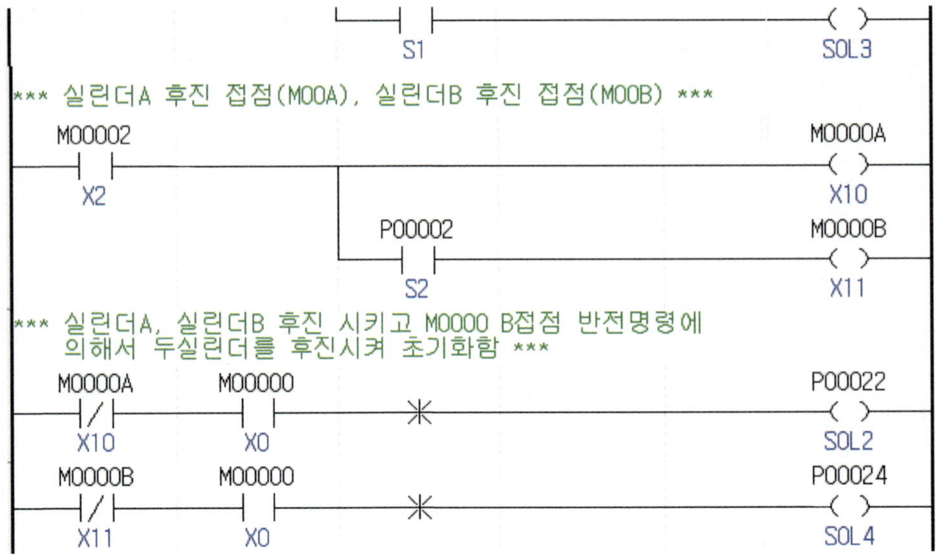
S1
SOL3
*** 실린더A 후진 접점(M00A), 실린더B 후진 접점(M00B) ***
M00002
X2
M0000A
X10
P00002
S2
M0000B
X11
*** 실린더A, 실린더B 후진 시키고 M0000 B접점 반전명령에
의해서 두실린더를 후진시켜 초기화함 ***
M0000A
X10
M00000
X0
P00022
SOL2
M0000B
X11
M00000
X0
P00024
SOL4

CHAPTER

07

타임 차트 PLC 제어

7.1 원버턴 제어_1

1) 요구사항

① PB_A에 의하여 타임 차트와 같이 교대 반복 동작한다.

② PB_B가 ON 하면 언제든지 모든 동작이 정지한다.

③ PB_B에 의하여 동작이 정지된 후에는 초기 상태가 되어 다시 T(1) 주기부터 시작된다.

2) 타임차트

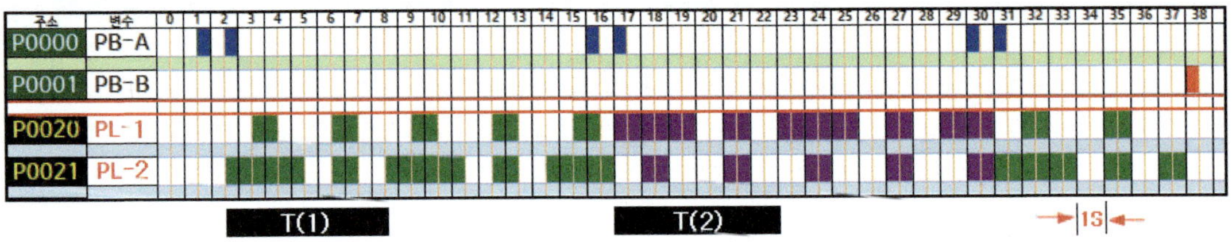

3) PLC I/O List.

구분		I/O 할당	기능설명	비고
입력	PB_A	P0000	카운터 펄스 입력	
	PB_B	P0001	카운터 리셋	
출력	PL_1	P0020	파일럿 램프	
	PL_2	P0021	파일럿 램프	
카운터		C0001	카운터 현재값 이용	설정값:5
타이머		T0001	출력 주기	6초

4) 프로그램

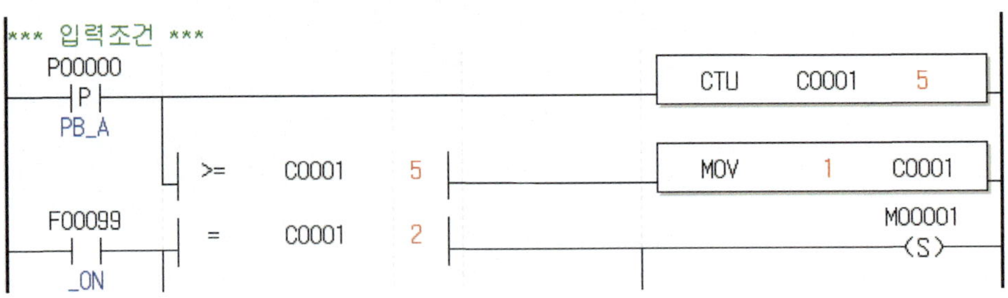

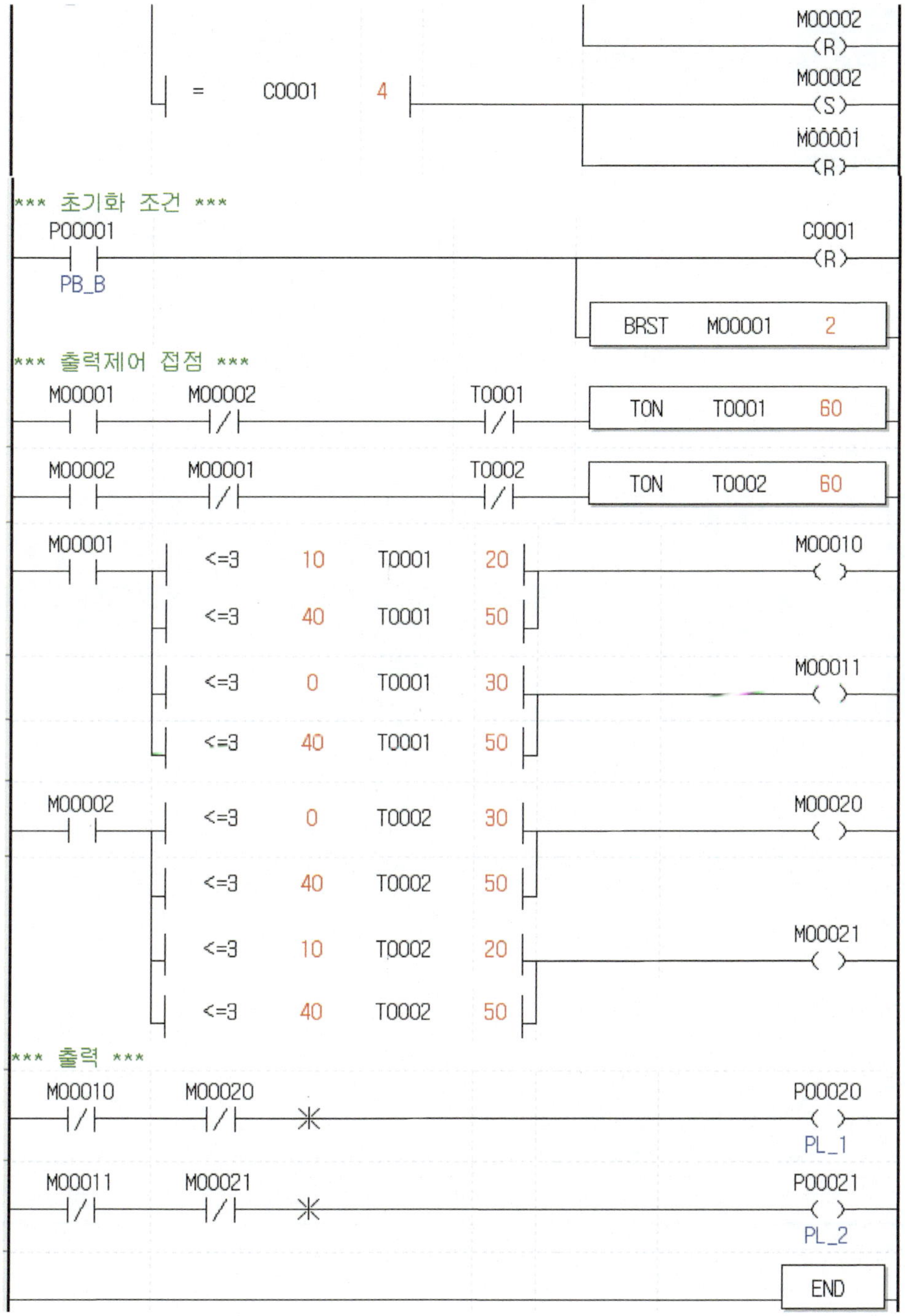
M00002
(R)
= C0001 4
M00002
(S)
M00001
(R)
*** 초기화 조건 ***
P00001
PB_B
C0001
(R)
BRST M00001 2
*** 출력제어 접점 ***
M00001 M00002 T0001
TON T0001 60
M00002 M00001 T0002
TON T0002 60
M00001
<=3 10 T0001 20
<=3 40 T0001 50
M00010
<=3 0 T0001 30
<=3 40 T0001 50
M00011
M00002
<=3 0 T0002 30
<=3 40 T0002 50
M00020
<=3 10 T0002 20
<=3 40 T0002 50
M00021
*** 출력 ***
M00010 M00020
P00020
PL_1
M00011 M00021
P00021
PL_2
END

7.2 원버턴 제어_2

1) 요구사항

① PB_A를 누를 때마다 동작하는 모터 수는 1개씩 증가하고, PB_B를 누를 때마다 동작하는 모터 수는 1개씩 감소한다.

② 4대의 모터가 동작시 PB_A가 ON 하면 4대의 모터 동작이 정지한다.

③ 1대의 모터가 동작시 PB_B가 ON 하면 1대의 모터 동작이 정지한다.

2) 타임차트

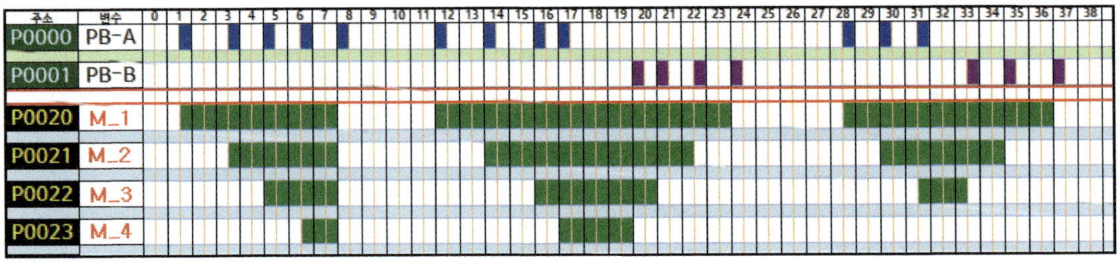

3) PLC I/O List.

구분		I/O 할당	기능설명	비고
입력	PB_A	P0000	증가 펄스 입력	
	PB_B	P0001	감소 펄스 입력	
출력	M_1	P0020	MOTOR_1	MC
	M_2	P0021	MOTOR_2	"
	M_3	P0022	MOTOR_3	"
	M_4	P0023	MOTOR_4	"
카운터		C0001	카운터 현재값 이용	설정값:5

4) 프로그램

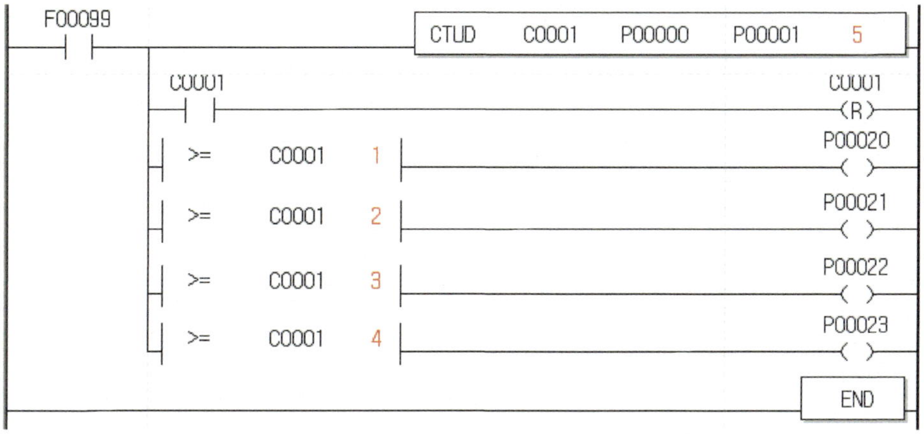

7.3 원버턴 제어_3

1) 요구사항

① PB_A를 누를 때마다 부저는 ON_OFF를 반복한다.

② PB_B가 ON 하면 PL_1, PL_2, PL_3가 6초 주기로 타임 차트와 같이 무한반복 동작한다.

③ 램프가 동작 중에 PB_C를 누르면 즉시 모든 램프는 소등된다.

④ 부저는 PB_B, PB_C와는 관계없다.

2) 타임차트

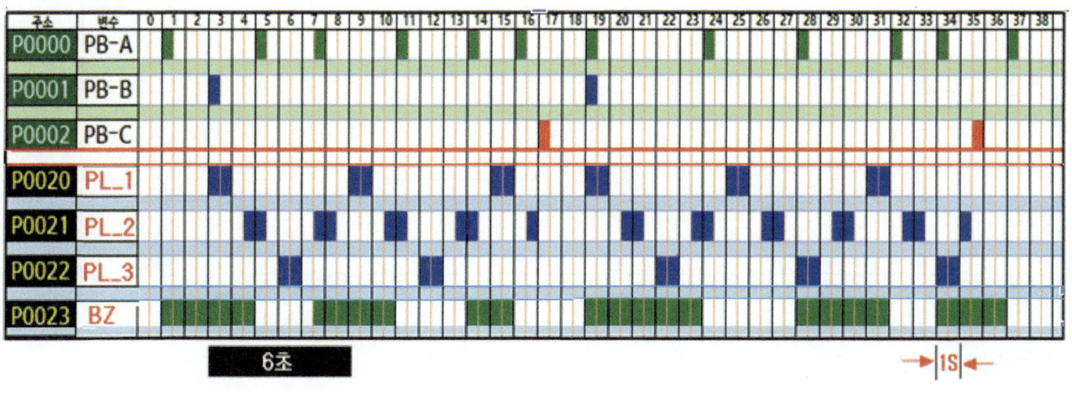

3) PLC I/O List.

구분		I/O 할당	기능설명	비고
입력	PB_A	P0000	부저 On-off용	
	PB_B	P0001	램프 기동용	
	PB_C	P0002	램프 정지용	
출력	PL_1	P0020	파일럿 램프	
	PL_2	P0021	파일럿 램프	
	PL_3	P0022	파일럿 램프	
	BZ	P0023	부저	
카운터		C0001	카운터 현재값 이용	CTR
타이머		T0001	출력 주기	

4) 프로그램

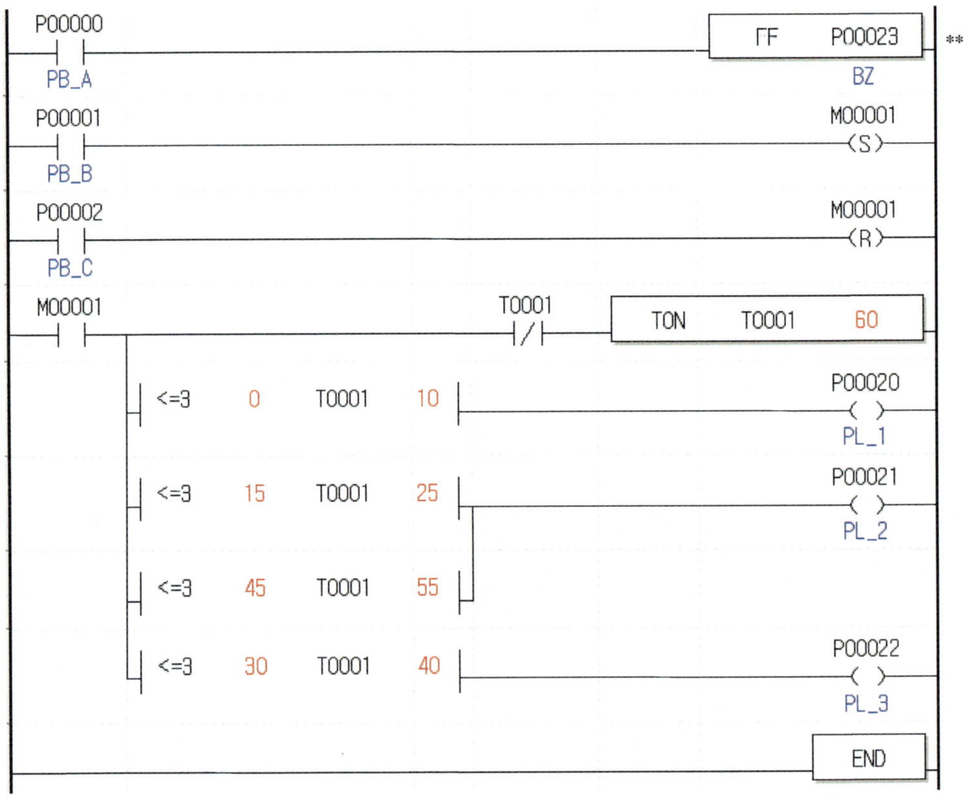

** CTR 링카운터의 설정값 1을 사용하면 FF 명령어와 같은 동작을 합니다.

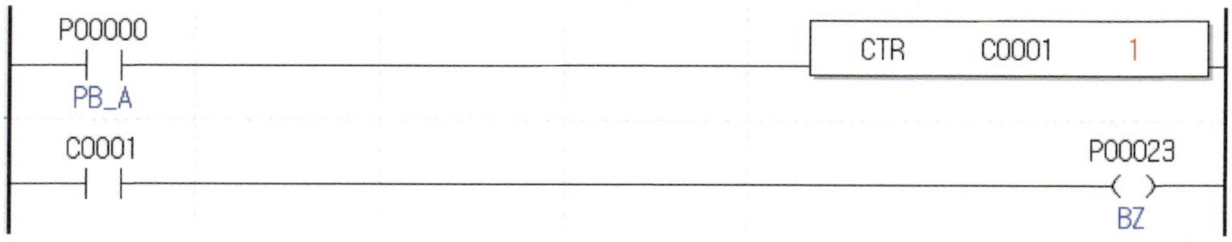

7.4 플리커회로 제어

1) 요구사항

① PB_A를 누르면 2개의 표시등이 타임 차트처럼 플리커 동작을 한다.
② 램프가 동작 중에 PB_B를 누르면 즉시 모든 램프는 소등된다.

2) 타임차트

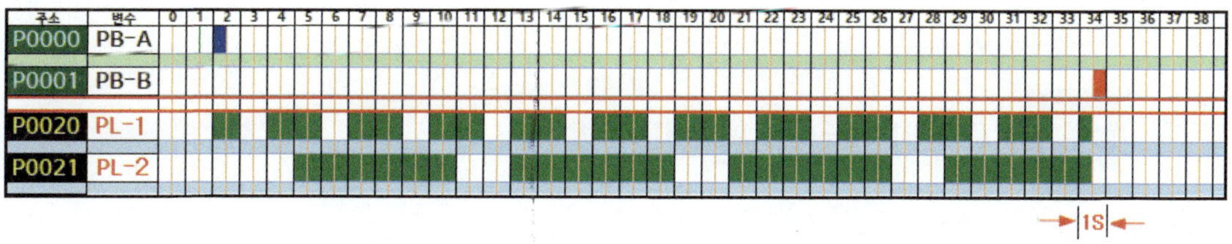

3) PLC I/O List.

구분		I/O 할당	기능설명	비고
입력	PB_A	P0000	램프 기동용	
	PB_B	P0001	램프 정지용	
출력	PL_1	P0020	파일럿 램프	
	PL_2	P0021	파일럿 램프	
타이머		T0001	출력 주기	
		T0002	출력 주기	

4) 프로그램

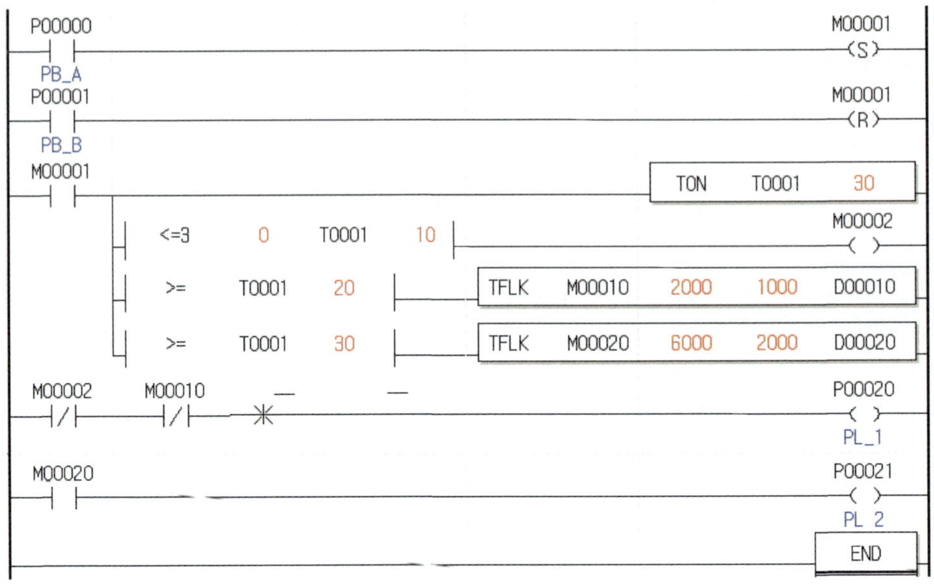

7.5 타임차트와 논리제어

1) 요구사항

① PB_A를 누르면 PL_1, PL_2, PL_3, 3개의 표시등이 타임 차트처럼 플리커 동작을 한다.

② 램프가 동작 중에 PB_B를 누르면 즉시 모든 램프는 소등된다.

③ PL_4= (PL_1*PL_2)+PL_3

④ PL_5= (PL_1⊕PL_2⊕PL_3)

배타적 논리합 (Exclusive OR)

– 논리식: $Y = AB + AB = A \oplus B$

– **홀수** 개의 **입력이** 1인 경우만 **출력이** 1이다.

2) 타임 차트

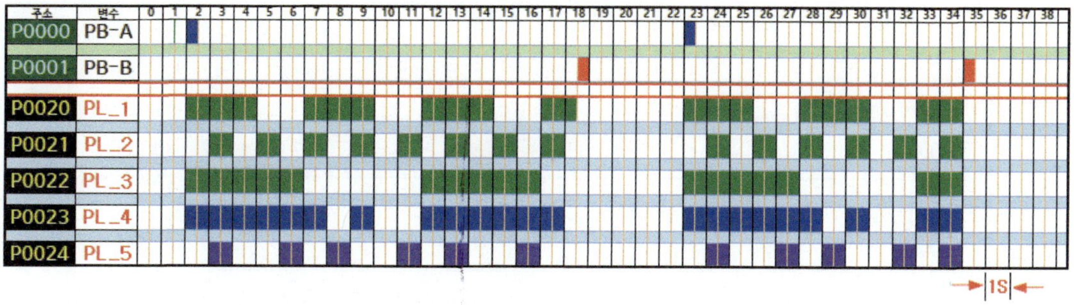

3) PLC I/O List.

구분		I/O 할당	기능설명	비고
입력	PB_A	P0000	램프 기동용	
	PB_B	P0001	램프 정지용	
출력	PL_1	P0020	파일럿 램프	
	PL_2	P0021	파일럿 램프	
	PL_3	P0022	파일럿 램프	
	PL_4	P0023	파일럿 램프	
	PL_5	P0024	파일럿 램프	
타이머		T0001	출력 주기	10초용
		T0002	출력 주기	2초용

4) 프로그램 1

– PL_1 ~ PL3 출력 부분을 TFLK 명령어 사용

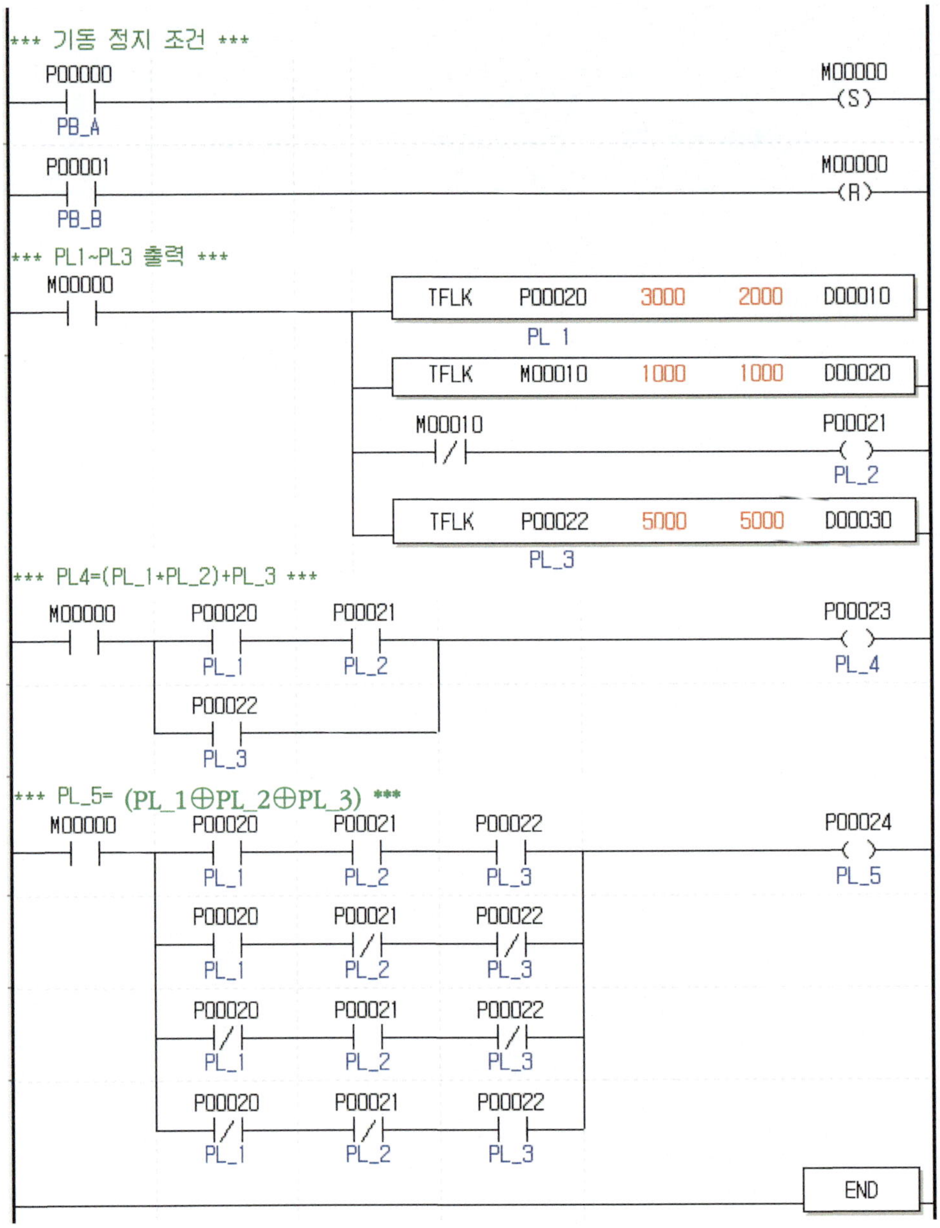

5) 프로그램 2

– PL_1 ~ PL3 출력 부분을 타이머와 비교명령어 사용

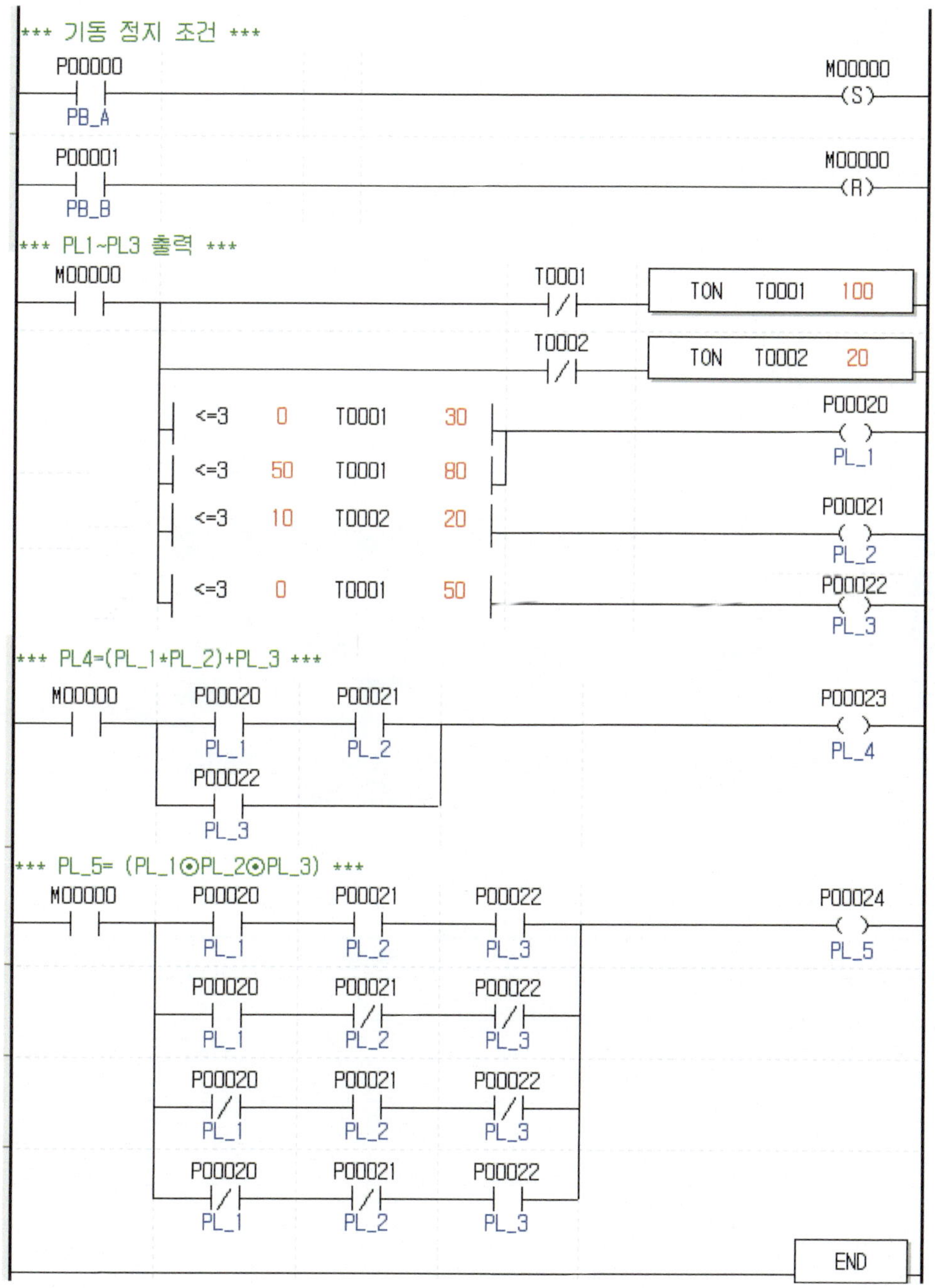

7.6 P_N 접점 응용회로

1) 요구사항

① PB_A를 첫 번째 ON 하면 PL_3, PL_5 점등, OFF 하면 PL_1 점등
② PB_A를 두 번째 ON 하면 PL_3 소등, PL_2 점등, OFF 하면 PL_1 소등, PL_4점등
③ PB_A를 세 번째 ON 하면 PL_2 소등, OFF 하면 PL_4, PL_5 소등
④ PB_B를 ON/OFF 후
⑤ PB_A를 첫 번째 ON 하면 PL_1, PL_5 점등, OFF 하면 PL_3 점등
⑥ PB_A를 두 번째 ON 하면 PL_1 소등, PL_4 점등, OFF 하면 PL_3 소등, PL_2 점등
⑦ PB_A를 세 번째 ON 하면 PL_4 소등, OFF 하면 PL_2, PL_5 소등

2) 타임차트

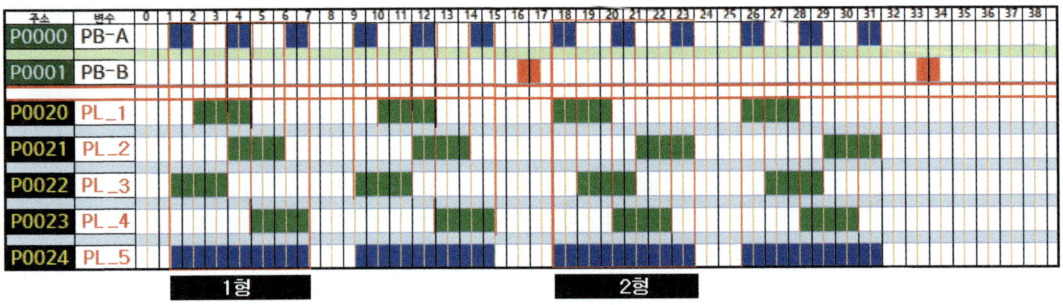

3) PLC I/O List.

구분		I/O 할당	기능설명	비고
입력	PB_A	P0000	카운터 현재값 제어 버튼	
	PB_B	P0001	출력타입 변경 버튼	
출력	PL_1	P0020	파일럿 램프	
	PL_2	P0021	파일럿 램프	
	PL_3	P0022	파일럿 램프	
	PL_4	P0023	파일럿 램프	
	PL_5	P0024	파일럿 램프	
카운터		C0001	카운터 현재값 이용	CTU
		C0002	카운터 현재값 이용	CTR

4) 프로그램 1

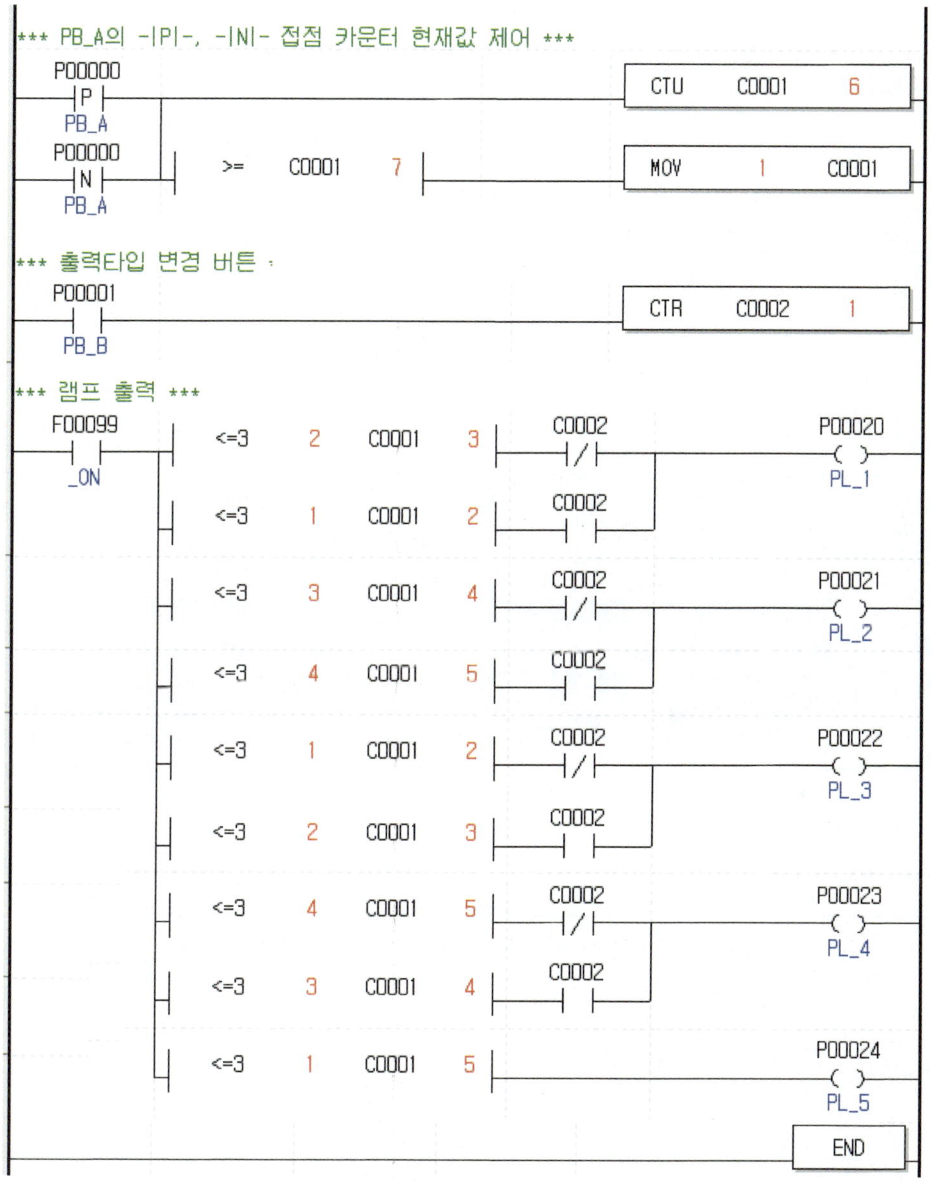
*** PB_A의 -|P|-, -|N|- 접점 카운터 현재값 제어 ***
P00000
PB_A
CTU C0001 6
P00000
PB_A
>= C0001 7
MOV 1 C0001
*** 출력타입 변경 버튼 :
P00001
PB_B
CTR C0002 1
*** 램프 출력 ***
F00099
_ON
<=3 2 C0001 3
C0002
P00020
PL_1
<=3 1 C0001 2
C0002
<=3 3 C0001 4
C0002
P00021
PL_2
<=3 4 C0001 5
C0002
<=3 1 C0001 2
C0002
P00022
PL_3
<=3 2 C0001 3
C0002
<=3 4 C0001 5
C0002
P00023
PL_4
<=3 3 C0001 4
C0002
<=3 1 C0001 5
P00024
PL_5
END

7.7 램프제어(1)

1) 요구사항

① PB_A를 1번 ON 하면 PL_1이 점등되고 4번 ON/OFF 하면 PB_A 카운터 값이 RESET 되고 PL_1은 소등된다.

② PB_B를 1번 ON 하면 PL2, PL_3, PL_4가 타임 차트처럼 점등되고 두 번째 ON/OFF 하면 PB_B 카운터 값이 RESET 되고 PL_2, PL_3, PL_4 일시에 소등된다.

③ PB_C를 ON 하면 PL_5가 타임 차트처럼 점등되고 OFF 하면 소등된다.

2) 타임차트

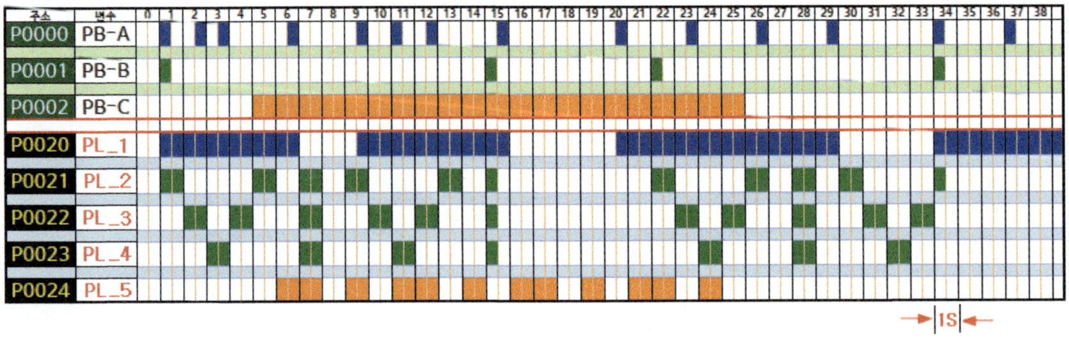

3) PLC I/O List.

구분		I/O 할당	기능설명	비고
입력	PB_A	P0000	PL_1 램프 ON/OFF	
	PB_B	P0001	PL_2~PL_4 제어 버튼	
	PB_B	P0002	PL_5 램프 ON/OFF	
출력	PL_1	P0020	파일럿 램프	
	PL_2	P0021	파일럿 램프	
	PL_3	P0022	파일럿 램프	
	PL_4	P0023	파일럿 램프	
	PL_5	P0024	파일럿 램프	
카운터		C0001	카운터 현재값 이용	
		C0002	카운터 현재값 이용	
타이머		T0001	타이머 현재값 이용	
		T0002	타이머 현재값 이용	

4) 프로그램

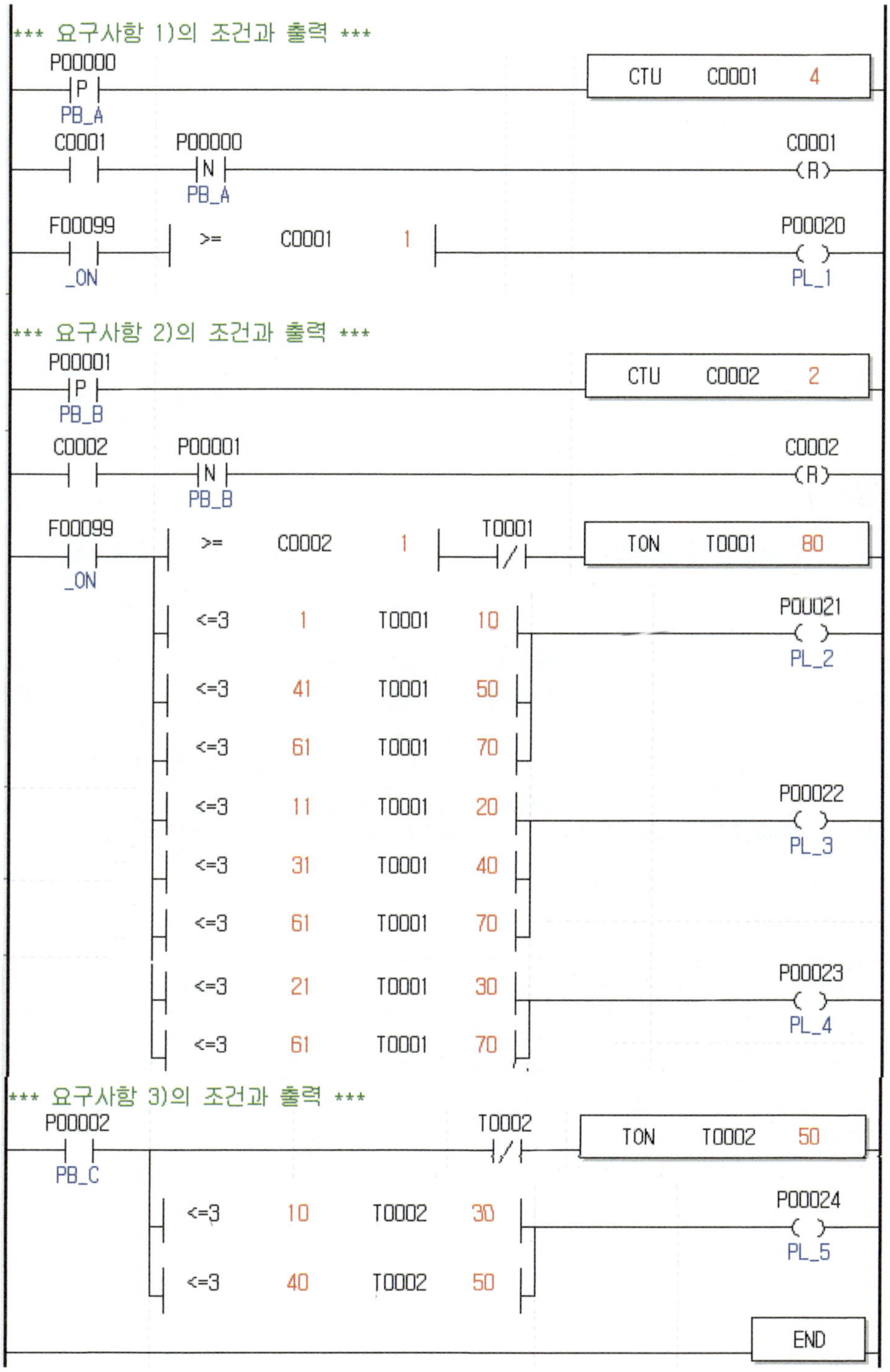

*** 요구사항 1)의 조건과 출력 ***
P00000
P
PB_A
CTU C0001 4
C0001
P00000
N
PB_A
C0001
R
F00099
_ON
>= C0001 1
P00020
PL_1
*** 요구사항 2)의 조건과 출력 ***
P00001
P
PB_B
CTU C0002 2
C0002
P00001
N
PB_B
C0002
R
F00099
_ON
>= C0002 1
T0001
TON T0001 80
<=3 1 T0001 10
P00021
PL_2
<=3 41 T0001 50
<=3 61 T0001 70
<=3 11 T0001 20
P00022
PL_3
<=3 31 T0001 40
<=3 61 T0001 70
<=3 21 T0001 30
P00023
PL_4
<=3 61 T0001 70
*** 요구사항 3)의 조건과 출력 ***
P00002
PB_C
T0002
TON T0002 50
<=3 10 T0002 30
P00024
PL_5
<=3 40 T0002 50
END

7.8 램프제어(2)

1) 요구사항

① PB_A에 의하여 램프 작동시간이 설정된다. 단 설정시간은 8초 이상이어야 한다.

② PB_B에 의하여 PL_1, PL_2, PL_3가 타임 차트처럼 주기 T와 같이 반복 동작한다.

③ PB_C를 ON 하면 모든 동작은 멈추고 PB_A에 의한 설정시간도 RESET 된다.

④ PL_4는 타임 차트와 같이 설정시간 동안 1초 ON, 1초 OFF 반복 동작한다.

⑤ PL_5는 타임 차트와 같이 PB_B에 의하여 설정시간 동안 2초 ON, 2초 OFF 반복 동작한다.

☞ PB_A의 설정시간이 8초 미만이면 PB_B를 눌러도 전등 PL_1~PL_3, PL_5는 동작되지 않는다. 이때 PB_A를 다시 눌러 전 시간과 합한 시간이 설정시간으로 한다.

2) 타임차트

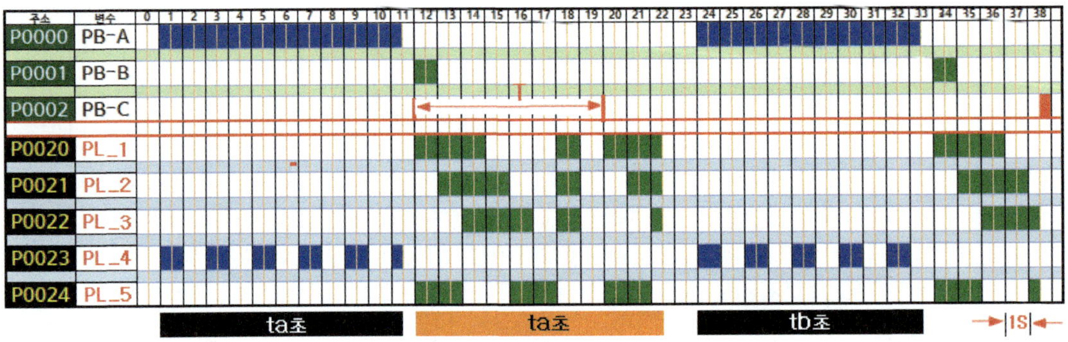

3) PLC I/O List.

구분		I/O 할당	기능설명	비고
입력	PB_A	P0000	타이머 시간 설정 버튼	
	PB_B	P0001	램프 기동 버튼	
	PB_C	P0001	램프 정지 버튼	
출력	PL_1	P0020	파일럿 램프	
	PL_2	P0021	파일럿 램프	
	PL_3	P0022	파일럿 램프	
	PL_4	P0023	파일럿 램프	
	PL_5	P0024	파일럿 램프	
타이머		T0001	설정 시간용 타이머	TMR
		T0002	출력 주기	TON

4) 프로그램

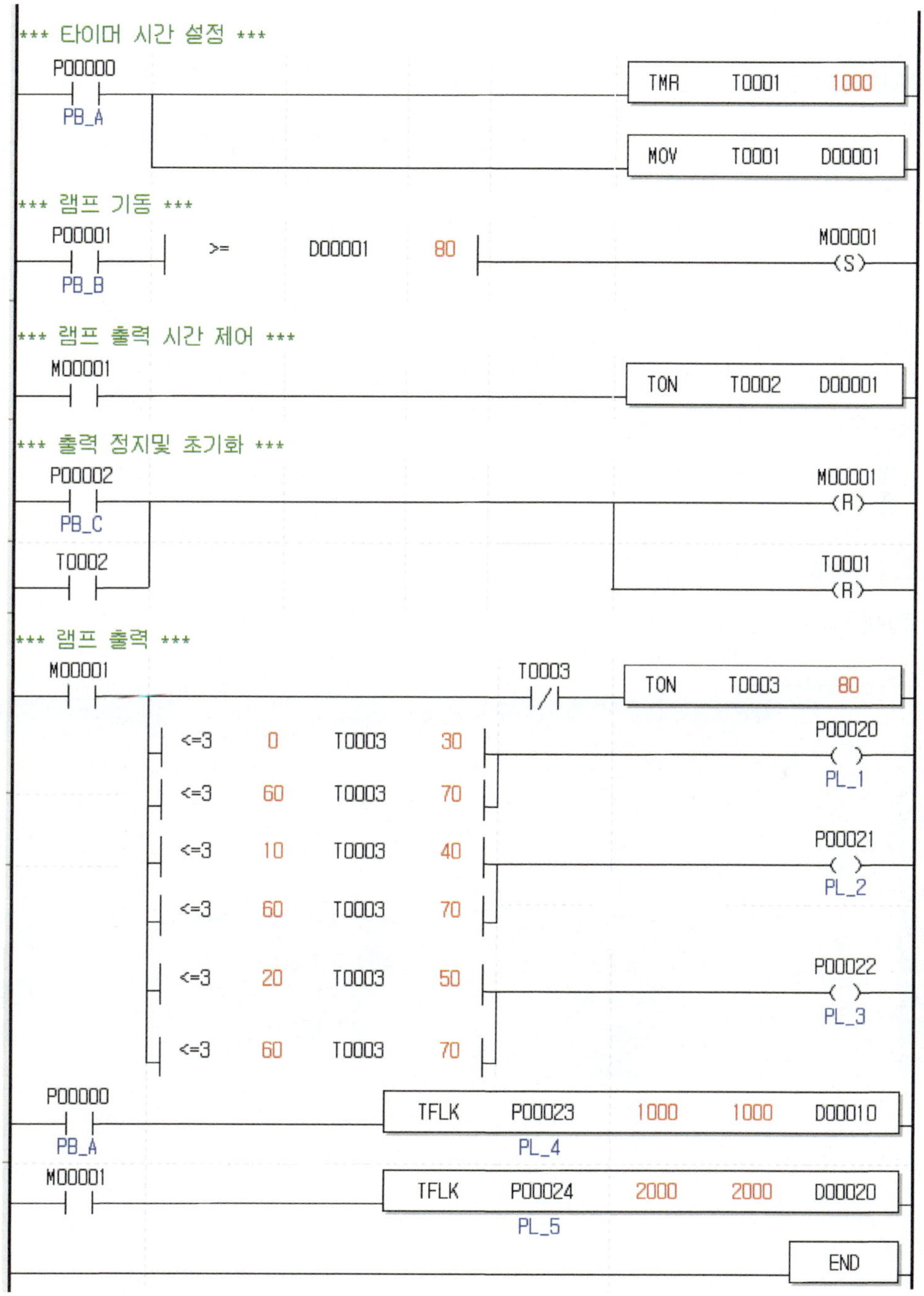

*** 타이머 시간 설정 ***
P00000
PB_A
TMR T0001 1000
MOV T0001 D00001
*** 램프 기동 ***
P00001
PB_B
>= D00001 80
M00001
<S>
*** 램프 출력 시간 제어 ***
M00001
TON T0002 D00001
*** 출력 정지및 초기화 ***
P00002
PB_C
M00001
<R>
T0002
T0001
<R>
*** 램프 출력 ***
M00001
T0003
TON T0003 80
<=3 0 T0003 30
<=3 60 T0003 70
P00020
PL_1
<=3 10 T0003 40
<=3 60 T0003 70
P00021
PL_2
<=3 20 T0003 50
<=3 60 T0003 70
P00022
PL_3
P00000
PB_A
TFLK P00023 1000 1000 D00010
PL_4
M00001
TFLK P00024 2000 2000 D00020
PL_5
END

7.9 램프제어(3)

1) 요구사항

① 1과제 : SS_A ON, SS_B OFF 상태에서 타임 차트와 같이 동작한다.

② 2과제 : SS_B ON, SS_A OFF 상태에서 다음과 같이 동작한다.

- PB_A가 입력된 후 PB_B가 입력되면 PL_A가 출력된다.
- PB_A가 입력된 후 PB_C가 입력되면 PL_B가 1초 후 출력된다.
  (단, PB_A가 입력된 횟수만큼 시간(초)으로 변경되어 출력된다. 횟수*1초)
- [PL_C = $\overline{PL\_A}$], [PL_D = $\overline{PL\_B}$], [PL_E = PL_A*PL_B]
- SS_C는 입력 초기화 버턴

③ 1과제, 2과제 초기 셀렉터 SS_A, SS_B의 입력 조건이 맞지 않으면 리셋 된다.

2) 타임 차트

(1) 1과제

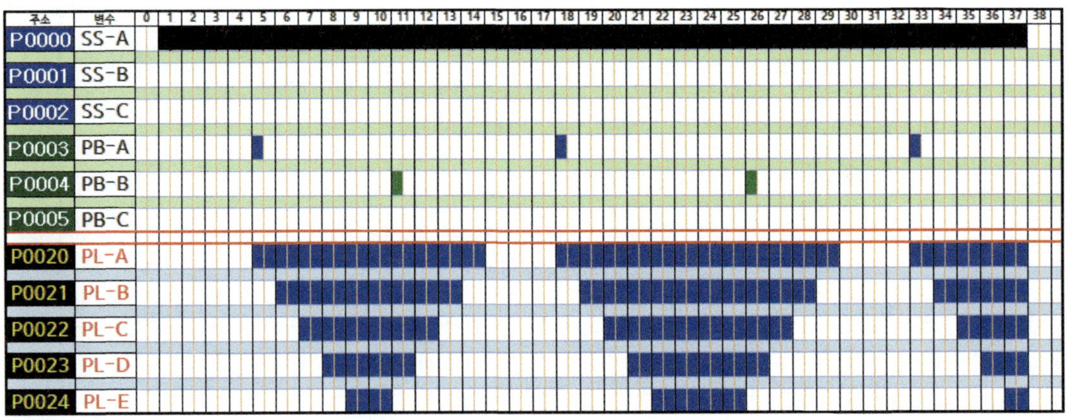

(2) 2과제

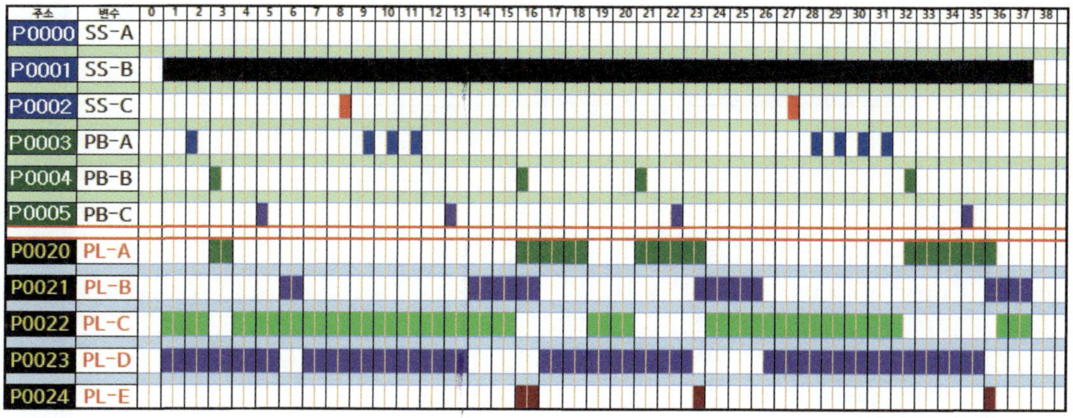
주소
변수
P0000 SS-A
P0001 SS-B
P0002 SS-C
P0003 PB-A
P0004 PB-B
P0005 PB-C
P0020 PL-A
P0021 PL-B
P0022 PL-C
P0023 PL-D
P0024 PL-E

3) 프로그램

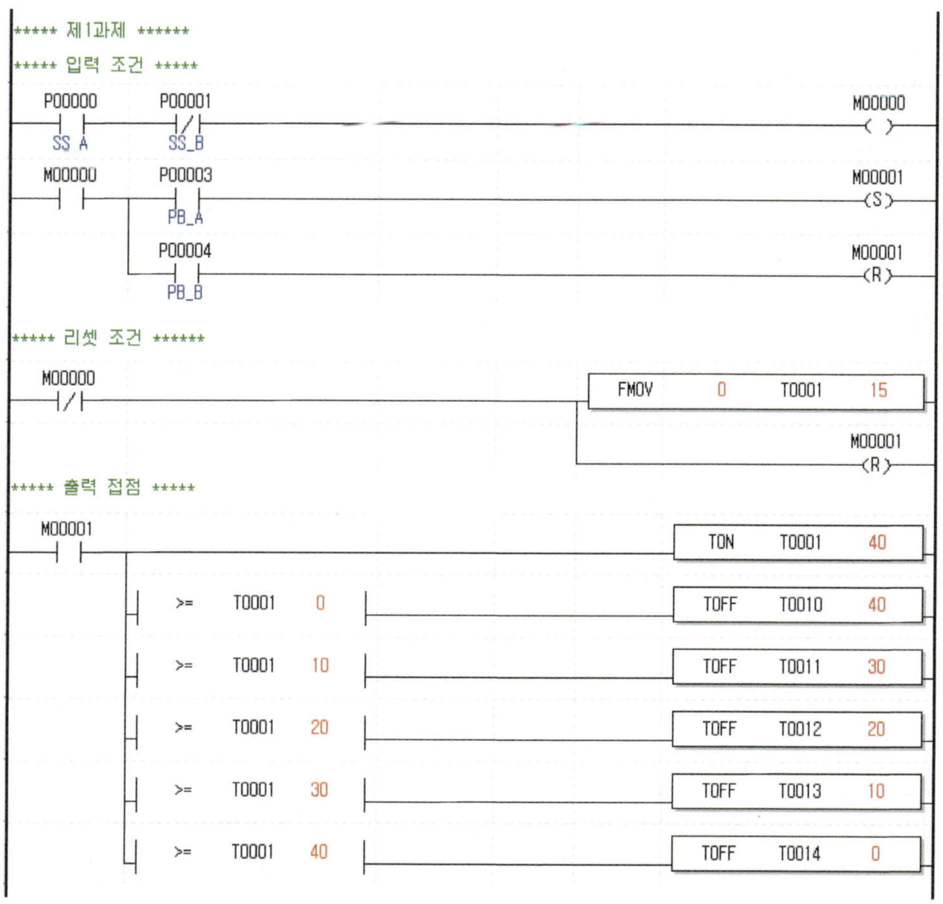
***** 제1과제 ******
***** 입력 조건 *****
P00000
SS_A
P00001
SS_B
M00000
M00000
P00003
PB_A
M00001
S
P00004
PB_B
M00001
R
***** 리셋 조건 ******
M00000
FMOV 0 T0001 15
M00001
R
***** 출력 접점 *****
M00001
TON T0001 40
>= T0001 0
TOFF T0010 40
>= T0001 10
TOFF T0011 30
>= T0001 20
TOFF T0012 20
>= T0001 30
TOFF T0013 10
>= T0001 40
TOFF T0014 0

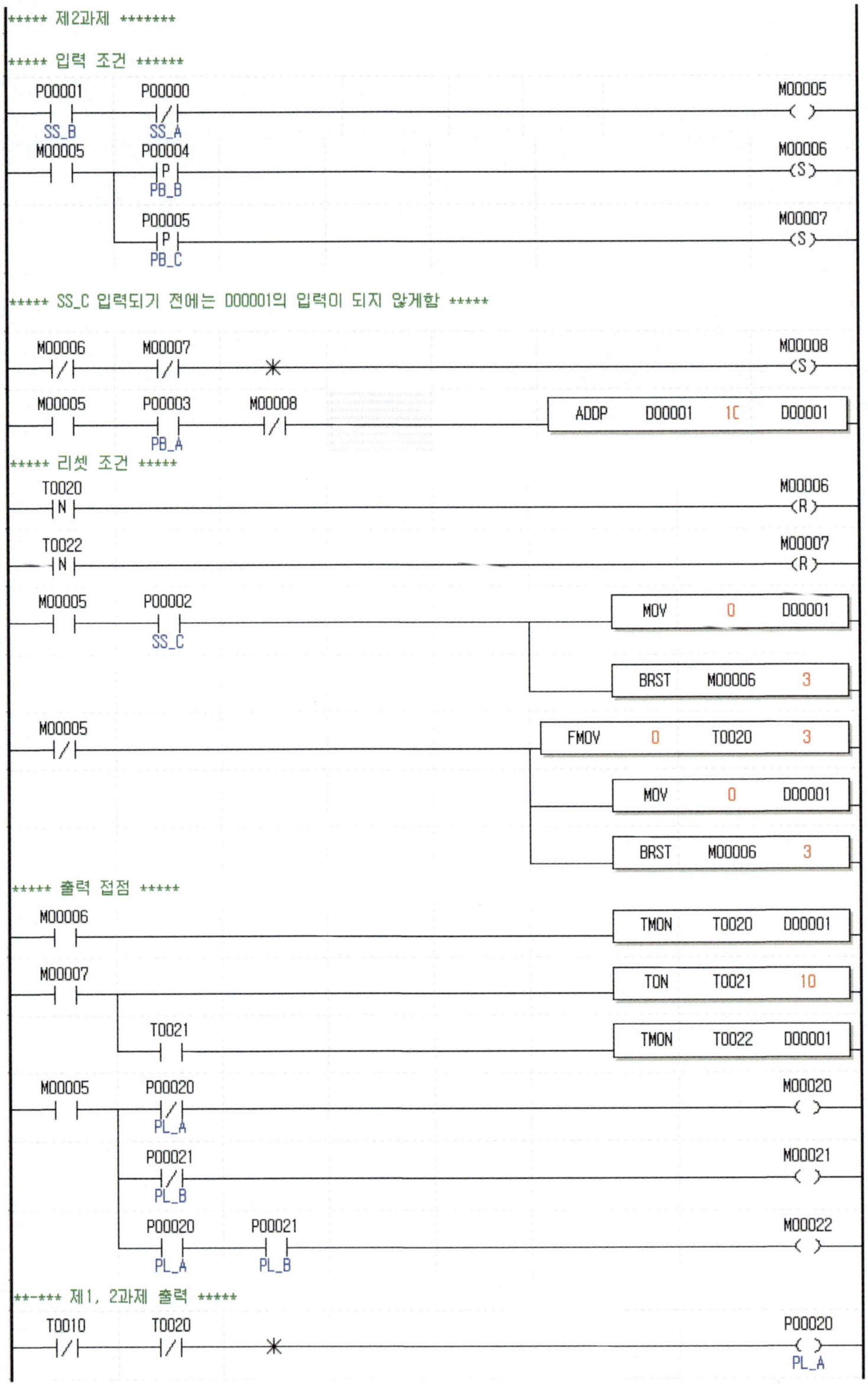
***** 제2과제 *******
***** 입력 조건 ******
P00001
SS_B
P00000
SS_A
M00005
M00005
P00004
PB_B
M00006
P00005
PB_C
M00007
***** SS_C 입력되기 전에는 D00001의 입력이 되지 않게함 *****
M00006
M00007
M00008
M00005
P00003
PB_A
M00008
ADDP D00001 1C D00001
***** 리셋 조건 *****
T0020
M00006
T0022
M00007
M00005
P00002
SS_C
MOV 0 D00001
BRST M00006 3
M00005
FMOV 0 T0020 3
MOV 0 D00001
BRST M00006 3
***** 출력 접점 *****
M00006
TMON T0020 D00001
M00007
TON T0021 10
T0021
TMON T0022 D00001
M00005
P00020
PL_A
M00020
P00021
PL_B
M00021
P00020
PL_A
P00021
PL_B
M00022
-* 제1, 2과제 출력 *****
T0010
T0020
P00020
PL_A

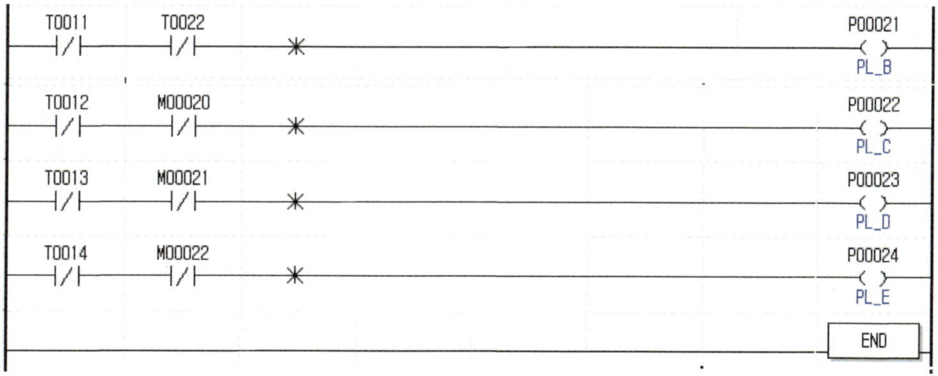

7.10 램프제어(4)

1) 요구사항

① 1과제 : SS_A ON, SS_B OFF 상태에서 타임 차트와 같이 동작한다.

② 2과세 : SS_B ON, SS_A OFF 상태에서 다음과 같이 동작한다.

- PB_A : M번, PB_B : N번 입력되고 PB_C를 눌렀다 떼면
- PL_1은 (M+N)초, PL_2는 |M-N|초 출력된다.
  (단, PB_A, PB_B가 입력된 각각의 횟수만큼 시간(초)으로 변경되어 출력된다. 각각의 시간은 횟수*1초)
- PL_3, PL_4, PL_5 는 타임 차트와 같이 동작한다.
- SS_C는 ON 하면 M, N 초기화되고 PL_1, PL_2 소등된다.

③ 1과제, 2과제 초기 셀렉터 SS_A, SS_B의 입력 조건이 맞지 않으면 리셋된다.

2) 타임차트

(1) 1과제

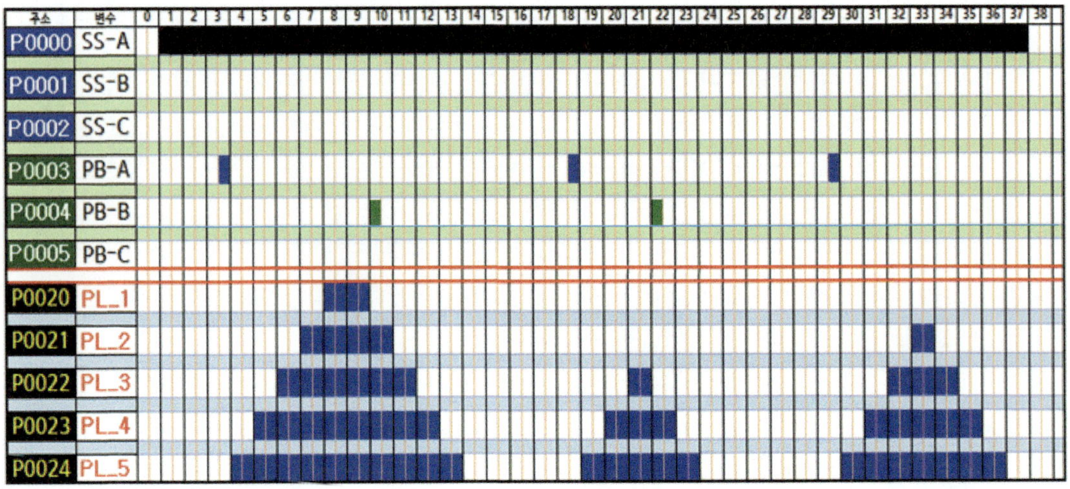

(2) 2과제

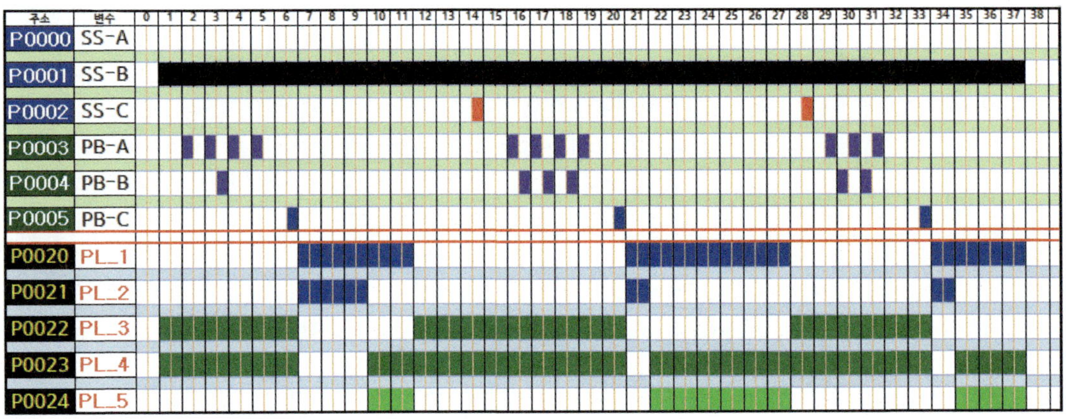

3) 프로그램

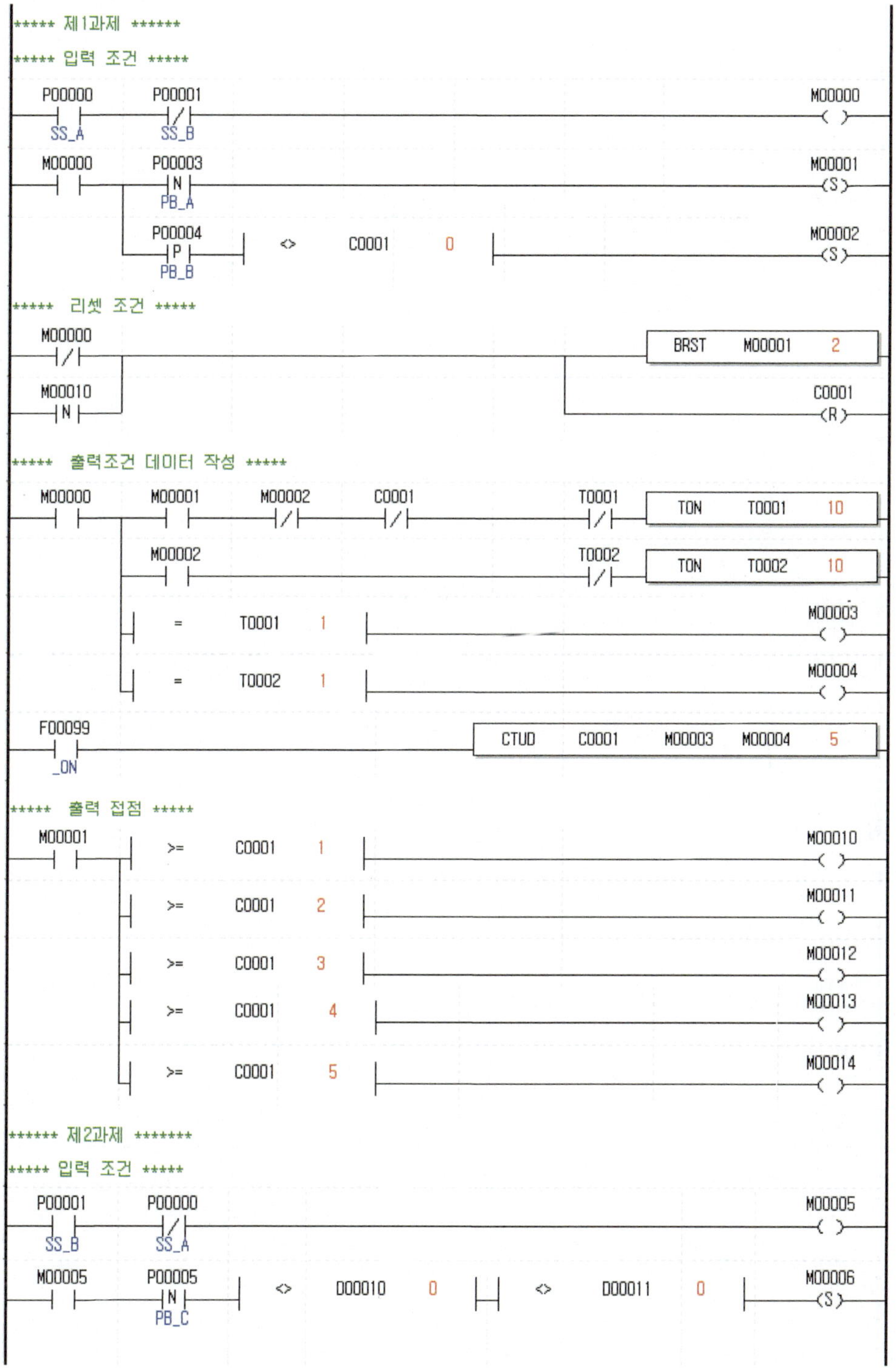

***** 제1과제 ******
***** 입력 조건 *****
P00000 SS_A
P00001 SS_B
M00000
M00000
P00003 N PB_A
M00001 S
P00004 P PB_B
<> C0001 0
M00002 S
***** 리셋 조건 *****
M00000
M00010 N
BRST M00001 2
C0001 R
***** 출력조건 데이터 작성 *****
M00000
M00001
M00002
C0001
T0001
TON T0001 10
M00002
T0002
TON T0002 10
= T0001 1
M00003
= T0002 1
M00004
F00099 _ON
CTUD C0001 M00003 M00004 5
***** 출력 접점 *****
M00001
>= C0001 1
M00010
>= C0001 2
M00011
>= C0001 3
M00012
>= C0001 4
M00013
>= C0001 5
M00014
****** 제2과제 *******
***** 입력 조건 *****
P00001 SS_B
P00000 SS_A
M00005
M00005
P00005 N PB_C
<> D00010 0
<> D00011 0
M00006 S

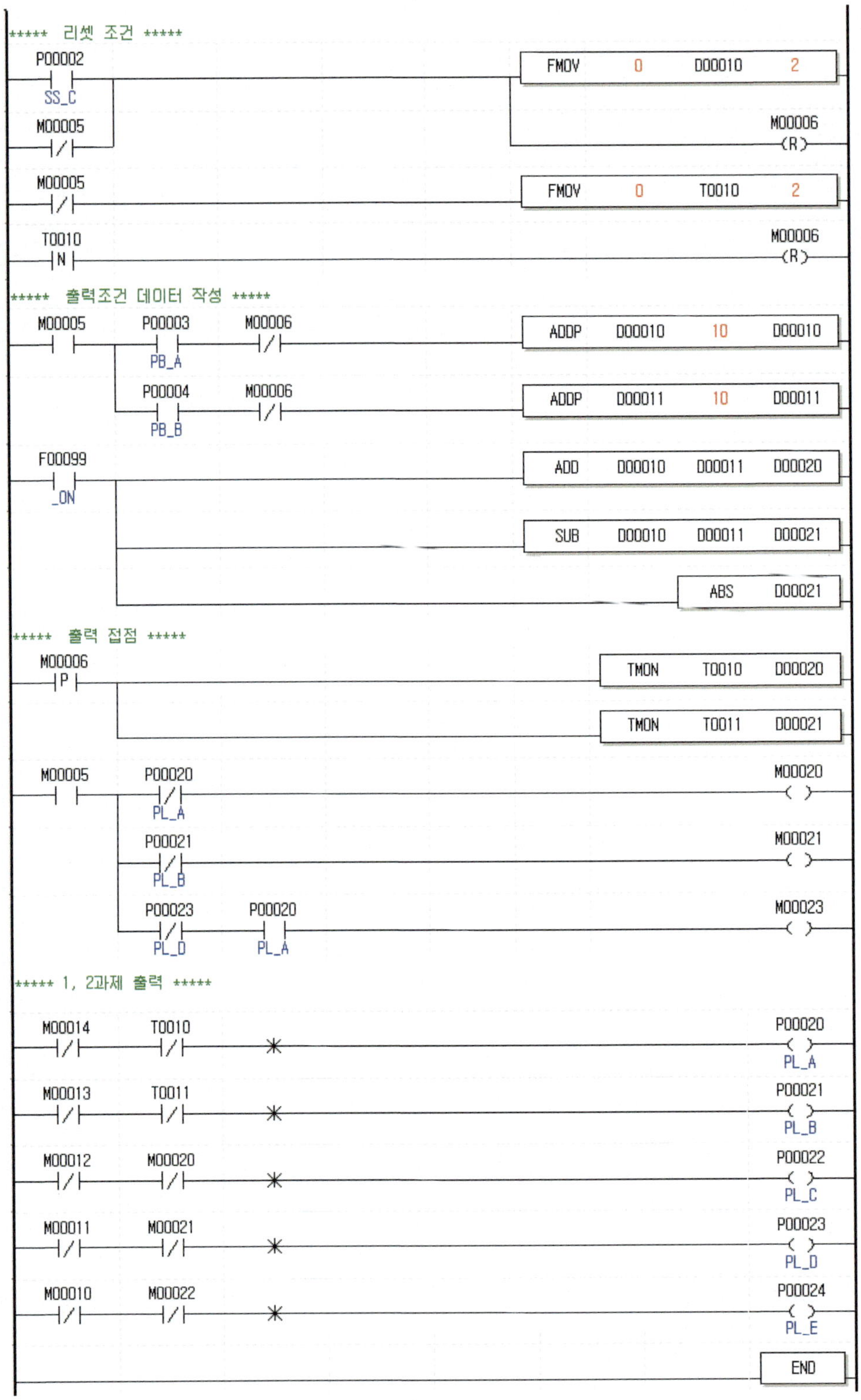
***** 리셋 조건 *****
P00002
SS_C
M00005
FMOV 0 D00010 2
M00006
R
M00005
FMOV 0 T0010 2
T0010
N
M00006
R
***** 출력조건 데이터 작성 *****
M00005
P00003
PB_A
M00006
ADDP D00010 10 D00010
P00004
PB_B
M00006
ADDP D00011 10 D00011
F00099
_ON
ADD D00010 D00011 D00020
SUB D00010 D00011 D00021
ABS D00021
***** 출력 접점 *****
M00006
P
TMON T0010 D00020
TMON T0011 D00021
M00005
P00020
PL_A
M00020
P00021
PL_B
M00021
P00023
PL_D
P00020
PL_A
M00023
***** 1, 2과제 출력 *****
M00014
T0010
P00020
PL_A
M00013
T0011
P00021
PL_B
M00012
M00020
P00022
PL_C
M00011
M00021
P00023
PL_D
M00010
M00022
P00024
PL_E
END

7.11 램프제어(5)

1) 요구사항

① 1과제 : SS_A ON, SS_B OFF 상태에서 타임 차트와 같이 동작한다.

② 2과제 : SS_B ON, SS_A OFF 상태에서 다음과 같이 동작한다.

- PB_A ON_OFF 횟수를 시간(초)으로 환산하고 PB_B를 ON 하면
- PL_1은 환산한 초만큼 점등, 소등 반복 동작, PB_C 누르면 정지
- PL_2는 환산한 초만큼 소등, 점등 반복 동작, PB_C 누르면 정지
  (단, PB_A가 입력된 횟수만큼 시간(초)으로 출력된다. 시간은 횟수*1초)
- PL_3, PL_4, PL_5 는 타임차트 참조
- SS_C는 데이터 초기화 버튼임. 단, PL_1, PL_2 동작 중에는 초기화되지 않음.

③ 1과제, 2과제 초기 셀렉터 SS_A, SS_B의 입력 조건이 맞지 않으면 리셋된다.

2) 타임차트

(1) 1과제

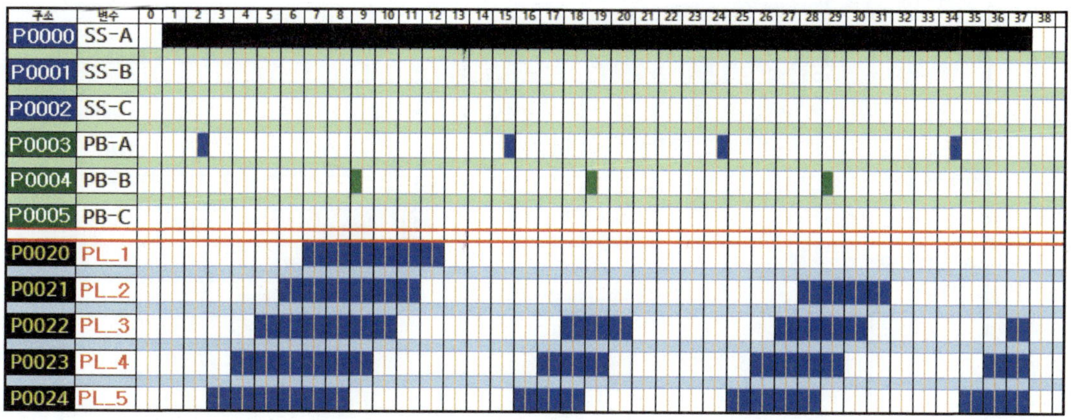

(2) 2과제

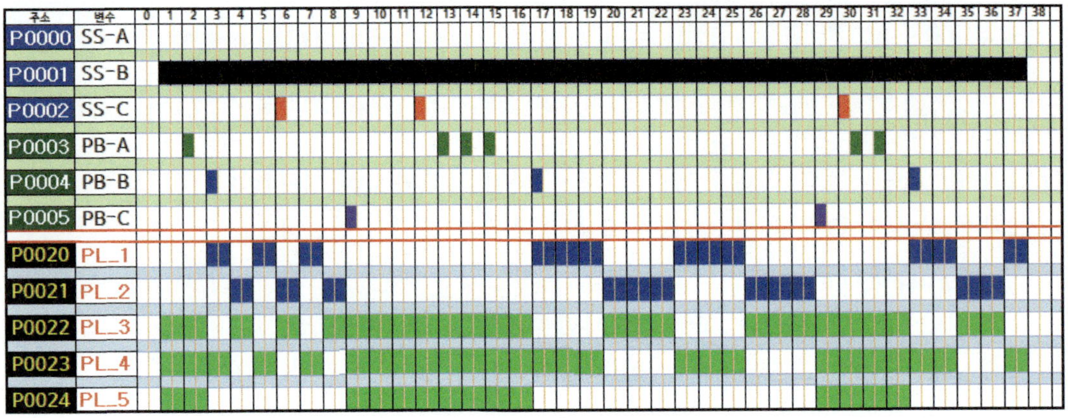

주소
변수
0 1 2 3 4 5 6 7 8 9 10 11 12 13 14 15 16 17 18 19 20 21 22 23 24 25 26 27 28 29 30 31 32 33 34 35 36 37 38
P0000 SS-A
P0001 SS-B
P0002 SS-C
P0003 PB-A
P0004 PB-B
P0005 PB-C
P0020 PL_1
P0021 PL_2
P0022 PL_3
P0023 PL_4
P0024 PL_5

라) 프로그램

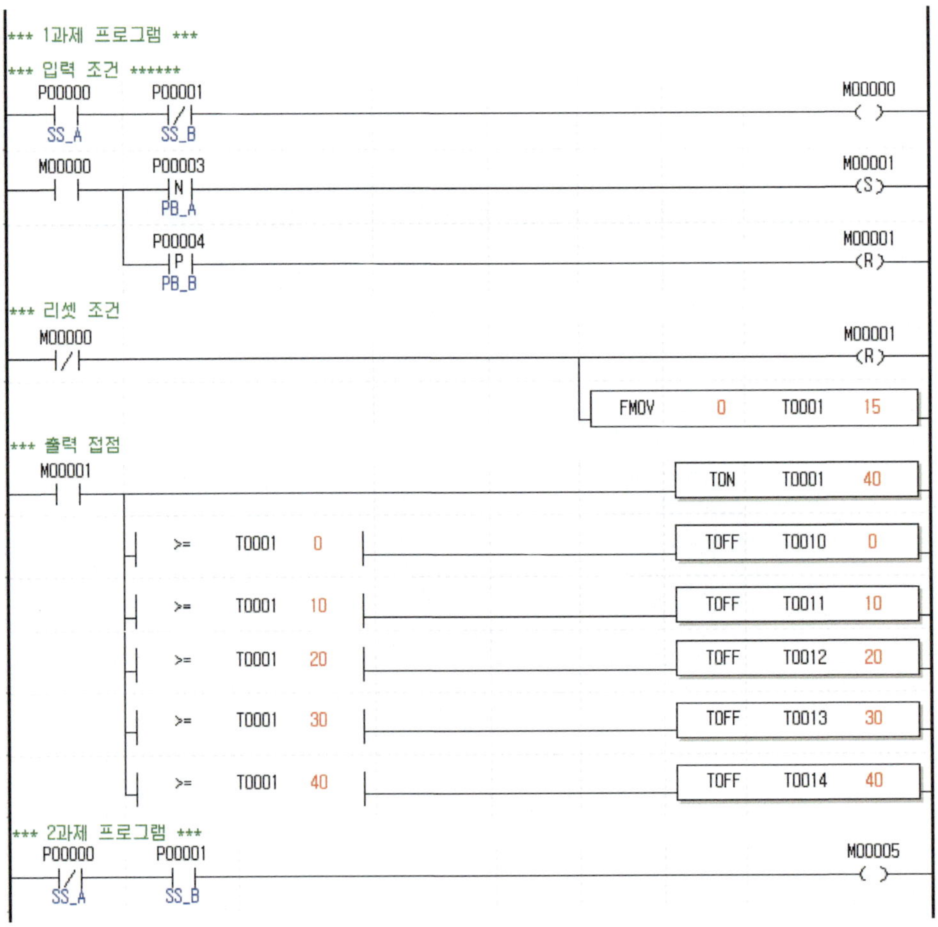

*** 1과제 프로그램 ***
*** 입력 조건 ******
P00000
SS_A
P00001
SS_B
M00000
M00000
P00003
N
PB_A
M00001
S
P00004
P
PB_B
M00001
R
*** 리셋 조건
M00000
M00001
R
FMOV 0 T0001 15
*** 출력 접점
M00001
TON T0001 40
>= T0001 0
TOFF T0010 0
>= T0001 10
TOFF T0011 10
>= T0001 20
TOFF T0012 20
>= T0001 30
TOFF T0013 30
>= T0001 40
TOFF T0014 40
*** 2과제 프로그램 ***
P00000
SS_A
P00001
SS_B
M00005

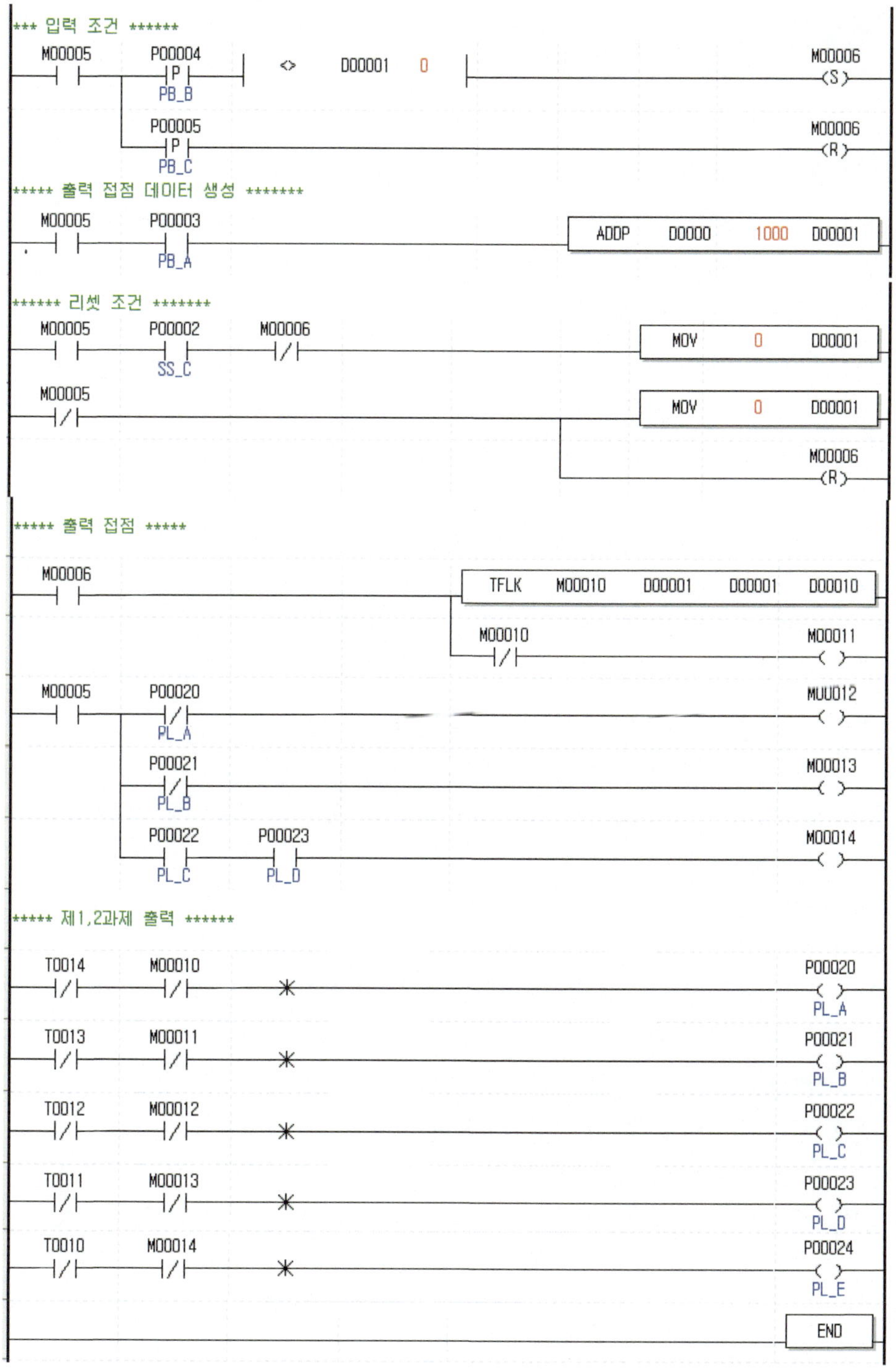
*** 입력 조건 ******
M00005
P00004
PB_B
<> D00001 0
M00006 (S)
P00005
PB_C
M00006 (R)
***** 출력 접점 데이터 생성 *******
M00005
P00003
PB_A
ADDP D0000 1000 D00001
****** 리셋 조건 *******
M00005
P00002
SS_C
M00006
MOV 0 D00001
M00005
MOV 0 D00001
M00006 (R)
***** 출력 접점 *****
M00006
TFLK M00010 D00001 D00001 D00010
M00010
M00011
M00005
P00020
PL_A
M00012
P00021
PL_B
M00013
P00022
PL_C
P00023
PL_D
M00014
***** 제1,2과제 출력 ******
T0014
M00010
P00020
PL_A
T0013
M00011
P00021
PL_B
T0012
M00012
P00022
PL_C
T0011
M00013
P00023
PL_D
T0010
M00014
P00024
PL_E
END

7.12 램프제어(6)

1) 요구사항

① 1과제 : SS_A ON, SS_B OFF 상태에서 타임 차트와 같이 동작한다.

- PB_A ON 할 때 PL_A, PL_B, PL_C, PL_D, PL_E 순으로 점멸
  (계속 누르면 OFF 될 때까지 0.5초 간격으로 점멸)
- PB_B ON 할 때 PL_E, PL_D, PL_C, PL_B, PL_A 순으로 점멸
  (계속 누르면 OFF 될 때까지 0.5초 간격으로 점멸)
- 출력은 SS_C에 의해서 OFF 된다.

② 2과제 : SS_B ON, SS_A OFF 상태에서 다음과 같이 동작한다.

가) PB_A ON/OFF 횟수+PB_B ON/OFF 횟수가 3회 이하이면
- PL_A 출력은 : (합의 횟수*0.5초) ON, (PB_B 횟수*0.5초) OFF 반복
- PL_B 출력은 : (합의 횟수*0.5초) ON, (PB_A 횟수*0.5초) OFF 반복

나) PB_A ON/OFF 횟수+PB_B ON/OFF 횟수가 4~5회이면
- PL_A 출력은 : (PB_A 횟수*0.5초) ON, (PB_B 횟수*0.5초) OFF 반복
- PL_B 출력은 : (PB_A 횟수*0.5초) ON, (PB_A 횟수*0.5초) OFF 반복

다) PB_A ON/OFF 횟수+PB_B ON/OFF 횟수가 6회 이상이면
- PL_A 출력은 : (차의 횟수*0.5초) ON, (PB_B 횟수*0.5초) OFF를 반복
- PL_B 출력은 : (차의 횟수*0.5초) ON, (PB_A 횟수*0.5초) OFF를 반복

라) PB_C에 의하여 PL_A, PL_B 동작 중에는 SS_C의 영향을 받지 않고 정지 후 PB_A, PB_B의 입력 변경이 가능하다.

마) PL_C~PL_E는 PL_A와 PL_B의 출력상태에 따라 출력된다.
PB_A, PB_B의 카운터 횟수는 각각 5회 이하이다.

③ 1과제, 2과제 초기 셀렉터 SS_A, SS_B의 입력 조건이 맞지 않으면 리셋된다.

2) 타임 차트

(1) 1과제

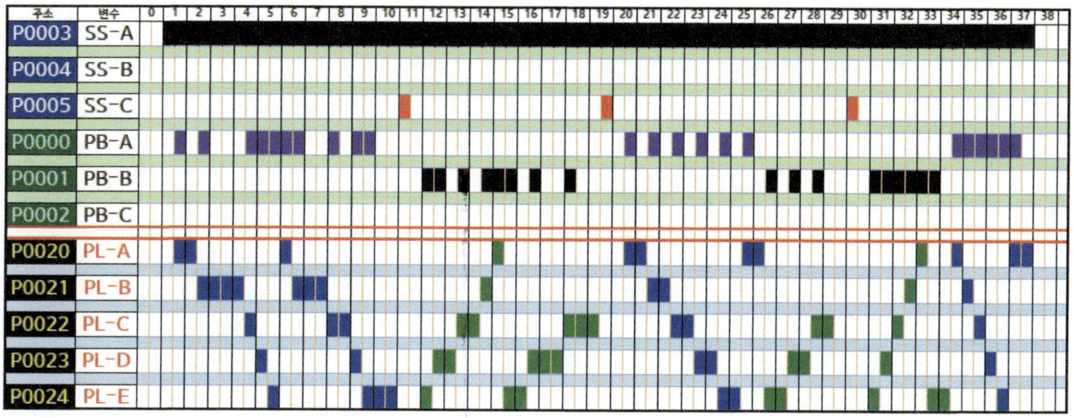

(2) 2과제

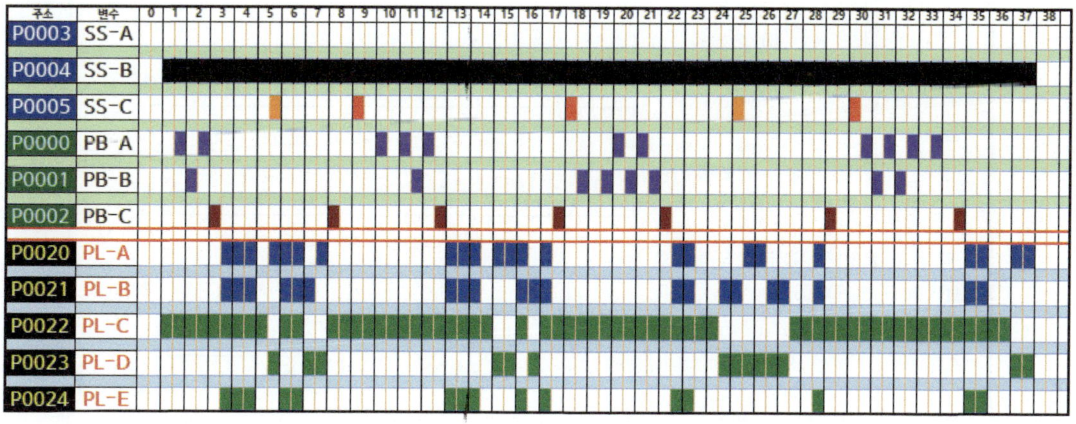

3) 프로그램(1)

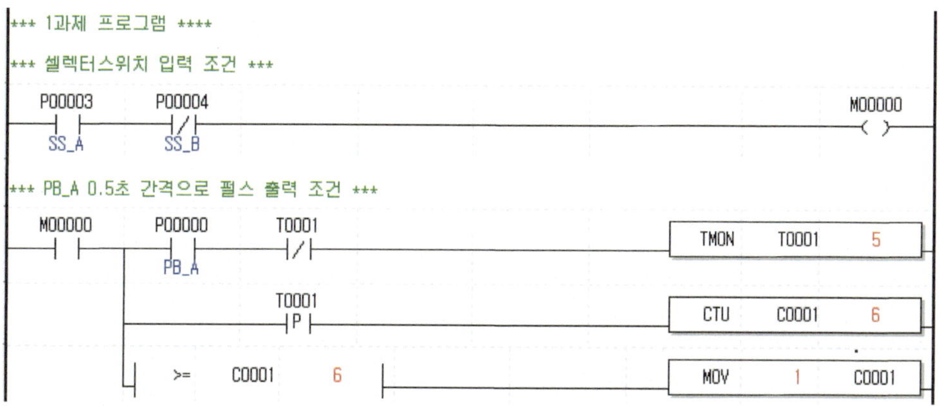

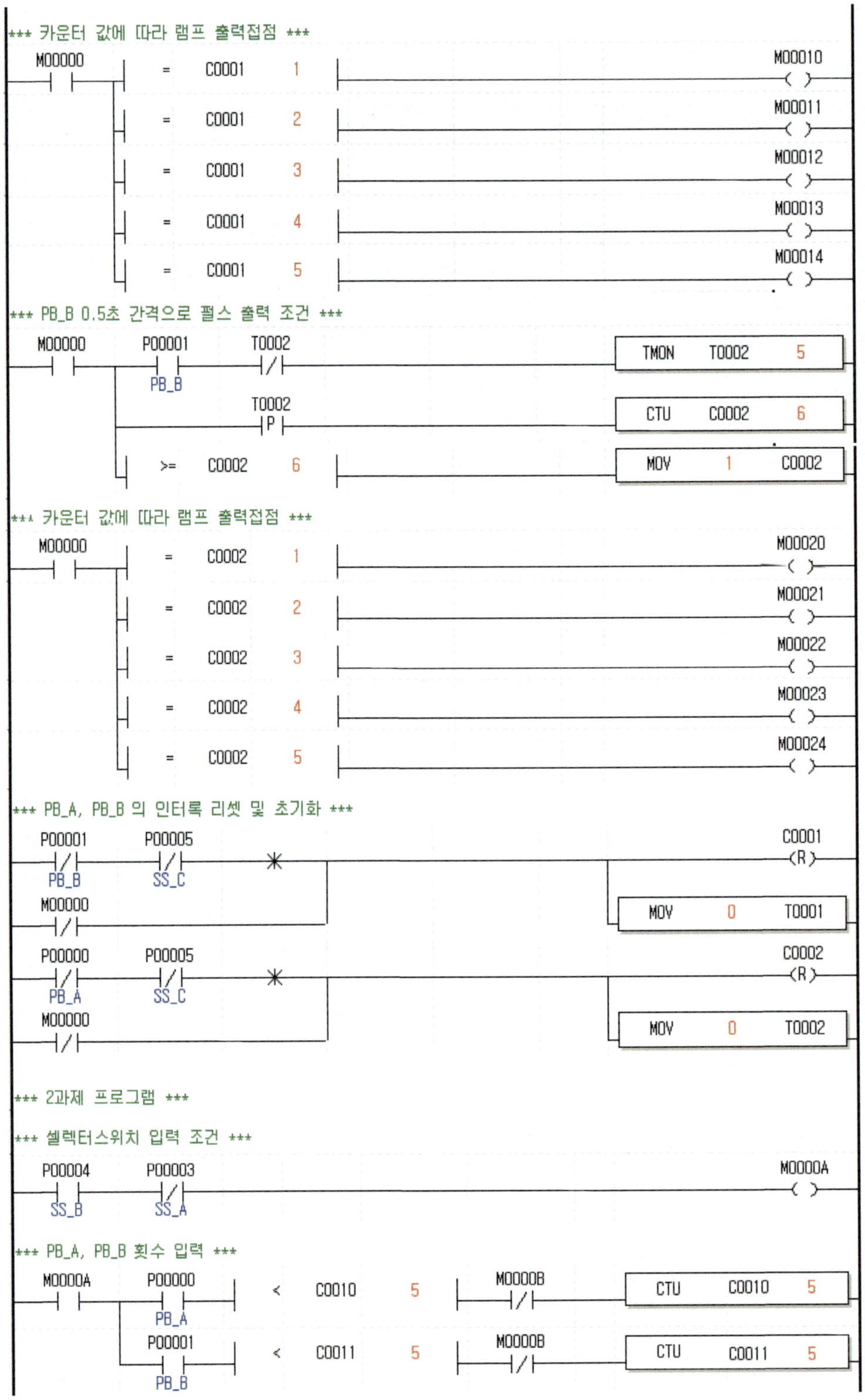
*** 카운터 값에 따라 램프 출력접점 ***
M00000
= C0001 1 M00010
= C0001 2 M00011
= C0001 3 M00012
= C0001 4 M00013
= C0001 5 M00014
*** PB_B 0.5초 간격으로 펄스 출력 조건 ***
M00000 P00001 T0002
PB_B
TMON T0002 5
T0002
P
CTU C0002 6
>= C0002 6
MOV 1 C0002
*** 카운터 값에 따라 램프 출력접점 ***
M00000
= C0002 1 M00020
= C0002 2 M00021
= C0002 3 M00022
= C0002 4 M00023
= C0002 5 M00024
*** PB_A, PB_B 의 인터록 리셋 및 초기화 ***
P00001 P00005
PB_B SS_C
M00000
C0001
R
MOV 0 T0001
P00000 P00005
PB_A SS_C
M00000
C0002
R
MOV 0 T0002
*** 2과제 프로그램 ***
*** 셀렉터스위치 입력 조건 ***
P00004 P00003
SS_B SS_A
M0000A
*** PB_A, PB_B 횟수 입력 ***
M0000A P00000
PB_A
< C0010 5
M0000B
CTU C0010 5
P00001
PB_B
< C0011 5
M0000B
CTU C0011 5

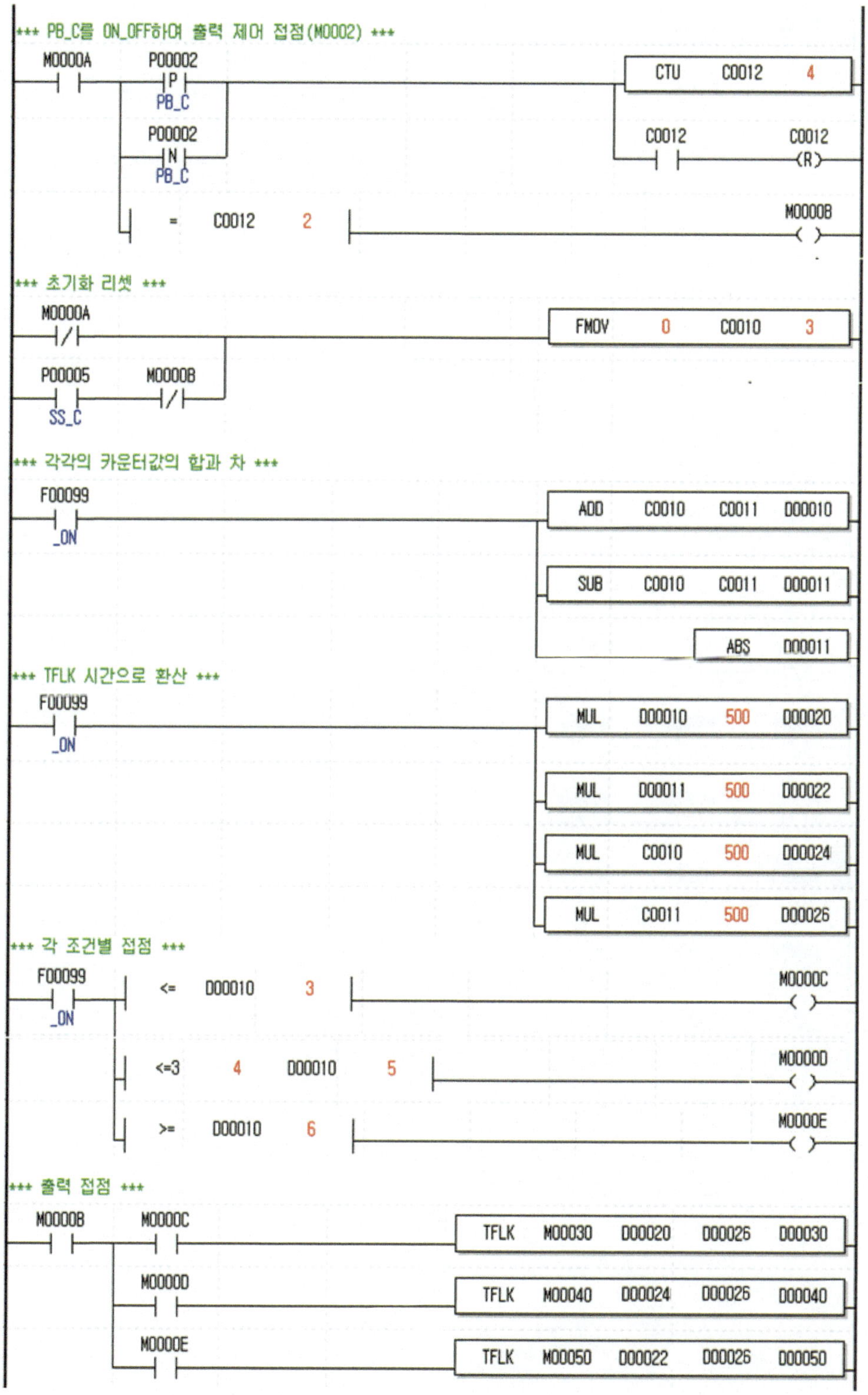
*** PB_C를 ON_OFF하여 출력 제어 접점(M0002) ***
M0000A
P00002
PB_C
CTU C0012 4
C0012
C0012
N
= C0012 2
M0000B
*** 초기화 리셋 ***
FMOV 0 C0010 3
P00005
SS_C
*** 각각의 카운터값의 합과 차 ***
F00099
_ON
ADD C0010 C0011 D00010
SUB C0010 C0011 D00011
ABS D00011
*** TFLK 시간으로 환산 ***
MUL D00010 500 D00020
MUL D00011 500 D00022
MUL C0010 500 D00024
MUL C0011 500 D00026
*** 각 조건별 접점 ***
<= D00010 3
M0000C
<=3 4 D00010 5
M0000D
>= D00010 6
M0000E
*** 출력 접점 ***
TFLK M00030 D00020 D00026 D00030
TFLK M00040 D00024 D00026 D00040
TFLK M00050 D00022 D00026 D00050

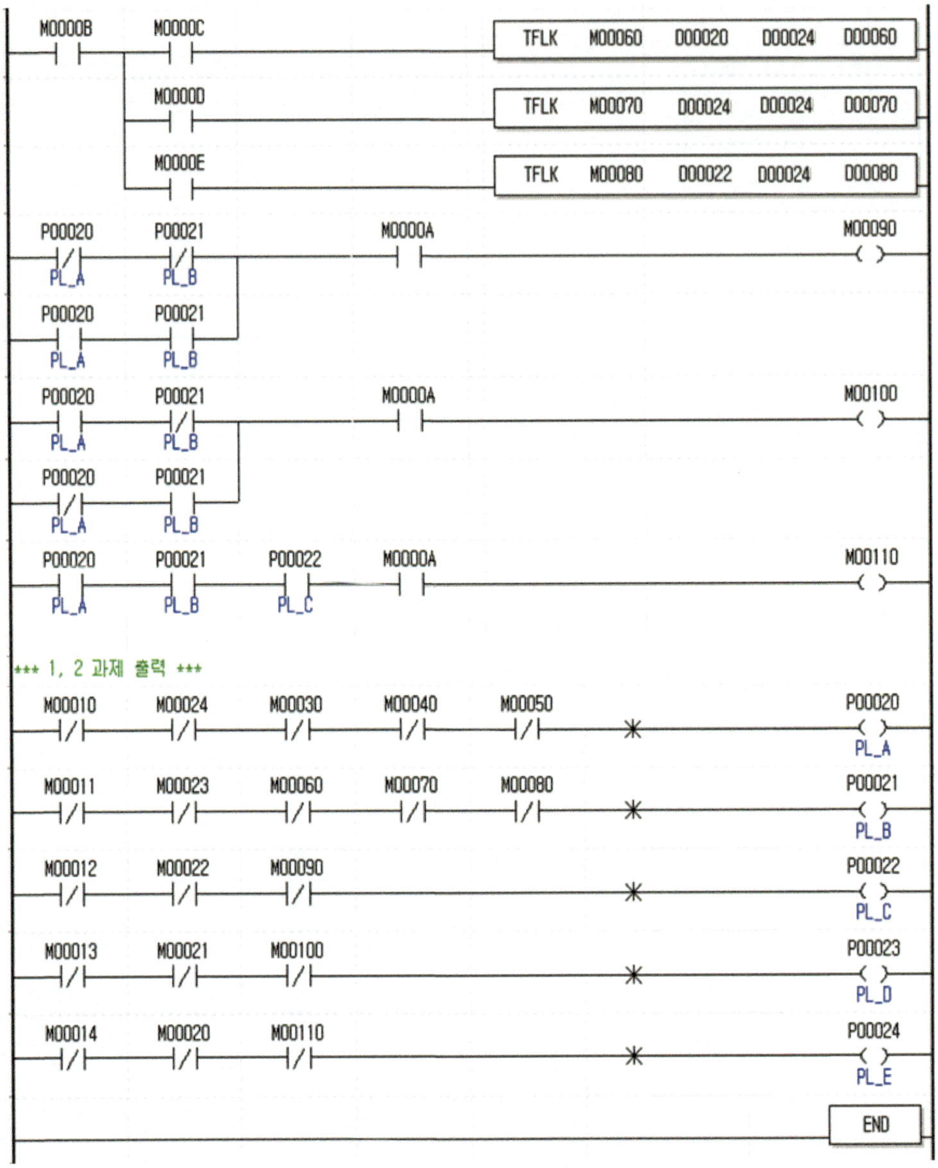
M0000B
M0000C
TFLK M00060 D00020 D00024 D00060
M0000D
TFLK M00070 D00024 D00024 D00070
M0000E
TFLK M00080 D00022 D00024 D00080
P00020
P00021
M0000A
M00090
PL_A
PL_B
P00020
P00021
PL_A
PL_B
P00020
P00021
M0000A
M00100
PL_A
PL_B
P00020
P00021
PL_A
PL_B
P00020
P00021
P00022
M0000A
M00110
PL_A
PL_B
PL_C
*** 1, 2 과제 출력 ***
M00010
M00024
M00030
M00040
M00050
P00020
PL_A
M00011
M00023
M00060
M00070
M00080
P00021
PL_B
M00012
M00022
M00090
P00022
PL_C
M00013
M00021
M00100
P00023
PL_D
M00014
M00020
M00110
P00024
PL_E
END

7.13 램프제어(7)

1) 요구사항

① 1과제 : SS_A ON, SS_B OFF 상태에서 타임 차트와 같이 동작한다.

가) PB_A에 의하여 T_a가 설정된다.

ⓐ 설정된 시간이 2.5초이면 PB_B를 OFF시

_ PL1은 초 단위를 카운터 횟수로 표시(예: 2초면 2회)

_ PL2는 0.1초 단위를 카운터 횟수로 표시(예: 2.5초면 5회)

ⓑ 설정된 시간이 2.5초이면 PB_C를 OFF시

- PL_C는 초 미만을 반올림하여 설정시간으로 동작(예: 2.5초면 반올림하여 3초 동작)

_ PL4는 설정시간 동안 0.5초 ON, 0.5초 OFF 반복 동작

_ PL5는 설정시간 동안 0.5초 OFF, 0.5초 ON 반복 동작

나) SS_C에 의하여 T_a가 재설정된다. (PL_A~PL_E 동작 중에는 재설정되지 않는다.)

다) 2.4초 이하는 반올림하면 설정값은 2초이다.

라) 설정값의 범위는 1초 이상 10초 이하의 값으로 한다.

② 2과제 : SS_B ON, SS_A OFF 상태에서 다음과 같이 동작한다.

가) PB_A에 의하여 T_b, T_c가 설정된다.

ⓐ T_b 〉 T_c : PB_B(Falling)에 의해서 PL_A, PL_B는 합(ADD)이 동작
PB_C(Falling)에 의해서 PL_C, PL_D는 차(SUB)가 동작

예) 설정된 시간이 T_b가 2.1초, T_c가 1.4초

- PL_A : 두 타임의 합(3.5초)의 초 단위를 횟수로 표시 (3회)

- PL_B : 두 타임의 합(3.5초)의 0.1초 단위를 횟수로 표시 (5회)

예) 설정된 시간이 T_b가 2.1초, T_c가 1.4초

- PL_C : 두 타임의 차(0.7초)의 초 단위를 횟수로 표시 (0회)

- PL_D : 두 타임의 차(0.7초)의 0.1초 단위를 횟수로 표시 (7회)

ⓑ T_b 〈 T_c : PB_B(Falling)에 의해서 PL_A, PL_B는 차(SUB)가 동작
PB_C(Falling)에 의해서 PL_C, PL_D는 합(ADD)이 동작

예) 설정된 시간이 T_b가 1.1초, T_c가 2.5초이면 합: 3.6초, 차: 1.4초

- PL_A(1회), PL_B(4회), PL_C(3회), PL_D(6회)

ⓒ T_b = T_c : PB_B(Falling)에 의해서 PL_A, PL_B는 합(ADD)이 동작
PB_C(Falling)에 의하여 PL_C, PL_D의 출력은 없음.

ⓓ PL_E : PB_B(Falling), PB_C(Falling)에 의하여 합과 차를 시간으로 출력

나) SS_C에 의하여 T_b, T_c가 재설정된다. (PL1~PL5 동작 중에는 재설정 되지 않는다.)

다) 설정값의 범위는 1초 이상 10초 이하의 값으로 한다.

③ 1과제, 2과제 초기 셀렉터 SS_A, SS_B의 입력 조건이 맞지 않으면 리셋된다.

2) 타임 차트

(1) 1과제

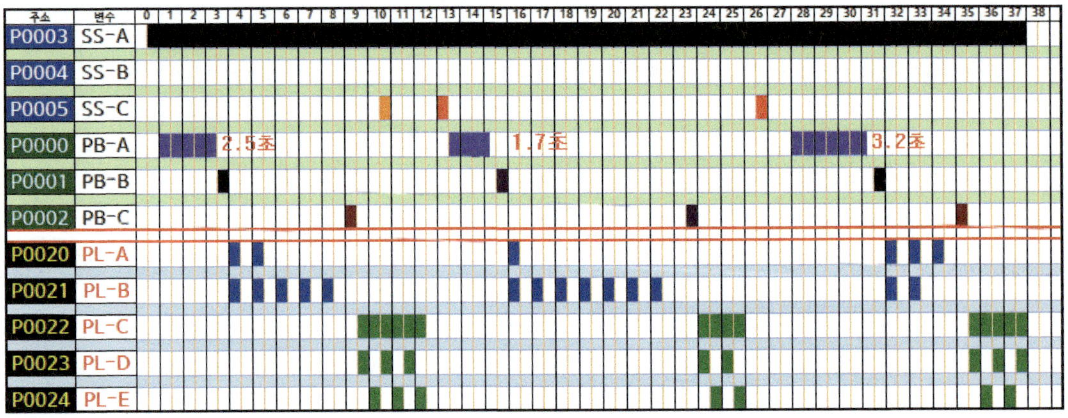

(2) 2과제

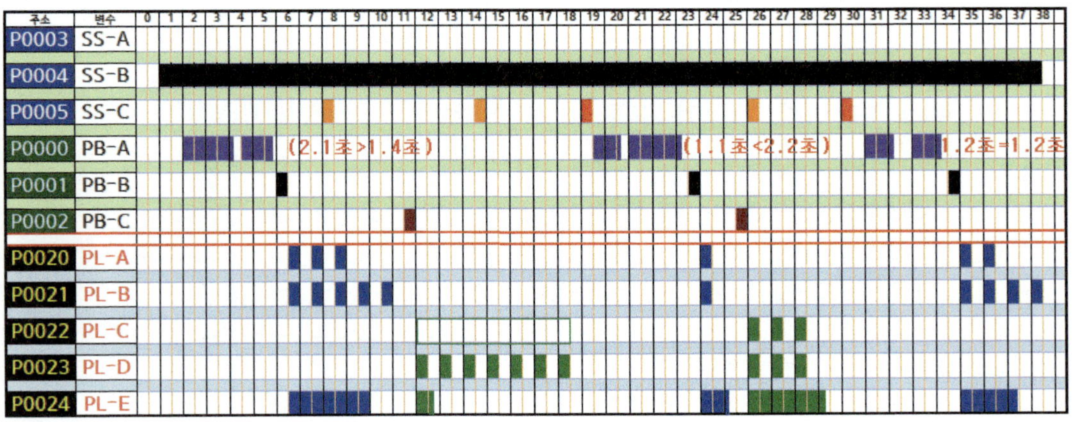

3) 프로그램

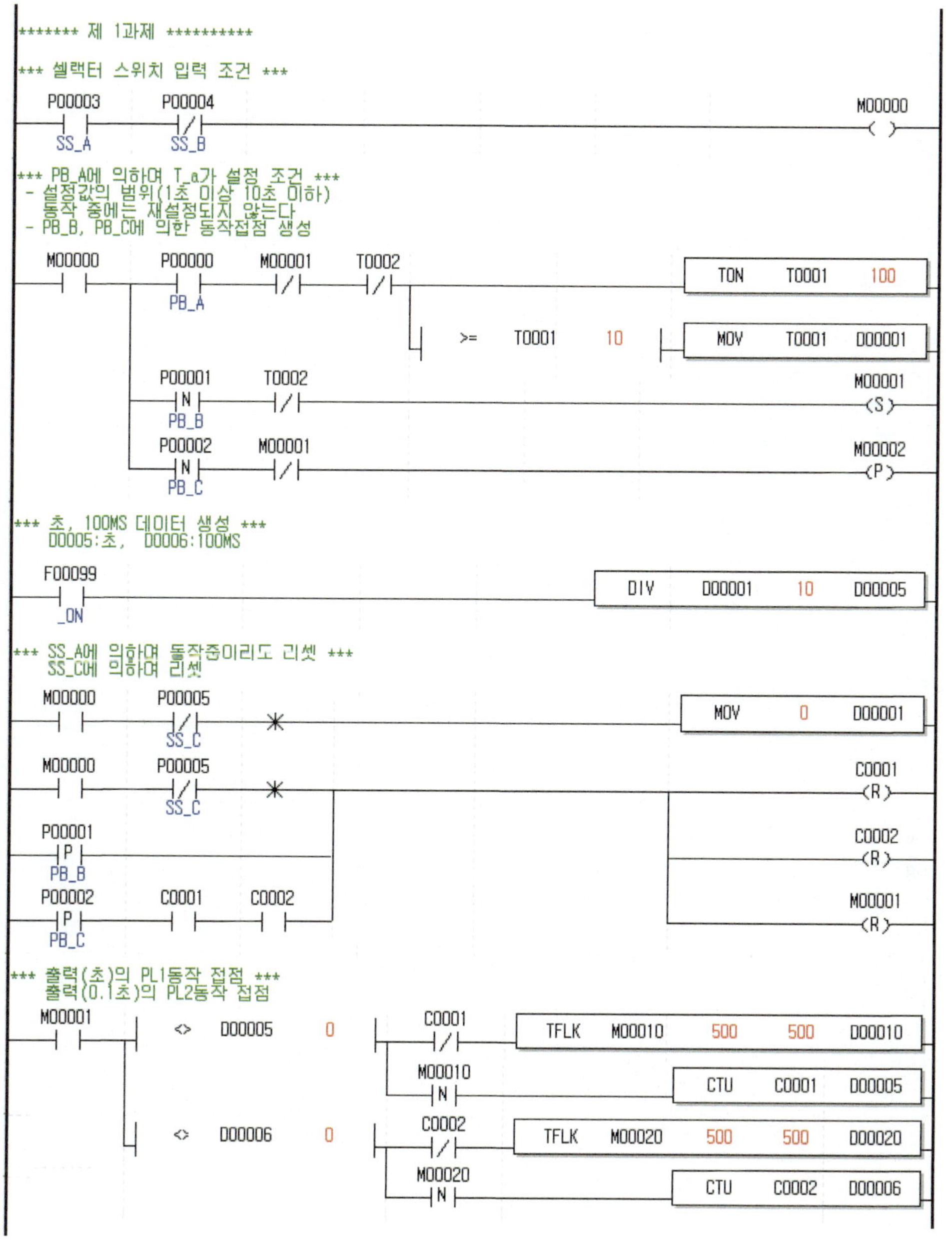
******* 제 1과제 **********
*** 셀렉터 스위치 입력 조건 ***
P00003
P00004
M00000
SS_A
SS_B
*** PB_A에 의하여 T_a가 설정 조건 ***
- 설정값의 범위(1초 이상 10초 이하)
동작 중에는 재설정되지 않는다
- PB_B, PB_C에 의한 동작접점 생성
M00000
P00000
M00001
T0002
TON T0001 100
PB_A
>= T0001 10
MOV T0001 D00001
P00001
T0002
M00001
PB_B
P00002
M00001
M00002
PB_C
*** 초, 100MS 데이터 생성 ***
D0005:초, D0006:100MS
F00099
_ON
DIV D00001 10 D00005
*** SS_A에 의하여 동작중이라도 리셋 ***
SS_C에 의하여 리셋
M00000
P00005
SS_C
MOV 0 D00001
M00000
P00005
SS_C
C0001
P00001
PB_B
C0002
P00002
C0001
C0002
PB_C
M00001
*** 출력(초)의 PL1동작 접점 ***
출력(0.1초)의 PL2동작 접점
M00001
<> D00005 0
C0001
TFLK M00010 500 500 D00010
M00010
CTU C0001 D00005
<> D00006 0
C0002
TFLK M00020 500 500 D00020
M00020
CTU C0002 D00006

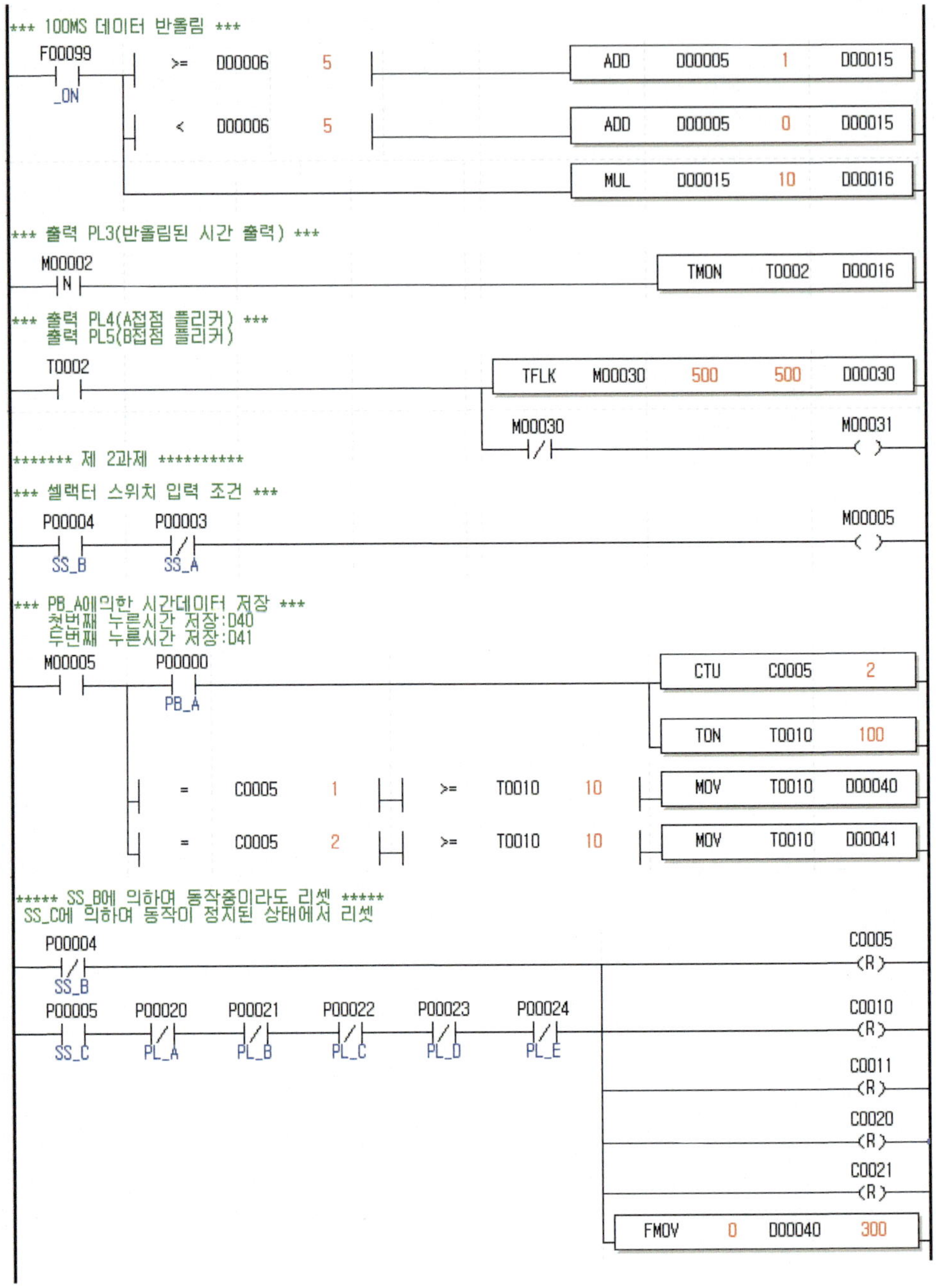
*** 100MS 데이터 반올림 ***
F00099
_ON
>= D00006 5
ADD D00005 1 D00015
< D00006 5
ADD D00005 0 D00015
MUL D00015 10 D00016
*** 출력 PL3(반올림된 시간 출력) ***
M00002
N
TMON T0002 D00016
*** 출력 PL4(A접점 플리커) ***
출력 PL5(B접점 플리커)
T0002
TFLK M00030 500 500 D00030
M00030
M00031
******* 제 2과제 **********
*** 셀렉터 스위치 입력 조건 ***
P00004
SS_B
P00003
SS_A
M00005
*** PB_A에의한 시간데이터 저장 ***
첫번째 누른시간 저장:D40
두번째 누른시간 저장:D41
M00005
P00000
PB_A
CTU C0005 2
TON T0010 100
= C0005 1
>= T0010 10
MOV T0010 D00040
= C0005 2
>= T0010 10
MOV T0010 D00041
***** SS_B에 의하여 동작중이라도 리셋 *****
SS_C에 의하여 동작이 정지된 상태에서 리셋
P00004
SS_B
C0005
R
P00005
SS_C
P00020
PL_A
P00021
PL_B
P00022
PL_C
P00023
PL_D
P00024
PL_E
C0010
R
C0011
R
C0020
R
C0021
R
FMOV 0 D00040 300

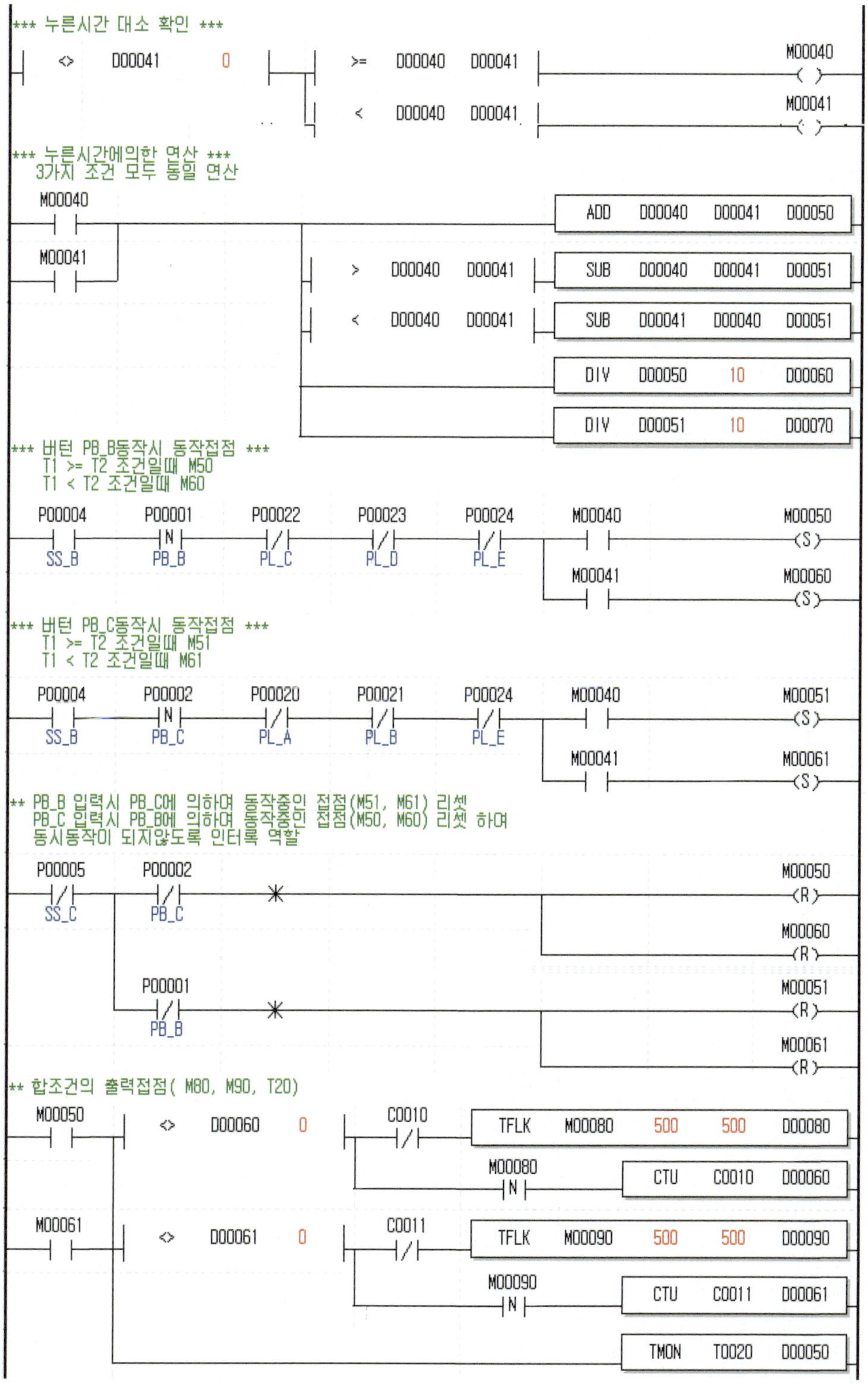
*** 누른시간 대소 확인 ***
<> D00041 0
>= D00040 D00041
M00040
< D00040 D00041
M00041
*** 누른시간에의한 연산 ***
3가지 조건 모두 동일 연산
M00040
M00041
ADD D00040 D00041 D00050
> D00040 D00041
SUB D00040 D00041 D00051
< D00040 D00041
SUB D00041 D00040 D00051
DIV D00050 10 D00060
DIV D00051 10 D00070
*** 버턴 PB_B동작시 동작접점 ***
T1 >= T2 조건일때 M50
T1 < T2 조건일때 M60
P00004 SS_B
P00001 PB_B
P00022 PL_C
P00023 PL_D
P00024 PL_E
M00040
M00050
M00041
M00060
*** 버턴 PB_C동작시 동작접점 ***
T1 >= T2 조건일때 M51
T1 < T2 조건일때 M61
P00004 SS_B
P00002 PB_C
P00020 PL_A
P00021 PL_B
P00024 PL_E
M00040
M00051
M00041
M00061
** PB_B 입력시 PB_C에 의하여 동작중인 접점(M51, M61) 리셋
PB_C 입력시 PB_B에 의하여 동작중인 접점(M50, M60) 리셋 하며
동시동작이 되지않도록 인터록 역할
P00005 SS_C
P00002 PB_C
M00050
M00060
P00001 PB_B
M00051
M00061
** 합조건의 출력접점(M80, M90, T20)
M00050
<> D00060 0
C0010
TFLK M00080 500 500 D00080
M00080
CTU C0010 D00060
M00061
<> D00061 0
C0011
TFLK M00090 500 500 D00090
M00090
CTU C0011 D00061
TMON T0020 D00050

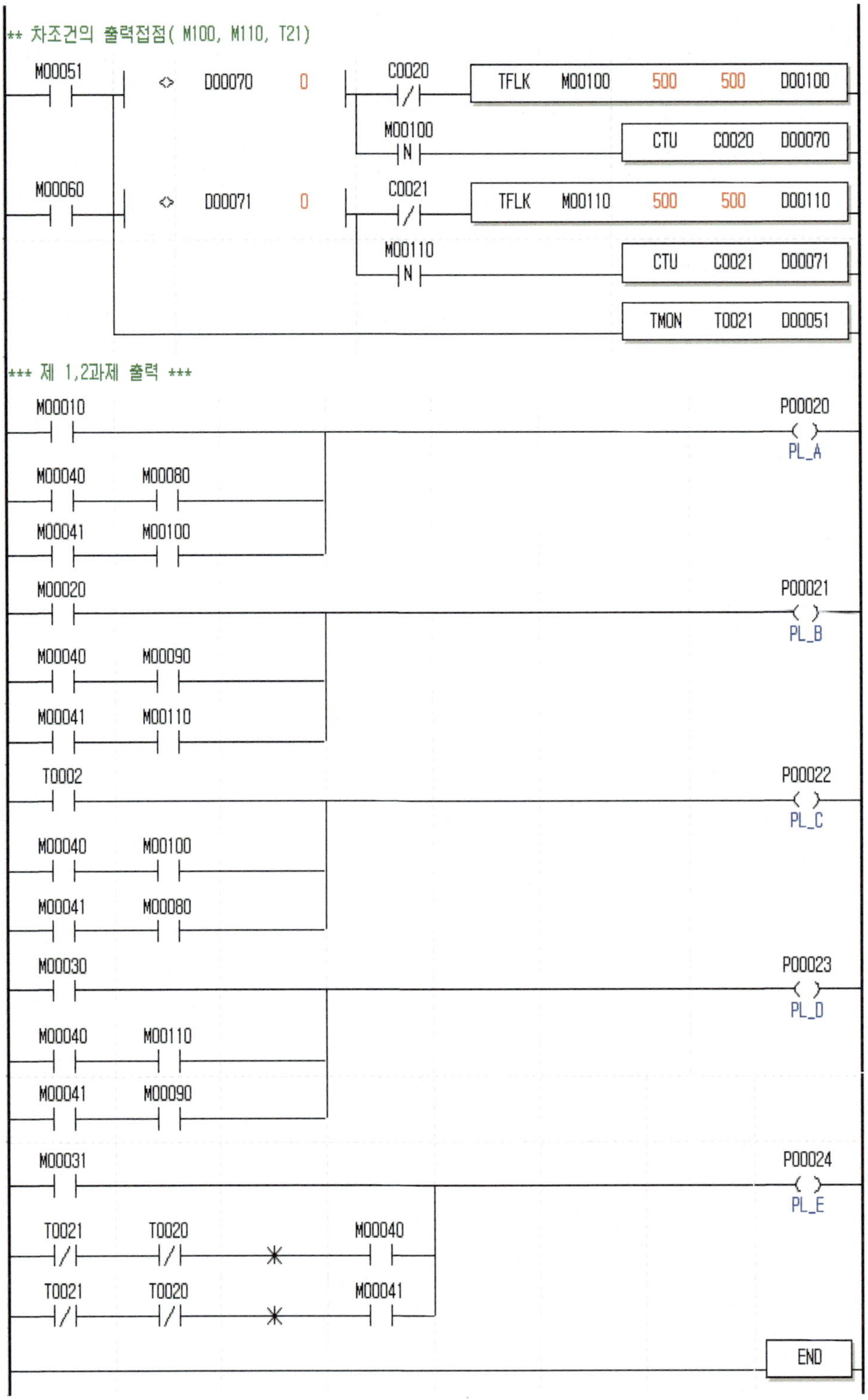
** 차조건의 출력접점(M100, M110, T21)
M00051
<> D00070 0
C0020
TFLK M00100 500 500 D00100
M00100
CTU C0020 D00070
M00060
<> D00071 0
C0021
TFLK M00110 500 500 D00110
M00110
CTU C0021 D00071
TMON T0021 D00051
*** 제 1,2과제 출력 ***
M00010
P00020
PL_A
M00040 M00080
M00041 M00100
M00020
P00021
PL_B
M00040 M00090
M00041 M00110
T0002
P00022
PL_C
M00040 M00100
M00041 M00080
M00030
P00023
PL_D
M00040 M00110
M00041 M00090
M00031
P00024
PL_E
T0021 T0020 M00040
T0021 T0020 M00041
END

7.14 램프제어(8)

1) 요구사항

① 1과제 : SS_A ON, SS_B OFF 상태에서 타임 차트와 같이 동작한다.

- PB_A가 ON 하면 타임 차트와 같이 PL_A~PL_E 모두 점등 후 PL_A부터 1초 간격으로 소등된다.
- PB_B가 ON 후 OFF 하면 타임 차트와 같이 PL_A~PL_E 모두 점등 후 PL_E부터 1초 간격으로 소등된다.
- 램프 동작 중 PB_C를 ON 하면 ON 시간 동안 램프 출력은 정지되고 OFF 되면 계속 동작한다.
- 램프 동작 중 SS_C를 ON 하면 모든 출력은 정지되고 초기 상태가 된다.
- 램프 동작 중 PB_A, PB_B가 ON 하면 출력은 영향을 받지 않는다.

② 2과제 : SS_B ON, SS_A OFF 상태에서 다음과 같이 동작한다.

가) PB_A의 ON 횟수에 따라 램프 출력 장소가 결정된다.

- PB_B가 ON 하면 타임 차트와 같이 결정된 램프부터 모두 점등 후 1초 점등, 0.5초 소등으로 PL_E까지 점멸된다.
- PB_C가 ON 후 OFF 되면 타임 차트와 같이 결정된 램프부터 모두 점등 후 1초 점등, 0.5초 소등으로 PL_A까지 점멸된다.

나) 위의 동작이 끝난 후 SS_C를 ON에 의하여 초기 상태가 된다.

다) 위의 동작 중 SS_C, PB_A에 의한 출력은 영향을 받지 않는다.

2) 타임 차트

(1) 1과제

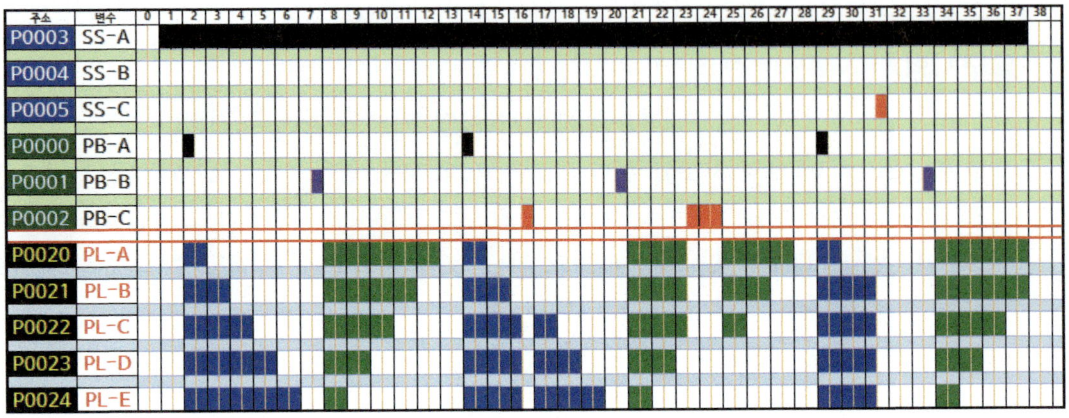

(2) 2과제

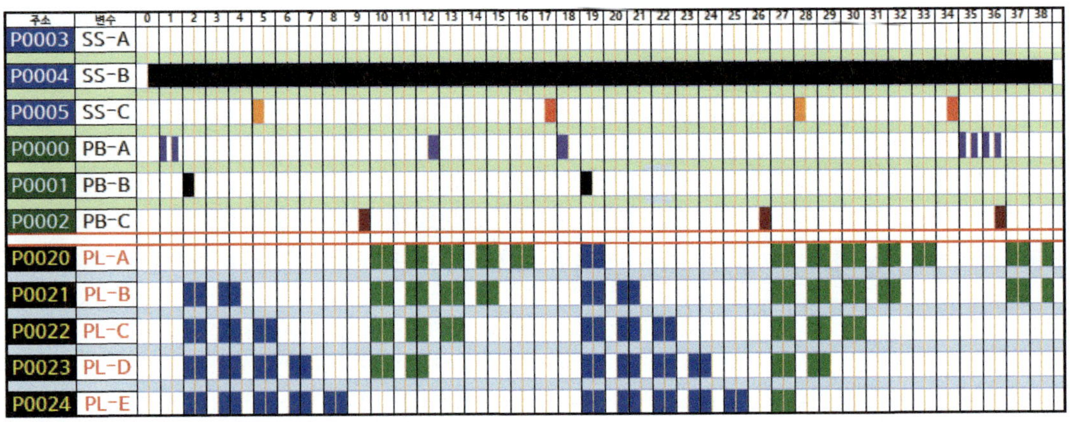

(3) 1과제, 2과제 초기 셀렉터 SS_A, SS_B의 입력 조건이 맞지 않으면 리셋된다.

3) 프로그램(1)

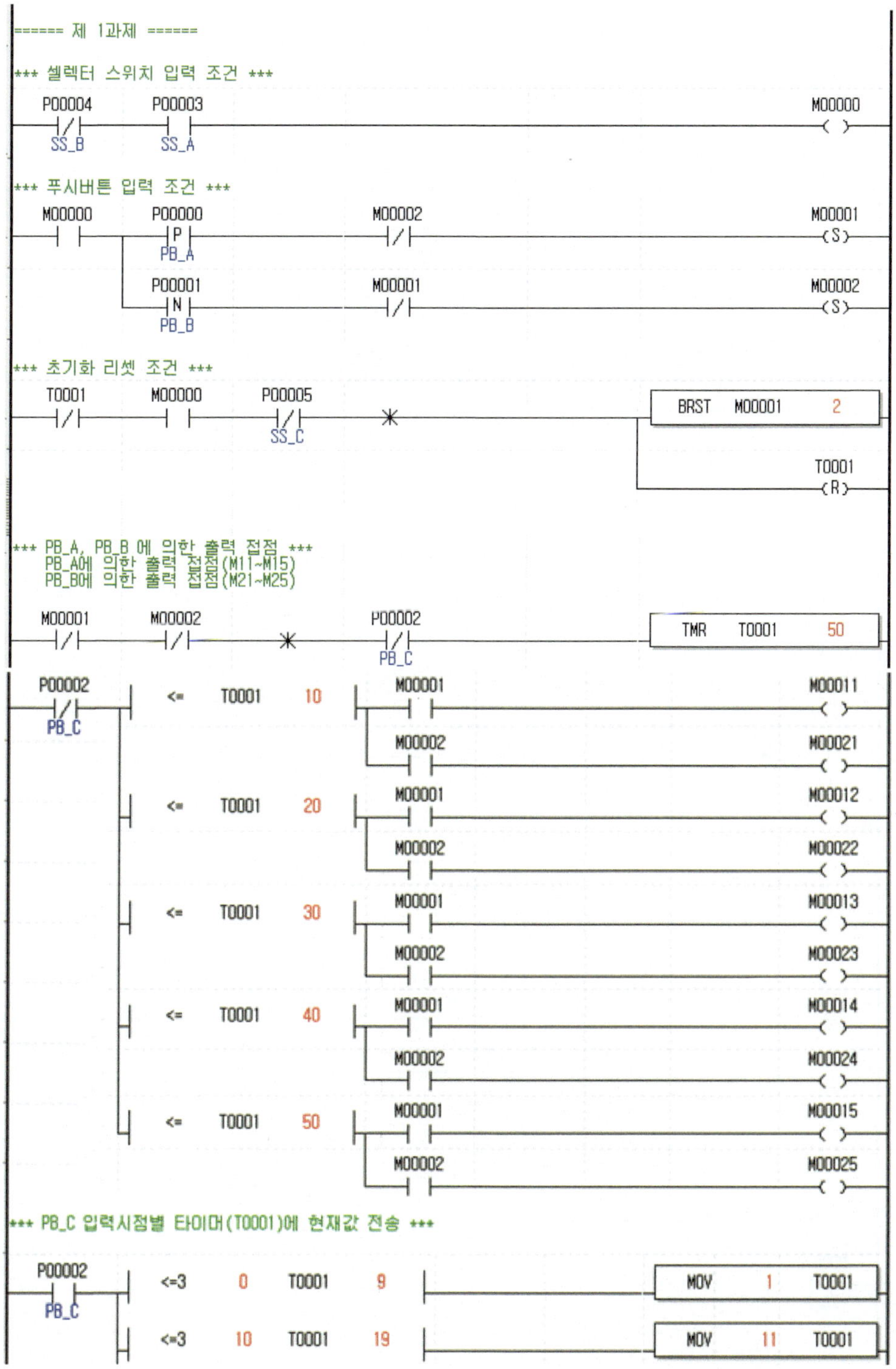

====== 제 1과제 ======
*** 셀렉터 스위치 입력 조건 ***
P00004
SS_B
P00003
SS_A
M00000
*** 푸시버튼 입력 조건 ***
M00000
P00000
PB_A
M00002
M00001
P00001
PB_B
M00001
M00002
*** 초기화 리셋 조건 ***
T0001
M00000
P00005
SS_C
BRST M00001 2
T0001
*** PB_A, PB_B 에 의한 출력 접점 ***
PB_A에 의한 출력 접점(M11~M15)
PB_B에 의한 출력 접점(M21~M25)
M00001
M00002
P00002
PB_C
TMR T0001 50
P00002
PB_C
<= T0001 10
M00001
M00011
M00002
M00021
<= T0001 20
M00001
M00012
M00002
M00022
<= T0001 30
M00001
M00013
M00002
M00023
<= T0001 40
M00001
M00014
M00002
M00024
<= T0001 50
M00001
M00015
M00002
M00025
*** PB_C 입력시점별 타이머(T0001)에 현재값 전송 ***
P00002
PB_C
<=3 0 T0001 9
MOV 1 T0001
<=3 10 T0001 19
MOV 11 T0001

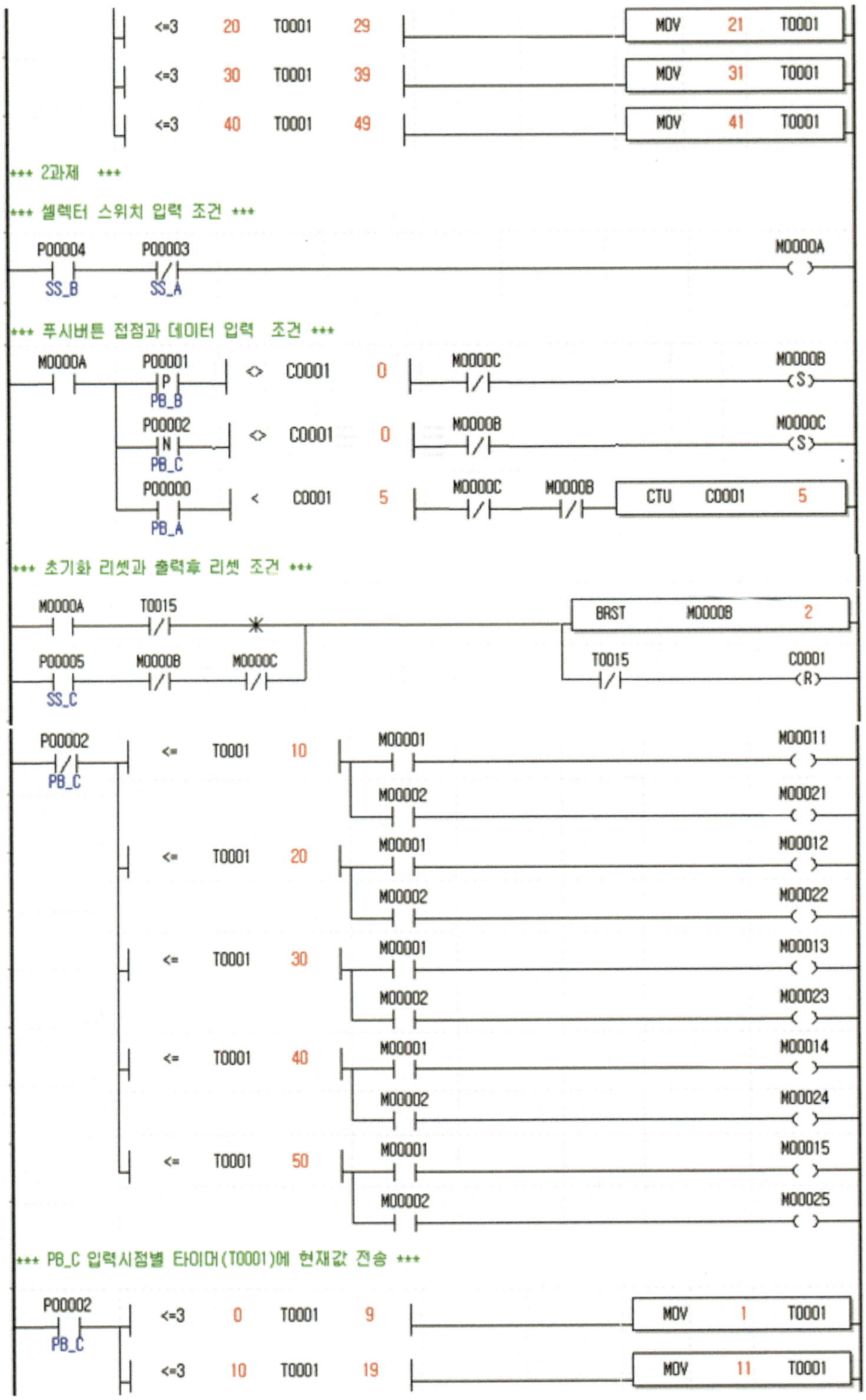
*** 2과제 ***
*** 셀렉터 스위치 입력 조건 ***
*** 푸시버튼 접점과 데이터 입력 조건 ***
*** 초기화 리셋과 출력후 리셋 조건 ***
*** PB_C 입력시점별 타이머(T0001)에 현재값 전송 ***

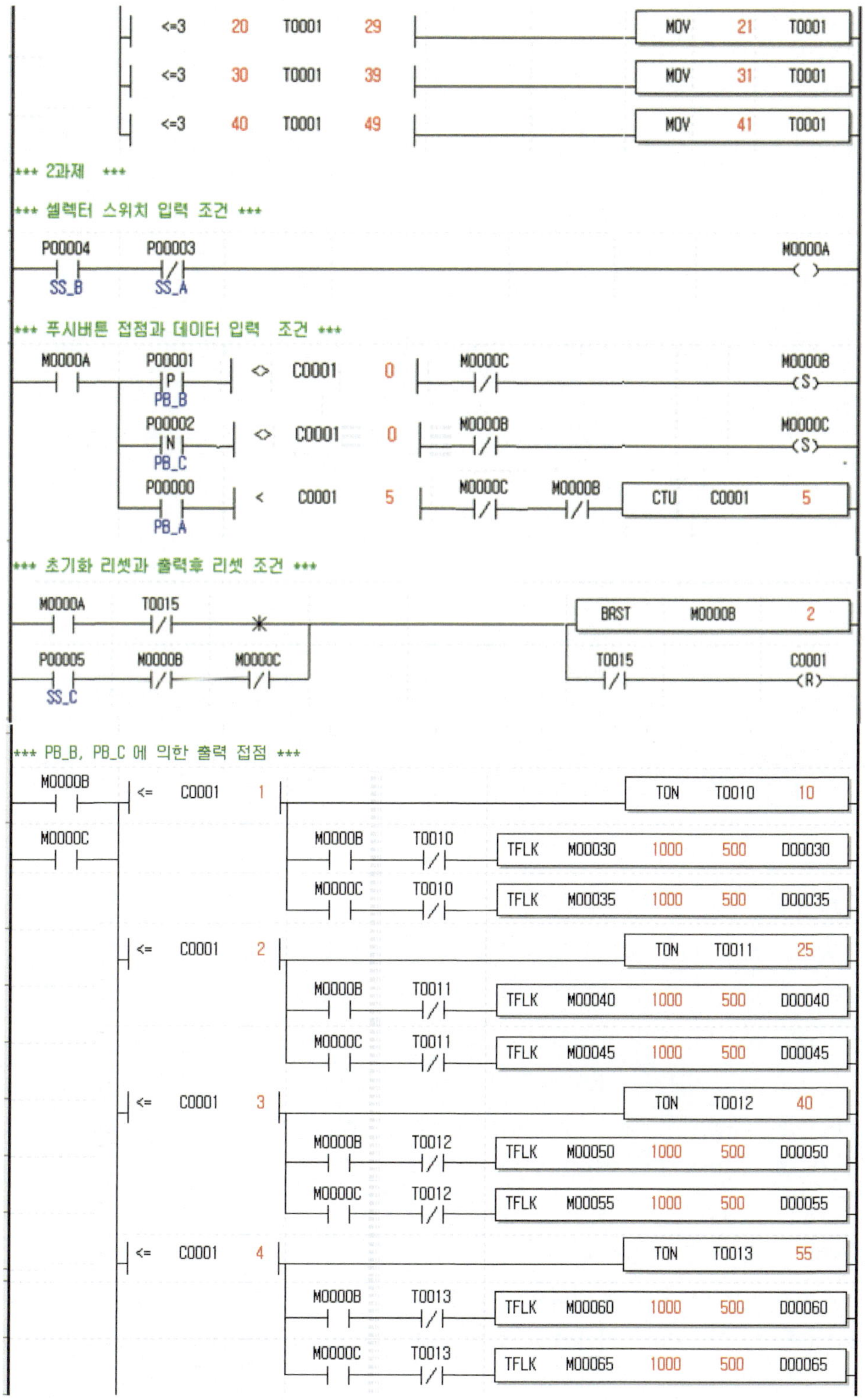
<=3 20 T0001 29 MOV 21 T0001
<=3 30 T0001 39 MOV 31 T0001
<=3 40 T0001 49 MOV 41 T0001
*** 2과제 ***
*** 셀렉터 스위치 입력 조건 ***
P00004 SS_B P00003 SS_A M0000A
*** 푸시버튼 접점과 데이터 입력 조건 ***
M0000A P00001 P PB_B <> C0001 0 M0000C M0000B S
P00002 N PB_C <> C0001 0 M0000B M0000C S
P00000 PB_A < C0001 5 M0000C M0000B CTU C0001 5
*** 초기화 리셋과 출력후 리셋 조건 ***
M0000A T0015 BRST M0000B 2
P00005 SS_C M0000B M0000C T0015 C0001 R
*** PB_B, PB_C 에 의한 출력 접점 ***
M0000B M0000C <= C0001 1 TON T0010 10
M0000B T0010 TFLK M00030 1000 500 D00030
M0000C T0010 TFLK M00035 1000 500 D00035
<= C0001 2 TON T0011 25
M0000B T0011 TFLK M00040 1000 500 D00040
M0000C T0011 TFLK M00045 1000 500 D00045
<= C0001 3 TON T0012 40
M0000B T0012 TFLK M00050 1000 500 D00050
M0000C T0012 TFLK M00055 1000 500 D00055
<= C0001 4 TON T0013 55
M0000B T0013 TFLK M00060 1000 500 D00060
M0000C T0013 TFLK M00065 1000 500 D00065

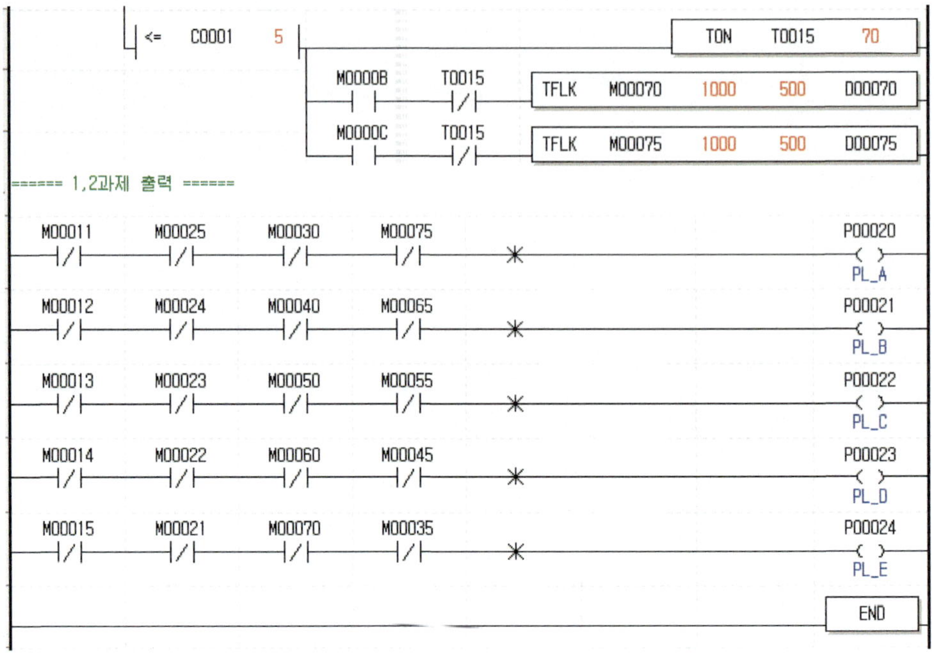

7.15 램프제어(9)

1) 요구사항

① 1과제 : SS_A ON, SS_B OFF 상태에서 타임 차트와 같이 동작한다.

- PB_A를 누르면 타임 차트처럼 PL_A부터 1초 간격으로 점등한다.
- PB_B를 누르면 타임 차트처럼 PL_E부터 1초 간격으로 점등한다.
- 점등 중 같은 버튼을 다시 누르면 전체 소등된다.
- PB_C를 Falling 시 타임 차트처럼 1초 간격으로 소등된다.
- 동작 중 타 버튼 ON 시에도 동작에 영향이 없다.

② 2과제 : SS_B ON, SS_A OFF 상태에서 다음과 같이 동작한다.

가) PB_A가 눌러진 횟수에 의하여 다음과 같이 동작한다.

- PB_C를 누르며 PL1부터 PB_A 누른 횟수만큼 PL1, PL2, PL3, PL4, PL5 순으로 타임 차트처럼 동작 후 소등된다.

- 위의 동작이 끝난 후 PB_C를 다시 누른 후 떼면 PB_B 누른 횟수만큼 PL5, PL4, PL3, PL2, PL1 순으로 타임 차트처럼 동작 후 소등된다.

나) PB_A, PB_B가 눌러진 횟수는 동작 완료 후 SS_C에 의해서 다시 카운터 된다.

③ 1과제, 2과제 초기 셀렉터 SS_A, SS_B의 입력 조건이 맞지 않으면 리셋된다.

2) 타임 차트

(1) 1과제

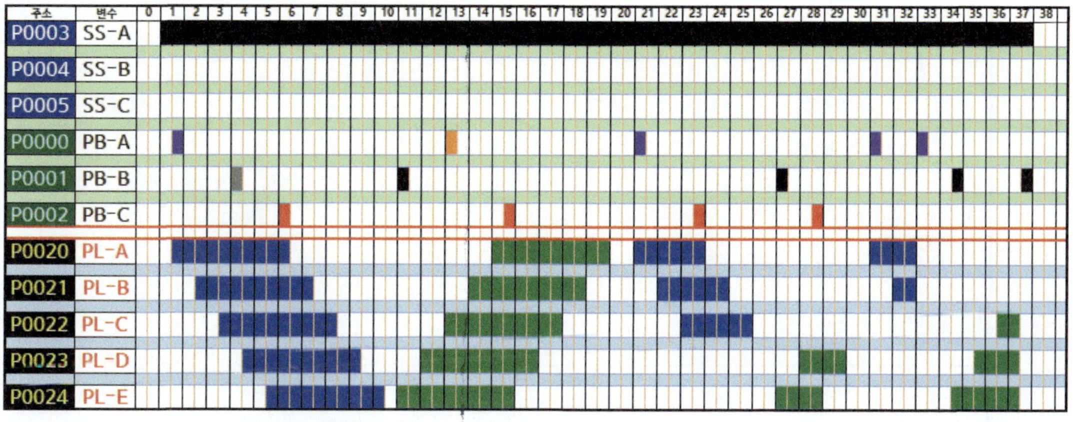

(2) 2과제

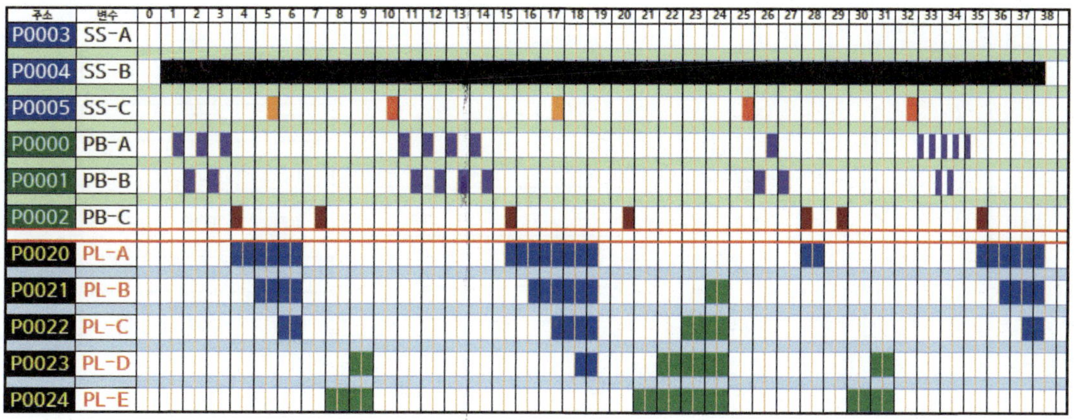

3) 프로그램(1)

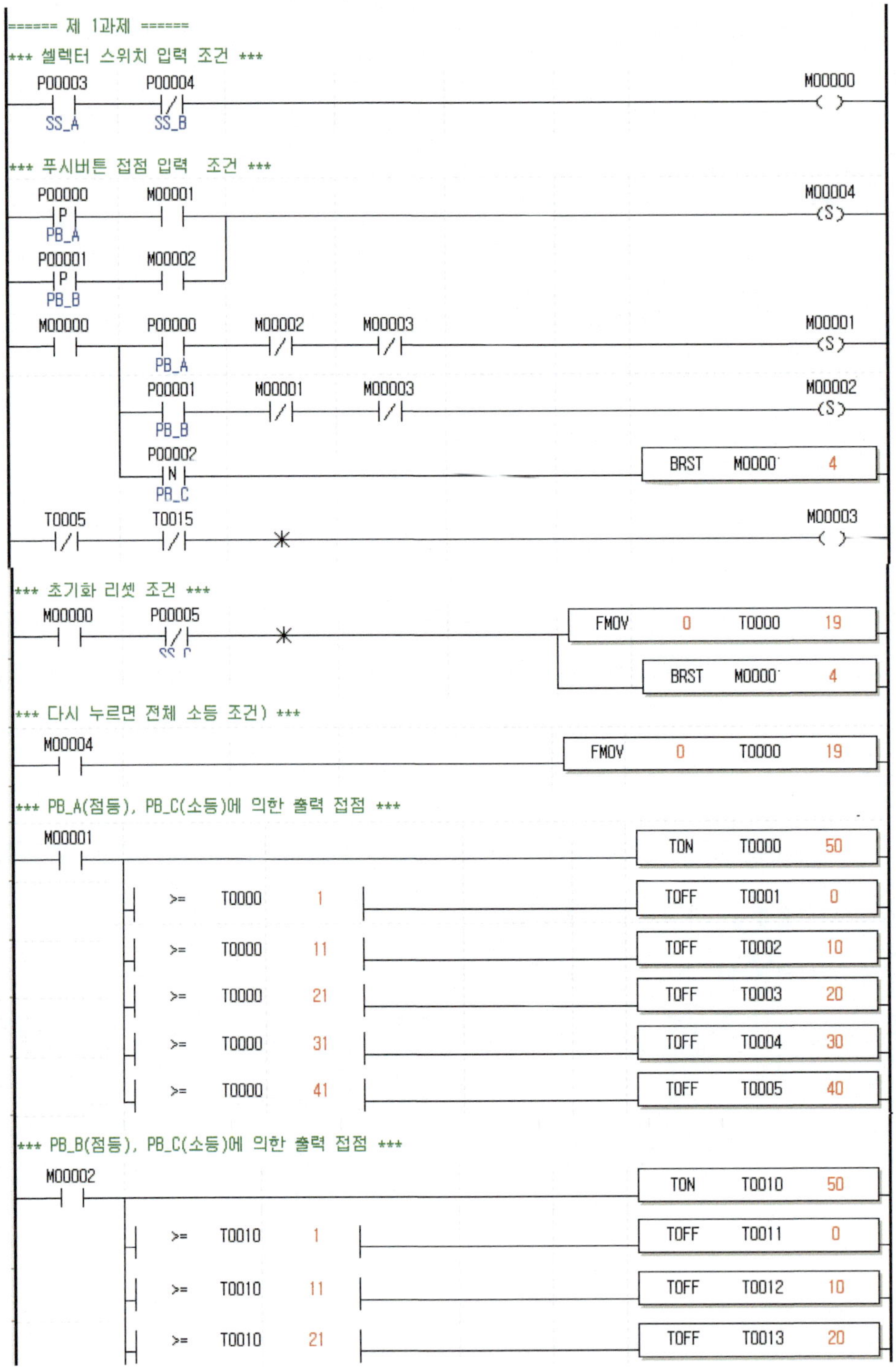
====== 제 1과제 ======
*** 셀렉터 스위치 입력 조건 ***
P00003
SS_A
P00004
SS_B
M00000
*** 푸시버튼 접점 입력 조건 ***
P00000
PB_A
M00001
M00004
P00001
PB_B
M00002
M00000
P00000
PB_A
M00002
M00003
M00001
P00001
PB_B
M00001
M00003
M00002
P00002
PB_C
BRST M0000 4
T0005
T0015
M00003
*** 초기화 리셋 조건 ***
M00000
P00005
FMOV 0 T0000 19
BRST M0000 4
*** 다시 누르면 전체 소등 조건) ***
M00004
FMOV 0 T0000 19
*** PB_A(점등), PB_C(소등)에 의한 출력 접점 ***
M00001
TON T0000 50
>= T0000 1
TOFF T0001 0
>= T0000 11
TOFF T0002 10
>= T0000 21
TOFF T0003 20
>= T0000 31
TOFF T0004 30
>= T0000 41
TOFF T0005 40
*** PB_B(점등), PB_C(소등)에 의한 출력 접점 ***
M00002
TON T0010 50
>= T0010 1
TOFF T0011 0
>= T0010 11
TOFF T0012 10
>= T0010 21
TOFF T0013 20

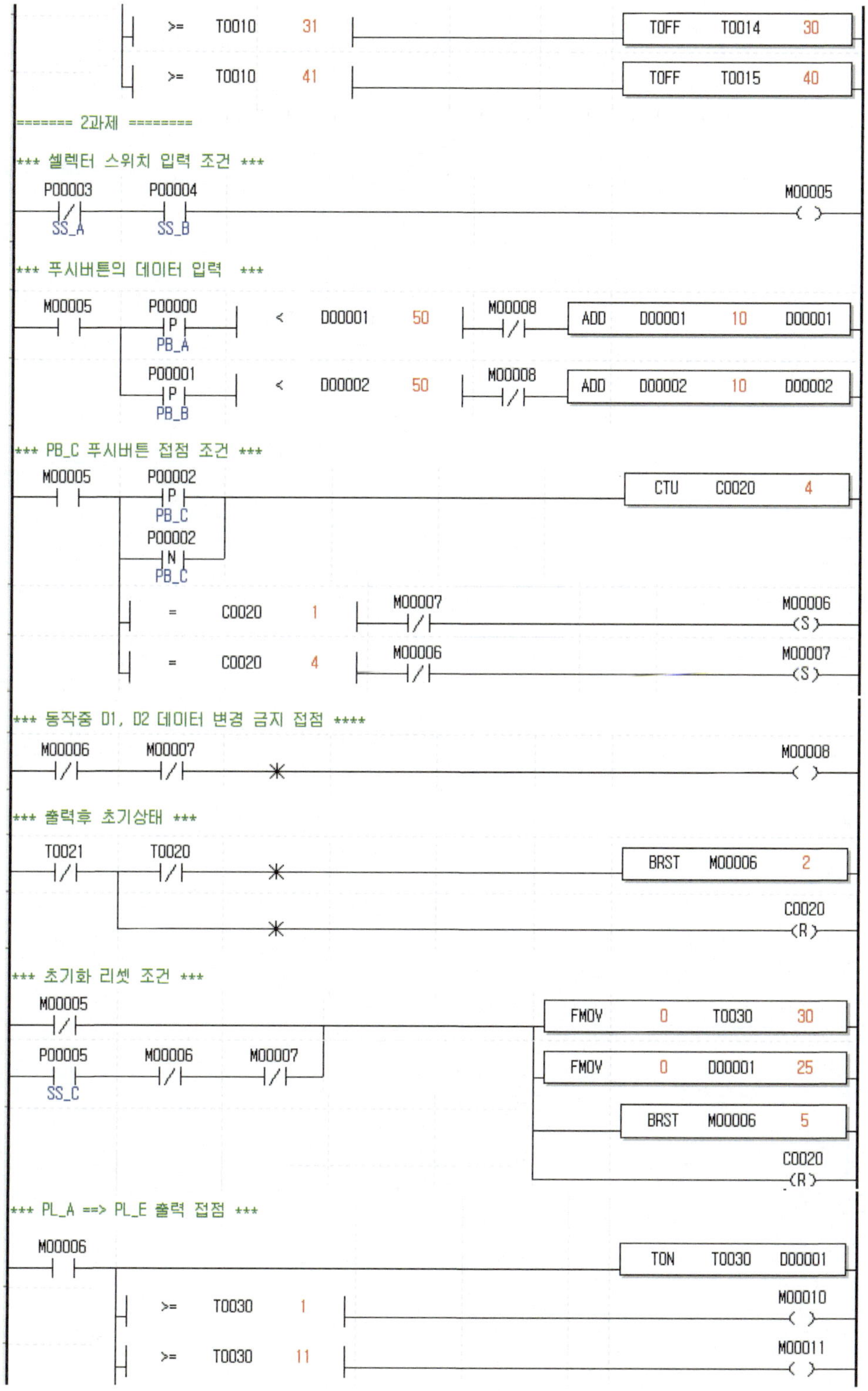
>= T0010 31
TOFF T0014 30
>= T0010 41
TOFF T0015 40
======= 2과제 ========
*** 셀렉터 스위치 입력 조건 ***
P00003 P00004 M00005
SS_A SS_B
*** 푸시버튼의 데이터 입력 ***
M00005 P00000
PB_A
< D00001 50
M00008
ADD D00001 10 D00001
P00001
PB_B
< D00002 50
M00008
ADD D00002 10 D00002
*** PB_C 푸시버튼 접점 조건 ***
M00005 P00002
PB_C
P00002
PB_C
CTU C0020 4
= C0020 1
M00007 M00006
= C0020 4
M00006 M00007
*** 동작중 D1, D2 데이터 변경 금지 접점 ****
M00006 M00007 M00008
*** 출력후 초기상태 ***
T0021 T0020
BRST M00006 2
C0020
*** 초기화 리셋 조건 ***
M00005
FMOV 0 T0030 30
P00005 M00006 M00007
SS_C
FMOV 0 D00001 25
BRST M00006 5
C0020
*** PL_A ==> PL_E 출력 접점 ***
M00006
TON T0030 D00001
>= T0030 1
M00010
>= T0030 11
M00011

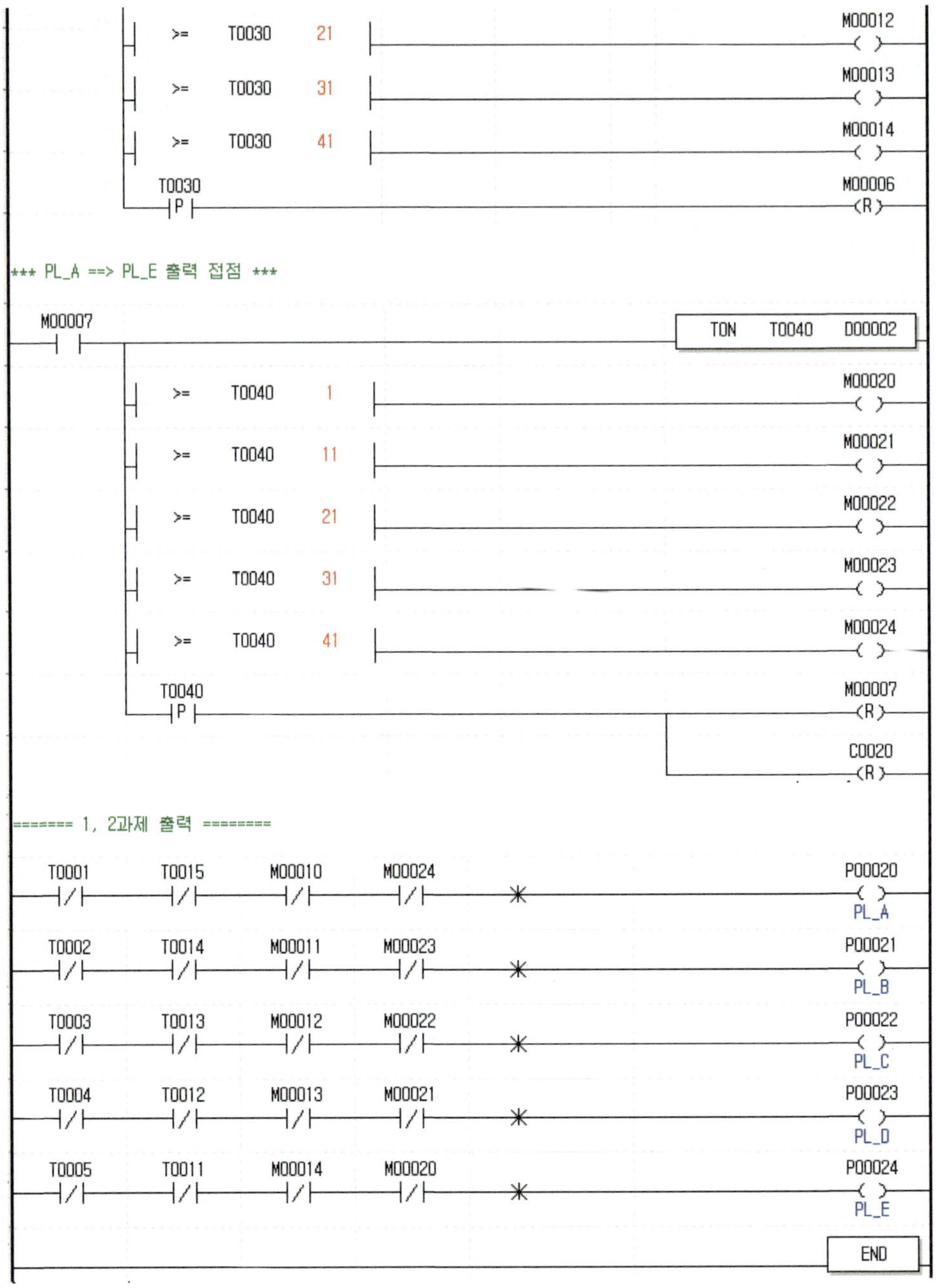
>= T0030 21 M00012
>= T0030 31 M00013
>= T0030 41 M00014
T0030 P M00006 R
*** PL_A ==> PL_E 출력 접점 ***
M00007 TON T0040 D00002
>= T0040 1 M00020
>= T0040 11 M00021
>= T0040 21 M00022
>= T0040 31 M00023
>= T0040 41 M00024
T0040 P M00007 R
C0020 R
======= 1, 2과제 출력 ========
T0001 T0015 M00010 M00024 P00020 PL_A
T0002 T0014 M00011 M00023 P00021 PL_B
T0003 T0013 M00012 M00022 P00022 PL_C
T0004 T0012 M00013 M00021 P00023 PL_D
T0005 T0011 M00014 M00020 P00024 PL_E
END

7.16 램프제어(10)

1) 요구사항

① 1과제 : SS_A ON, SS_B OFF 상태에서 타임 차트와 같이 동작한다.

가) PB_A를 누르고 떼면 타임 차트처럼 전체 점등 후 1초 간격으로 소등된다.

나) PB_A를 누른 후 동작 중에 PB_C를 누르면 타임 차트처럼 점등 후 전체 소등된다.
(가, 나 동작 중 PB_B를 ON 시에도 동작에 영향이 없다.)

다) PB_B를 누르고 떼면 타임 차트처럼 1초 간격으로 점등후 전체 소등된다.

라) PB_B를 누른 후 동작 중에 PB_C를 누르면 타임 차트처럼 점등 후 1초 간격으로 소등된다.
(가, 나 동작 중 PB_A를 ON 시에도 동작에 영향이 없다.)

② 2과제 : SS_B ON, SS_A OFF 상태에서 다음과 같이 동작한다.

가) PB_A와 PB_B가 눌러진 횟수의 합에 의하여 다음과 같이 동작한다.

- PB_C를 누르며 횟수의 합에 따라 PL1, PL2, PL3, PL4, PL5의 점등 램프가 정해신다.
(예 횟수의 합이 2, 7, 12, 17이면 PL_B가 1초 ON, 0.5초 OFF PB_A 횟수만큼 점멸 후 소등된다.)

나) PB_A, PB_B의 횟수는 각각 1~10회이다.

다) PB_A, PB_B의 횟수는 출력 중에는 변경되지 않는다.

라) PB_A, PB_B가 눌러진 횟수는 동작 완료 후 SS_C에 의해서 재 카운터 된다.

③ 1과제, 2과제 초기 셀렉터 SS_A, SS_B의 입력 조건이 맞지 않으면 리셋된다.

2) 타임 차트

(1) 1과제

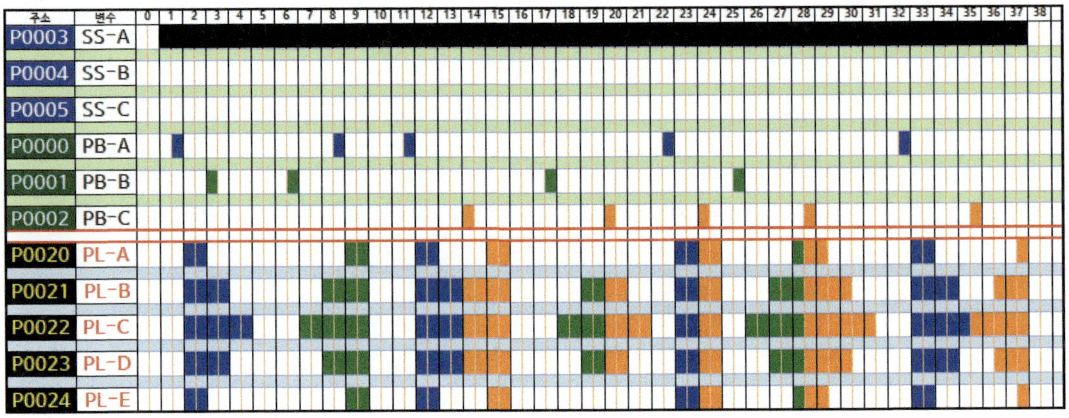

(2) 2과제

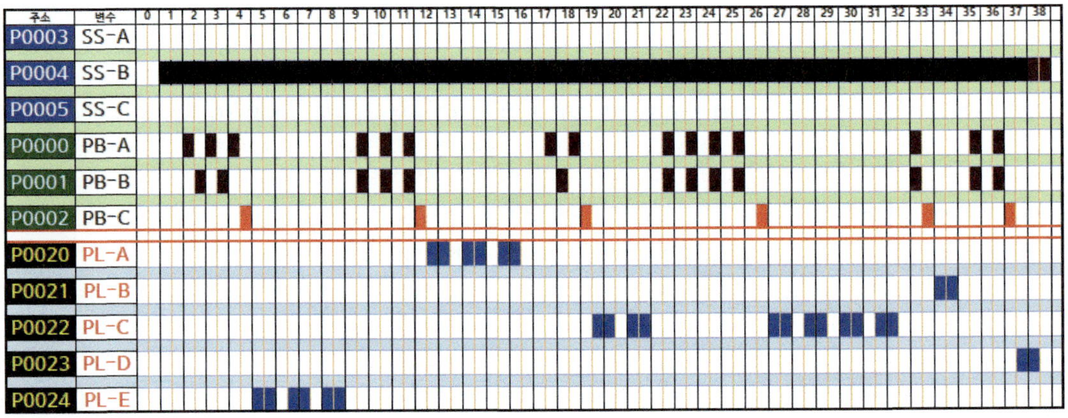

3) 프로그램

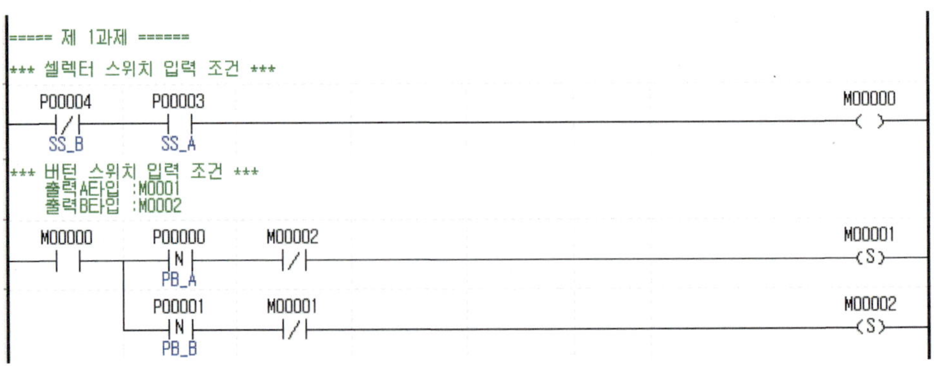

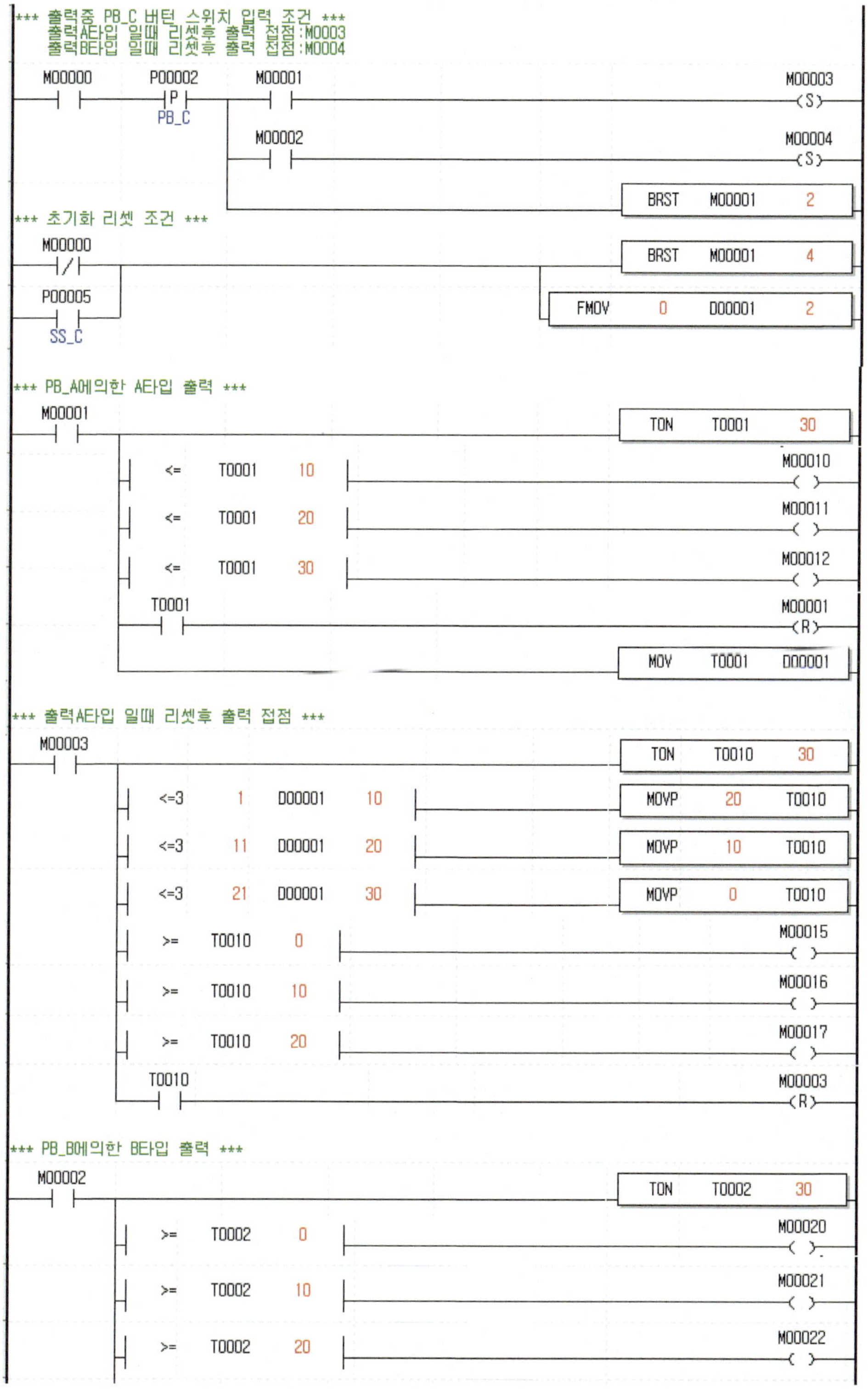
*** 출력중 PB_C 버턴 스위치 입력 조건 ***
출력A타입 일때 리셋후 출력 접점:M0003
출력B타입 일때 리셋후 출력 접점:M0004
M00000
P00002
P
PB_C
M00001
M00003
S
M00002
M00004
S
BRST M00001 2
*** 초기화 리셋 조건 ***
M00000
BRST M00001 4
P00005
SS_C
FMOV 0 D00001 2
*** PB_A에의한 A타입 출력 ***
M00001
TON T0001 30
<= T0001 10
M00010
<= T0001 20
M00011
<= T0001 30
M00012
T0001
M00001
R
MOV T0001 D00001
*** 출력A타입 일때 리셋후 출력 접점 ***
M00003
TON T0010 30
<=3 1 D00001 10
MOVP 20 T0010
<=3 11 D00001 20
MOVP 10 T0010
<=3 21 D00001 30
MOVP 0 T0010
>= T0010 0
M00015
>= T0010 10
M00016
>= T0010 20
M00017
T0010
M00003
R
*** PB_B에의한 B타입 출력 ***
M00002
TON T0002 30
>= T0002 0
M00020
>= T0002 10
M00021
>= T0002 20
M00022

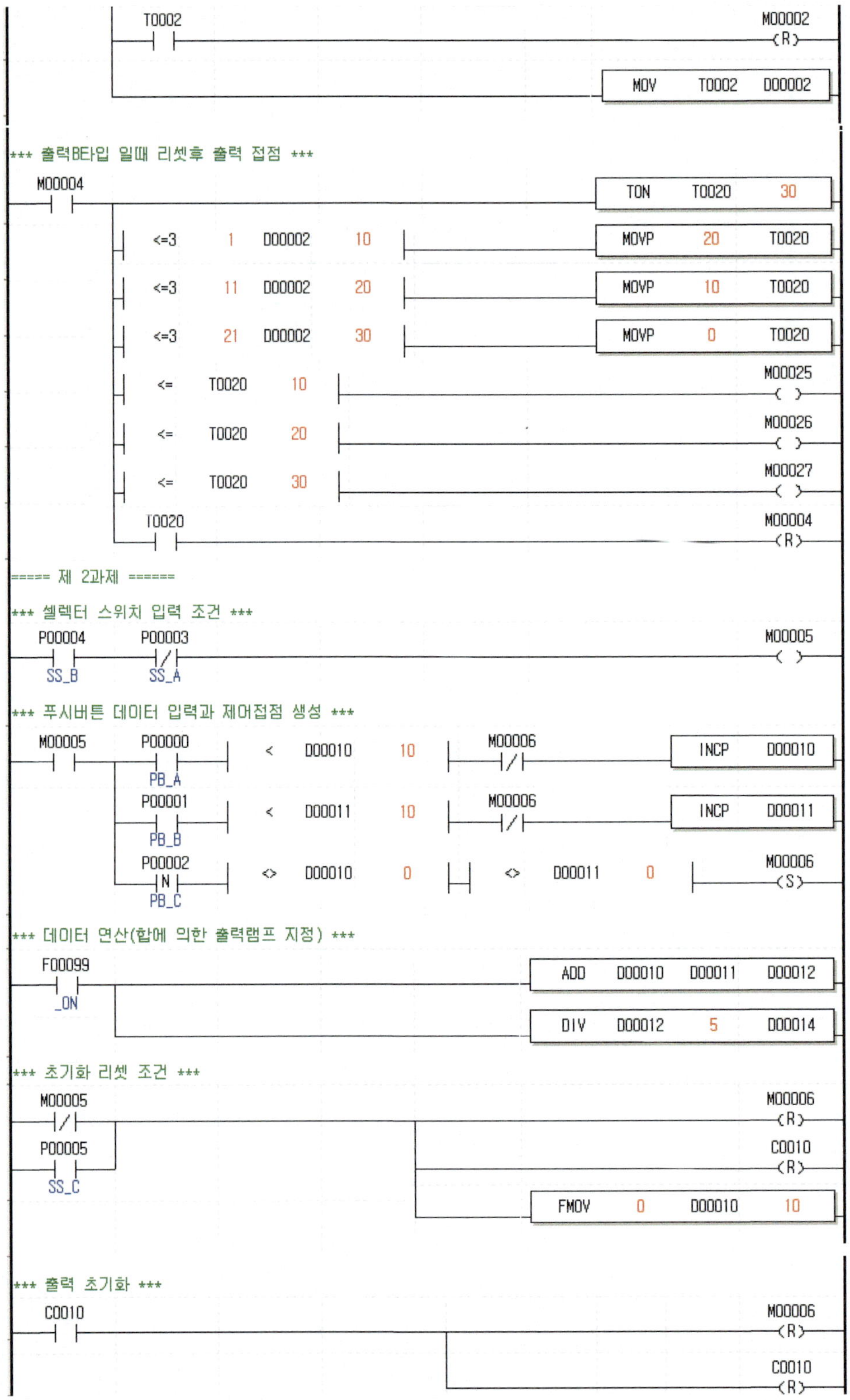
T0002
M00002
MOV T0002 D00002
*** 출력B타입 일때 리셋후 출력 접점 ***
M00004
TON T0020 30
<=3 1 D00002 10
MOVP 20 T0020
<=3 11 D00002 20
MOVP 10 T0020
<=3 21 D00002 30
MOVP 0 T0020
<= T0020 10
M00025
<= T0020 20
M00026
<= T0020 30
M00027
T0020
M00004
===== 제 2과제 ======
*** 셀렉터 스위치 입력 조건 ***
P00004
SS_B
P00003
SS_A
M00005
*** 푸시버튼 데이터 입력과 제어접점 생성 ***
M00005
P00000
PB_A
< D00010 10
M00006
INCP D00010
P00001
PB_B
< D00011 10
M00006
INCP D00011
P00002
PB_C
<> D00010 0
<> D00011 0
M00006
*** 데이터 연산(합에 의한 출력램프 지정) ***
F00099
_ON
ADD D00010 D00011 D00012
DIV D00012 5 D00014
*** 초기화 리셋 조건 ***
M00005
P00005
SS_C
M00006
C0010
FMOV 0 D00010 10
*** 출력 초기화 ***
C0010
M00006
C0010

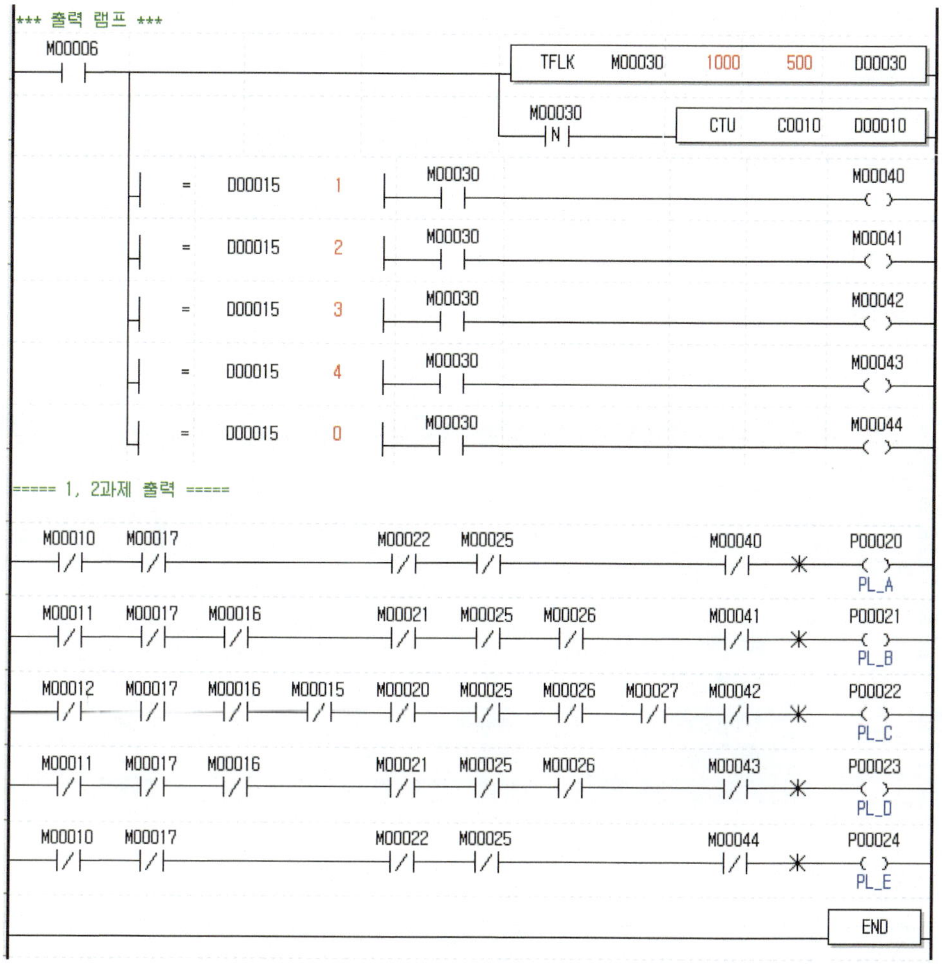

7.17 램프제어(11)

1) 요구사항

① 1과제 : SS_A ON, SS_B OFF 상태에서 타임 차트와 같이 동작한다.

- PB_C에 의해서 정지한다.

② 2과제 : SS_B ON, SS_A OFF 상태에서 다음과 같이 동작한다.

가) PB_A : 1~5회에 따라 다음과 같이 동작한다.

- PB_B를 ON 하면 PB_A 횟수만큼 타임 차트와 같이 PL1부터 PL5 순으로 동작.

(예: 4회일 때 PL_A(4초), PL_B(3초), PL_C(2초), PL_D(1초) 점등 후 소등.

- PB_C를 ON후 OFF 하면 PB_A 횟수에 따라 타임차트와 같이 램프를 지정하고 PL5까지 동작. (예: 4회일 때 PL_D(1초), PL_E(2초), 점등 후 소등.)

나) SS_C는 PL_A~PL_E 동작 중에는 리셋 되지 않음. 동작 후 ON 하면 리셋

③ 1과제, 2과제 초기 셀렉터 SS_A, SS_B의 입력 조건이 맞지 않으면 리셋된다.

2) 타임차트

(1) 1과제

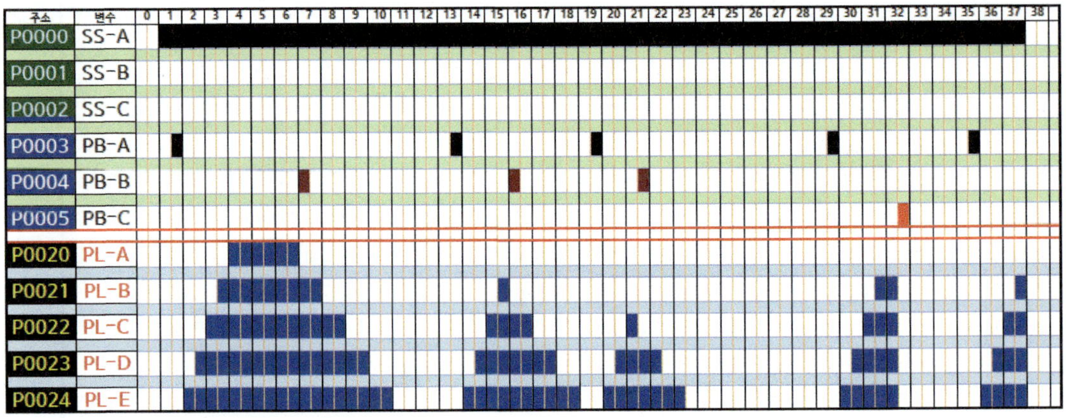

(2) 2과제

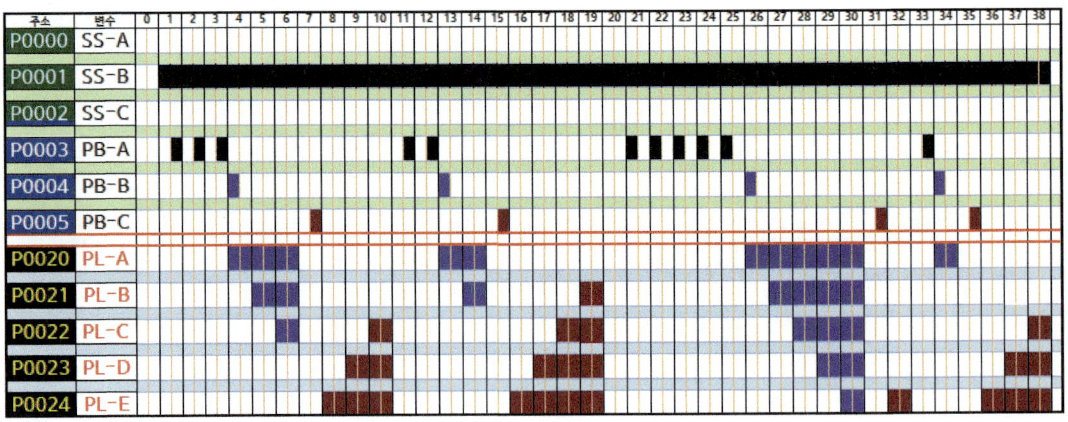

3) 프로그램(1)

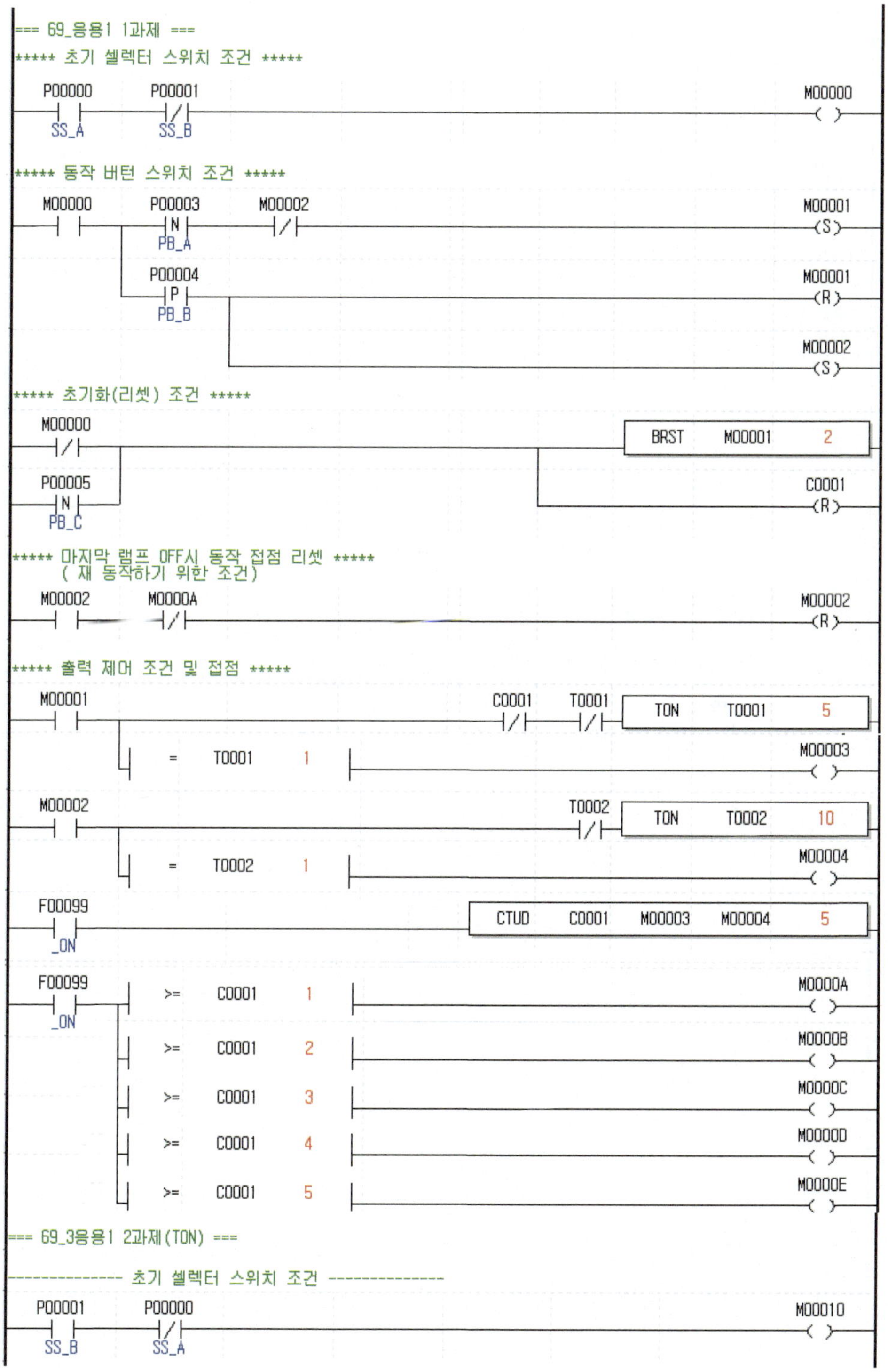
=== 69_응용1 1과제 ===
***** 초기 셀렉터 스위치 조건 *****
P00000
SS_A
P00001
SS_B
M00000
***** 동작 버턴 스위치 조건 *****
M00000
P00003
N
PB_A
M00002
M00001
S
P00004
P
PB_B
M00001
R
M00002
S
***** 초기화(리셋) 조건 *****
M00000
P00005
N
PB_C
BRST
M00001
2
C0001
R
***** 마지막 램프 OFF시 동작 접점 리셋 *****
(재 동작하기 위한 조건)
M00002
M0000A
M00002
R
***** 출력 제어 조건 및 접점 *****
M00001
C0001
T0001
TON
T0001
5
=
T0001
1
M00003
M00002
T0002
TON
T0002
10
=
T0002
1
M00004
F00099
_ON
CTUD
C0001
M00003
M00004
5
F00099
_ON
>=
C0001
1
M0000A
>=
C0001
2
M0000B
>=
C0001
3
M0000C
>=
C0001
4
M0000D
>=
C0001
5
M0000E
=== 69_3응용1 2과제(TON) ===
-------------- 초기 셀렉터 스위치 조건 --------------
P00001
SS_B
P00000
SS_A
M00010

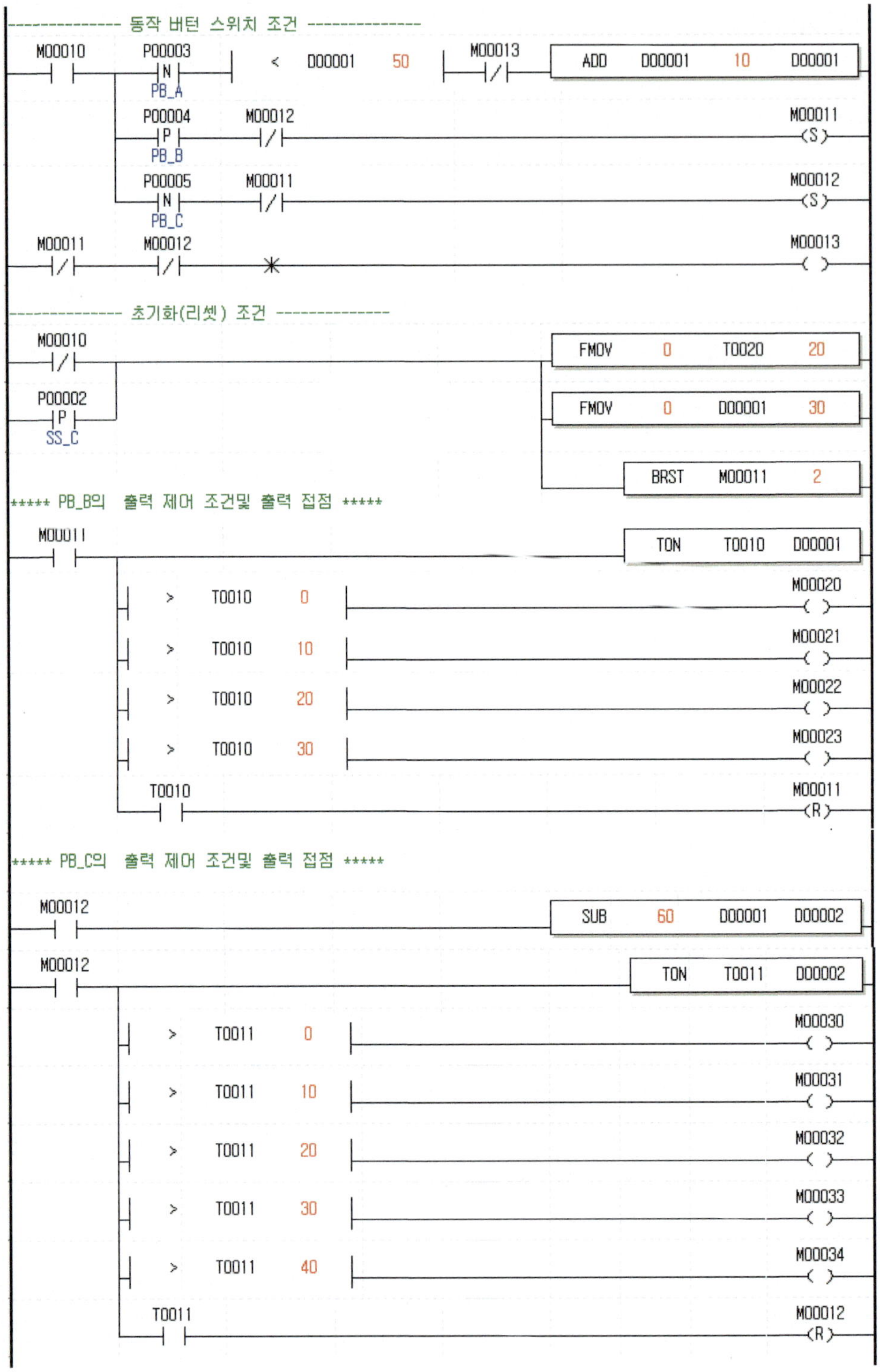
동작 버턴 스위치 조건
M00010
P00003
PB_A
< D00001 50
M00013
ADD D00001 10 D00001
P00004
PB_B
M00012
M00011
P00005
PB_C
M00011
M00012
M00011
M00012
M00013
초기화(리셋) 조건
M00010
P00002
SS_C
FMOV 0 T0020 20
FMOV 0 D00001 30
BRST M00011 2
***** PB_B의 출력 제어 조건및 출력 접점 *****
M00011
TON T0010 D00001
> T0010 0
M00020
> T0010 10
M00021
> T0010 20
M00022
> T0010 30
M00023
T0010
M00011
***** PB_C의 출력 제어 조건및 출력 접점 *****
M00012
SUB 60 D00001 D00002
M00012
TON T0011 D00002
> T0011 0
M00030
> T0011 10
M00031
> T0011 20
M00032
> T0011 30
M00033
> T0011 40
M00034
T0011
M00012

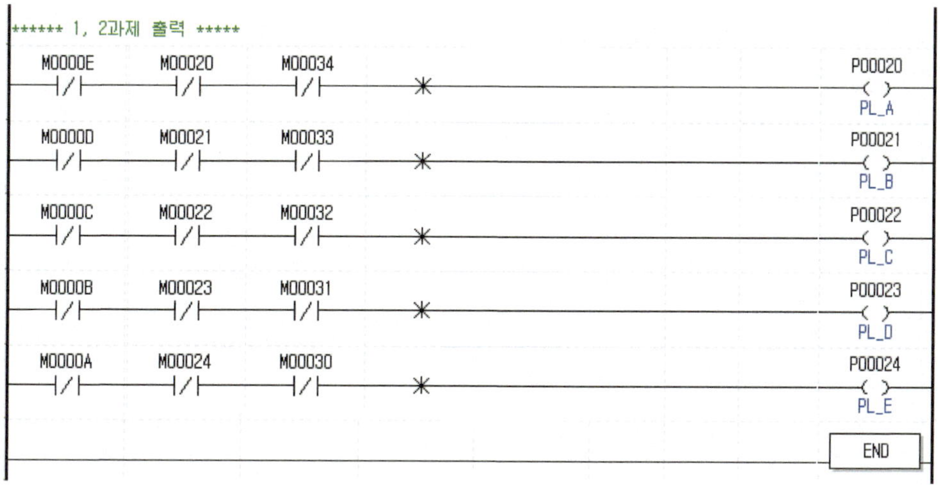

– 제2과제를 조건별 출력으로 나타낸 프로그램이다.

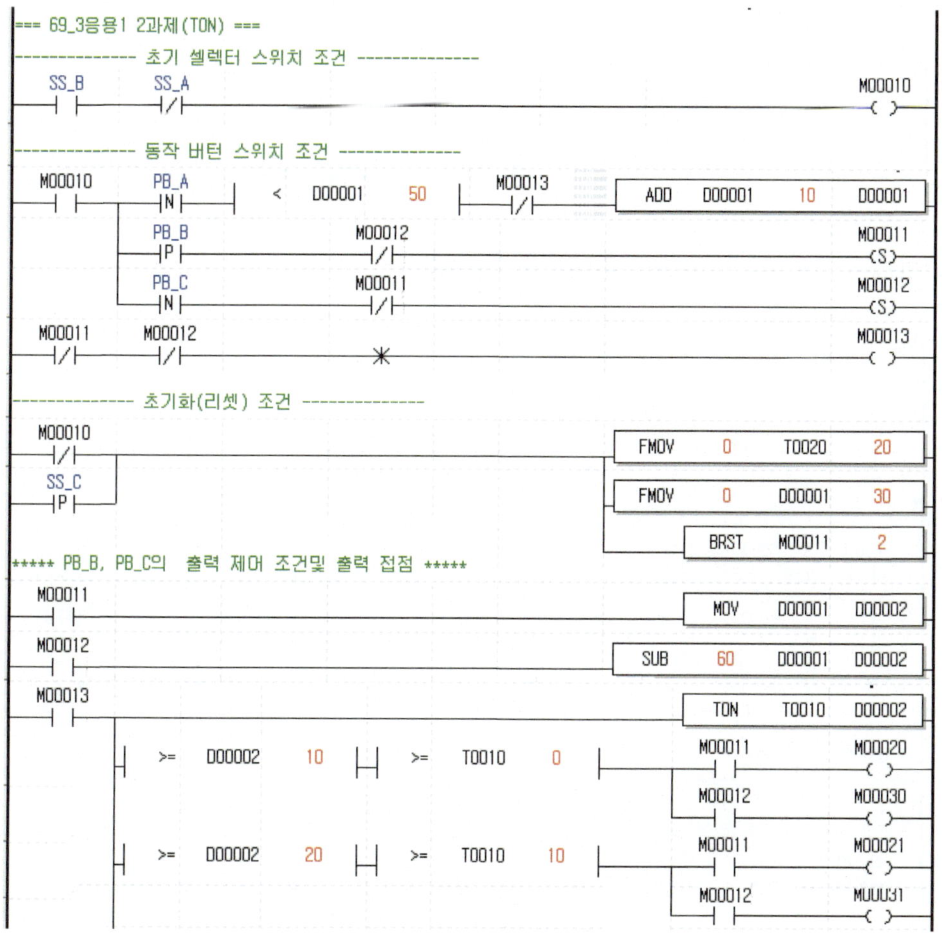

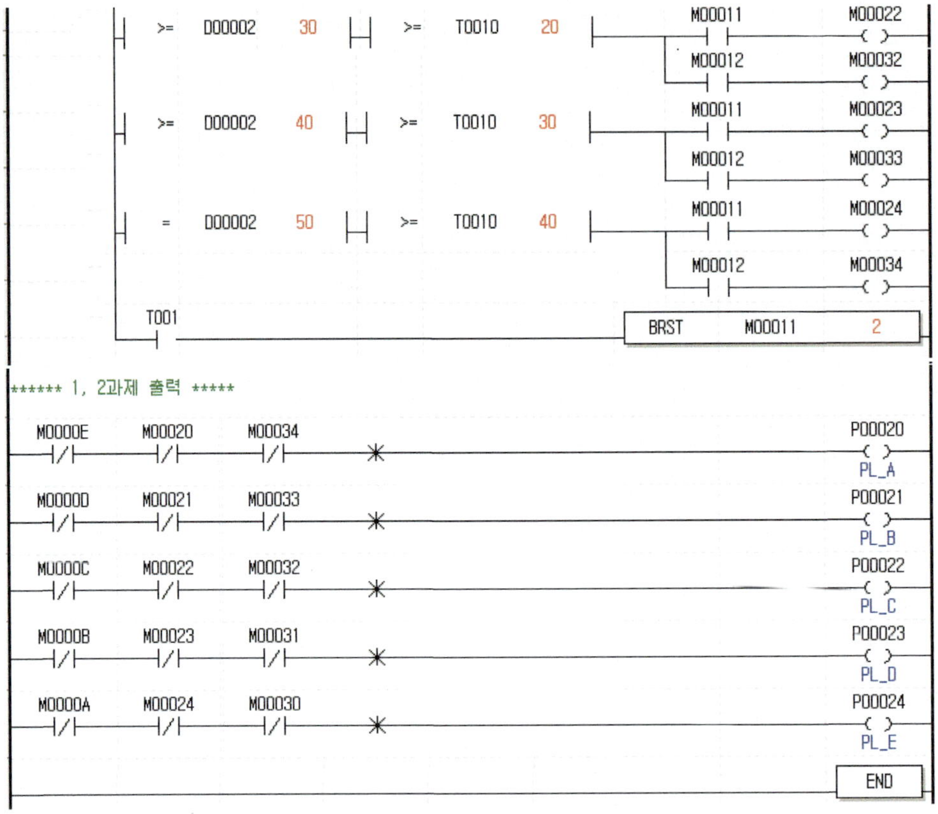

– 제2과제를 CTU를 이용하여 출력으로 나타낸 프로그램이다.

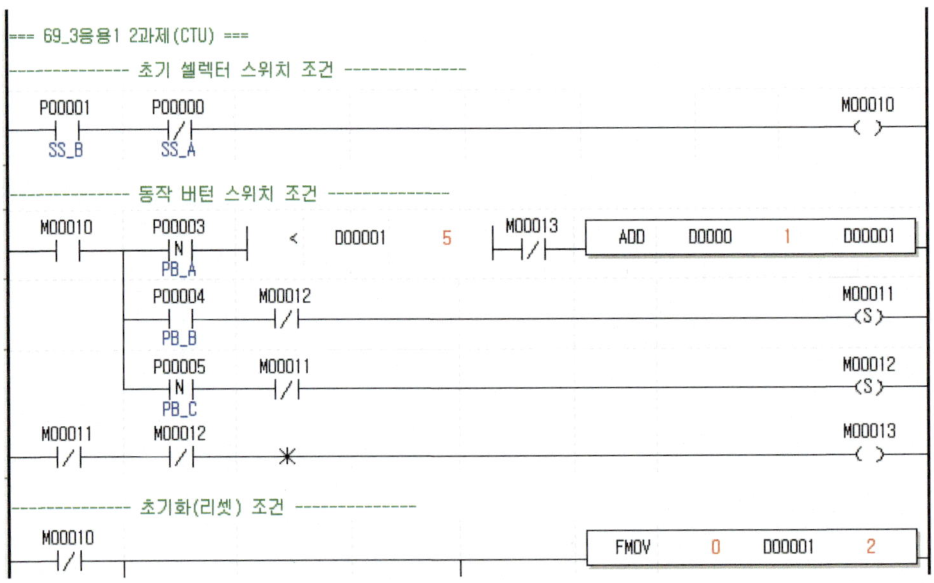

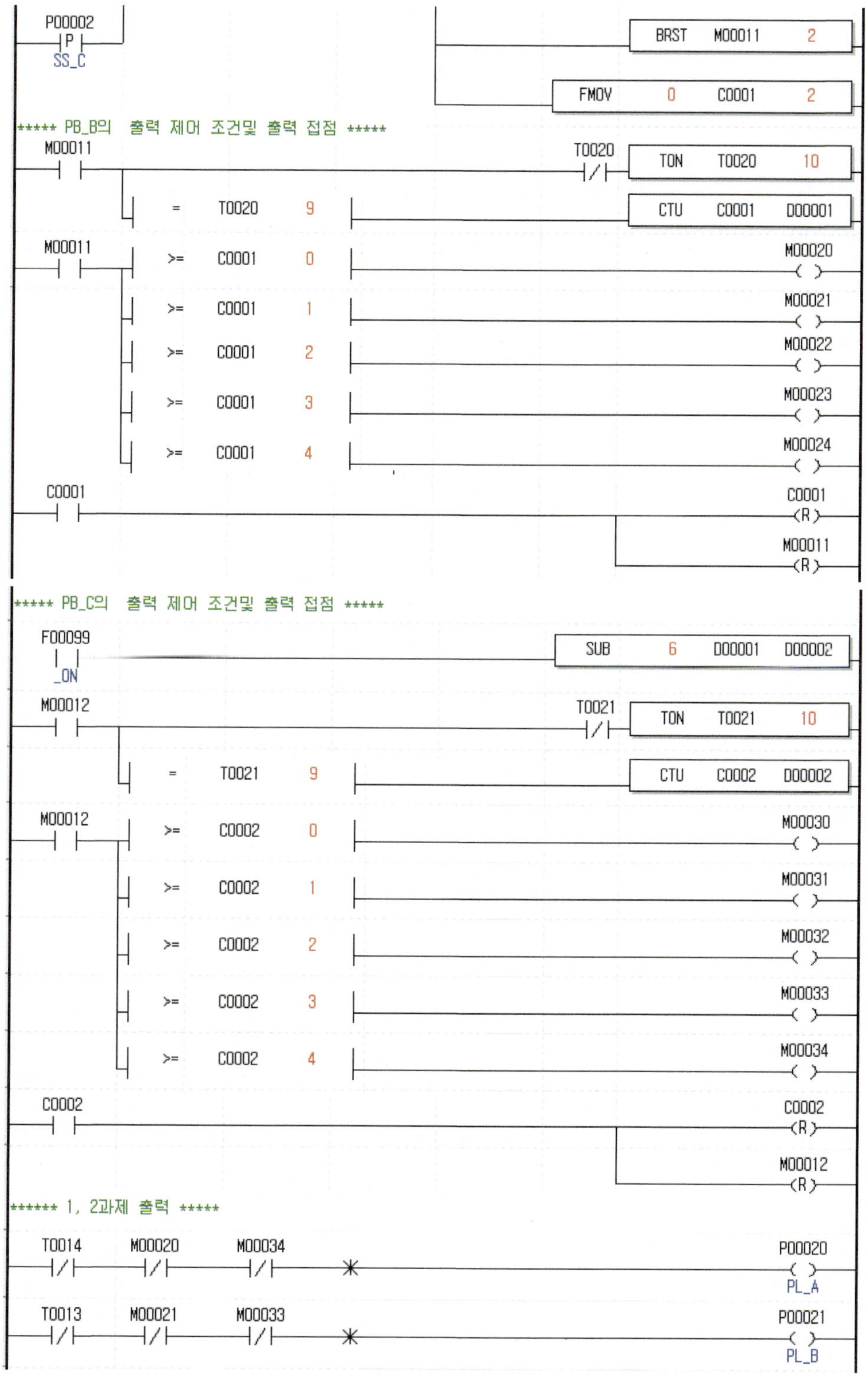
P00002
SS_C
BRST M00011 2
FMOV 0 C0001 2
***** PB_B의 출력 제어 조건및 출력 접점 *****
M00011
T0020
TON T0020 10
= T0020 9
CTU C0001 D00001
M00011
>= C0001 0
M00020
>= C0001 1
M00021
>= C0001 2
M00022
>= C0001 3
M00023
>= C0001 4
M00024
C0001
C0001
M00011
***** PB_C의 출력 제어 조건및 출력 접점 *****
F00099
_ON
SUB 6 D00001 D00002
M00012
T0021
TON T0021 10
= T0021 9
CTU C0002 D00002
M00012
>= C0002 0
M00030
>= C0002 1
M00031
>= C0002 2
M00032
>= C0002 3
M00033
>= C0002 4
M00034
C0002
C0002
M00012
****** 1, 2과제 출력 *****
T0014 M00020 M00034
P00020
PL_A
T0013 M00021 M00033
P00021
PL_B

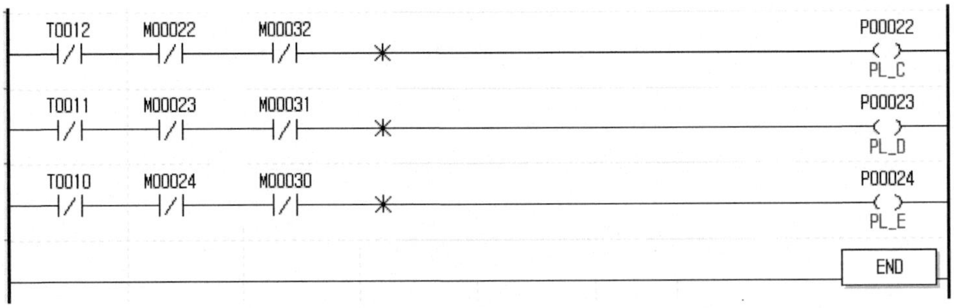
T0012
M00022
M00032
P00022
PL_C
T0011
M00023
M00031
P00023
PL_D
T0010
M00024
M00030
P00024
PL_E
END

저자와의
협의에 의해
인지 생략

전기기능장

PLC실무 (기본편)

XGB(XBC) 중심

2판 3쇄 2026년 1월 20일

저 자 황석렬 / 서진우 / 김상원

발행인 송광헌

발행처 **복두(더)**

주 소 서울특별시 영등포구 경인로82길 3-4
센터플러스 807호
(우) 07371

전 화 02-2164-2580

FAX 02-2164-2584

등 록 1993. 11. 22. 제 10-902 호

정가 : 30,000원

ISBN : 979-11-6675-534-7 93560

한국과학기술출판협회 회원사